多功能膜材料

主　编　葛丽芹

东南大学出版社
SOUTHEAST UNIVERSITY PRESS
·南京·

图书在版编目(CIP)数据

多功能膜材料/ 葛丽芹主编. — 南京 : 东南大学出版社，2021.10

ISBN 978-7-5641-9713-1

Ⅰ. ①多… Ⅱ. ①葛… Ⅲ. ①膜材料-功能材料-研究 Ⅳ. ①TB383

中国版本图书馆 CIP 数据核字(2021)第 200298 号

多功能膜材料

Duogongneng Mo Cailiao

主　　编	葛丽芹
出版发行	东南大学出版社
出 版 人	江建中
社　　址	南京市四牌楼 2 号
邮　　编	210096
责任编辑	陈潇潇
经　　销	新华书店
印　　刷	广东虎彩云印刷有限公司
开　　本	700 mm×1000 mm　1/16
印　　张	19.25
字　　数	310 千字
版　　次	2021 年 10 月第 1 版
印　　次	2021 年 10 月第 1 次印刷
书　　号	ISBN 978-7-5641-9713-1
定　　价	56.00 元

《多功能膜材料》

编写成员

主　编　葛丽芹

编　委　宣红云　朱彦熹　车峰远　任姣雨
杨依帆　刘雪帆　杨　宁　姚　翀
谭　鑫　嵇剑宇　骆晨曦　苑仁强

前　言

层层自组装(layer-by-layer self-assembly,LbL)是20世纪快速发展起来的一种简易、多功能的表面修饰方法。LbL最初利用带电基板(substrate)在带相反电荷的聚电解质溶液中交替沉积制备聚电解质自组装多层膜(polyelectrolyte self-assembled mulilayers)。其创始者包括最初的Iler以及更为人熟知的G. Decher。几十年来,在LbL基础研究方面得到了巨大的发展。LbL适用的原料已由最初的经典聚电解质扩展到树枝状高分子聚电解质、聚合物刷、无机带电纳米粒子如纳米蒙脱土(MMT)、碳纳米管(CNT)和胶体粒子等。LbL适用介质由水扩展到有机溶剂以及离子液体。LbL的驱动力由静电力扩展到氢键、卤原子、配位键,甚至化学键。LbL也在许多方面得到了应用,如传感器、分离膜、超疏水表面等等。该领域内的相关科学家们已经开展了大量的研究工作,做出了巨大的贡献,该领域内涌现了一系列论文专利专著。目前,科学家对层层组装多层膜的应用推广产生了巨大的兴趣,相关学科正与生命科学、信息科学、能源科学、材料科学与纳米科学等学科形成新的学科群,推动层层组装多层膜在各个工业领域如医药、农业、化妆品、能源等领域中的科学与技术的发展。多层膜(multilayers)是由两种或多种不同材料交替沉积形成的人造微结构材料。它具有特殊的光学、电磁学、力学性能。由于多层膜涉及材料学、真空技术、表面与界面物理、电子离子物理等学科,因此多层膜研究具有多学科的特点。近年来,多层膜从制备技术、检测到机理的研究及开发、应用已经自成体系,并作为薄膜研究的一个分支领域,发展迅速。多层薄膜材料,就是在一层厚度只有纳米级的材料上,再铺上一层或多层性质不同的其他薄层材料,最后形成多层固态涂层。由于各层材料的电、磁及化学性质各不相同,多层薄膜材料会拥有一些奇异的特性。目前,这种制造工艺简单的新型材料正受到各国关注,已从实验室研究进入商业化阶段,可以广泛应用于防腐涂层、燃料电池及生物医学移植等领域。

本人于1999年进入中国科学院化学研究所开始博士研究生学习,跟从李峻柏研究员进入层层自组装方法构造生物界面化的多层渗透性能可控的微胶囊这一研究领域，随后在李老师的支持下到德国马克斯普朗克协会胶体与界面研究所进一步研究制备的功能胶囊的性质，然后进入东南大学生物科学与医学工程学院从事层层组装技术在一维、二维和三维基板表面构建功能材料的工作，并对其在多个领域的应用进行了探索。因此我们将本书的名字定为“多功能膜材料”。

本书主要分为七章进行论述：第一章论述主客体膜材料及应用；第二章论述氢键膜材料及应用；第三章论述动态席夫碱膜材料；第四章论述多层膜材料在果蔬保鲜领域的应用；第五章论述彩色多层膜材料；第六章论述多功能膜材料在能源方面的应用；第七章论述多功能膜材料在造礁方面的应用。感谢我的博士生宣红云博士在主客体材料制备及应用方面的工作；感谢博士生朱彦熹在动态氢键制备多层有序材料方面的工作；感谢博士生任娇雨在制备动态共价键制备多层膜材料方面的工作；感谢硕士生刘雪帆和杨依帆在将膜材料应用于农业尤其是保鲜领域的探索性工作；感谢硕士生姚翀利用旋涂法制备多层彩色薄膜并对其应用做出的探索性工作；感谢嵇剑宇同学在将膜材料应用于能源领域尤其微生物燃料电池方面的工作；感谢博士生苑仁强和硕士生骆晨曦将膜材料应用于国防领域尤其造礁领域的应用研究；感谢硕士生谭鑫和博士生杨宁参与了本书的编写。

本书所有的研究工作获得了东南大学顾忠泽教授课题组和陆祖宏教授课题组的大力支持。在他们的支持下，我们的研究工作得以顺利开展，获得一系列成果。在此向他们表达诚挚的感谢！研究工作也获得了国家自然科学基金委、江苏省科技厅、江苏省科协和安徽华能电缆有限公司的资金支持，在此也向上述单位表达真挚的感谢！本书收录了我们研究生的工作成果，同时编写过程中也有多位研究生参与编撰，在此一并向他们辛勤的付出表示诚挚的感谢！感谢东南大学提供的学术平台，感谢我的父、母、兄、姐、丈夫和儿子对我一直以来的支持！

全书彩图扫一扫

葛丽芹

2020 年 10 月于东南大学

目　录

第一章　基于主客体作用构建的多层功能膜材料及应用

宣红云　南通大学

1. 概述

材料在使用过程中一般难免会发生局部损伤或出现危裂纹，这些损伤部位得不到及时修复，不仅会影响材料本身的正常使用和寿命，而且会因其引发宏观微裂纹而断裂造成重大事故，从而对人类身心健康造成巨大的伤害[1-2]。随着科学技术的不断发展，科研人员不断将生物体的自修复功能引入人造材料研究中，设计出具有自修复性能的智能型材料，以延长材料的使用寿命，同时减轻其在使用过程中的潜在危害。自修复的核心是物质和能量补给，即模仿生物体损伤愈合的原理，使材料能够对内部或外部的机械性能或功能损伤进行自修复，从而实现消除隐患、延长材料自身使用寿命的目的[3]。自修复材料主要分为外援型和本征型两大类：外援型自修复材料将修复因子通过微脉管、纤维和纳米粒子等方式埋入材料体内，当材料受损时，在如水、热、pH 值、电、光、力等外界刺激作用下，促使微脉管、纤维和纳米粒子等载体释放修复因子，实现材料的自修复[4]；本征型自修复材料与外援型不同，不需要添加任何修复因子，通过自身具有的特殊可逆的共价键和非共价键相互作用，在外界刺激如热、光、pH 值、水、电、力等作用或者无刺激作用的条件下实现自修复功能[5]。由于该方法不依赖外加修复剂，从而省去了预先修复剂包埋技术等复杂步骤，且材料本身性能也不受任何影响，因此，本征型自修复材料备受当前研究者的青睐。近几年，随着自修复材料的普遍发展，自修复涂层因其不但能够保护基底而且能赋予基底其他特殊性能(如防腐涂层、导电涂层和防雾涂层等)的优越特性，越来越受到各个领域研究者们的关注，特别是在一些具有严苛条件，难于保养维护的高尖端领域，如军事海洋和航空航天中应用的特种粘接涂层、地下石油管道以及海上钻井平台的防腐涂层等领域有着迫切的需求。

层层自组装技术是指异种电荷的聚合物在基底表面上交替静电自组装，形成聚合物膜材料。该膜材料的性能取决于层层自组装的周期、聚合物的种类、组装条件而不取决于基底[6-8]。随着自组装技术的逐步发展，其驱动力由初始的静电相互作用发展为超分子化学所涉及的所有非共价键相互作用，除此之外，层层自组装的构筑基元也十分丰富，如无机物、有机小分子、合成高分子、生物大分子等，可以由一种或者多种物质通过层层自组装技术形成超分子体系。而本征型自修复材料通过可逆的共价键与非共价键相互作用如金属配位、酰腙键、双硫键、静电、氢键、主客体等实现自修复。而层层自组装技术恰好符合制备自修复涂层材料的必备条件。因此，将层层自组装技术应用于自修复材料的设计与制备不仅能够丰富自修复材料的种类，还能扩展自修复材料的功能，同时可以进一步推进自修复材料在仿生和超分子化学领域的应用。然而，最近与选择性分子识别和分子识别衍生聚合物相关的超分子自组装在生物系统中生物机体结构如蛋白、DNA 等起着重要的作用[9-10]。在超分子自组装体系中，β-环糊精（β-CD）因其内疏水、外亲水，能选择性与多种无机、有机以及生物分子相互作用形成主客体包合物的独特性质而备受关注[11-13]。因此，近年来由 β-环糊精改性的聚合物因其独特的主客体作用自组装和智能的分子识别功能作为一种新研究领域受到高度重视。聚乙烯亚胺（PEI）是一种水溶性、低毒性的聚合物，分子中富含能够与其他功能性分子相互结合的氨基官能团，该聚合物拥有极强的韧性、热稳定性和强度，具有很好的应用价值。聚丙烯酸（PAA）聚合物是一种无毒的带有负电荷的聚合电解质。最近，李阳等人利用 PEI 和 PAA 聚合物，基于层层自组装技术，通过氢键相互作用制备了一种自修复多层涂层材料[14-15]。这种涂层由于其表面波浪条纹的粗糙结构改变了光传播路径而呈现出不透明的状态。他们提出了一种盐溶液萃取方法，通过浸泡降解该多层膜类似于波浪形结构的粗糙表面，移除多余聚合电解质，从而使得膜表面平滑，最终形成了高透的多层自修复涂层。在此之后，鲍春阳[16]和朱彦熹[17]等人分别研究了近红外刺激响应和具有微胶囊结构的自修复涂层材料。但是由于这些自修复多层涂层材料之间的氢键相互作用，在强酸或者强碱溶液中易发生降解，从而导致了该涂层材料在使用过程中的相对不稳定性。然而，与这些氢键相互作用的涂层材料相比，引入主客体相互作用作为自组装驱动力，实现了多层主客体涂层材料的自修复性能和在强酸或者强碱溶液中的相对稳定性，同时扩展了该涂层在不同领域如包装、防腐和抗菌等材料领域的应用。

因此，我们利用层层自组装技术基于主客体相互作用构建自修复涂层材料，探究了它们的结构、制备和自修复性能，以及它们在不同领域的应用。

2. 主客体自修复涂层材料的制备及表征

作为一种主客体包合物，首选β-环糊精(β-CD)和 金刚烷(AD)，由于它们缔合常数为 $3.5\times10^4\ M^{-1}$，形成的络合复合物最稳定。通过最常见、最温和的酰胺反应，将β-CD和AD分别修饰在水溶性的超支化聚乙烯亚胺(PEI)和聚丙烯酸(PAA)聚合物支链上，基于层层自组装技术，通过β-CD和AD间的主客体相互作用，在基底表面交替沉积形成更加稳定的自修复涂层材料。将15 mg EDC和10 mg NHS混合在30 mL pH值为5.0的PBS缓冲溶液中，然后加入羧甲基β-CD粉末，活化羧基约40 min后，向活化液里缓慢滴加10 mL浓度为16 mg·mL^{-1}的PEI聚合物溶液。然后，将混合液在室温下搅拌约3 h后在4 ℃静置过夜，最后将反应液用透析袋透析约3～4 d，获得纯的PEI-β-CD聚合物溶液，常温下储存。将PAA聚合物配置成浓度为8 mg·mL^{-1}的聚合物溶液，取20 mL备用，将95 mg EDC和61 mg NHS混合在20 mL pH值为5.0的PBS缓冲溶液中，然后将混合后的PBS缓冲溶液缓慢滴加在20 mL PAA聚合物溶液中且不断搅拌，溶液逐渐变为白色不透明，再向里加入80.3 mg AD粉末，继续搅拌直至溶液由白色不透明变为无色透明，4 ℃放置过夜后，用透析袋透析反应溶液3～4 d，最后获得纯净的PAA-AD聚合物溶液，常温下储存。基于层层自组装技术，分别将PEI-β-CD聚合物和PAA-AD聚合物在玻璃片表面上交替沉积，形成多层$(PAA\text{-}AD/PEI\text{-}\beta\text{-}CD)_n$($n$代表沉积周期)主客体涂层材料，聚合物中CD和AD分子间主客体相互作用的可逆反应赋予该多层主客体涂层材料自修复性能，如图1-1所示。具体操作是：首先将玻璃片基底浸没在4 mg·mL^{-1} PEI-β-CD聚合物水溶液中约0.5 h后，捞起并用去离子水冲洗，移除因物理吸附附在玻璃片表面的聚合物，然后再将附有PEI-β-CD聚合物层的玻璃片基底浸没在4 mg·mL^{-1} PAA-AD聚合物水溶液中约0.5 h，捞起并用去离子水冲去过多的聚合物，如此重复以上步骤数次，可以获得这种具有自修复性能的主客体$(PAA\text{-}AD/PEI\text{-}\beta\text{-}CD)_n$涂层材料。

Gauss是一种量子化学计算软件，Discover Studio是一种应用于生命科学分子模拟的专业软件。利用这两种软件来分别对PEI-β-CD和PAA-AD分子进行分子动力学模拟，从分子理论的角度进一步研究它们之间的主客体相互作用。首先，基于B3LYP/6-31G密度泛函理论[18-20]，利用Gauss软件[21]获得PEI-β-CD分子和PAA-AD分子的最优几何构型；然后，采用Discover Studio 2.1软件包中ZDOCK模块[22]计算模拟PEI-β-CD分子和PAA-AD分子间主客体络合过程，其中PEI-β-CD分子作为受体，PAA-AD分子作为配体；最后，根据最高对接分数选择最优构型。在 GBMV 隐性溶剂优化函数条件下，PEI-β-CD 分子和 PAA-AD 分子间相互作用能通过计算获得，如表 1-1 所示。PAA-AD/PEI-β-CD 复合分子的结合能、范德瓦耳斯能、静电能分别是 $-73.90\ \mathrm{kcal\cdot mol^{-1}}$、$-158.10\ \mathrm{kcal\cdot mol^{-1}}$、$-268.71\ \mathrm{kcal\cdot mol^{-1}}$，这一结果表明它们相互结合的主要驱动力是范德瓦耳斯力和静电力。图 1-2 展示了其计算结果的最优构型。主客体相互作用的本质就是分子间的静电力、范德瓦耳斯力的相互作用，所以该复合物的静电能一部分可能是由带有正电荷 PEI 分子和带有负电荷 PAA 分子间的静电相互作用提供的，另一部分可能是由它们间的主客体相互作用提供的。从分子动力学模拟的结果可以看出这两种聚合物之间不存在氢键作用形式，这也间接说明了它们间产生范德瓦耳

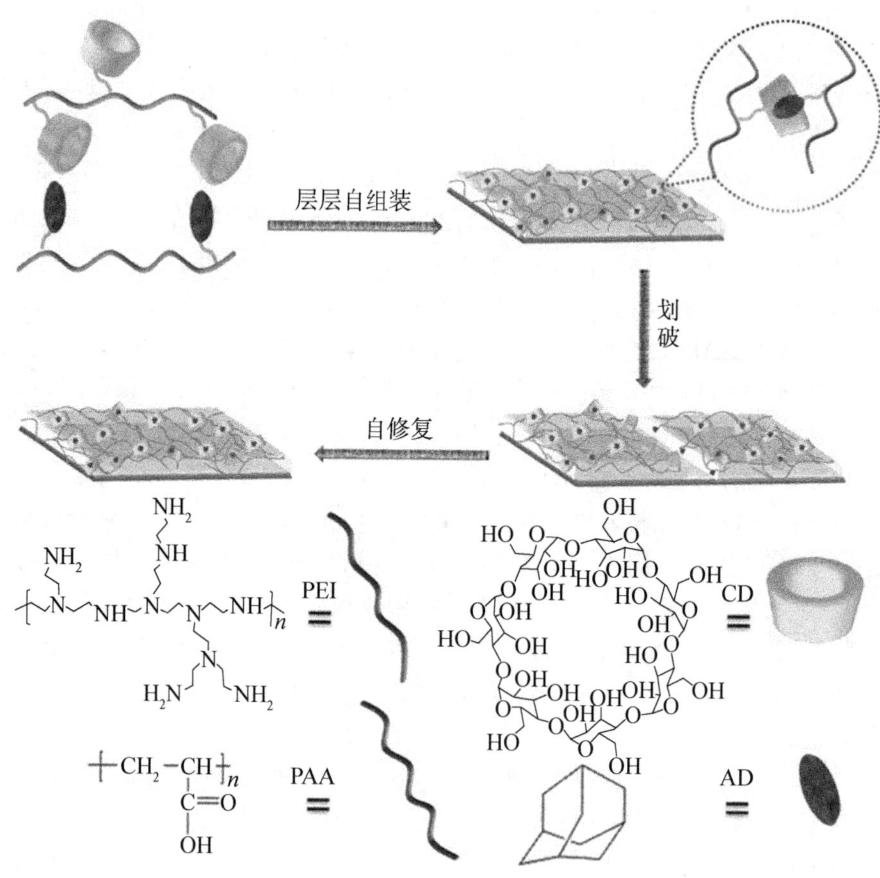

图 1-1 基于 CD 和 AD 之间可逆的主客体相互作用，利用层层自组装制备自修复(PAA-AD/PEI-β-CD)$_n$ 涂层材料的示意图

注：因版面原因，全书彩图请扫描前言二维码。

斯力的主要因素是主客体相互作用。综上所述，分子力学理论进一步证实了PAA-AD/PEI-β-CD复合膜主要是通过β-CD分子和AD分子间的主客体相互作用而形成一种新型的、稳定的复合涂层材料。

表1-1 主体分子PEI-β-CD与客体分子PAA-AD间相互作用能

结合能/($kcal \cdot mol^{-1}$)	范德瓦耳斯能/($kcal \cdot mol^{-1}$)	静电能/($kcal \cdot mol^{-1}$)
−73.90	−158.10	−268.71

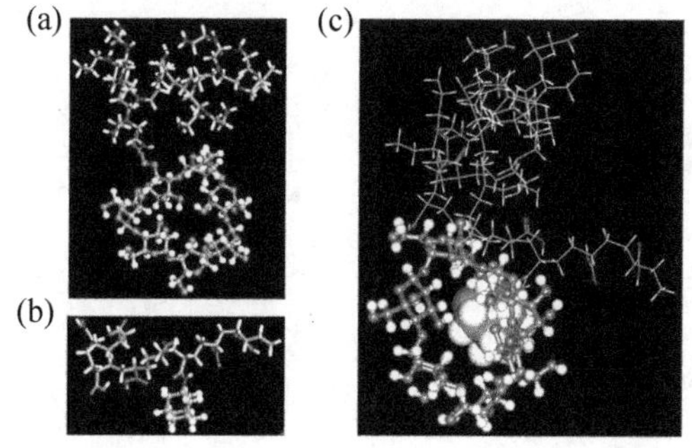

图1-2 (a) PEI-β-CD分子结构优化图；(b) PAA-AD分子结构优化图；(c) PEI-β-CD分子与PAA-AD分子间络合结构图

图1-3(a)简要地描述了酰胺反应过程。羧甲基β-CD化合物或者PAA聚合物中的羧基首先与EDC反应形成中间体，然后，中间体再与NHS反应形成一种酯类物质，最后，生成的酯类物质与PEI聚合物或者AD化合物上的氨基进一步发生取代反应，从而生成酰胺键。

来自羧甲基β-CD化合物中羧甲基官能团(—COOH)可以被混合EDC/NHS的PBS缓冲液溶液(其pH值为5.0)活化，15 min后，加入含有丰富氨基官能团($—NH_2$)的PEI聚合物，反应过夜，通过酰胺反应生成一种新的PEI-β-CD聚合物，如图1-3(b)所示。在图1-3(c)中，在1 668 cm^{-1}处出现合成后PEI-β-CD聚合物中碳氧双键(C═O)的红外吸收峰，红外吸收峰同时出现在1 570 cm^{-1}处是由于氮原子孤独电子对和羧基官能团间的p-π共轭振动，使得氮氢键(N—H)红外吸收峰值从1 598 cm^{-1}处向低波段偏移。而且在1 668 cm^{-1}处出现PEI-β-CD聚合物中C═O官能基团和在1 570 cm^{-1}处出现N—H官能基团，这些峰值进一步证实了PEI和β-CD间产生了酰胺键。综上所述，通过酰胺反应，β-CD化合物成功地被修饰链接在PEI聚合物的支链上，形成了一种新的PEI-β-CD聚合物。

图1-3(d)，图1-3(e)分别展示了AD化合物与PAA聚合物相结合生成新的PAA-AD聚合物的路径和红外吸收光谱。PAA聚合物含有丰富的羧基官能

团，这些羧基官能团可以经过 EDC/NHS 混合的 PBS 缓冲液溶液（其 pH 值为 5.0）活化后，能够与 AD 化合物含有的氨基官能团发生化学反应，产生酰胺化学键从而形成一种新的 PAA-AD 聚合物，如图 1－3(e)所示。在 PAA 聚合物中，羧基官能团中的 C═O 基团红外峰值出现在 1 712 cm^{-1}处，而且整个波段都没有出现任何形式的氨基基团的红外峰值，说明 PAA 聚合物中含有羧基而不存在任何氨基官能团。而在 PAA-AD 聚合物中，由于出现在 1 567 cm^{-1}处的氨基官能团红外峰值，导致了在 1 712 cm^{-1}处的 C═O 基团红外峰值向低波段偏移，出现在 1 668 cm^{-1}处。这些现象意味着 PAA 聚合物和 AD 化合物耦联间出现了酰胺化学键，从而形成了一种新的 PAA-AD 聚合物。

(a)

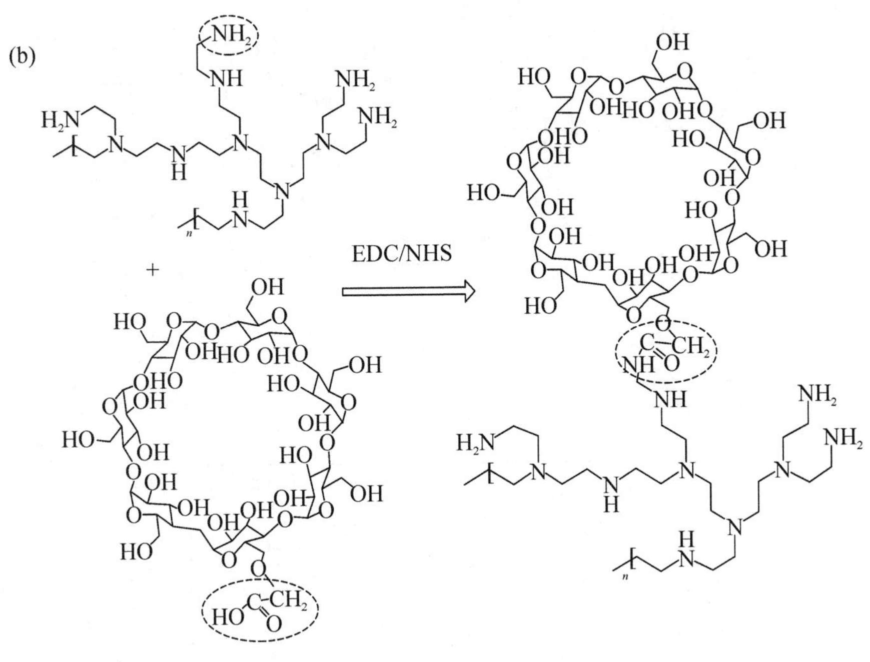
(b)
EDC/NHS

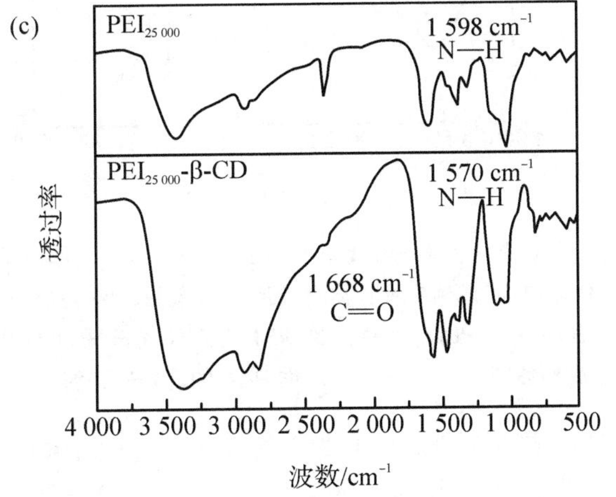
(c)
PEI25 000
1 598 cm-1
N—H
PEI25 000-β-CD
1 570 cm-1
N—H
1 668 cm-1
C=O
透过率
4 000 3 500 3 000 2 500 2 000 1 500 1 000 500
波数/cm-1

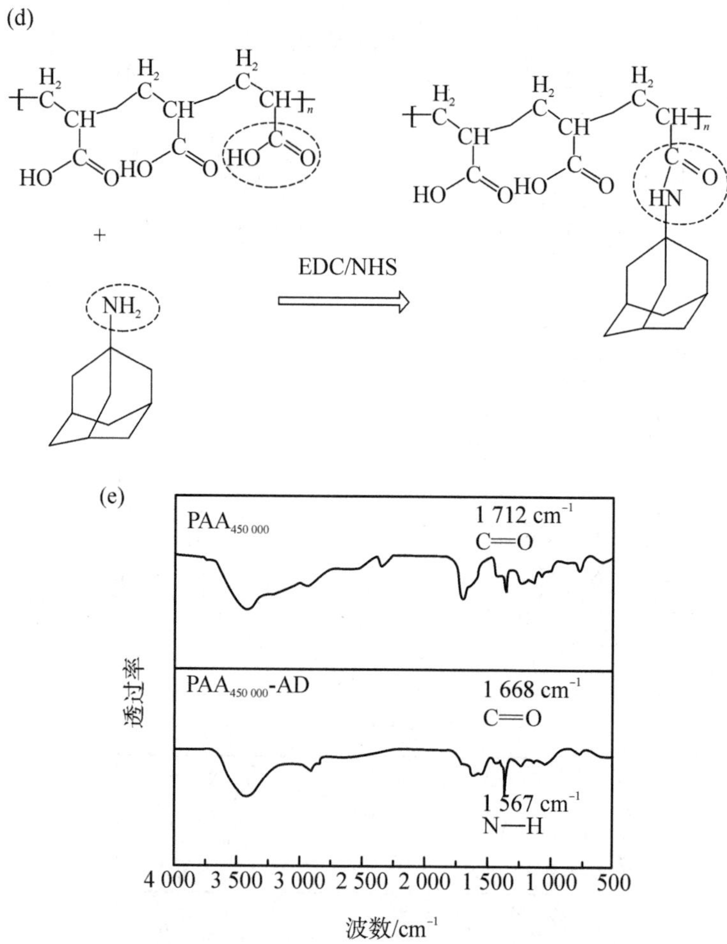

图 1-3 (a) 在 EDC/NHS 溶液作用下羧甲基 β-CD 化合物与 PEI 聚合物或者 AD 化合物与 PAA 聚合物酰胺反应示意图;(b) β-CD 修饰 PEI 的合成路线图;(c) PEI、β-CD 修饰 PEI 的红外光谱图;(d) AD 修饰 PAA 的合成路线图;(e) PAA、AD 修饰 PAA 的红外光谱图

图 1-4(a)清晰地描述了 PEI-β-CD 聚合物、PAA-AD 聚合物以及 PAA-AD/PEI-β-CD 复合物中一些特殊官能团的红外吸收峰。PAA-AD 聚合物中 1 732 cm^{-1}处 C═O基团吸收峰与 1 668 cm^{-1}处 C═O 基团吸收峰间距离相差 64 cm^{-1}是因为它们的反对称性;而 PAA-AD/PEI-β-CD 复合物中,1 732 cm^{-1}处 C═O 基团的吸收峰突然消失,可能是因为 PAA-AD 聚合物和 PEI-β-CD 聚合物间的主客体相互作用打破了 C═O 基团的反对称性。PEI-β-CD 聚合物中 1 332 cm^{-1}处 N—H 基团吸收峰、PAA-AD 聚合物 1 260 cm^{-1}处 N—H 基团吸收峰和 1 668 cm^{-1}处 C═O

基团吸收峰，这些作为酰胺键的特征峰，在 PAA-AD/PEI-β-CD 复合物中都有出现，并且它们的峰值都发生了向低波段偏移的现象，分别出现在 1 301 cm^{-1}处、1 232 cm^{-1}处和 1 654 cm^{-1}处，这可能是因为 PEI-β-CD 聚合物与 PAA-AD 聚合物间主客体相互作用引起了共轭效应。图 1－4(b)展示了 PAA-AD/PEI-β-CD 复合物和 PEI-β-CD 聚合物的紫外吸收光谱。从图 1－4(b)可以看出，PEI-β-CD 聚合物在 203 nm 处出现紫外吸收峰而 PAA-AD/PEI-β-CD 复合物在 193 nm 处出现紫外吸收峰，这可能是因为 β-CD 腔内的电子云密度比 AD 的电子云密度强，当 AD 进入 β-CD 腔内，干扰了 β-CD 腔内的电子云密度和空间结构，从而改变了 β-CD 的振动和转动能级，最终引起紫外吸收峰向低波段偏移[23]。综上所述，PEI-β-CD 聚合物和 PAA-AD 聚合物间可能发生了主客体反应。

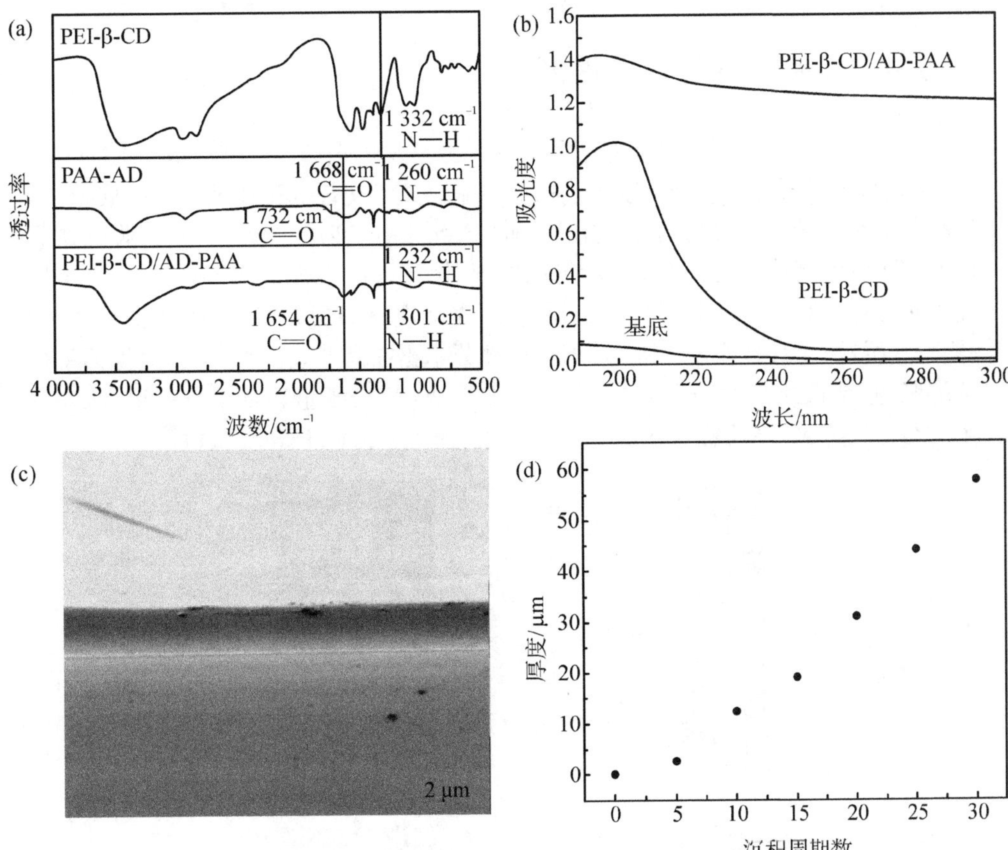

图 1－4　(a) PEI-β-CD，PAA-AD 和 PAA-AD/PEI-β-CD 的红外光谱图；(b) PAA-AD/PEI-β-CD，PEI-β-CD 和基底的紫外吸收光谱图；(c) $(PAA\text{-}AD/PEI\text{-}\beta\text{-}CD)_5$ 涂层横截面 SEM 图；(d) $(PAA\text{-}AD/PEI\text{-}\beta\text{-}CD)_n$ 涂层沉积周期数与其对应的厚度关系图

为了获得(PAA-AD/PEI-β-CD)$_5$ 自修复涂层材料，将经过处理的玻璃片基底数次交替浸没在 PAA-AD 聚合物溶液或者 PEI-β-CD 聚合物溶液中。图 1-4(c)展示了获得的(PAA-AD/PEI-β-CD)$_5$ 自修复涂层材料的横截面结构 SEM 图。为了进一步验证这种多层(PAA-AD/PEI-β-CD)$_5$ 涂层材料可以通过层层自组装技术制备得到，已进行了每周期厚度测量实验。具体方案是：首先制备不同周期的涂层材料，然后通过横截面结构 SEM 测量、估算它们的厚度，最后将记录的不同周期相对应的厚度数值进行线性拟合，如图 1-4(d)所示。涂层在基底表面交替沉积的周期数不断增加，其厚度在随之不断地增加，尤其是在沉积周期数为 15 时，该涂层的厚度开始以线性形式不断地迅速增长，而且每周期厚度增加值约为 2.4 μm，这种现象与层层自组装技术制备涂层的机理相符，并且关于这种结果的相关文献最近已经被报道[23-25]。

3. 主客体涂层的自修复性能

PAA-AD/PEI-β-CD 主客体涂层可以作为擦伤可愈合涂层被使用。将 PAA-AD 聚合物和 PEI-β-CD 聚合物通过层层自组装技术交替沉积在玻璃片基底上，然后将其对半划开，以划痕为界限，用罗丹明 B 将其中一半进行染色，并将膜的伤痕处暴露于潮湿环境中。约 0.5 h 后可以发现，伴随划痕的愈合，染料会向另一半快速地扩散，并且该自修复过程可以通过显微镜观察而更加清楚地记录下来(如图 1-5所示)。其自修复原理为：当伤痕部分暴露在潮湿条件下时，伤痕界面将持续膨胀，直至彼此接触，PAA-AD 分子和 PEI-β-CD 分子重新发生排列组合，即发生主客体反应，最终随着水分渐渐挥发，该涂层也完成了自修复的过程。

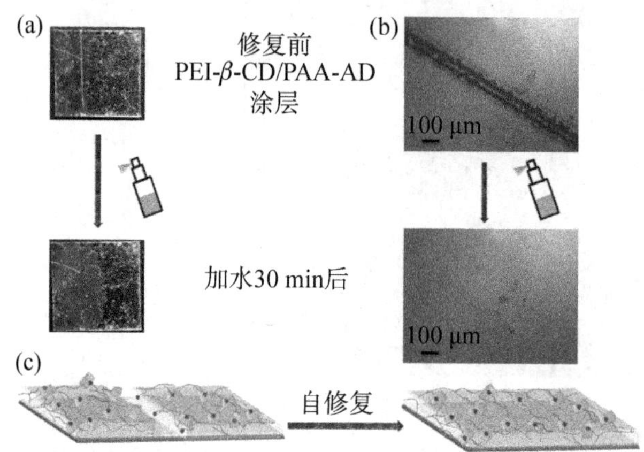

图 1-5 (a) PAA-AD/PEI-β-CD 主客体涂层的自修复前后数码照片；(b) PAA-AD/PEI-β-CD 主客体涂层的自修复前后光学显微镜图；(c) PAA-AD/PEI-β-CD 主客体涂层自修复原理图

为了进一步说明该 PAA-AD/PEI-β-CD 主客体涂层具有很好的自修复能力，可将附有该主客体涂层的玻璃片切成两半，一半同样用罗丹明 B 染色，并将它们相接触放置于潮湿的环境中，待 0.5 h 后，用镊子夹住玻璃片的一角，提起至距离桌面约 10 cm 处。可以发现被染色的部分能够克服自身的重力而没有与另一半分离掉下，相反，两部分能很好地黏合在一起。通过光学显微镜也可以看到，切断部位的涂层已经完全愈合且染料通过切口处扩散到了没有染料的部分，如图 1－6 所示。其自修复机理是：在湿润的条件下，当被切开的玻璃片上的涂层部分彼此贴近放在一起时，主客体包合物将会重新形成，从而实现 PAA-AD/PEI-β-CD 主客体涂层的自修复。

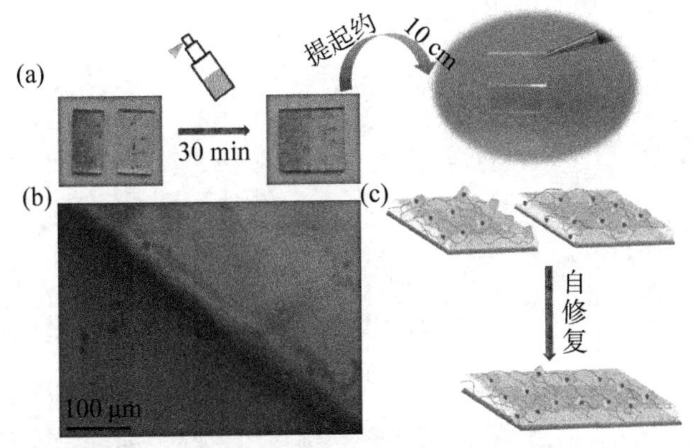

图 1－6 (a) 附有 PAA-AD/PEI-β-CD 主客体涂层的玻璃片切成两部分后的自修复前后数码照片；(b) 附有 PAA-AD/PEI-β-CD 主客体涂层的玻璃片切成两部分后的自修复前后光学显微镜图；(c) 附有 PAA-AD/PEI-β-CD 主客体涂层的玻璃片切成两部分后的自修复原理图

自修复材料的机械性能恢复效果在工程应用材料的实施中起着举足轻重的作用，尤其是在涂层材料方面。图 1－7(c)显示了 PAA-AD/PEI-β-CD 主客体涂层修复前后的力-位移曲线图。断裂属性可依据积分分析方法形成的力-位移曲线来评估[26-27]。J_c 作为临界断裂能量值，可以根据以下公式来计算：

$$J_c(\mathrm{kJ/m^2}) = \eta \frac{U_c}{b(w-a)}\bigg|_{u_c} \tag{1.1}$$

w、a、b 分别代表了膜的宽度、预断长度和厚度。η 是与膜几何结构有关的比例因子，U_c 是能量计算，当膜断裂时，其值可以从视频记录或者积分方程中获取。由力-位移曲线图实验结果表明，在较高的应变水平下，虽然修复后涂层的模量值始终低于初始膜的模量值，但是该涂层仍然能够快速恢复。第一次，PAA-AD/PEI-β-CD 主客体涂层的最大拉伸值是 163 mm，在潮湿环境下待 0.5 h 自修复后，再一次拉伸，这时主客体涂层的最大拉伸值为 142 mm，其机械性可以恢复到原来的 87.1%±0.2%。根据拉伸实验的结果可得出以下结论：PAA-AD/PEI-β-CD 主客体涂层在断裂后，不但其表面结构能够极好地自修复，而且其机械性能也能够很好地恢复。

这种 PAA-AD/PEI-β-CD 主客体涂层不仅可以承受多次划伤，最终很好地自我修复，还可以始终保持着涂层的透明性，如图 1-7(a,b)所示。在该主客体涂层的同一部位进行多次划伤—修复的周期实验中，能够通过光学显微镜来观察其自修复过程。由于划痕两边物质会根据能量守恒定律向伤口处堆积，导致多次修复后该涂层的透过率稍微有点下降，但是其透过率仍然保持在 93%以上。因此，可从实验结果看出，这种 PAA-AD/PEI-β-CD 主客体涂层不仅能够多次修复，而且其透明度还不受多次划伤的影响。

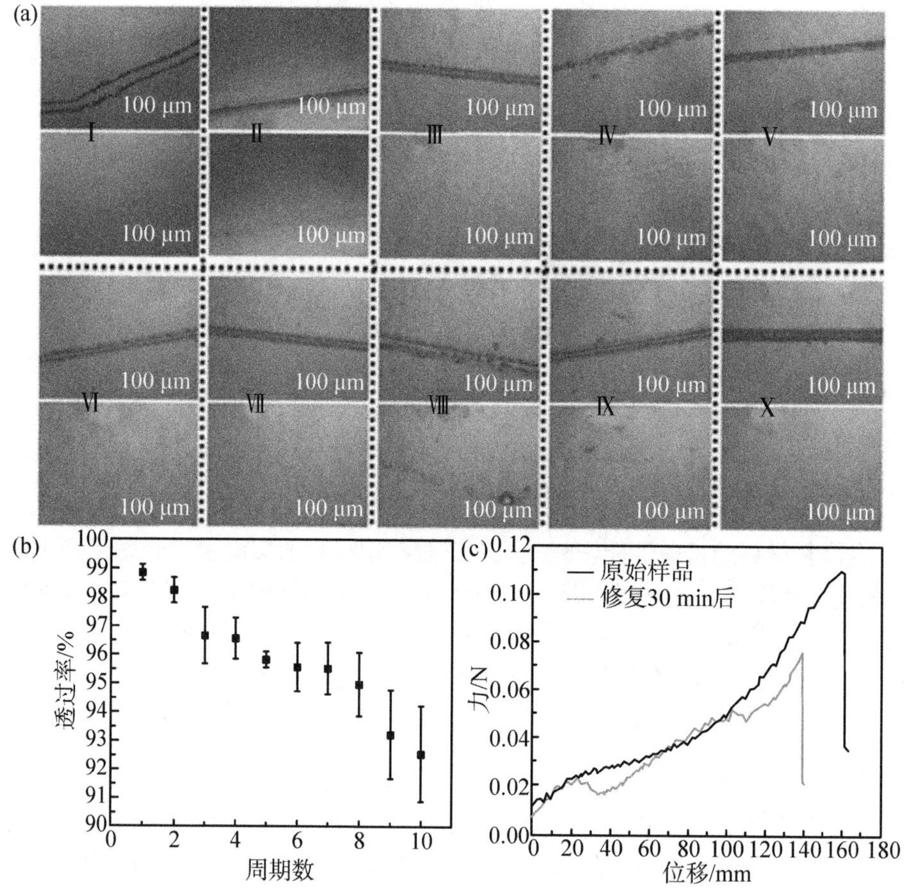

图 1-7 (a) PAA-AD/PEI-β-CD 主客体涂层多次划伤—修复过程的光学显微镜照片；(b) PAA-AD/PEI-β-CD 主客体涂层多次修复后的透射光谱图；(c) PAA-AD/PEI-β-CD 主客体涂层自修复前后的力-位移曲线图

基于自修复主客体涂层材料的基础，通过化学交联或物理掺杂的方式，可将其他物质，如无卤多聚磷酸铵（APP）、纳米 MoS_2 片层等引入涂层材料构建中，从而达到赋予涂层其他功能同时不影响本身具有的优越自修复性能的目的，如图 1－8(a，b)所示。并且还可使用扫描电子显微镜（SEM）和半导体分析系统来测试其自修复性能。将 MoS_2/(PAA-AD/PEI-β-CD)$_{15}$ 涂层划伤后，划痕宽度约 20 μm，同样将划伤部位暴露在潮湿环境 0.5 h 后，随着水分的挥发，主客体络合物会再一次形成，也实现了涂层材料的自修复作用，如图 1－8(c)所示；将 MoS_2/(PAA-AD/PEI-β-CD)$_{15}$ 涂层一层层地自组装于 ITO 基底上，测得其 $I-V$ 曲线图为线性（电阻）曲线，计算得出其电阻值约为 48.9 Ω，划伤之后，通过新的 $I-V$ 曲线图可以得到其电阻值约为 40.2 Ω。由此能够推测可能是 ITO 基底暴露于空气使其电流增加而导致电阻值降低。而在涂层自修复完成后，再一次测试，发现 $I-V$ 曲线几乎恢复到了初始状态，其电阻约为 49.5 Ω。这个结果表明划痕部位非常成功地修复了，并且和 MoS_2/(PAA-AD/PEI-β-CD)$_{15}$ 涂层一样拥有令人赞叹不已的自修复能力，同时也进一步说明了掺杂纳米 MoS_2 片层并没有影响主客体涂层本身具有的自修复性能。

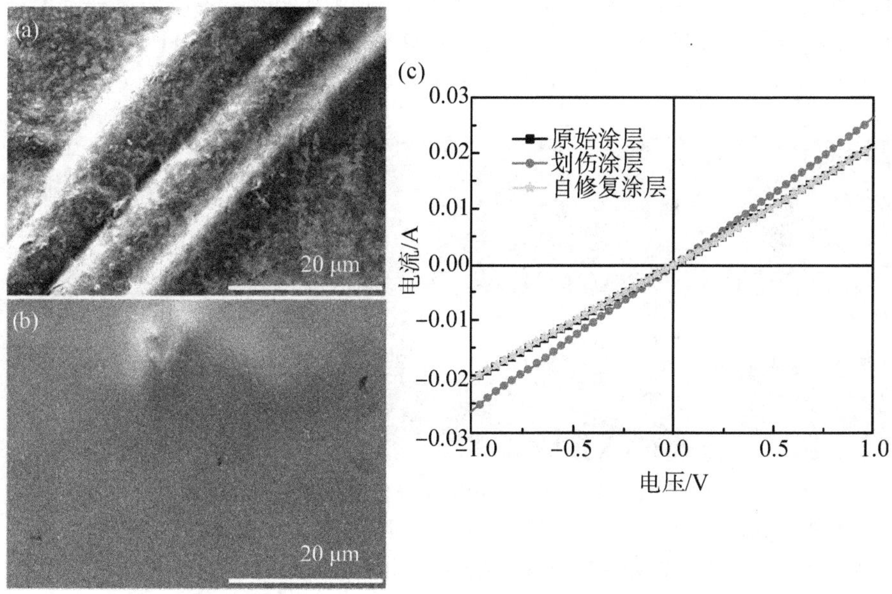

图 1－8 通过层层自组装制备的 MoS_2/(PAA-AD/PEI-β-CD)$_{15}$ 涂层自修复前后 SEM 图：(a，b) SEM；(c) MoS_2/(PAA-AD/PEI-β-CD)$_{15}$ 涂层自修复过程的 $I-V$ 曲线图

4. 主客体自修复涂层的应用

4.1 自修复涂层的抗酸碱应用

为了研究涂层材料的在不同 pH 值下的自修复情况，进行了以下实验：如图 1－9(a)，PAA/PEI 涂层在 pH＝1 条件下，该膜不能进行自修复过程，而且膜发生了降解，这可能是因为 PAA 聚合物和 PEI 聚合物是通过静电层层自组装形成 PAA/PEI 涂层[28]，在强酸溶液中，PAA 聚合物和 PEI 聚合物间的静电相互作用遭到了破坏[5]。但是，通过主客体作用自组装的 PAA-AD/PEI-β-CD 涂层在强酸溶液中不但没有发生降解，而且还可以进行自我修复，如图 1－9(b)所示。为了进一步说明这种 PAA-AD/PEI-β-CD 主客体涂层的自修复性能不受 pH 值的影响，该主客体涂层在不同 pH 值条件下的自修复过程实验，如图 1－9(c)所示。实验结果表明：基于主客体相互作用的 PAA-AD/PEI-β-CD 涂层比基于静电相互作用的 PAA/PEI 涂层在强酸或强碱溶液中更稳定，除此之外，该 PAA-AD/PEI-β-CD 涂层的自修复性能不受周围环境 pH 值的影响。这说明了该主客体涂层在强酸或者强碱溶液中具有很好的稳定性，而且其自修复性能不受溶液的 pH 值影响，可以作为涂层材料应用于防腐工程领域，如应用于电子设备、车辆、建筑等。

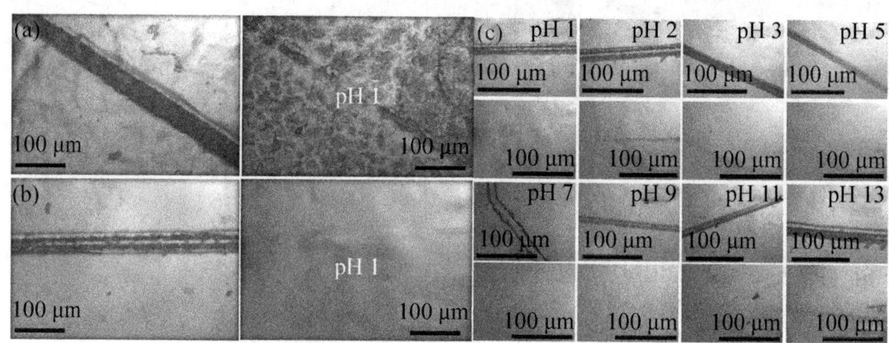

图 1－9 (a) PAA/PEI 涂层划伤后在 pH＝1 条件下自修复光学显微镜图；(b) PAA-AD/PEI-β-CD 主客体涂层划伤后在 pH＝1 条件下自修复光学显微镜图；(c) PAA-AD/PEI-β-CD 主客体涂层在不同 pH 值条件下自修复前后光学显微镜图

4.2 自修复涂层的防火应用

为了调研纸被(PAA-AD/APP-co-PEI-β-CD)$_{15}$ 涂层处理前后的表面结构和形貌，目前普遍使用扫描电子显微镜(SEM)进行观察。通过层层自组装技术，将纸片交替浸入 PAA-AD 聚合物和 APP-co-PEI-β-CD 聚合物这两种溶液中，数次沉积后，在纸纤维表面上制备了$(PAA\text{-}AD/APP\text{-}co\text{-}PEI\text{-}\beta\text{-}CD)_{15}$涂层。从图 1－10(a)可以看出纸呈现出纤维网络结构，而从图 1－10(b)可以看出，纸经 PAA-AD 聚合物和 APP-co-PEI-β-CD 聚合物的层层自组装后，纸纤维表面成功地被覆盖了多层 PAA-AD/APP-co-PEI-β-CD 聚合物涂层，而且这种涂层并没有影响纸的纤维结构。通过显微镜进一步观察负载$(PAA\text{-}AD/APP\text{-}co\text{-}PEI\text{-}\beta\text{-}CD)_{15}$涂层纸的自修复功能，如图 1－10(c，d) 所示，纸片通过层层自组装后，其纤维表面形成了多层的$(PAA\text{-}AD/APP\text{-}co\text{-}PEI\text{-}\beta\text{-}CD)_{15}$双网络主客体涂层，并且在无任何引发剂的条件下，可实现自我修复。玻璃、纸片或者纸纤维基底的自组装实验，间接地说明了这种自修复双网络主客体涂层可以在任何基底上进行自组装。

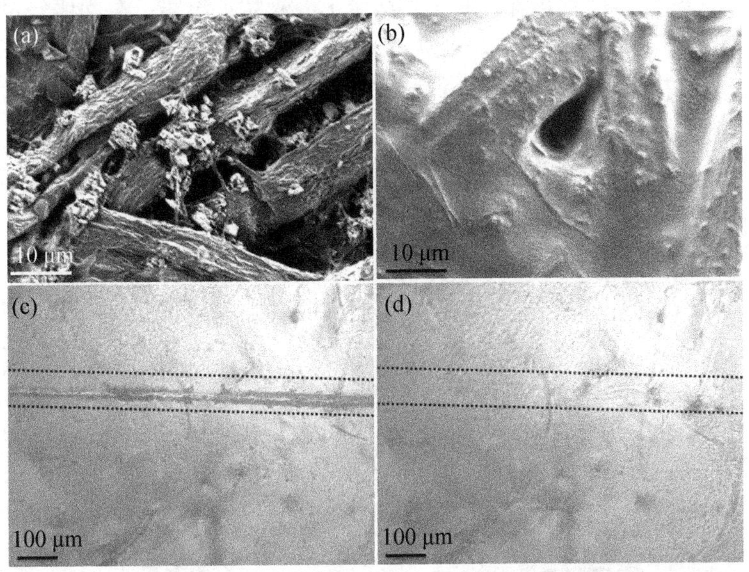

图 1－10 (a) 纸表面形貌 SEM 图；(b) 涂膜纸表面形貌 SEM 图；(c，d) 负载$(PAA\text{-}AD/APP\text{-}co\text{-}PEI\text{-}\beta\text{-}CD)_{15}$涂层纸的自修复前后光学显微镜图

为了评估$(PAA\text{-}AD/APP\text{-}co\text{-}PEI\text{-}\beta\text{-}CD)_{15}$涂层材料的阻燃性能，将该涂层层层自组装在纸片上，进行垂直燃烧测试，通过观察具有$(PAA\text{-}AD/APP\text{-}co\text{-}PEI\text{-}\beta\text{-}CD)_{15}$涂层纸片是否传播火苗来演示该涂层材料的阻燃过程。未经过涂膜的纸片以同样的方法作为对照组执行实验。它们在接近火源 2 s 后，未经涂膜的纸片立即被点燃并且在 7 s 内燃烧殆尽，但是涂有$(PAA\text{-}AD/APP\text{-}co\text{-}PEI\text{-}\beta\text{-}CD)_{15}$涂层的纸片在火源撤离后 1 s 就熄灭了，这种纸上的火苗只延伸了 1 mm，且只有底端一小部分被烧成黑色，除此之外，其余大部分都完好无损，如图 1－11(a)、图 1－11(b)－1 所示。在此基础上，第二次接触火源 2 s 后，这种纸还是燃烧了 1 s 就停止了，相比于第一次燃烧,火苗基本没有延伸,如图 1-11(b)-2 所示。这种纸除了之前底端一小部分进一步变黑之外,整张纸的 1/3 部分被熏黑。第三次接近火源 2 s 后,火苗蔓延了约 4 mm,持续了 3 s 后停止了蔓延。纸底端被烧黑的部分与之前两次相比,稍微扩张了,整张纸大部分有被熏黑的趋势,如图 1-11(b)-3 所示。Oruc Köklükaya 教授课题组人员[29]对纸纤维原液进行前期处理,通过层层自组装技术,将阳离子壳聚糖和阴离子聚乙烯磷酸组装在纸纤维表面,然后经过一系列加工产生具有阻燃性能的纸片。为了评估这种纸的阻燃效果,他们做了水平燃烧测试,发现在燃烧结束后这种纸片有 1/3 部分被烧成了灰。相比于他们的实验结果,涂有 $(PAA\text{-}AD/APP\text{-}co\text{-}PEI\text{-}\beta\text{-}CD)_{15}$ 涂层的纸片在第一次燃烧结束后只有 1/8 部分被炭化。Shanshan Chen 教授[30]制备了一种防火疏水涂层并将其应用于棉布材料;Paramita Das 教授[31]同样也在面料上制备了另一种防火涂层。在这些经过涂膜处理的面料上火苗在火源移走后继续蔓延并没有立即熄灭,而通过实验结果可以看出,$(PAA\text{-}AD/APP\text{-}co\text{-}PEI\text{-}\beta\text{-}CD)_{15}$ 涂层处理的纸片在火源移走后火苗就立即熄灭。因此,$(PAA\text{-}AD/APP\text{-}co\text{-}PEI\text{-}\beta\text{-}CD)_{15}$ 多层涂层燃烧后形成了一种保护炭层,可以阻止火苗进一步的蔓延,提高了纸的阻燃性能。涂膜纸燃烧后,出现的炭化层不但产生了大量泡沫而且还很好地保留了纸完整的结构,如图 1-11(c)-A 所示。

图 1-11　纸和涂膜纸的垂直燃烧测试数码照片。(a) 纸燃烧前后数码照片。(b) 0—涂有 $(PAA\text{-}AD/APP\text{-}co\text{-}PEI\text{-}\beta\text{-}CD)_{15}$ 涂层纸数码照片;1—燃烧后的涂膜纸数码照片。2,3—经过第二次、第三次燃烧后的涂膜纸数码照片。(c) 在垂直燃烧后,涂膜纸的数码照片和 SEM 图:A—未燃烧部分的照片;A1—未燃烧部分的 SEM 图。B—燃烧部分的照片;B1—燃烧部分的 SEM 图。(d) 燃烧后的纸 SEM 图。(e) 涂膜纸燃烧部位和(f)未燃烧部位的 SEM 图

透过 1-11(c)-A1 扫描电镜图，表面清晰地呈现密集的泡沫结构和一些小孔洞。然而，在图 1-11(c)-B 中，涂膜纸烧焦部分并没有变成松软的灰，而是形成一种具有小孔洞的层状结构物质，如图 1-11(c)-B1(SEM)所示。综上所述，涂膜纸燃烧后，可以产生密集的泡沫和一些小孔洞，从而阻止了空气和热量的传播，达到了最好地保护纸的目的。

在垂直燃烧测试后，通过扫描电镜，未涂膜纸和涂膜纸燃烧后出现了明显的区别。未涂膜纸被燃烧殆尽，其残留物是具有不规则缝隙的松软的灰，说明了未涂膜纸的结构和尺寸因为燃烧而彻底丧失，如图 1-11(d)所示。涂膜纸烧焦后仍然维持着硬而致密的孔洞炭化层，其孔径约 4 μm，如图 1-11(e)所示。未被彻底燃烧的涂膜纸生成了密集的泡沫和均匀的孔径约 4 μm 的孔洞，这些产物阻止了纸分解成炭灰，如图 1-11(c)所示。为了更加清楚地观察，将 SEM 放大，可以清晰地看到纸表面充满了泡沫和孔洞，而且孔洞里面还有泡沫[图 1-11(c)-A1]。因此，具有泡沫和孔洞的膨胀炭化层作为一种绝缘层，阻止了纸和火苗间的热量和空气传播。除此之外，它还限制了由聚合物降解产生的可燃性气体朝氧气和火苗的方向扩散。

根据未涂膜纸和涂膜纸的 TGA 和 DTG 曲线来分析它们在热降解时的区别，如图 1-12(a,b)所示。已经报道的研究工作诠释了空气中纸的热降解具有两步过程[32]：首先糖基降解从而转化成可挥发性产物，然后其他部分降解产生热稳定性的芳香烃。本实验结果表明，由于酯族炭和挥发物的产生，纸的首次热氧化温度分别是在130 ℃和 300 ℃，然后在 300～600 ℃进一步被氧化产生二氧化碳和一氧化碳气体。与纸的热氧化降解过程相比，涂膜纸的热氧化需要三步过程。开始时，涂膜纸热氧化温度是 280 ℃，高于纸的热氧化温度。第二次和第三次热氧化过程分别发生在 350～450 ℃和 450～670 ℃。由于有 PAA-AD/APP-co-PEI-β-CD 涂层，涂膜纸的降解和炭化形式可以进一步保护纸不被降解和煅烧。PAA-AD/APP-co-PEI-β-CD 涂层的炭化形式通过阻止空气和热量在燃烧区域传播，从而降低了纸的燃烧速率。因此，这种阻燃性的 PAA-AD/APP-co-PEI-β-CD 涂层通过提高着火点温度和延迟热氧化降解的途径，赋予了可燃性材料最好的保护。

为了进一步研究这种涂层材料的阻燃性能，通过红外吸收光谱分析了其燃烧后残留物质的化学结构，如图 1-12(c)所示。残留物质的红外吸收峰、其主要官能团及相应红外吸收峰在表 1-2 中详细地被展示。在 766 cm^{-1}处，出现了 P—O—C 峰，这种结构是 APP-co-PEI 聚合物中的 PAA 和—CH_2—NH—O—P 成分和 APP 聚合物中的未反应的 $NH_4^+O^-$—P 成分中的氢氧化物反应形成的。在 1 150 cm^{-1}至 1 000 cm^{-1} 处，出现了 P—O—P/P—N—C 峰，来源于 APP-co-PEI 成分的热氧化降解。在 1 250 cm^{-1}处，出现了 C—N、C—O、P—O 和 P═O 官能团的红外吸收峰，来源于 APP-co-PEI 成分发生热氧化降解时产生的 APP[33]。与此同时，在

1 642 cm^{-1} 处 C═C 峰也被观察到。这些现象说明了燃烧后产生的炭化层的物质结构是由 P—O—C，C═C，P—N—C 和芳香族化合物组成，而且这些结构可以提高这种炭化层的热稳定性能[34]。这就是为什么涂膜纸的热氧化降解在 670 ℃后达到一个平衡态，而未涂膜纸并没有出现这种现象。从燃烧后的残留物化学结构实验结果分析，进一步论证了这种 PAA-AD/APP-co-PEI-β-CD 涂膜材料具有很好的抗燃性能，可以作为涂层被应用于各种可燃材料。

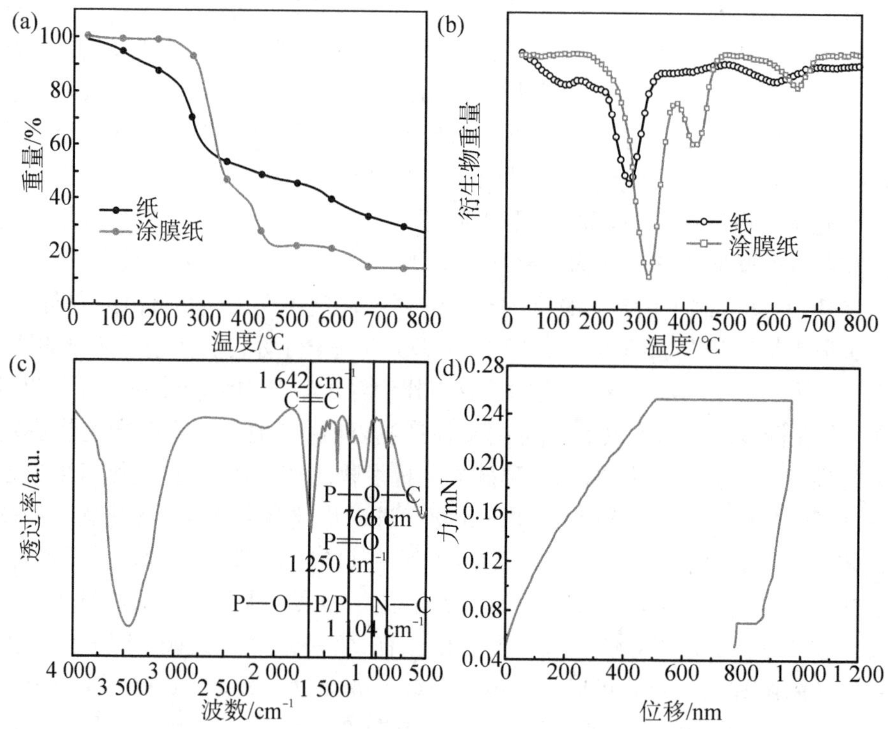

图 1-12 (a,b) 未涂膜纸和涂膜纸在空气范围内的热重分析图；(c) 涂膜纸烧焦后的红外光谱图；(d) 涂膜纸烧焦后的机械性能图

表 1-2 涂膜纸烧焦后的红外吸收峰明细表

样品	峰位置/cm^{-1}	归属
涂膜纸	1 642	C═C 伸缩振动
	1 250	P═O
	1 104	P—O—P/P—N—C
	766	P—O—C

根据涂膜纸炭化后的机械性能来评估炭化后残留物的抗压性能。涂膜纸燃烧炭化后取尺寸约为 3 cm×4 cm 的一块作为样本，采用纳米压痕仪来测量其抗压性能，如图 1－12(d)所示。为了避免样本表面和基底的影响，将压痕深度设置为 500 nm。根据公式可以推断出炭化残留物的平均硬度和杨氏模量分别是 0.01 GPa 和 0.32 GPa。正因为这种硬度的存在，才使得 PAA-AD/APP-co-PEI-β-CD 涂层处理的纸不像未涂膜纸在燃烧炭化后变成粉末。这也暗示了由红外分析结果所得 P—O—C、C═C 和 P—N—C 结构的确改善了炭化残留物的稳定性。这些结果都表明了这种自修复涂层材料具有很好的抗燃性能和无刺激自修复性能，可以被广泛地应用在各种领域，尤其是防火包装材料方面。

4.3　主客体涂层的光学传感和抗菌应用

与空白对照组相比，在无光照条件下，MoS_2/(PAA-AD/PEI-β-CD)$_{15}$ 涂层材料上培养的大肠杆菌减少了至少 34.3%，这是由于纳米粒子复合涂层材料具有一定的抗菌能力，如图 1－13 所示。分析研究过程及结果推测其原因在于：以前报道过

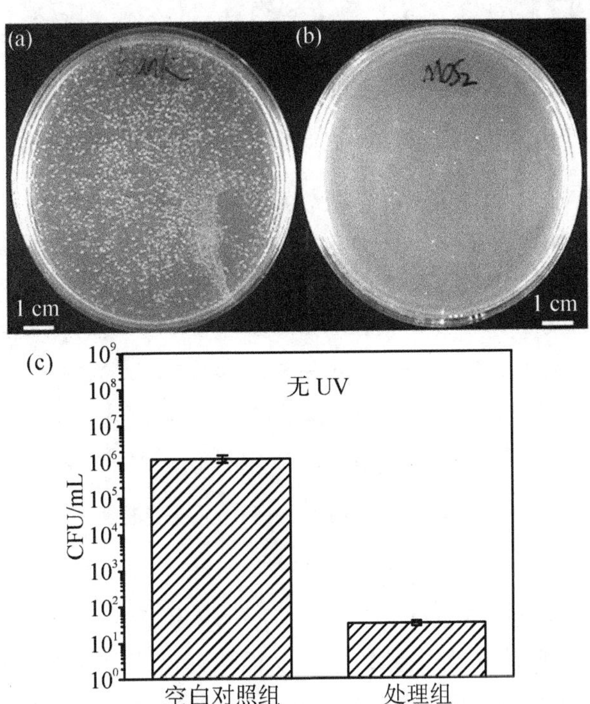

图 1－13　在琼脂板 *E. coli* 菌落数码照片：(a) 玻璃基底；(b) MoS_2/(PAA-AD/PEI-β-CD)$_{15}$ 涂层；(c) 没有紫外照射条件下，在玻璃基底上(空白对照组)、MoS_2/(PAA-AD/PEI-β-CD)$_{15}$ 涂层上(处理组)的 *E. coli* 菌落数目统计分析图

的文章中表明抗菌纳米粒子具有一定的抑菌效果，所以纳米 MoS_2 片层也具有抗菌性能，原理是该片层单位质量所具有的表面积较大，这种特性使得它与表面的细菌接触面积更大，更易渗透进入细菌的细胞壁，对细菌细胞膜造成破坏，使细菌难以进行正常的生命活动；还可以通过增加活性氧化物质的形式，起到降低细菌细胞膜稳定性的作用，造成材料表面细菌的死亡；这种纳米粒复合涂层材料具有的极好疏水性也减少了细菌在其表面的黏附和生成。我们利用 SEM 进一步观察了同一样品中损坏的大肠杆菌(*E. coli*)的不同形貌，如图 1-14 所示，有的因为收缩而产生结构变形；有的细胞膜不完整，细胞内容物流出，使其形态呈现出干瘪、凹陷，甚至断裂[35-39]。由此得知，这种 MoS_2/(PAA-AD/PEI-β-CD)$_{15}$ 复合涂层材料在没有紫外照射时具有一定的抗菌性能。

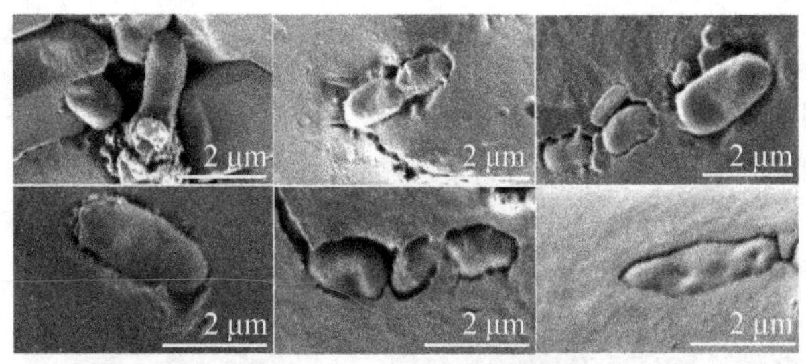

图 1-14 同一样品中 *E. coli* 不同的表面形貌 SEM 图

当光照射到 MoS_2 时，由于它存在窄的带隙或能带，会产生电子(e^-)和空穴(h^+)。活性氧化物 h^+、HO·、H_2O_2 和 O^{2-} 在抗菌活性研究中表现出影响微生物生长环境的作用，因此得到研究者们的广泛重视[40]。关于 MoS_2 的光催化反应有以下类型：

$$MoS_2 + hv \longrightarrow MoS_2(e^-, h^+)$$

$$e^- + h^+ \longrightarrow hv$$

$$h^+ + OH^- \longrightarrow HO\cdot$$

$$h^+ + H_2O_2 \longrightarrow HO\cdot + H^+$$

$$e^- + O_2 \longrightarrow O^{2-}$$

光照射在 MoS_2/(PAA-AD/PEI-β-CD)$_{15}$ 涂层表面时，产生电子-空穴对并进行光催化反应，该反应能干扰微生物生长，从而达到抑菌的目的。采用光致发光光谱对光生电子-空穴对的迁移、转移和复合过程进行研究：MoS_2/(PAA-AD/PEI-β-CD)$_{15}$ 涂层的光致发光光谱，其特征峰在 475～500 nm 之间，如图 1-15(c)所示；紫外照射条件下，以玻璃基底作为空白对照组，对 MoS_2/(PAA-AD/PEI-β-CD)$_{15}$ 涂层上 *E. coli* 菌落数目进行了统计分析，如图 1-15(a,b)所示，做成图 1-15(d)的统计图,可以看出涂层的抗菌能力可达到100%。推测其原因在于涂层材料中的纳米 MoS_2 片层被紫外光激发,从而产生更多的活性氧化物(h^+、HO·、H_2O_2 和 O^{2-}),尤其是 HO·、H_2O_2 和 O^{2-} 有破坏细菌细胞膜和降低细胞膜稳定性的作用,会造成材料表面细菌死亡。由此得出,MoS_2/(PAA-AD/PEI-β-CD)$_{15}$ 涂层材料在紫外照射条件下能达到100%的抗菌效果。鉴于极高的抗菌能力,这种纳米光学涂层材料作为一种先进的手段,可以在病原菌废水的深度处理、提高蔬菜和水果的长期保鲜能力方面有所应用。

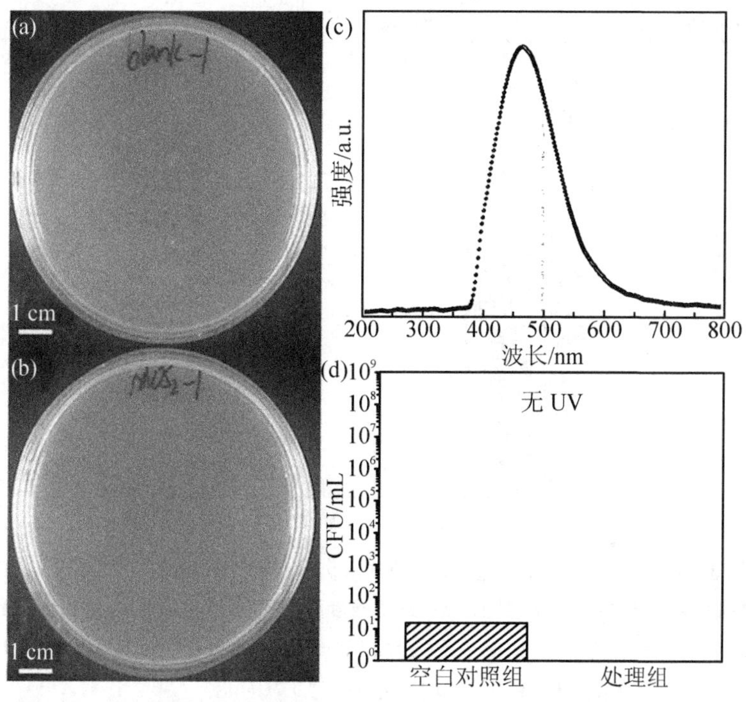

图 1-15 在琼脂板 *E. coli* 菌落数码照片:(a) 玻璃基底;(b) MoS_2/(PAA-AD/PEI-β-CD)$_{15}$ 涂层;(c) 紫外照射下,MoS_2/(PAA-AD/PEI-β-CD)$_{15}$ 涂层的光致发光光谱,其特征峰波长约 500 nm;(d) 紫外照射条件下,在玻璃基底上(空白对照组),MoS_2/(PAA-AD/PEI-β-CD)$_{15}$ 涂层上(处理组)*E. coli* 菌落数目统计分析图

纳米 MoS_2 片层的加入使 MoS_2/(PAA-AD/PEI-β-CD)$_{15}$ 涂层材料拥有了优异的光学响应性能,其遇到钴离子有荧光猝灭现象,因此,可以利用离子传感检测重金属钴离子,然后采用荧光分光光谱仪记录 Co^{2+} 浓度的分析结果。Shemirani 相关文献报道过纳米 MoS_2 片层会吸附钴离子,根据此原理进行了 Co^{2+} 响应实验,得出在 pH 为 8.0 的溶液中反应 20 min,此时的 MoS_2 片层可以较强地吸附钴离

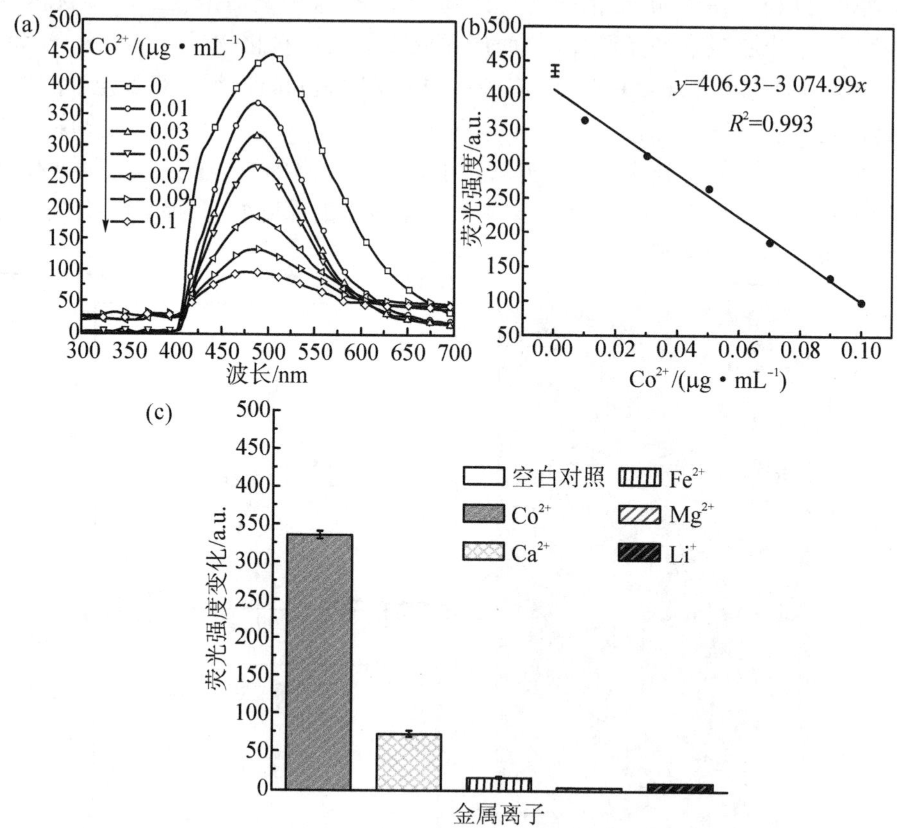

图 1-16 (a) 在添加 0 μg/mL 至 0.1 μg/mL Co^{2+} 后，MoS_2/(PAA-AD/PEI-β-CD)$_{15}$ 涂层的荧光光谱图；(b) 荧光强度和钴离子浓度间的线性拟合曲线图；这种涂层的荧光强度对不同金属离子的影响（Co^{2+} 浓度 0.1 μg/mL，Ca^{2+}、Fe^{2+}、Mg^{2+}、Li^{+} 浓度均为 15 μg/mL）

子[41-42]。因此，根据以上结论进行了 Co^{2+} 传感实验，过程是首先将 Co^{2+} 与 MoS_2 纳米复合涂层掺杂，因为钴离子会吸附在纳米 MoS_2 片层上，能诱导 MoS_2/(PAA-AD/PEI-β-CD)$_{15}$ 涂层表面的能量转移，所以产生荧光强度降低的结果。因此，通过向该片层添加从 0 μg/mL 至 0.1 μg/mL 浓度不连续增加的 Co^{2+}，随着离子浓度的不断增加，涂层的荧光强度出现短暂的波长约 500 nm 的荧光特征峰值之后，其强度逐渐减小，最后发生猝灭，当 Co^{2+} 浓度达到 0.1 μg/mL 时，涂层的荧光猝灭效率达 77.4%，如图 1-16(a)所示。猝灭效率 E 可以通过以下公式估算：

$$E=\frac{F_0-F}{F_0}\times 100\% \tag{1.2}$$

式中，F_0，F 分别表示了钴离子浓度为 0 μg/mL 和钴离子浓度不为 0 μg/mL 条件下的荧光强度。将实验得到的荧光强度数据与钴离子浓度进行拟合，可生成一条线性相关系数 R^2 为 0.993 的线性相关曲线。曲线表示 Co^{2+} 浓度与荧光强度之间存在良好的线性相关性。并从检测实验中得到相关的检测限为 0.018 mg/mL。上述结果进一步验证了 $MoS_2/(PAA\text{-}AD/PEI\text{-}\beta\text{-}CD)_{15}$ 涂层可作为钴离子浓度检测的传感平台。

金属离子 Co^{2+}、Ca^{2+}、Fe^{2+}、Mg^{2+}、Li^+ 应用于含有病原菌的废水净化和水果蔬菜的保鲜存储领域。在研究过程中，我们通过把 Co^{2+} 与同一环境中共存的其他金属离子 Ca^{2+}、Fe^{2+}、Mg^{2+}、Li^+ 在 $MoS_2/(PAA\text{-}AD/PEI\text{-}\beta\text{-}CD)_{15}$ 涂层上进行对比筛选评估，相比于其他离子，涂层对 Co^{2+} 有最好的选择性。正如图 1-16(c)所示，仅仅 0.1 μg/mL Co^{2+} 即可诱导荧光强度大幅度下降，而15 μg/mL的其他金属离子则几乎不产生明显变化。因此，这种自修复涂层材料作为一种智能材料，因其制备原料易得、方法简单、应用安全、性能好、使用寿命长等优点，有关它的研究将在食品包装等高分子工程材料领域的发展中占据重要地位。

5. 结论

我们利用层层组装技术通过主客体相互作用，制备了多功能自修复涂层材料，并拓展了其在不同领域的应用研究。将主客体动态连接和层层自组装技术引入自修复材料必将极大地拓展自修复材料的功能，弥补其他技术的不足，推进自修复材料在仿生材料、生物医学和催化领域的应用。

参考文献

[1] Colling A K, Nalette T A, Cusick R J, et al. Development status of regenerable solid amine CO_2 control systems[C]// SAE Technical Paper Series. Warrendale: SAE International, 1985.

[2] Lin C H, Cusick R J. Performance and endurance testing of a prototype carbon dioxide and humidity control system for space shuttle extended mission capability[C]// SAE Technical Paper Series. Warrendale: SAE International, 1985.

[3] Heppner D B, Hallick T M, Schubert F H. Advanced air revitalization system testing[EB/OL]. [2020-12-29]. https://ntrs.nasa.gov/citations/19840009787.

[4] Cho S H, White S R, Braun P V. Self-healing polymer coatings[J]. Advanced Materials, 2009, 21(6): 645-649.

[5] Wang Y, Li T Q, Li S H, et al. Healable and optically transparent polymeric films capable of

being erased on demand[J]. ACS Applied Materials & Interfaces, 2015, 7(24): 13597 - 13603.

[6] Kharlampieva E, Kozlovskaya V, Zavgorodnya O, et al. ph-responsive photoluminescent LbL hydrogels with confined quantum dots[J]. Soft Matter, 2010, 6(4): 800 - 807.

[7] Zhou Y Z, Yang J, Zhu C Z, et al. Newly designed graphene cellular monolith functionalized with hollow Pt-M(M=Ni, Co) nanoparticles as the electrocatalyst for oxygen reduction reaction[J]. Acs Applied Materials & Interfaces, 2016, 8(39): 25863 - 25874.

[8] Wang Z, Su B, Gao X, et al. Preparation of pdadmac/pss nanofiltration membrane by layer-by-layer self-assembly technology[J]. Membrane Science and Technology, 2012, 32(1): 27 - 32.

[9] Wang Y F, Hong Q F, Chen Y J, et al. Surface properties of polyurethanes modified by bioactive polysaccharide-based polyelectrolyte multilayers[J]. Colloids and Surfaces B: Biointerfaces, 2012, 100: 77 - 83.

[10] Yablonovitch E, Gmitter T, Leung K. Photonic band structure: the face-centered-cubic case employing nonspherical atoms[J]. Physical Review Letters, 1991, 67(17): 2295 - 2298.

[11] Zhao Y J, Xie Z Y, Gu H C, et al. Bio-inspired variable structural color materials[J]. Chemical Society Reviews, 2012, 41(8): 3297 - 3317.

[12] Cong H, Yu B, Tang J, et al. Current status and future developments in preparation and application of colloidal crystals[J]. Chemical Society Reviews, 2013, 42(19): 7774 - 7800.

[13] Bellingeri M, Chiasera A, Kriegel I, et al. Optical properties of periodic, quasi-periodic, and disordered one-dimensional photonic structures[J]. Optical Materials, 2017, 72: 403 - 421.

[14] Tian Y, He Q, Tao C, et al. Fabrication of fluorescent nanotubes based on layer-by-layer assembly via covalent bond[J]. Langmuir, 2006, 22(1): 360 - 362.

[15] Wu M. An N, Li Y, et al. Layer-by-layer assembly of fluorine-free Polyelectrolyte surfactant complexes for the fabrication of self-healing superhydrophobic films[J]. Langmuir, 2016, 32(47): 12361 - 12369.

[16] Zi J, Yu X D, Li Y Z, et al. Coloration strategies in peacock feathers[J]. Proceedings of the National Academy of Sciences of the United States of America, 2003, 100(22): 12576 - 12578.

[17] Winn J N, Fink Y, Fan S, et al. Omnidirectional reflection from a one-dimensional photonic crystal[J]. Optics Letters, 1998, 23(20): 1573 - 1575.

[18] Miertus S, Scrocco E, Tomasi J. Electrostatic interaction of a solute with a continuum-a direct utilizaion of AB initio molecular potentials for the prevision of solvent effects[J]. Chemical Physics, 1981, 55(1): 117 - 129.

[19] Miertus S, Tomasi J. Approximate evaluations of the electrostatic free-energy and internal energy changes in solution processes[J]. Chemical Physics, 1982, 65(2): 239 - 245.

[20] Cossi M, Barone V, Cammi R, et al. Ab initio study of solvated molecules: A new implementation of the polarizable continuum model[J]. Chemical Physics Letters, 1996, 255

(4/5/6):327 - 335.

[21] Gomperts R, Frisch M, Panziera J-P. Scalability of gaussian 03 on SGI Altix: The importance of data locality on CC-NUMA architecture[C]//Muller M S, Desupinski B R, Chapman B M. Evolving open MP in an age of extreme parallelism. 2009:93 - 103.

[22] Pan D D, Cao J X, Guo H Q, et al. Studies on purification and the molecular mechanism of a novel ace inhibitory peptide from whey protein hydrolysate[J]. Food Chemistry, 2012, 130 (1):121 - 126.

[23] Zhang N, Li J H, Cheng Q T, et al. Kinetic-studies on the thermal-dissociation of β-cyclodextrin—benzyl alcohol inclusion complex[J]. Thermochimica Acta, 1994, 235(1): 105 - 116.

[24] Zhu Y, Xuan H, Ren J, et al. Self-healing multilayer polyelectrolyte composite film with chitosan and poly(acrylic acid)[J]. Soft Matter, 2015, 11(43):8452 - 8459.

[25] Tjipto E, Quinn J F, Caruso F. Layer-by-layer assembly of weak-strong copolymer polyelectrolytes: A route to morphological control of thin films[J]. Journal of Polymer Science Part a-Polymer Chemistry, 2007, 45(18):4341-4351.

[26] Grande A M, Garcia S J, van der Zwaag S. On the interfacial healing of a supramolecular elastomer[J]. Polymer, 2015, 56:435 - 442.

[27] Ramorino G, Agnelli S, De Santis R, et al. Investigation of fracture resistance of natural rubber/clay nanocomposites by j-testing [J]. Engineering Fracture Mechanics, 2010, 77(10):1527 - 1536.

[28] Zhu Y, Yin T, Ren J, et al. Self-healing polyelectrolyte multilayer composite film with microcapsules[J]. Rsc Advances, 2016, 6(15):12100 - 12106.

[29] Köklükaya O, Carosio F, Grunlan J C, et al. Flame-retardant paper from wood fibers functionalized via layer-by-layer assembly[J]. ACS Applied Materials & Interfaces, 2015, 7(42):23750 - 23759.

[30] Chen S S, Li X, Li Y, et al. Intumescent flame-retardant and self-healing superhydrophobic coatings on cotton fabric[J]. ACS Nano, 2015, 9(4):4070 - 4076.

[31] Das P, Thomas H, Moeller M, et al. Large-scale, thick, self-assembled, nacre-mimetic brick-walls as fire barrier coatings on textiles[J]. Scientific Reports, 2017, 7;39910.

[32] Alongi J, Camino G, Malucelli G. Heating rate effect on char yield from cotton, poly (ethylene terephthalate) and blend fabrics[J]. Carbohydrate Polymers, 2013, 92(2):1327 - 1334.

[33] Seefeldt H, Braun U, Wagner M H. Residue stabilization in the fire retardancy of wood-plastic composites: Combination of ammonium polyphosphate, expandable graphite, and red phosphorus[J]. Macromolecular Chemistry and Physics, 2012, 213(22):2370 - 2377.

[34] Yan Y-W, Chen L, Jian R-K, et al. Intumescence: An effect way to flame retardance and smoke suppression for polystryene[J]. Polymer Degradation and Stability, 2012, 97(8): 1423 - 1431.

[35] Wu N, Yu Y, Li T, et al. Investigating the influence of MoS_2 nanosheets on *E. coli* from

metabolomics level[J]. Plos One,2016,11(12):e0167245.

[36] Shah P, Narayanan T N, Li C-Z,et al. Probing the biocompatibility of MoS_2 nanosheets by cytotoxicity assay and electrical impedance spectroscopy [J]. Nanotechnology, 2015, 26(31):315102.

[37] Teo W Z, Chng E L K, Sofer Z, et al. Cytotoxicity of exfoliated transition-metal dichalcogenides(MoS_2, WS_2, and WSe_2) is lower than that of graphene and its analogues [J]. Chemistry-a European Journal,2014,20(31):9627 - 9632.

[38] Yan D, Yin G, Huang Z,et al. Cellular compatibility of biomineralized ZnO nanoparticles based on prokaryotic and eukaryotic systems[J]. Langmuir,2011,27(21):13206 - 13211.

[39] Karpeta-Kaczmarek J, Augustyniak M, Rost-Roszkowska M. Ultrastructure of the gut epithelium in Acheta domesticus after long-term exposure to nanodiamonds supplied with food[J]. Arthropod Structure & Development,2016,45(3):253 - 264.

[40] Matsunaga T, Tomoda R, Nakajima T, et al. Photoelectrochemical sterilization of microbial-cells by semiconductor powders[J]. Fems Microbiology Letters,1985,29(1 - 2): 211 - 214.

[41] Chikan V, Kelley D F. Size-dependent spectroscopy of MoS_2 nanoclusters[J]. The Journal of Physical Chemistry B,2002,106(15):3794 - 3804.

[42] Lu Z S, Chen X J, Hu W H. A fluorescence aptasensor based on semiconductor quantum dots and MoS_2 nanosheets for ochratoxin a detection [J]. Sensors and Actuators B Chemical,2017,246:61 - 67.

第二章　基于氢键作用构建的多层功能膜材料及应用

朱彦熹　车峰远　临沂市人民医院

1. 概述

材料具有的自我修复损伤的性能，在极大地延长材料使用寿命的同时还可以减轻其使用过程中潜在的危害，使此类材料在一些重要工程和尖端技术领域有着巨大的发展前景和应用价值。层层组装方法可以通过适宜的组装驱动力实现复合薄膜材料结构、形貌的可控制备，最终赋予薄膜特殊的性质和新颖的功能。因此，层层组装自修复膜材料受到了人们的广泛关注。近年来，虽然层层组装技术在制备自修复材料方面取得了长足的进步与发展，但是如何将层层组装方法的优势充分应用到设计和制备自修复膜材料中而制备出新颖的功能自修复材料仍然面临着挑战。

本章中，我们利用层层组装技术的优势，基于氢键作用，在选择多种聚电解质材料构筑不同的层层组装自修复膜材料的同时研究了它们在不同领域的应用，主要内容如下：

第二节简单介绍氢键体系的层层组装自修复涂层的基本概念，第三节将介绍如何设计与调控构筑氢键体系的层层组装自修复膜，第四节将介绍氢键体系的层层组装自修复膜的自修复性能的测试方法，第五节将介绍氢键体系的层层组装自修复膜的自修复性能的影响因素，第六节将介绍氢键体系的层层组装自修复膜的修复机理，第七节将介绍氢键体系的层层组装自修复膜的相关应用。

2. 基于氢键体系的层层组装自修复涂层的基本概念

2.1 氢键层层自组装

层层组装是不同构筑基元在基底上有序地交替自组装，而决定复合薄膜内部结构形貌以及影响材料功能的重要因素是构筑基元之间的组装驱动力。随着人们对层层组装研究的不断深入，组装驱动力逐渐拓展。当前较为常用的组装推动力有静电作用、氢键作用等。

基于静电相互作用的层层组装技术要求组装基元必须带有相反电荷，这就要求组装基元在极性溶剂中具有较好的溶解性，极大地制约了组装基元种类的多样性，因此，科研工作者试图通过其他的弱作用来构筑层层组装体系，从而把这种方法推广到非水溶剂中。将氢键作用应用到构筑层层组装中不仅开创性地拓展了层层组装技术的驱动力，还极大地丰富了层层组装构筑基元的选择。图 2-1 为张希院士基于氢键作用构筑多层膜的流程图。氢键的强度适中并对 pH 值敏感，在一定条件下可以发生断裂与重组，因此，通过氢键作用组装成膜的聚电解质材料具有特有的结构和性质（如潜在的自修复性能）。静电层层组装技术所用的溶剂是水（极性较大），但是很多聚合物和功能性分子并不带电荷，不溶于水，所以无法用静

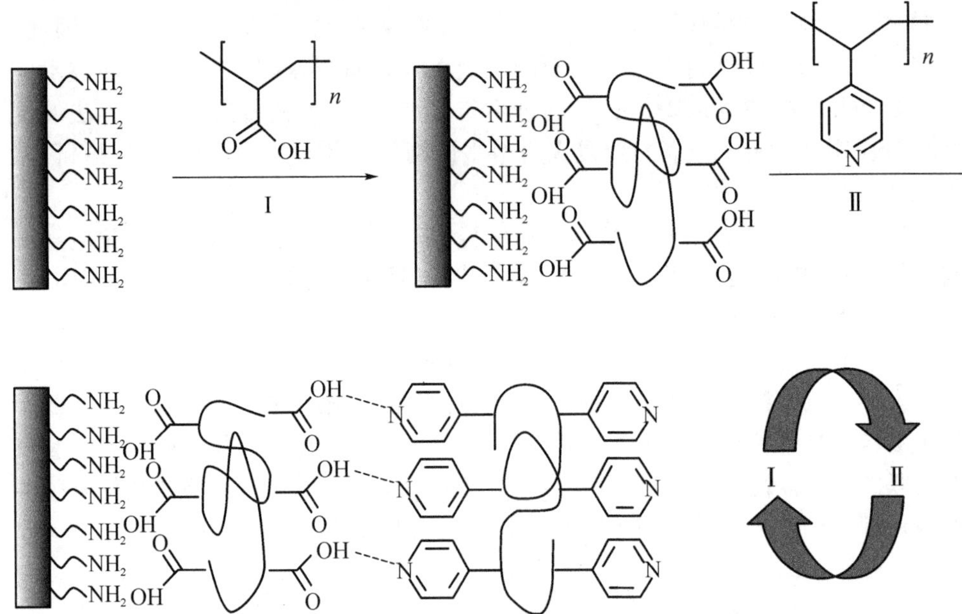

图 2-1　基于氢键作用构筑层层组装多层膜过程图[1]

电组装技术来制备薄膜，而基于氢键的层层组装通常在分别含有氢键给体和受体的待沉积物质之间进行，这种薄膜制备方法使得许多电中性物质得以成功进行交替沉积。

2.2 自修复现象与自修复材料

自然界中的生物体在机体受到损伤后，伤口可以自行愈合，这种能力被称为自修复功能。即便是机械性能较好的材料，在使用过程中和周围环境的作用下都不可避免地会产生局部损伤和微裂纹，导致力学性能下降，如果这些损伤部位不能及时进行修复，不但会影响结构构件的正常使用性能，缩短其使用寿命，而且可能由此引发宏观裂缝而发生断裂，造成重大事故。因此，在过去十几年中，人们致力于将生物体的自修复功能引入人造材料中，设计出具有自修复性能的智能型材料，在极大延长材料使用寿命的同时减轻材料使用中潜在的危害；此外，在造价较高的关键部位引入自修复功能材料，还可以降低更换成本。这些独特的优势让自修复材料在一些重要工程和尖端技术领域有着巨大的发展前景和应用价值。

2.3 基于氢键体系的层层组装自修复涂层

氢键是指与电负性极强的元素 X 相结合的氢原子和另一分子中电负性极强的原子 Y 之间形成的一种弱键。可以表示成 X—H…Y。氢键不仅具有动态可逆的特点，还具有选择性和方向性，因此在构筑新型复合物材料和决定复合物材料性质中有着广泛的应用。共价键比较稳定，只有在提供足够能量的条件下才能裂开，而分子间氢键作为一种弱相互作用，具有动态可逆的特点，对外部环境的刺激具有独特的响应特性，在一定的条件下可以发生断裂与重组，因此以氢键为作用力构筑新型的自修复材料成为现阶段的研究热点，氢键的“断裂—重构”机理是：氢键作用在特定的刺激条件下变弱或者断裂，引起材料受损部位发生移动，接触；当撤去外界刺激时，材料再次在氢键的作用下聚集成可逆交联态的超分子结构，修复损伤。

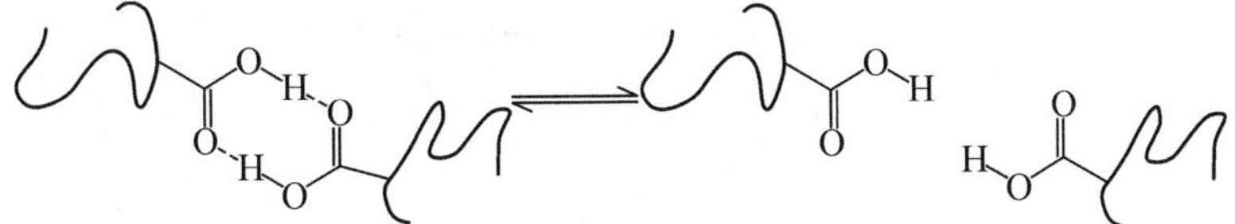

图 2-2 氢键的“断裂—重构”机理是示意图[2]

3. 氢键体系自修复膜的设计与构筑

一般情况下，制备自修复材料是一个复杂而困难的过程，限制了自修复材料的进一步应用[3-5]。如果可以通过简单的技术方法制备出修复性能良好的自修复材料，那么将极大地扩展自修复材料的应用范围。

层层组装技术是近年来发展起来的制备有序薄膜的方法，具有构筑基元极其丰富，组装驱动力多种多样等特点[6-7]。此外，层层组装技术还具有工艺简单、易于操作等优势，这使得人们可以方便地通过层层组装技术来实现对自修复多层膜结构和功能的灵活设计与调控[8]。吉林大学孙俊奇课题组在这方面做了大量开创性而有意义的工作[9-11]。

在本节中，将介绍以壳聚糖（CS）和聚丙烯酸（PAA）为构筑基元，利用软件计算模拟 CS 和 PAA 结合的可能构型及作用力，并以此为指导，通过调控组装过程中的 pH 值，基于层层组装技术构筑自修复膜材料的方法。

3.1 组装基元的筛选

CS 又称脱乙酰甲壳素，是由自然界广泛存在的几丁质经过脱乙酰作用得到的，化学名称为聚葡萄糖胺（1－4）－2－氨基－β－D－葡萄糖，是天然多糖中唯一大量存在的碱性氨基多糖[12]。它无毒、生物相容性好、可生物降解，具有抑菌性能并具有良好的成膜性，关于它在医药、食品、化工、化妆品、水处理、金属提取及回收、生化和生物医学工程等诸多领域的应用研究取得了重大进展[13-15]。CS 单体中的氨基可以和一些聚合物单体中的羧基反应生成有氢键的超分子结构的共聚物[16-17]。PAA 中含有大量的羧基，理论上可以与 CS 中的氨基生成氢键。

而氢键是一种可逆的非共价键，基于氢键的层层组装膜材料具有良好的环境响应能力，在一定的条件下可以发生断裂与重组[18-19]，因此，通过 CS 和 PAA 之间的氢键作用组装成的聚电解质膜材料具有潜在的自修复性能。

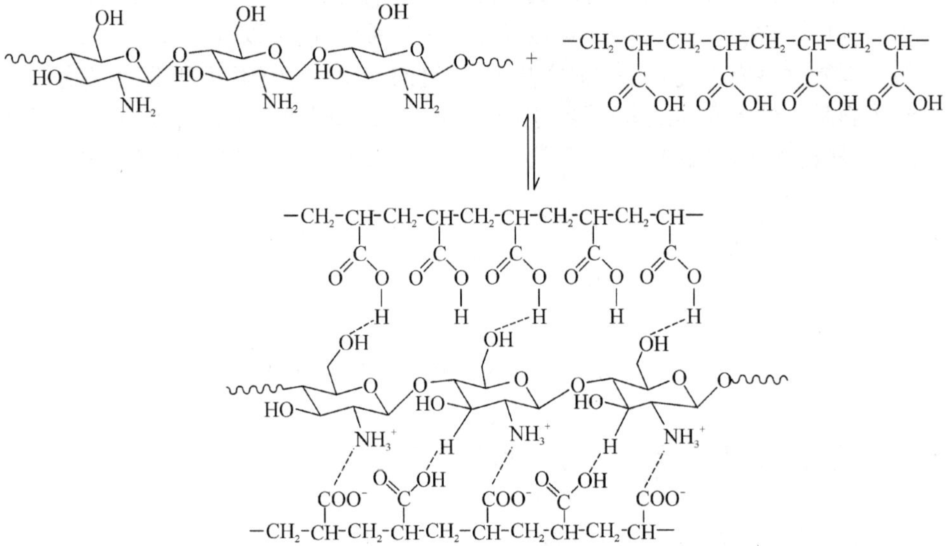

$$-CH_2-CH-CH_2-CH-CH_2-CH-CH_2-CH-$$

图 2－3 CS 和 PAA 可逆反应机理示意图

3.2 理论模拟与计算

把 CS 分子定义为受体，PAA 定义为配体，软件模拟对接后选出较优构型，结果如图 2-4 所示。从图中可以发现，PAA 与 CS 之间可以形成数个氢键，分别为：CS 中的氨基上的 H_{80} 与 PAA 分子上的 O_{32} 原子形成一个强氢键，PAA 分子中羧基上的 H_{30} 与 CS 分子中的 O_{20} 形成一个强氢键，CS 分子中与 O_7 原子相连的 H 和 PAA 分子中的 O_{37} 形成一个中强氢键。经过计算发现，它们之间的总相互作用能为－141 kcal/mol。表 2-1 列出了其结构及对应的参数。非共价键由于可以在一定的刺激条件下发生动态可逆的“断裂—重组”反应而被广泛地用来设计本征型的自修复材料，而氢键则是构筑层层组装自修复膜材料最常用的非共价键之一[20]。在上述理论计算中可以发现，CS 和 PAA 可以以氢键作用为驱动力构筑成膜，这就为通过调节实验参数，设计出可以在水的刺激条件下发生动态可逆的“断裂—重组”反应的层层组装材料提供了一种可能性。Gero Decher 课题组[21]发现，弱聚电解质具有 pH 敏感性，可以通过简单的 pH 调节控制聚合物链的电荷密度，从而调控其与另一构筑基元的相互作用强度。

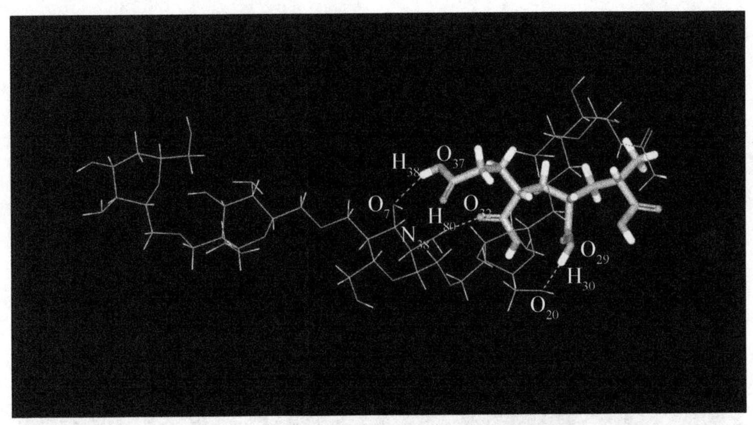

图 2-4 CS 和 PAA 结合的优化构型图

表 2-1 CS-PAA 形成的氢键参数表(D:CS; A:PAA)

键的位置	$d_{(D—H)}$/Å	$d_{(H\cdots A)}$/Å	$d_{(D\cdots A)}$/Å	∠DHA/°
A:N_{38}—$H_{80}\cdots O_{32}$:D	1.03	1.85	2.81	154.2
D:O_{29}—$H_{30}\cdots O_{20}$:A	0.95	2.00	2.84	145.7
D:$O_{37}\cdots H_{38}$—O_7:A	0.95	2.39	3.28	154.9

因此，以 CS 和 PAA 为构筑基元，仅仅通过调控组装过程中 CS 溶液的 pH 值，就有希望制备出一种环境友好型的层层组装自修复多层膜材料。

还可以利用 DS 2.1 软件包[22]来模拟更复杂的作用关系，如 CS/PAA 和 Co-CS/PAA 的形成过程。将 CS 分子定义为受体，Co^{2+} 和 PAA 分子定义为配体。通过 ZDOCK 模块对接后，基于能量最小化的原则，从得到的结果中选出最优的配置，结果如图 2-5 所示。从图 2-5(a)中可以发现，PAA 和 CS 可以形成多个氢键，分别为 $O_{84}—H_{17}\cdots O_7$、$O_7—H_{13}\cdots O_5$、$N_{38}\cdots H_8—O_3$ 和 $N_{38}\cdots H_{80}—O_3$，对应的氢键的结构参数如表 2-2 所示。而样品 Co-CS/PAA 中的相互作用发生了极大的变化，从图 2-5(b)中可以发现，CS 和 Co^{2+} 形成多个金属配位键，与此同时，氢键数量锐减，只有 $N_1\cdots H_{79}—O_3$：PAA，且对应的键长及键角都发生变化。这表明 Co^{2+} 可以进入 CS/PAA 聚电解质多层膜中并与 CS 中的氨基反应以产生金属配位键，部分破坏 CS 和 PAA 之间的分子间氢键。更重要的是，CS 和 Co^{2+} 形成金属配位键以后，由于空间位阻效应，亦可以导致 CS 和 PAA 之间的分子间氢键重新配置。计算结果表明，Co^{2+} 可以使 CS 和 PAA 之间的相互作用和结构重构，这可能比较有利于提高 CS/PAA 聚电解质多层膜的自愈能力。

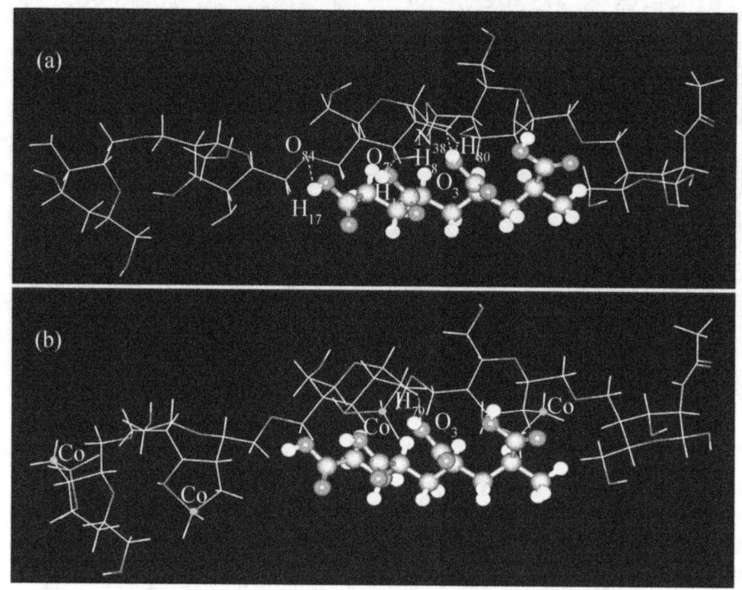

图 2-5 (a) CS 与 PAA 的结合构型图；(b) Co、CS 和 PAA 结合的构型图

表 2-2 Co,CS 和 PAA 形成氢键的具体参数

样品	键的位置	$d_{(CS\cdots PAA)}$/Å	∠CS—H—PAA/°
CS/PAA	CS:O_{84}—H_{17}…O_7:PAA	2.44	117.95
	PAA:O_7—H_{13}…O_5:CS	2.45	141.14
	CS:N_{38}…H_8—O_3:PAA	1.65	148.33
	CS:N_{38}…H_{80}—O_3:PAA	1.64	143.17
Co—CS/PAA	Co—CS:N_1…H_{79}—O_3:PAA	2.42	134.66

3.3 调控构筑

层层组装技术是近年来发展起来的制备有序薄膜的方法[23],其操作步骤可以简化为交替重复地浸泡及冲洗基底材料,整个实验过程非常简单[24]。层层组装允许对每一次界面组装过程进行独立的设计与调控,非常有利于将不同种类或性质的构筑基元以特定的组成顺序引入到同一个膜内[25],到目前为止,不同性质和结构的材料(如聚合物电解质[26]、无机纳米粒子[27]、二维层状材料[28]、生物大分子[29]等)都被成功地用来构造具有特定组成、厚度和性质的多层有序膜;此外,层层组装不仅仅可以在平面基底及复杂结构上制备多层膜,还可在三维的颗粒表面进行多层膜制备,并在一定的条件下溶去预组装的基底材料,从而实现中空结构的复合材料合成[7]。

本节介绍使用层层组装技术(LbL)制备聚电解质多层膜材料的方法。具体过程如图 2-6 所示。步骤如下:① 将玻璃先浸入与其带相反电荷的 CS 聚电解质溶液中15 min,蒸馏水冲洗 5 min,洗去未吸附的 CS 聚电解质溶液;② 将吸附了 CS 聚电解质材料的基底浸入 PAA 溶液中 15 min,蒸馏水冲洗 5 min,洗去未吸附的 PAA 聚电解质溶液;③ 重复步骤①和步骤②29 次,制备出(CSn/PAA) * 30(n=4.0、3.5 和 3.0)聚电解质多层膜材料。

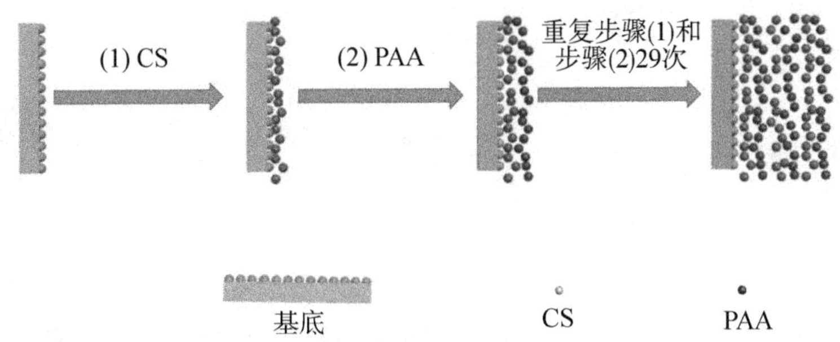

图 2-6 (CSn/PAA) * 30(n=4.0、3.5 和 3.0)聚电解质多层膜制备过程图

不同 pH 条件下构筑的氢键体系自修复膜的结构如图 2－7(a－f)所示。(CS 4.0/PAA) * 30、(CS 3.5/PAA) * 30、(CS 3.0/PAA) * 30 聚电解质多层膜的表面结构极为相似，都呈现出平整光滑的表面结构。而观察图 2－7(g－i)可以发现，(CS*n*/PAA) * 30 聚电解质多层膜的截面结构呈现出较大的差异，随着 pH 值的降低，材料致密的结构变得松散，厚度虽然有一定的差异，但是在 30～60 μm 范围内。

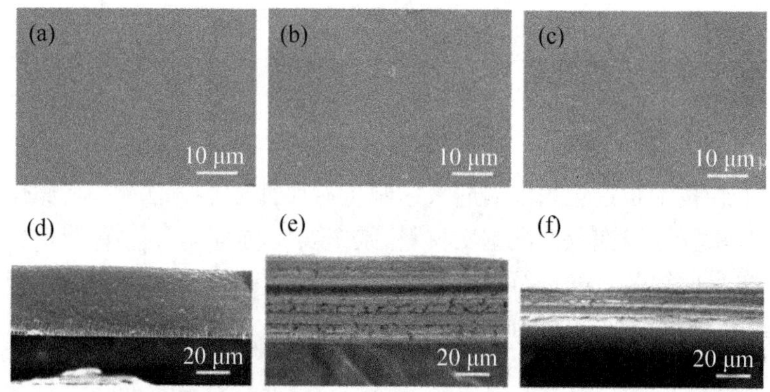

图 2－7 (a,d) (CS 4.0/PAA) * 30 聚电解质多层膜；(b,e) (CS 3.5/PAA) * 30 聚电解质多层膜和(c,f) (CS 3.0/PAA) * 30 聚电解质多层膜的电镜图。(a－c)为表面结构，(d－f)为截面结构

此外，为了精确控制层层组装的膜厚度，还可使用旋涂法制备$(CS/PAA)_n$(n 表示组装周期数)聚电解质多层膜材料，具体过程如图 2－8 所示。步骤如下：① 将CS溶液滴到硅片基底上，设置旋涂速度为 5 000 r/min，旋涂时间为 35 s，旋涂后将样品放置在烘箱中，60 ℃条件下干燥 30 min；② 将 PAA 溶液滴到基底上，设置旋涂速度为 5 000 r/min，旋涂时间为 35 s，旋涂后将样品放置在烘箱中，60 ℃条件下干燥 30 min；③ 重复步骤①和步骤②多次即可在硅片基底上制备出不同组装周期的超薄彩色聚电解质多层膜。

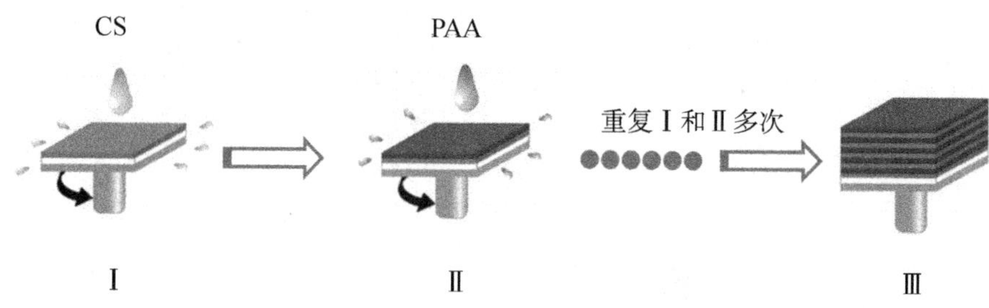

图 2－8 $(CS/PAA)_n$(n 表示组装周期数)超薄彩色多层膜制备过程图

当 PAA 溶液和 CS 溶液的旋涂速度为 5 000 r/min，旋涂时间为 35 s 时，(CS/PAA) * n 聚电解质多层膜材料的膜厚增长曲线如图 2－9 所示。从图中可以发现：CS/PAA 膜厚和组装周期数呈线性增长关系，一个周期的平均增长量大约为 10 nm。(CS/PAA) * 30 聚电解质多层膜的膜厚为(320 ± 20)nm。由于聚电解质多层膜的膜厚和组装周期数呈现线性增长的关系，因此，可以通过控制组装层数来精确控制材料的膜厚度，从而制备出期望参数的材料。

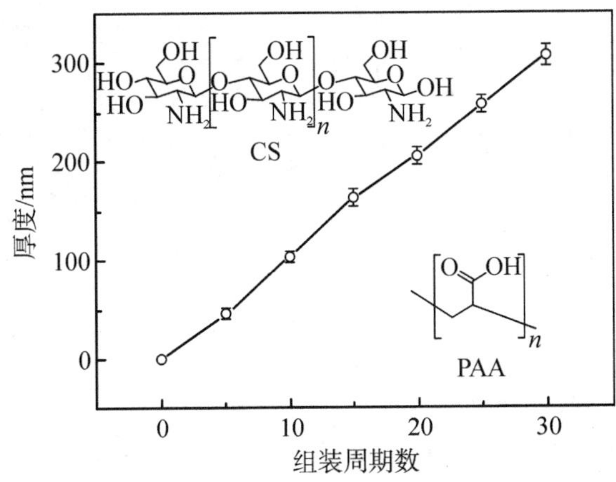

图 2－9　氢键体系层层组装自修复彩色膜 CS/PAA 膜厚增长曲线

4. 氢键体系自修复膜的自修复性能测试

4.1　显微镜观察

(1) 金相显微镜观察

借助于金相显微镜观察超薄彩色 CS/PAA 多层膜材料在不同 pH 值的水溶液中的动态修复过程，结果如图 2－10 所示。样品(a)、(b)和(c)是厚度大约为 160 nm 的蓝绿色超薄 CS/PAA 膜材料。($a_Ⅰ$)、($b_Ⅰ$)和($c_Ⅰ$)是样品经过破损处理后表面形貌图，从图中可以发现明显的“一”字形划痕，划痕贯穿到基底，宽度大约 20 μm。当将样品(a)浸泡到 pH 为 3.0 的水溶液中时，样品颜色迅速由蓝色($a_Ⅰ$)变成灰色($a_Ⅱ$)，但是划痕部没有因为溶液的刺激而发生变化，即使将样品浸泡在溶液中 1 h，其划痕依然没有变窄；当撤去溶液的刺激，样品恢复原来的颜色($a_Ⅲ$)。从金相图片($a_Ⅰ$)、($a_Ⅱ$)和($a_Ⅲ$)中可以发现，超薄彩色 CS/PAA 多层膜在 pH 为 3.0 的水溶液中不能完成修复过程。相对于($a_Ⅰ$)、($a_Ⅱ$)和($a_Ⅲ$)，($b_Ⅰ$)、($b_Ⅱ$)和($b_Ⅲ$)呈现出另外一种实验现象，当将样品浸入 pH 为 2.5 的水溶液中时，首先，样品的颜色迅速地由蓝绿色变成灰色，同时，样品在溶液的刺激下发生侧移，划痕两端受损部分互相接触($b_{Ⅱ}$)，不断修复损伤。当撤去刺激物时，超薄彩色 CS/PAA 多层膜修复划痕，同时恢复原来颜色($b_{Ⅲ}$)。

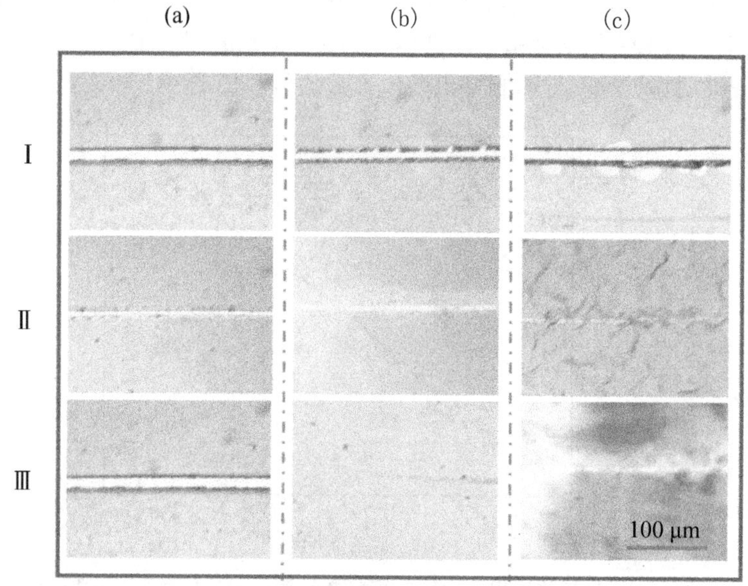

图 2－10 超薄彩色 CS/PAA 多层膜在不同 pH 条件下的自修复过程图：(a) pH＝3.0；(b) pH＝2.5 ；(c) pH＝2.0

(2) 扫描电子显微镜观察

由于基于氢键作用的自修复材料的自修复行为对引发剂的 pH 具有依赖性，于是，借助扫描电镜图来研究超薄彩色 CS/PAA 多层膜材料在不同 pH 水溶液中的结构变化，结果如图 2－11 所示。超薄彩色 CS/PAA 多层膜材料表面呈现出平整、光滑的微观结构($a_{Ⅰ}$)，当将其浸泡到 pH 为 3 的水溶液中时，依然平整、致密、光滑，表面微观结构几乎没有发生变化($a_{Ⅱ}$)。这表明薄彩色 CS/PAA 膜材料对 pH 为 3 的水溶液响应性较小，不能在其刺激下发生溶胀作用而致使膜材料发生移动。但是，超薄彩色 CS/PAA 多层膜材料受 pH 为 2.5 的水溶液刺激后微观结构发生了很大的变化，原来平整光滑的表面($b_{Ⅰ}$)变得粗糙，并有许多微孔贯穿其中($b_{Ⅱ}$)，这表明超薄彩色 CS/PAA 多层膜在 pH 为 2.5 的水溶液的刺激下体积发生了较大变化，能够带动膜材料发生一定的位移，有利于材料实现自修复过程。当将超薄彩色 CS/PAA 多层膜浸泡到 pH 为 2.0 的水溶液中后，样品的微观结构迅速发生变化，表面由平整光滑的结构($c_{Ⅰ}$)变成大量不规则形状交联的网状结构，孔状结构更大，并且有部分基底裸露出来($c_{Ⅱ}$)。这表明超薄彩色 CS/PAA 多层膜在 pH 为 2.0 的水溶液的刺激下具有较强的溶胀能力和流动性。

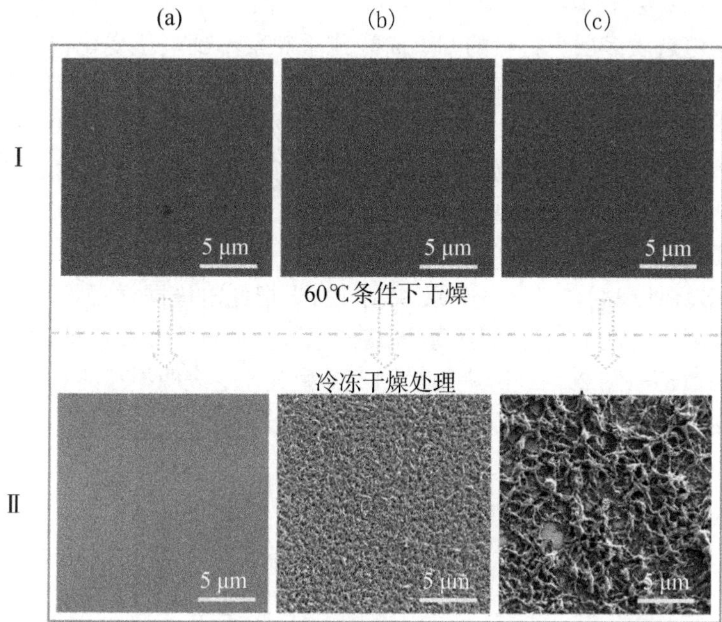

图 2-11 超薄彩色 CS/PAA 多层膜材料在不同的 pH 条件下的电镜图：(a) pH=3.0；(b) pH=2.5 和(c) pH=2.0。(Ⅰ)为 60 ℃条件下干燥后的表面形貌图，(Ⅱ)为浸泡到相应 pH 溶液后冷冻干燥后的表面形貌图

4.2 电化学性能测试

(1) 循环伏安

循环伏安法(CV)常常被用来表征自修复涂层系统的自修复性能和探究自修复过程中可能的修复机理。图 2-12(a)、图 2-12(b)分别是理想状态条件下完好的聚电解质多层膜材料的 CV 曲线和受损后的聚电解质多层膜材料的 CV 曲线。一般情况下聚电解多层膜材料导电性能比较差，所以理论上由聚电解质涂覆的 ITO 电极的 CV 曲线几乎观察不到电位变化[图 2-12(a)]，聚电解质涂覆的 ITO 电极经过破损处理后，受损部位的基底材料(ITO 玻璃具有良好的导电性)将暴露于电解液中，因此呈现出明显的氧化峰和还原峰[图 2-12(b)]。若材料不具备自修复性能，其破损后不能及时将裸露的 ITO 重新覆盖，其 CV 曲线就不会有明显的变化，整个自修复过程的 CV 曲线变化为图 2-12(a)—图 2-12(b)—图 2-12(b)；若材料有良好的自修复性能，受损后能够快速修复，整个自修复过程的 CV 曲线变化则为图 2-12(a)—图 2-12(b)—图 2-12(a)。图 2-12(c)、图 2-12(d)分别为 CS/PAA 聚电解质多层膜材料和 Co-CS/PAA 复合膜材料修复过程中的实际循环伏安曲线。

于是可以尝试着用循环伏安法来进一步考察 CS/PAA 聚电解质多层膜材料

和 Co-CS/PAA 复合膜材料的动态修复过程。从图 2－12(c)中可以发现，完好的 CS/PAA 聚电解质多层膜材料的 CV 曲线几乎观察不到电位变化；当经过破损处理后，其 CV 曲线出现一对明显的氧化还原峰；把此电极浸入水中 1 h 后重新进行循环伏安测试，发现氧化峰和还原峰变化不大，整个自修复过程的 CV 曲线变化图为图 2－12(a)—图 2－12(b)模式，这表明 CS/PAA 聚电解质多层膜材料不能在水的刺激条件下愈合，和体式显微镜观察结果一致。从图 2－12(d)中可以发现，完好的 Co-CS/PAA 复合膜材料的 CV 曲线也和图 2－12(c)一致，几乎观察不到电位变化；经过破坏处理后，“氧化—还原”峰出现；当把此电极同样浸入水中 1 h 后进行循环伏安测试发现了“氧化—还原”峰消失了，整个自修复过程的 CV 曲线变化图为图 2－12(a)—图 2－12(b)—图 2－12(a)模式。这表明损坏的 Co-CS/PAA 复合膜材料在水的刺激下具有良好的自修复能力。

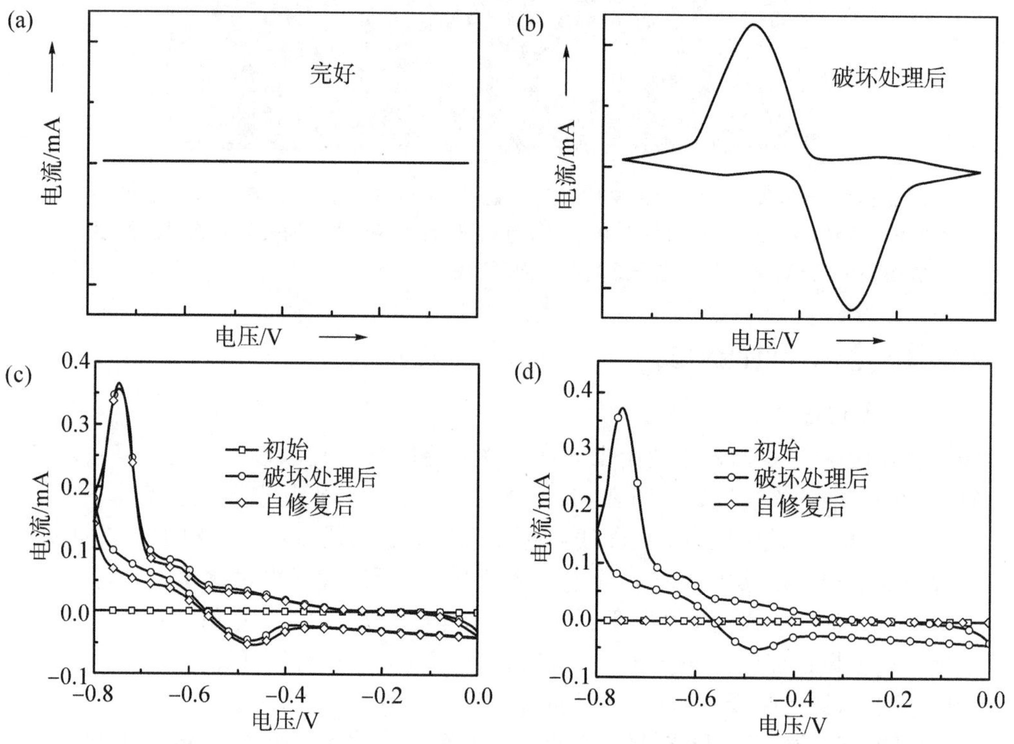

图 2－12 (a) 完整的聚合物膜和(b) 破损的聚合物膜的理论循环伏安图；(c) CS/PAA 聚电解质多层膜和(d) Co-CS/PAA 复合膜在实验中的循环伏安图

(2) 交流阻抗

除了部分导电聚合物以外，一般来说，聚合物导电性都比较差。一方面是因为聚合物链没有能够自由移动的载流子(电子)；另一方面，靠范德瓦耳斯力堆砌的聚合物分子之间距离大，电子云交叠差，所以自由电子很难在聚合物分子间移动，致使聚合物的导电性较差[30]。所以，理论上由聚电解质涂覆的ITO电极的电化学阻抗较大，当聚电解质涂覆的ITO电极经过破损处理后，受损部位的基底材料(ITO玻璃具有良好的导电性)将暴露于电解液中，此时电极的电化学阻抗明显减小。若材料不具备自修复性能，其破损后不能及时将裸露的ITO重新覆盖，其电化学阻抗依然较小；若材料有良好的自修复性能，受损后能够快速修复，其电化学阻抗会恢复到原来的值。基于此，可以借助于电化学阻抗谱(EIS)来进一步研究制备的CS/PAA聚电解质多层膜系统的自修复性能。

图2-13是不同条件下制备的CS/PAA膜电极经过活化稳定后的电化学阻抗谱，从图中可以发现，样品电极的电化学阻抗均由高频区的半圆和低频区的斜线组成。高频区的半圆对应电极电化学反应的电容阻抗弧，低频区的斜线对应质子扩散引起的Warburg阻抗[31]。从图2-13(a)中可以发现，初始的(CS4.0/PAA)＊30聚电解质多层膜电极的高频区圆弧半径较大，经拟合计算后发现其电荷传递阻

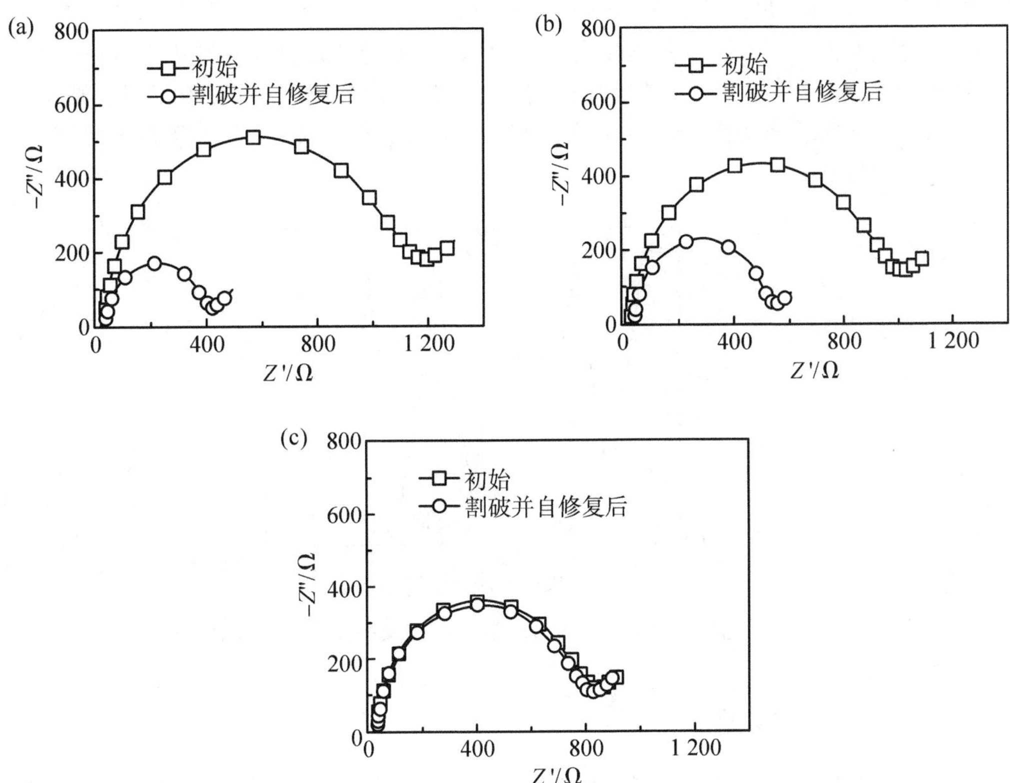

图2-13 (a)(CS 4.0/PAA)＊30聚电解质多层膜；(b)(CS 3.5/PAA)＊30聚电解质多层膜，以及(c)(CS 3.0/PAA)＊30聚电解质多层膜的交流阻抗谱

抗为 1 206 Ω,将(CS 4.0/PAA) * 30 聚电解质多层膜电极破损处理后将其浸泡到水溶液中浸泡 10 min,其高频区圆弧半径较小,电荷传递阻抗为 409.3 Ω,这表明(CS 4.0/PAA) * 30 聚电解质多层膜在水的刺激条件下不能完成修复过程;观察图 2-13(b) 可以发现初始的(CS 3.5/PAA) * 30 聚电解质多层膜电极的电荷传递阻抗为 993.4 Ω,破损后的(CS 3.5/PAA) * 30 聚电解质多层膜电极在水中修复 10 min后其电荷传递阻抗变为 518.2 Ω,这表明(CS 3.5/PAA) * 30 聚电解质多层膜在水的刺激条件下能够部分的将划痕覆盖,但是依然不能完全修复划痕;而初始的(CS 3.0/PAA) * 30 聚电解质多层膜电极的电荷传递阻抗和破损修复后的电荷传递阻抗分别为 826 Ω 和 809 Ω,相差不大,这进一步表明(CS 3.0/PAA) * 30 聚电解质多层膜材料在水的刺激条件下能够完成修复过程。

为了验证制备的材料的重复修复性能,将修复好的超薄彩色 CS/PAA 多层膜多次割破,并进行电化学阻抗实验,结果如图 2-14 所示。从图中可以发现即使经过5 次“损伤—修复”过程,超薄彩色 CS/PAA 多层膜的电阻仍能恢复到原来数值的 90%以上,降低的电阻可能是损伤处理过程中少量的聚电解质损失所致。由于薄膜电阻的恢复程度在一定程度上能够反映出样品的修复程度,通过重复修复性能实验可以发现,超薄彩色 CS/PAA 多层膜能够在同一受损位置重复多次修复,这进一步证明超薄彩色 CS/PAA 多层膜在 pH 为 2.5 的水溶液刺激下具有良好的重复自修复性能。

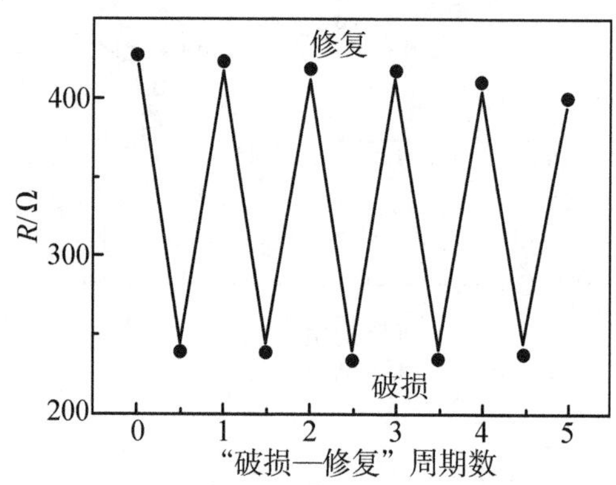

图 2-14 超薄彩色 CS/PAA 多层膜 5 个“破损—修复”周期的阻抗值

4.3 机械性能测试

对于结构及力学性能不同的材料,其变形机制不同导致其载荷位移曲线不同。因此,可以采用纳米压痕仪考察氢键体系层层组装自修复膜[(bPEI/PAA) * 30 微胶囊]的机械性能来研究其自修复性能。设置载荷为 50 mN,结果如图 2-15 所示。对比(bPEI/PAA) * 30 微胶囊膜同一位置修复前后的“负载—位移”曲线可以发现,(bPEI/PAA) * 30 微胶囊膜初始时和修复后的“负载—位移”曲线几乎重合,这表明负载纳米微胶囊前后膜的机械性质并没有改变。进一步证明氢键体系层层组装自修复膜[(bPEI/PAA) * 30 微胶囊]具有良好的自修复性能。

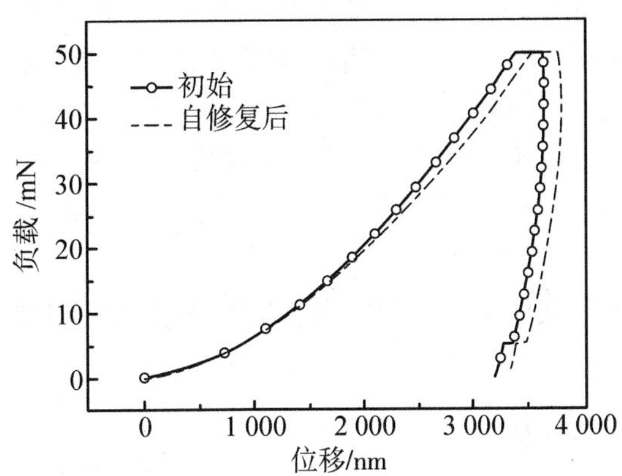

图 2-15 (bPEI/PAA) * 30 微胶囊复合多层膜修复前后机械性能

4.4 光学性能测试

通过光学性能测试自修复膜材料的自修复性能过程如图 2-16 所示。初始状态

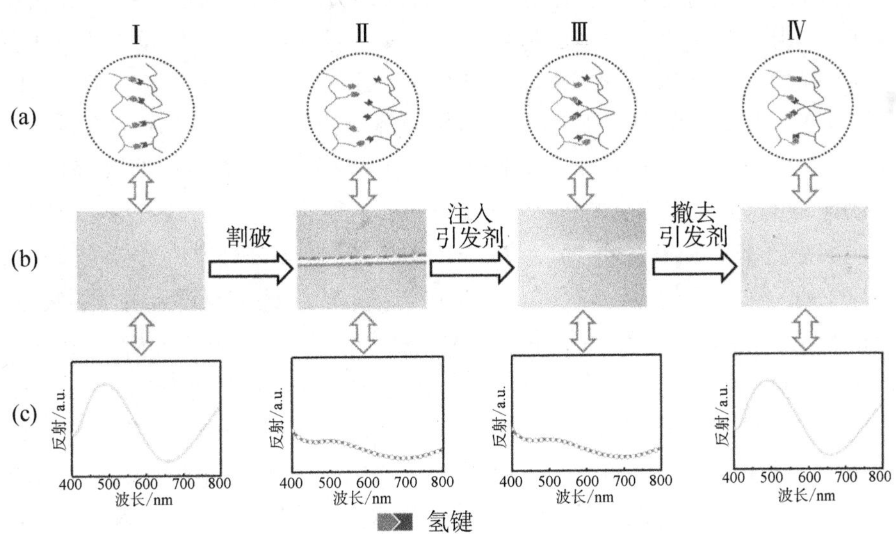

图 2-16 (CS/PAA)超薄彩色多层膜材料的Ⅰ.初始状态,Ⅱ.破损状态、Ⅲ.修复状态和Ⅳ.修复完全状态相应的(a) 微观结构、(b) 宏观结构构和(c) 光谱图变化示意图

时，样品完好，呈现出浅蓝色，布拉格峰位置在 500 nm 波长处左右，其微观结构由 CS 和 PAA 之间的氢键构成（图 2－16 Ⅰ）；当样品经过破损处理后，如图 2－16 Ⅱ所示，样品呈现出一条深深的划痕，贯穿到基底，此时样品断裂部位颜色为硅片的黑灰色，反射峰随之移动，其相应的微观结构也发生变化，具体表现为氢键部分断裂；当在膜上注入一滴水以后，首先样品吸水膨胀，带动划痕逐渐向对方靠拢、接触，但是样品颜色依然是灰色，其微观结构表现为断裂的氢键在水的刺激下重新组合（如图 2－16Ⅲ所示）；当撤去引发剂以后，修复的样品回归初始状态，其颜色由灰色回归至浅蓝色，反射峰随之移动到 500 nm 波长处左右。同时样品划痕消失，对应的微观结构也回复到与初始一致的状态，完成自修复过程。

5. 氢键体系自修复材料的自修复性能的影响因素

5.1 组装溶液的 pH

许多本征型的自修复材料都是基于材料间的非共价键作用，可以在特定的刺激条件下可以动态“解离—重组”以完成自修复过程。近年来，报道了不少基于氢键作用的自修复材料，此类材料的修复性能往往具有 pH 依赖性，即通过控制材料制备过程中的 pH 或者引发剂的 pH 来调控材料的自修复行为。

氢键的形成会导致相关基团红外特征吸收峰发生移动，因此 FT-IR 光谱经常被用于表征聚合物掺杂体系中的氢键。图 2－17 是 PAA、CS，以及不同 pH 条件下制备的 CS/PAA 聚电解质多层膜材料的 FT-IR 图谱（当 pH 为 2.5 时，由于 CS 不能和 PAA 组装成膜，FT-IR 测试的样品为等体积的 CS 和 PAA 的混合液），从图中可以发现，CS 在 3 400 cm^{-1}处出现一个很明显的吸收峰，这个吸收峰是—OH 基团的伸缩振动吸收峰，在 1 650 cm^{-1}和 1 590 cm^{-1}处出现较为明显的吸收峰，分别对应的是氨基Ⅰ和氨基Ⅱ的吸收峰[32]，在 1 064 cm^{-1}处有一个吸收峰，这是 C_6—OH 的一个典型的吸收峰[33]。PAA 在 1 714 cm^{-1}处出现较为明显的吸收峰，对应的是乙酰羧基中 C═O 的伸缩振动吸收峰[34]。和 CS 及 PAA 相比，(CS 4.0/PAA) * 30 聚电解质多层膜样品的 FT-IR 图谱中氨基出峰位置分别从1 650 cm^{-1}和 1 590 cm^{-1}处蓝移至 1 641 cm^{-1}和 1 552 cm^{-1}处，羧基的出峰位置从 1 714 cm^{-1}处红移至 1 728 cm^{-1}处。这表明制备的(CS 4.0/PAA) * 30 聚电解质多层膜不是两种聚电解质物理共混沉积的混合物，而是构筑基元 CS 和 PAA 通过氢键作用组装而成的共聚物材料。对比(CS 4.0/PAA) * 30、(CS 3.5/PAA) * 30、(CS 3.0/PAA) * 30 和(CS 2.5/PAA) * 30 聚电解质多层膜样品的 FT-IR 图谱可以发现，聚电解质多层膜中 3 400 cm^{-1}处的吸收峰逐渐变窄，氨基Ⅰ和氨基Ⅱ的吸收峰分别从

1 641 cm^{-1}处移动至 1 625 cm^{-1}处及从 1 552 cm^{-1}处移动至 1 538 cm^{-1}处，而羧基对应的吸收峰则逐渐向低波数段移动，这表明随着组装溶液(CS 溶液)pH 的降低，聚电解质多层膜材料的氢键作用逐渐变弱。这是因为 CS 是弱聚电解质，质子化程度是由 pH 决定的[35-36]，在 pH 较高的条件下，CS 溶液的质子化程度较弱，和 PAA 可以形成较强的氢键作用；随着 CS 溶液 pH 的降低，CS 溶液的质子化程度变强，CS 和 PAA 之间组装驱动氢键作用变弱；当 CS 溶液的 pH 降到 2.5 时，由于其质子化程度太强，不能和 PAA 之间通过氢键形成共聚物而组装成膜。

红外测试结果表明，聚电解质材料 CS 和 PAA 可以通过动态可逆的氢键作用组装成膜，氢键的作用强度受 CS 溶液 pH 调控。

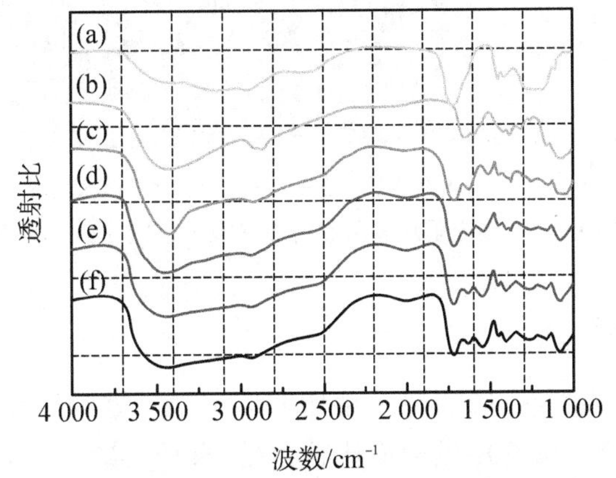

图 2-17 (a) PAA 粉末；(b) CS 粉末；(c) PAA 和 CS(CS 的 pH 是 2.5) 混合物；(d) (CS 3.0/PAA) * 30；(e) (CS 3.5/PAA) * 30 和(f) (CS 4.0/PAA) * 30 聚电解质多层膜的红外图谱

不同 pH 条件下构筑的层层组装自修膜动态修复过程如图 2-18 所示。(a)、(e)和(i)为(CS*n*/PAA) * 30 聚电解质多层膜材料做损伤处理后的形貌图，从图中都可以发现一个宽度大约 30 μm 的伤口贯穿到基底。观察(a)、(b)、(c)和(d)可以发现，(CS 4.0/PAA) * 30 样品在水的刺激下几乎没有响应，破损处的材料不会因为吸水膨胀而发生侧移，即使将样品浸泡在水中 1 h，样品依然处于破损状态，完全不能愈合。观察(e)、(f)、(g)和(h)可以发现，(CS 3.5/PAA) * 30 聚电解质多层膜材料可以在水的刺激下迅速膨胀，划痕两边的材料因为吸水膨胀发生侧移而接触，看似已经愈合，撤去水的刺激后，样品划痕的宽度虽然减小，但是还是不能完全愈合。观察(i)、(j)、(k)和(l)可以发现，(CS 3.0/PAA) * 30 聚电解质多层膜在水的刺激下急速膨胀，划痕两边的材料因吸水膨胀发生侧移而接触，当撤去水的刺激时，样品的划痕消失，材料完全愈合。

自修复测试结果表明，通过调控组装基元(CS 溶液)的 pH，可以制备出自修复性能良好的聚电解质多层膜材料。

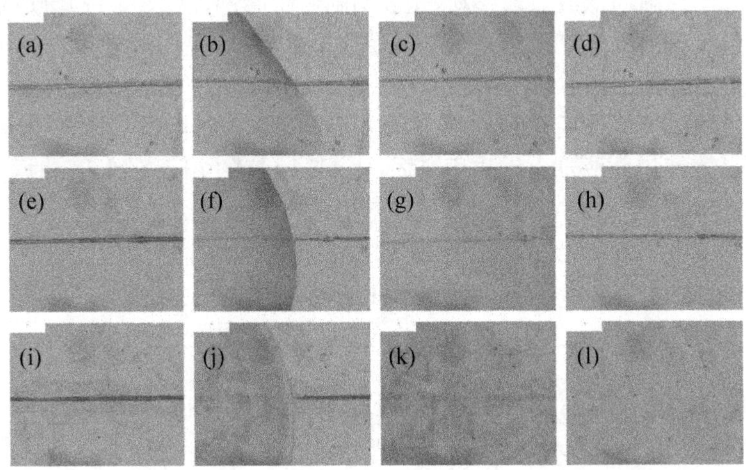

图 2-18 (a-d)(CS 4.0/PAA) * 30;(e-h)(CS 3.5/PAA) * 30 和(i-l)(CS 3.0/PAA) * 30 聚电解质多层膜的自修复过程图。标尺为 300 μm

5.2 组装周期

图 2-19 为组装了不同周期聚电解质 bPEI/PAA 碳纤维纸的金相图,从图中可以发现,未经修饰的碳纤维纸表面比较粗糙,直径大约为 8.5 μm,色泽相对暗淡。当在碳纤维纸表面组装 5 个周期聚电解质 bPEI/PAA 时,(bPEI/PAA) * 5 碳纤维纸的碳纤维表面变光滑,色泽变亮,直径略微变大;随着组装周期的进一步增加,碳纤维上附着的 bPEI/PAA 逐渐增多,直径明显增大;当组装周期数为 15 时,不只是碳纤维的表面附着有大量的聚电解质 bPEI/PAA,碳纤维的周围也附着有一些聚电解质 bPEI/PAA 材料,碳纤维直径接近 18 μm 左右,明显大于未修饰的碳纤维材料。从金相图谱的结果可以推测出聚电解质 bPEI 和 PAA 被成功组装到了碳纤维纸上,且组装层数越多,被修饰后的碳纤维直径越大。

图 2-20 是组装了不同周期聚电解质 bPEI/PAA 材料的碳纤维纸材料和 bPEI/PAA 聚电解质膜材料的自修复过程图,从图中可以发现,bPEI/PAA 聚电解质膜材料在水为引发剂的条件下能够彻底的修复损伤,表现出良好的自我修复能力。(bPEI/PAA) * 0 碳纤维纸滴加去离子水前后划痕没有发生变化,不具备自修复性能;随着聚电解质 bPEI/PAA 材料组装周期的增加,附着在碳纤维纸上的聚电解质材料逐渐增多,(bPEI/PAA) * 5 碳纤维纸的涂层具有一定的自修复能力,当组装周期为 10 时,滴加去离子水后(bPEI/PAA) * 10 碳纤维纸样品的划痕明显变窄,当组装周期数为 15 时,(bPEI/PAA) * 15 碳纤维纸可在聚电解质 bPEI/

PAA 材料的带动下修复损伤,此时修复后的样品划痕几乎消失。

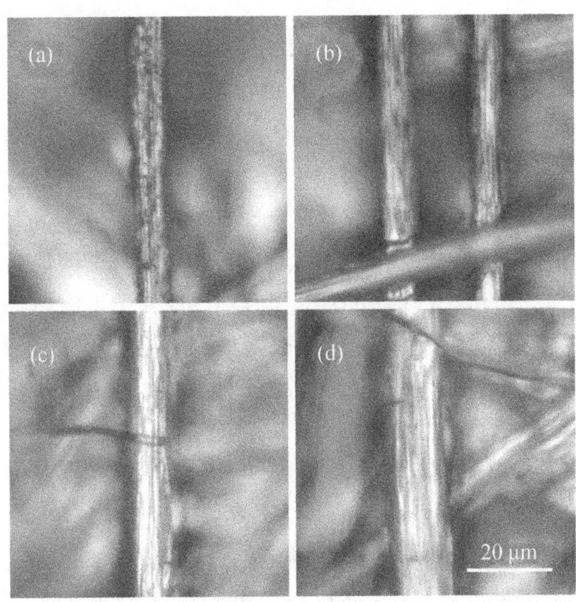

图 2-19 不同组装周期 bPEI/PAA 涂层的碳纤维金相图:(a)(bPEI/PAA)∗0 碳纤维纸;(b)(bPEI/PAA)∗5 碳纤维纸;(c)(bPEI/PAA)∗10 碳纤维纸和(d)(bPEI/PAA)∗15 碳纤维纸

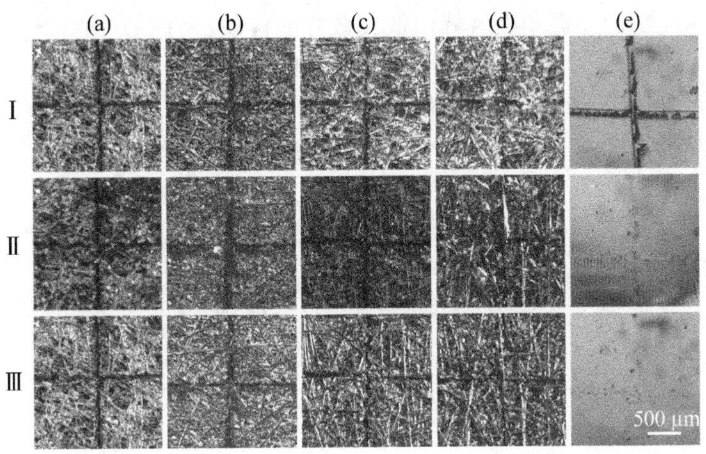

图 2-20 组装了不同周期 bPEI/PAA 材料的碳纤维纸的自修复过程图:(a)(bPEI/PAA)∗0 碳纤维纸;(b)(bPEI/PAA)∗5 碳纤维纸;(c)(bPEI/PAA)∗10 碳纤维纸;(d)(bPEI/PAA)∗15 碳纤维纸和(e) bPEI/PAA 聚电解质多层膜。Ⅰ. 破损状态;Ⅱ. 水引发修复状态;Ⅲ. 修复完成状态

5.3 金属离子

壳聚糖(CS)是一种天然螯合剂,其分子中含有大量羟基和氨基,是典型的 Lewis 碱性基团化合物[13],由于 CS 聚合物链中—NH_2 提供的孤对电子可以和具有空 d 轨道的金属离子形成配位键[37],因此 CS 对大部分金属离子均具有较强的配位能力,可作为配体与金属离子形成螯合物[38]。近年来,用 CS 作为吸附剂分离与分析金属离子的方法常见于报道[39-41]。此外,CS 分子链上的仲羟基和氨基还可以与羰基形成氢键,在前期的工作中[42],通过调控 CS 与聚丙烯酸(PAA)之间的氢键作用,制备出了具有自修复功能的层层组装 CS/PAA 聚电解质多层膜材料。由于 CS 既可以和过渡金属离子形成金属配位健,又可以和 PAA 形成氢键,基于 CS 此独特的性质,可以设计出一种基于氢键和金属配位健协同作用的新型自修复材料。

图 2-21 是 CS/PAA 聚电解质多层膜和 Co-CS/PAA 复合膜材料的 FT-IR 图谱。从图中可以发现,CS/PAA 聚电解质多层膜材料在 3 400 cm^{-1} 处出现一个比较宽的吸收峰,这是 CS 和 PAA 形成氢键缔合的—OH 伸缩振动吸收峰(3 426 cm^{-1})与—NH 的伸缩振动吸收峰(3 360 cm^{-1})重叠的多重吸收峰[43]。观察 Co-CS/PAA 复合膜材料 FT-IR 图谱可以发现,3 400 cm^{-1} 处吸收峰宽化。一方面,此吸收峰逐渐向低波数方向移动,这是由于 N 和金属之间配位键的形成,氨基 N 原子上的电子云向金属转移,使 N—H 键的强度减弱,伸缩振动所需要的能量减小,最终导致 N—H 键伸缩振动吸收峰向低波数方向移动。另一方面,CS—Co^{2+} 配合物有可能使—NH_2、—OH 与氢键缔合作用(—HN…HO—)减弱,因而使 CS—Co^{2+} 向高波数方向移动,总体上使其伸缩峰出现在一较宽的频率范围内,此现象表明 Co^{2+} 与氨基的 N 原子发生了配位作用。CS/PAA 聚电解质多层膜在 1 630 cm^{-1} 处

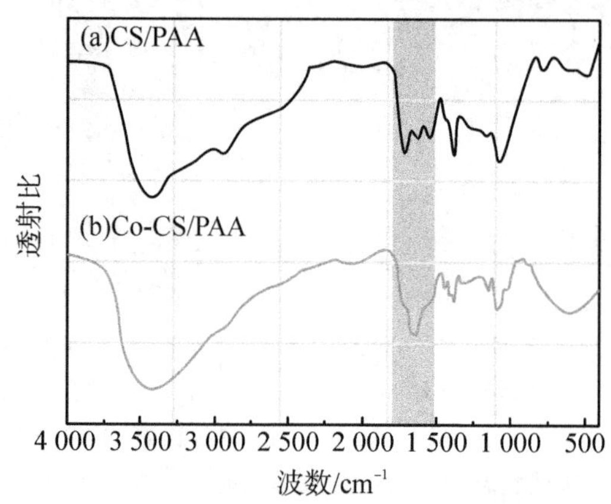

图 2-21 (a) CS/PAA 聚电解质多层膜和(b) Co-CS/PAA 复合膜的红外图谱

有较强的吸收峰，这是由—NHCO—(酰胺Ⅰ)中的C—O伸缩振动引起的[44]，当把CS/PAA聚电解质多层膜材料逐渐浸泡到氯化钴溶液中时，此处吸收峰变强，表示Co^{2+}和CS的乙酰胺基发生了配位作用。CS/PAA聚电解质多层膜在1 540 cm^{-1}处出现酰胺Ⅱ的吸收峰，Co-CS/PAA复合膜材料在上述波段的吸收峰向低波数段移动，此变化也说明了氨基的N原子参与了配位[45]。CS/PAA聚电解质多层膜在1 078 cm^{-1}处为CS中的C—OH伸缩振动的吸收峰，而Co-CS/PAA复合膜材料在此处的吸收峰均向低波数段移动，这说明CS中羟基亦参与了配位反应。

红外测试结果进一步证明，Co^{2+}可以使CS/PAA发生重构，并且改变CS和PAA之间的分子间氢键作用。

由于制备的聚电解质多层膜材料为水引发的自修复材料，所以聚电解质多层膜材料的浸润性是关联到其修复性能的重要性质之一。通过测量CS/PAA聚电解质多层膜材料和Co-CS/PAA复合材料的接触角来考察它们的浸润性，结果如图2-22所示。与CS/PAA聚电解质多层膜材料相比，Co-CS/PAA复合材料的接触角减小了大约35°，这表明Co-CS/PAA复合材料浸润性能更好，在其他条件相同的情况下拥有更好的自修复能力。一部分原因是因为在CS/PAA聚电解质多层膜中，CS是一种弱聚电解质，在pH较高的环境中，分子链呈现卷曲结构，此时组装的聚电解质多层膜材料的浸润性较差，CS/PAA聚电解质多层膜的筑膜驱动力是由氨基和羧基基团形成的分子间氢键作用，当把CS/PAA聚电解质多层膜浸泡到氯化钴溶液中时，Co^{2+}可以在部分破坏CS和PAA之间的分子间氢键并和CS链上的氨基生成金属配位键的同时改变CS链的构象，从而让Co-CS/PAA复合材料变得更具亲水性。

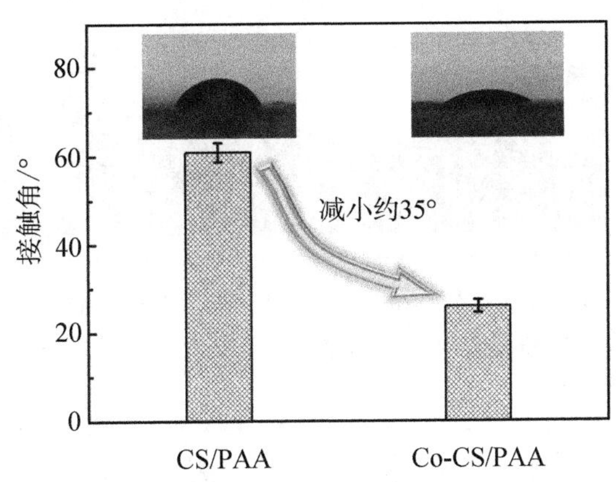

图2-22 CS/PAA聚电解质多层膜和Co-CS/PAA复合膜的接触角图

由于制备的Co-CS/PAA复合材料可以在水的刺激条件下快速修复，为了考察其自修复机理，观察水刺激前后样品微观结构变化，结果如图2-23所示。CS/

PAA 聚电解质多层膜呈现出平整、光滑而致密的表面结构[图 2－23(a)]，Co-CS/PAA 复合膜材料表面结构和图 2－23(a)极为一致。但是在水刺激后，它们的结构却呈现出较大的差异。经过水刺激后，CS/PAA 聚电解质多层膜仍呈现出平滑致密的表面结构[图 2－23(e)]，与图 2－23(a)相比几乎没有任何变化，这表明，CS/PAA 聚电解质多层膜对水没有响应能力，不能因为吸水而产生溶胀作用带动膜材料发生侧移。经过水刺激后，Co-CS/PAA 复合膜材料表面由平整光滑的结构变成大量孔洞交联的网状结构，这表明 Co-CS/PAA 在水的刺激条件下具有较强的溶胀能力，很容易吸水膨胀而带动膜材料发生移动。

CS/PAA 聚电解质多层膜和 Co-CS/PAA 复合膜材料的截面图像图 2－23(b)和图 2－23(d)也呈现出很相似的致密结构，厚度均在 28 μm 至 30 μm 之间。比较两样品在水刺激前后的截面结构会发现：CS/PAA 聚电解质多层膜的形貌和厚度都没有明显变化；Co-CS/PAA 复合膜材料在水刺激前后膜厚变化巨大，水刺激后致密结构变得十分疏松，膜厚剧烈膨胀至 300 μm 左右。这些变化进一步证明，CS/PAA 聚电解质多层膜并不具备吸水膨胀从而发生侧移的能力。而 Co-CS/PAA 复合膜材料在水刺激的条件下，溶胀性能显著。

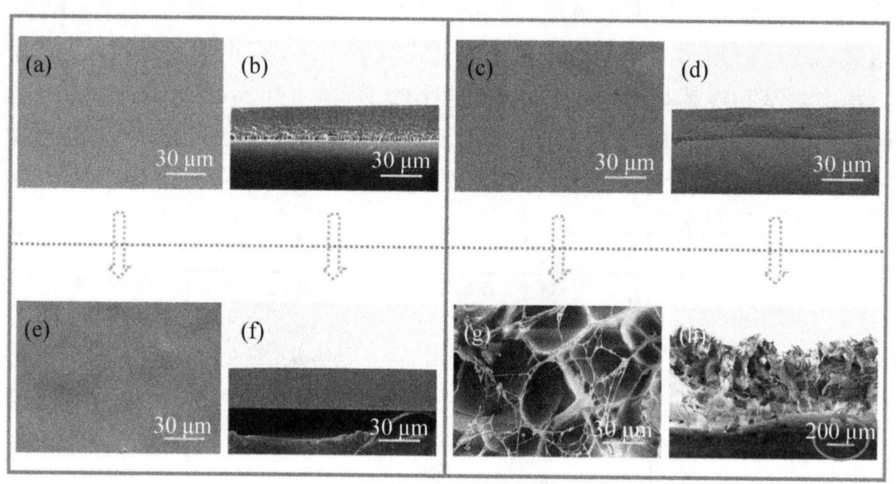

图 2－23 (a,b,e,f)CS/PAA 和(c,d,g,h)Co-CS/PAA 的电镜图；(a,c,e,g)表面结构；(b,d,f,h)截面结构；(a－d)常温下干燥，(e－h)冷冻干燥

CS/PAA 聚电解质多层膜材料和 Co-CS/PAA 复合膜材料的动态修复过程如图 2－24 所示。图 2－24(a)和图 2－24(d)分别为 CS/PAA 聚电解质多层膜材料和 Co-CS/PAA 复合膜材料做损伤处理后的形貌图，从两图中都可以发现宽度大约 30 μm 的“十”字形伤口贯穿到基底。观察图 2－24(a－c)可以发现，CS/PAA 聚电解质多层膜材料在水的刺激下几乎没有响应，破损处的材料不会因为吸水膨胀而发生侧移，即使将样品浸泡在水中 1 h，样品依然处于破损状态，完全不能愈合。观察图 2-24(d-h)可以发现，Co-CS/PAA 复合膜材料可以在水的刺激下迅速膨胀，划痕两边的材料因为吸水膨胀发生侧移而接触，材料的颜色也由墨绿色迅速变成粉红色[图 2-24(e)]，水未覆盖到的部分体积和颜色都不会发生变化；随着水在样品上慢慢扩展，样品逐渐由墨绿色完全变成粉红色，同时样品上的“十”字形划痕彻底消失[图 2-24(f-g)]。撤去水的刺激后，样品逐渐由粉红色变成墨绿色[图 2-24(h)]，材料完全愈合，完成修复过程[图 2-24(i)]。

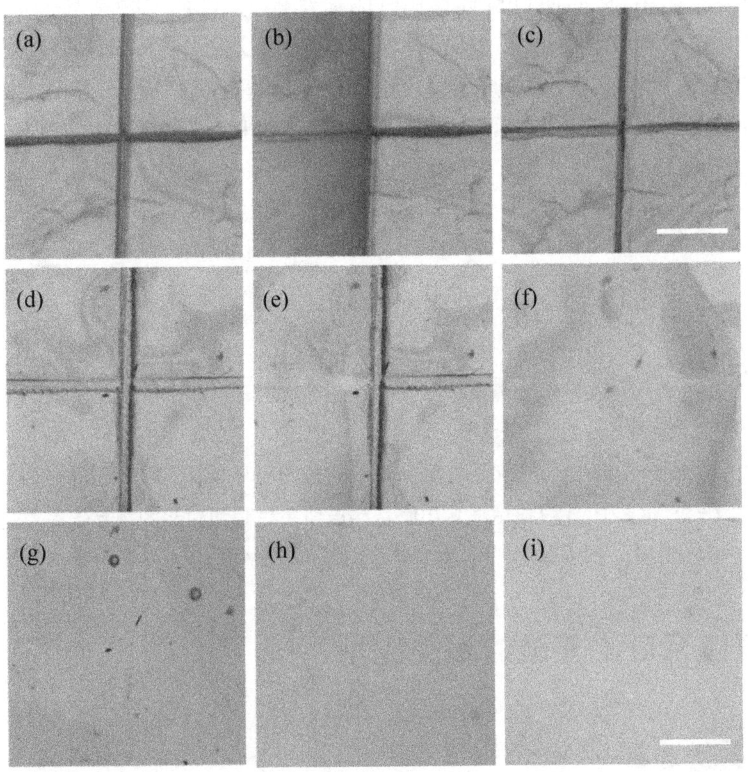

图 2-24 (a-c)CS/PAA 聚电解质多层膜和(d-i)Co-CS/PAA 复合膜自修复过程图，标尺为 300 μm

6. 氢键体系自修复膜的自修复机理

层层组装聚电解质多层膜材料由于对于外界环境具有良好的响应能力，在外界刺激(pH、离子强度、温度、光等)条件下可以发生可逆的“解离—组装”过程，并伴随着溶胀性能和流动性能的变化，因此具有潜在的自修复能力[46]。基于浸涂方法,以 CS 和 PAA 为构筑基元,可以成功制备出在水刺激条件下可以快速修复的聚电解质多层膜材料[42]。

图 2-25 是制备的具有特定组成、厚度、尺寸和表面结构的自修复聚电解质多层膜的自修复过程和对应的相互作用力变化示意图。层层组装 CS/PAA 聚电解质多层膜的自修复原理和生物体的损伤后自愈合过程原理相似,修复受损部位也涉及能量的供给和物质供给。因此,把 CS/PAA 聚电解质多层膜修复受损部位的过程分为两个阶段:(1) 通过水的刺激(能量供给)使得受损部位及周边的材料发生一定的溶胀作用,从而使材料具有相应的流动能力;(2) 这些具有一定流动性的物质(本体材料)转移到受损部位,在受损部位发生交互作用,修复损伤,随着水滴慢慢扩散,划痕慢慢愈合,直至全部愈合。在整个修复过程中,只需要用自然界中最常见的水作为引发剂,操作简单方便,且自修复过程迅速。

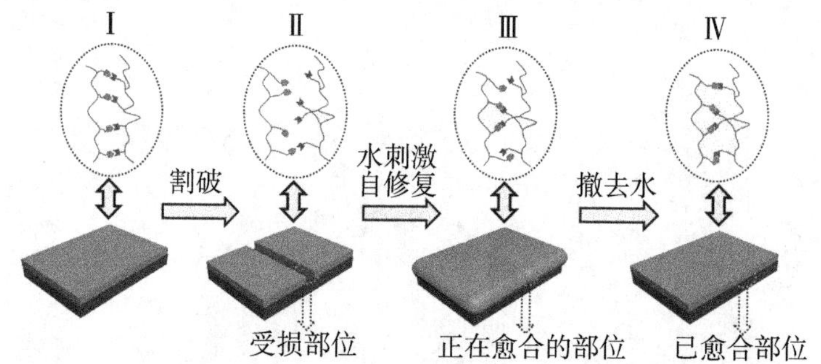

图 2-25 CS/PAA 聚电解质多层膜材料自修复过程和对应的相互作用力变化示意图;Ⅰ. 初始状态;Ⅱ. 破损状态;Ⅲ. 修复状态;Ⅳ. 修复完全状态

7. 氢键体系自修复膜的相关应用

7.1 保护涂层

碳纤维纸的一个致命弱点是脆性大,而碳纤维纸在被制作成电极的过程中需要经受一定的机械应力,极易损坏与破裂,直接影响装置的寿命;在使用的过程中,具有强氧化性的析氧中间产物会对碳进行腐蚀,再加上高电流密度下产生的大量气体对碳纤维的冲刷,很容易导致碳纤维断裂、分层,从而导致碳纤维纸内部结构破坏,进而影响整个装置的整体稳定性和使用寿命。若是能够赋予涂层一定的自修复能力,那么这样理想的碳纤维纸在加工和使用的过程中会具有一定抗损伤的能力,能控制新的破坏源的生成,即使破损也能迅速自我修复,延长碳纤维纸的寿命。

目前，在碳纤维纸材料表面沉积或者修饰聚电解质保护涂层是较为常用的提高碳纤维纸材料抗腐性能的方法，然而，当这层保护屏障破损以后，腐蚀基团就会渗入材料表面，这时，聚合物涂层就失去防腐性能。由于受到材料本身性能的局限，科研工作者已经不满足于这种单一的延缓腐蚀的方法。随着仿生科学的发展，自修复材料逐渐映入人们的视野[3,11,47]。自修复材料是科研工作者受生物体自修复现象的启发而将自修复功能引入人造材料中而制备出的一类新材料[48]，它能够在损伤发生时自行修复伤口，减少伤害。同时，在造价较高的关键部位引入自修复功能，还可以降低更换成本[21,49]。

若能够将涂层防护技术和自修复技术相结合，通过一定的方法构筑一种新的智能缓腐蚀体系，这种智能缓腐蚀体系在抗腐蚀涂层遭到破坏时，能够在特定的刺激条件下，最好是能够充分利用周边的环境的环境因素，快速修复损伤，继续保护材料，抑制腐蚀的发生，那么这将极大地延长碳纤维纸材料的使用寿命并拓宽碳纤维纸材料的应用范围。

在构筑缓蚀体系的研究中，层层组装技术由于其可在多种作用力的驱动下组装，组装过程不受基底材料结构和形貌的限制，可以方便地调节组装体的结构和功能且制备相对容易等特点受到研究者们的广泛关注，逐步被用在金属腐蚀与防护方面，并取得了一定的研究进展：Andreeva 课题组[50]通过层层组装技术制备出了抗腐蚀性能好的复合物膜材料，他们将抗腐蚀剂 8-羟基喹啉作为一种组装基元组装进入层层组装聚合物膜中用来保护铝合金材料，当膜受损时，一方面 8-羟基喹啉会溢出，另一方面聚合物链段会向伤口处发生一定的运动，这两方面的综合作用实现了该层层组装聚合物膜的抗腐蚀作用。

利用层层组装技术，在碳纤维纸材料上交替沉积不同周期(0、5、10 和 15 个周期)的支化聚乙酰亚胺(bPEI)/聚丙烯酸(PAA)聚电解质涂层，研究不同组装周期的 bPEI/PAA 材料对碳纤维纸抗腐蚀能力的影响，考虑到碳纤维纸在 SPE 电解水和燃料电池中的应用，首先测量了组装不同周期 bPEI/PAA 材料的碳纤维纸的电导率，亲疏水性以及透气率，然后对组装了不同周期 bPEI/PAA 材料的碳纤维纸抗腐蚀能力进行考察。研究发现，与普通碳纤维纸相比，组装了 bPEI/PAA 材料之后的碳纤维纸作为膜电极材料不但抗腐蚀能力较强，稳定性得到了提高，在电解过程当中极化作用也得到了改善。

图 2-26 为修饰不同周期 bPEI/PAA 的碳纤维纸电解前后的金相图，从图中可以发现，(bPEI/PAA) * 0 碳纤维纸电解前后变化显著，电解后的碳纤维纸[图 2-26(e)]碳纤维的数量锐减，并且碳纤维断裂、破损严重，这是因为电解过程中产生的氧原子吸附在碳纤维的晶面上，不断地进攻碳元素，生成二氧化碳，腐蚀碳纤维；高电流密度下产生的大量气体对碳纤维的冲刷，很容易导致碳纤维断裂、

分层;碳纤维纸内部结构破坏后,其电阻变大,导致电子的导通受到阻碍,碳纤维纸会在电流的作用下发热甚至断裂,增强腐蚀作用。对比修饰了 5 个周期聚电解质材料的碳纤维纸电解前[图 2 - 26(b)]后[图 2 - 26(f)]金相图可以发现,电解后的碳纤维纸[图 2 - 26(f)]互相交织的结构变稀疏,并且能看到部分纤维断裂,腐蚀现象依然明显。观察(bPEI/PAA) * 10 碳纤维纸电解后金相图[图 2 - 26(g)]发现,碳纤维纸交织结构没有变化,也没有出现碳纤维断裂现象。这表明组装到碳纤维纸上的聚电解质材料对碳纤维纸具有很好的保护作用。这是因为有足够量的聚电解质材料修饰了碳纤维纸的表面,聚电解质材料从一定程度上阻碍了电解过程中产生的氧与碳纤维纸接触,抑制了它们对碳纤维纸的腐蚀;此外,即使聚电解质材料在电解过程中被部分损坏,也能够利用周围的水作为引发剂快速修复损伤,继续保护碳纤维,抑制碳纤维纸材料的腐蚀过程。当组装周期继续增加时,聚电解质材料不仅附着在碳纤维纸表面,还会堆积到周边部位,堵塞碳纤维纸交织结构的孔径,从图 2 - 26(h)中可以发现,虽然聚电解质材料能很好地保护碳纤维纸免受腐蚀,但是由于其紧密地堆积在碳纤维纸上,阻碍电解过程中气体穿过(从圆圈中的气泡可以推测出),不利于提升碳纤维纸性能。

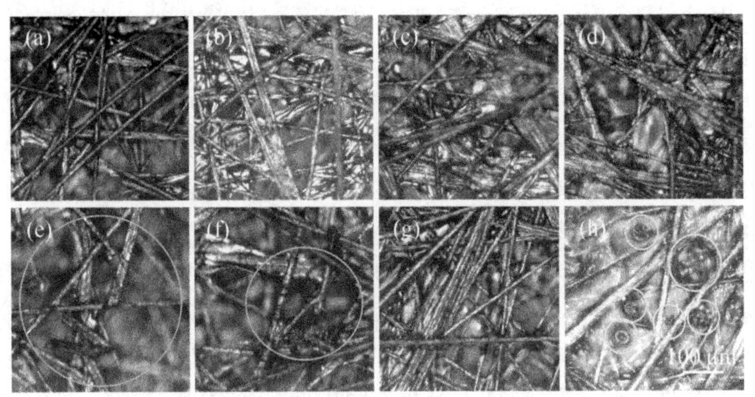

图 2 - 26 不同组装周期的碳纤维纸在 3.2 V 电解前后的金相图:(a,e) (bPEI/PAA) * 0 碳纤维纸;(b,f) (bPEI/PAA) * 5 碳纤维纸;(c,g) (bPEI/PAA) * 10 碳纤维纸;(d,h) (bPEI/PAA) * 15 碳纤维纸

7.2 抗菌涂层

随着科技的发展、社会的进步,人们越来越关注自身生存环境的健康状况。而由病原微生物所致的传染病一直是人类健康的主要威胁之一。人们在日常生活和工作中接触到的物品可能带有大量的致病细菌,如医院的门把手菌落数为 35～200,电话菌落数为 34～41,幼儿玩具菌落数则为 10～44。这些细菌包括大肠杆菌、金黄色葡萄球菌等,会引起如痢疾、食物中毒、伤寒甚至癌症等病症,直接威胁人们健康[51]。抗菌材料可以有效抑制细菌的繁殖、生长,有效降低人们感染相关病症的概率,因而受到人们的广泛关注[52-53]。

近年来,抗菌陶瓷、抗菌塑料、抗菌玻璃、抗菌不锈钢、抗菌纺织品等多种抗菌材料相继推出,进一步拓宽了抗菌材料的应用范围和市场潜力。此类产品往往通过在玻璃、陶瓷、金属、塑料等材料表面镀上一层具有抗菌功能的薄膜,使其有抑制微生物生长的功能[54-56],如 Tomasz Kruk 课题组[57]利用银纳米颗粒卓越的抑菌性能,基于层层组装的方法在基底材料上交替沉积支化聚乙酰亚胺、银纳米颗粒和聚磺苯乙烯而制备出了抗菌效果良好的抗菌涂层材料。但是抗菌涂层受损后,材料的抗菌性能急剧下降,抗菌涂层的受损区域甚至会成为细菌的聚集区,对人类健康极为不利。若是能够制备出一种具有自修复功能的抗菌材料,在材料受损伤后能够快速修复回本征状态且具有极强的抗菌性能,那么将此种材料应用到厨房、餐桌等细菌容易聚居的地方,将极大程度地改善人类的生活状况,对人类的生活和健康具有十分重要的意义[58]。

基于静电相互作用的层层组装技术要求组装基元必须带有相反电荷,这就要求组装基元在水中具有较好的溶解性,因此,很难将非水溶性的功能基团通过静电层层组装的方式组装到多层膜材料中来赋予层层组装多层膜材料更多的功能,极大地制约了组装功能膜种类的多样性和应用范围。于是,一些科研工作者尝试着利用载体负载功能基团,然后将负载了功能基团的载体作为构筑基元用来构筑静电层层组装功能膜材料,王旭等人[59-60]曾将负载了三氯生的脂质体作为一种构筑基元构筑了抗菌性能良好的层层组装功能材料。

可以将非水溶性的罗红霉素负载到微胶囊中,然后将负载了罗红霉素的微胶囊作为构筑基元构筑(bPEI/PAA) * 30 微胶囊功能膜并研究其抗菌性能。图 2 - 27 为负载了罗红霉素的(bPEI/PAA) * 30 微胶囊复合多层膜材料和(bPEI/PAA) * 30 聚电解质多层膜的抗菌实验比较图,培养基为固态培养基,接种的菌种为希瓦氏菌,培养时间为 3 d。从对比图中可以发现,不仅是(bPEI/PAA) * 30 聚电解质多层膜的周围生长满了黄色的希瓦菌,其底部也可发现大量的希瓦氏菌,而负载了罗红霉素的(bPEI/PAA) * 30 微胶囊复合多层膜周边较为透明(红线区域内),红线区域内几乎没有希瓦氏菌生长,这表明制备的(bPEI/PAA) * 30 微胶囊复合多层膜具有良好的抗菌性能。抗菌测试表明,可以通过将功能化的微胶囊组装到(bPEI/PAA) * 30 微胶囊多层膜上从而制备出具有预期性能的功能膜材料。

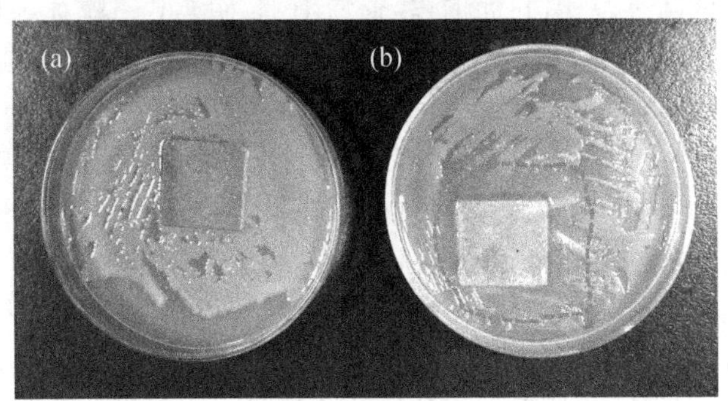

图 2-27 (a)(bPEI/PAA)* 30 聚电解质多层膜和 (b)(bPEI/PAA)* 30 微胶囊复合多层膜抗菌性能

7.3 湿度监测

值得强调的是,虽然通过新的相互作用或者改变材料的微结构来构筑自修复材料一定程度上促进了自修复材料的发展,但是,赋予自修复材料特殊功能更有利于发展与拓宽自修复材料的应用[59]。经过科研人员的不断努力,自修复材料的研究热点逐渐从恢复材料结构特性发展为恢复材料的功能特性并取得了一系列的研究成果,如具有自修复功能的储能材料[61-62]、电子皮肤[63]、自清洁涂层[64]、抗菌涂层[65]和防腐蚀涂层[66]等。尽管自修复材料具有如此多的实际应用,但基于自修复性能和湿度响应的相关研究未见报道。

湿度指大气干湿程度,与我们生活息息相关。随着人类生活水平的不断提高,我们对湿度监测、控制提出了更高的要求,这就促进了湿度响应器件的发展[67]。现阶段,科研工作者基于功能材料能发生与湿度有关的物理效应或化学反应这一原理制备出多种湿度响应材料[68-70],但是对可长时间使用、无须特殊装置、无功耗、廉价、便携及可视化的湿度响应材料研究较少[71]。

在本节中,介绍了基于 CS 和 PAA 之间的氢键作用以及钴离子(Co^{2+})和 CS 之间的金属配位作用制备出可视化的彩色湿度响应自修复薄膜的方法,并简单分析了材料具有湿度响应性能的原因,图 2-28 是 Co-CS/PAA 复合膜材料样品(1.0 cm×1.0 cm)在室温下 9 种不同湿度(11%、23%、30%、42%、52%、67%、75%、84%和 93%)条件下的颜色变化图。从图中可以发现,样品在不同的湿度条件下呈现出不同的颜色:当环境湿度为 11%时,样品呈现出蓝绿色;环境湿度改变为 23%时,样品的颜色逐渐变暗;湿度逐渐增加,样品开始呈现出灰色(30%、42%、52%);随着湿度的继续增加(67%、75%、84%和 93%),样品由灰色逐渐向粉红色过渡。这是因为在制备 Co-CS/PAA 复合膜材料的过程中,CS/PAA 聚电解质多层膜材料会吸附一定量的 $CoCl_2$,而 $CoCl_2$ 对水特别敏感,不同的湿度条件

下的 $CoCl_2$ 会含有不同量的结晶水而呈现出不同的颜色，$Co(H_2O)_4Cl_2$ 是蓝色的，而$[Co(H_2O)_6]^{2+}$却是粉红色的。

因此当环境的湿度高于某一相应的值，Co-CS/PAA 复合膜材料的颜色会向粉红色一侧变化，当环境湿度低于某一相应的值，Co-CS/PAA 复合膜材料的颜色会向蓝色一侧变化，Co-CS/PAA 复合膜材料呈现出的每一种颜色都对应于某一特定的环境湿度，并且其颜色的变化是可逆的。因此，通过简单观察 Co-CS/PAA 复合膜材料的颜色就可以断定环境的湿度。

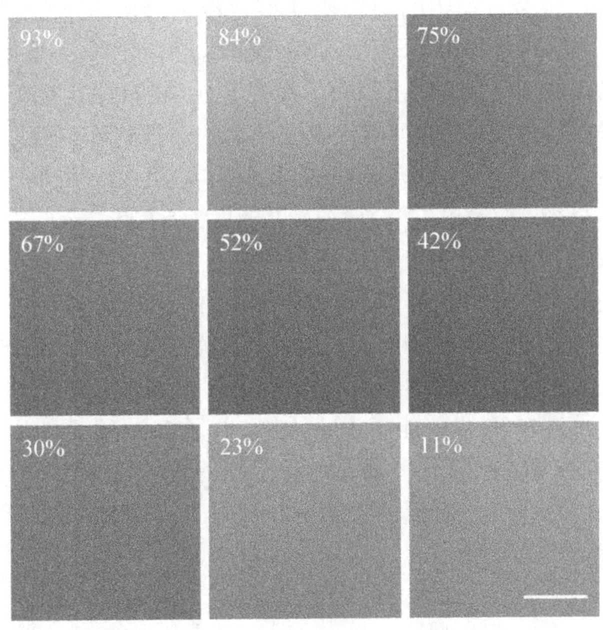

图 2-28 制备的 Co-CS/PAA 凝胶膜材料湿度响应图，标尺为 0.5 cm

7.4 结构色传感

一些甲壳类生物的外表常常呈现出鲜亮美丽的颜色，经过显微镜观察可以发现这些外表是由层状堆积的微纳结构组成的[72]，这些堆叠结构的层与层之间具有固定的厚度和距离，光在这样的材料界面上会产生干涉效应，从而产生五颜六色的结构色彩[73-74]。科学家受此现象启发，模拟生物体的这种微纳结构制备出了光子晶体材料。一维光子晶体从结构上来说是最为简单的一种光子晶体[75]，其相较于制备复杂烦琐、成本高昂的二维和三维光子晶体[76]，既具有光子晶体的各种性质，又具有设计简单、易于制备、成本较低等优点[77]，在传感、光电集成、光子集成、光通信等领域有着广阔的应用前景[78]。但是光学薄膜的意外划伤会改变光的传播路径，甚至引起严重的光散射，这种光学薄膜上的划痕必须及时得到修复，否则会影响材料的光学功能并限制其进一步的应用[11]。

如果能更深入地模仿生命系统中的自修复现象，赋予光子晶体自修复的性能，那么光子晶体在实际应用中将具有更稳定可靠的性能和更长的使用寿命[79]。

由于 PAA 和 CS 之间存在较大的折射率差（PAA 和 CS 的折射率分别为 1.47[80] 和 1.59[81]），通过旋涂技术，很容易将它们组装成厚度均匀的膜材料，因此比较适合用来制备一维光子晶体材料。可通过交替旋涂 CS 溶液和 PAA 溶液制备颜色可调的超薄 CS/PAA 聚电解质多层膜（一维光子晶体材料）。一般情况下，不仅可以通过控制组装过程中的旋转速度和旋转时间来调控 CS 层和 PAA 层的相对厚度，从而达到调制彩色 CS/PAA 膜光学性能的目的，还可以通过改变光子晶体的组装周期同样来达到调制 CS/PAA 光学性能的目的，有文献报道，仅仅通过改变光子晶体的组装周期，就可以让光子晶体的布拉格峰位置发生红移[78]。在实验过程中也发现，仅仅几个组装周期的双层结构就可以获取明显的光子禁带和生动的结构色。例如，将旋涂的参数设置旋转速度为 5 000 r/min，旋转时间为 35 s，通过改变组装周期就可以分别制备出布拉格峰位置出现在 468 nm 的蓝色膜、在 539 nm 的绿色膜、在 589 nm 黄色膜和在 646 nm 的红色膜（如图 2－29 所示）。由于通过选择合适的光子晶体组装周期就可以得到覆盖蓝色到红色的全光谱的布拉格峰，因此，理论上可以制备出全光谱范围内的超薄彩色 CS/PAA 多层膜。在实验过程中，初步通过精确调控组装周期制备出了多种颜色的面积为 10 mm×10 mm 均匀的彩色膜（如图 2－30 所示），由于制备的膜材料微结构相对稳定，所以可以长时间保持颜色不变。由于制备的膜材料具有自修复性能，所以可以长时间保持结构色并维持传感功能。

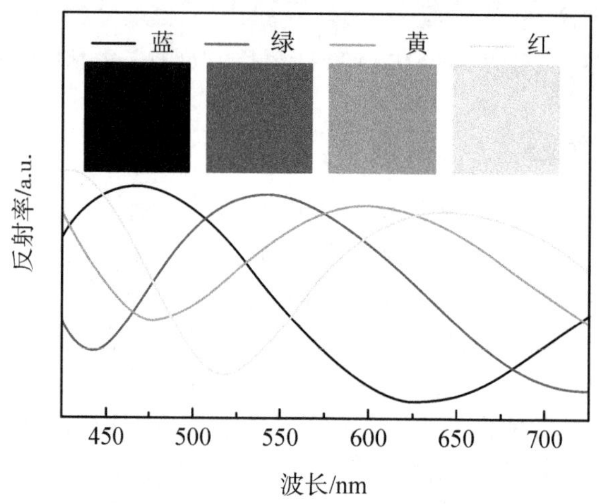

图 2－29　制备的不同结构色的自修复彩色膜材料的反射光谱

图 2-30 制备出的多种颜色的面积为 10 mm×10 mm 均匀的彩色膜

8. 结论

氢键体系自修复材料主要是通过可逆的氢键相互作用实现其自修复性能，在极大地延长材料使用寿命的同时还可以减轻使用过程中潜在的危害；层层组装发展至今，其构筑基元十分丰富，可以是单一的无机物、有机小分子、合成高分子及生物大分子，也可以是两种或两种以上物质通过预组装形成的超分子组装体。因此，将层层组装技术应用于设计与制备氢键体系自修复材料必将极大地丰富自修复材料的种类，拓展自修复材料的功能，在弥补其他技术的不足的同时推进氢键体系自修复材料在材料科学、仿生化学和超分子化学领域的应用。

参考文献

[1] Wang L, Wang Z, Zhang X, et al. A new approach for the fabrication of an alternating multilayer film of poly(4-vinylpyridine) and poly(acrylic acid) based on hydrogen bonding [J]. Macromolecular Rapid Communications, 1997, 18(6): 509-514.

[2] Kalista S J, Jr, Ward T C, Oyetunji Z. Self-healing of poly(ethylene-co-methacrylic acid) copolymers following projectile puncture [J]. Mechanics of Advanced Materials and Structures, 2007, 14(5): 391-397.

[3] Chen Q, Zhu L, Chen H, et al. A novel design strategy for fully physically linked double network hydrogels with tough, fatigue resistant, and self-healing properties[J]. Advanced Functional Materials,2015,25(10):1598-1607.

[4] Ahn B K, Lee D W, Israelachvili J N, et al. Surface-initiated self-healing of polymers in aqueous media[J]. Nature Materials,2014,13(9):867-872.

[5] 张亚玲,杨斌,许亮鑫,等. 基于动态化学的自愈性水凝胶及其在生物医用材料中的应用研究展望[J]. 化学学报,2013,(4):485-492.

[6] Zhang X,Chen H,Zhang H Y. Layer-by-layer assembly:from conventional to unconventional methods[J]. Chemical Communications,2007,(14):1395-1405.

[7] Johnston A P R, Cortez C, Angelatos A S, et al. Layer-by-layer engineered capsules and their applications[J]. Curr Opin Colloid Interface Sci,2006,11(4):203-209.

[8] Li Y, Wang X, Sun J. Layer-by-layer assembly for rapid fabrication of thick polymeric films [J]. Chemical Society Reviews,2012,41(18):5998-6009.

[9] Wang X, Liu F, Zheng X, et al. Water-enabled self-healing of polyelectrolyte multilayer coatings[J]. Angewandte Chemie International Edition,2011,50(48):11378-11381.

[10] Li Y, Chen S, Li X, et al. Highly transparent, nanofiller-reinforced scratch-resistant polymeric composite films capable of healing scratches[J]. ACS Nano,2015,9(10):10055-10065.

[11] Wang Y, Li T, Li S, et al. Healable and optically transparent polymeric films capable of being erased on demand[J]. ACS applied materials & interfaces,2015,7(24):13597-13603.

[12] Kumar M N R. A review of chitin and chitosan applications[J]. Reactive and Functional Polymers,2000,46(1):1-27.

[13] Rinaudo M. Chitin and chitosan: properties and applications[J]. Progress in Polymer Science,2006,31(7):603-632.

[14] Ilium L. Chitosan and its use as a pharmaceutical excipient[J]. Pharmaceut Res,1998,15(9):1326-1331.

[15] Khor E, Lim L Y. Implantable applications of chitin and chitosan[J]. Biomaterials,2003,24(13):2339-2349.

[16] Chen Y, He F, Ren Y, et al. Fabrication of chitosan/PAA multilayer onto magnetic microspheres by LbL method for removal of dyes[J]. Chem Eng J,2014,249:79-92.

[17] Raghunandhan R, Chen L, Long H, et al. Chitosan/PAA based fiber-optic interferometric sensor for heavy metal ions detection[J]. Sensors and Actuators B: Chemical,2016,233:31-38.

[18] Beijer F H, Kooijman H, Spek A L, et al. Self-complementarity achieved through quadruple hydrogen bonding [J]. Angewandte Chemie International Edition,1998,37(1/2):75-78.

[19] Delgado P A, Hillmyer M A. Combining block copolymers and hydrogen bonding for poly(lactide) toughening[J]. RSC Advances,2014,4(26):13266-13273.

[20] Cordier P, Tournilhac F, Soulié-Ziakovic C, et al. Self-healing and thermoreversible rubber from supramolecular assembly[J]. Nature, 2008, 451(7181): 977 - 980.

[21] Merindol R, Diabang S, Felix O, et al. Bio-inspired multiproperty materials: strong, self-healing, and transparent artificial wood nanostructures[J]. ACS Nano, 2015, 9(2): 1127 - 1136.

[22] Pan D, Cao J, Guo H, et al. Studies on purification and the molecular mechanism of a novel ACE inhibitory peptide from whey protein hydrolysate[J]. Food Chem, 2012, 130(1): 121 - 126.

[23] Deshmukh P K, Ramani K P, Singh S S, et al. Stimuli-sensitive layer-by-layer(LbL) self-assembly systems: targeting and biosensory applications[J]. Journal of Controlled Release, 2013, 166(3): 294 - 306.

[24] Zhang L, Chen H, Sun J, et al. Layer-by-layer deposition of poly(diallyldimethylammonium chloride) and sodium silicate multilayers on silica-sphere-coated substrate-facile method to prepare a superhydrophobic surface[J]. Chemistry of Materials, 2007, 19(4): 948 - 953.

[25] Borges J, Rodrigues L C, Reis R L, et al. Layer-by-layer assembly of light-responsive polymeric multilayer systems [J]. Advanced Functional Materials, 2014, 24 (36): 5624 - 5648.

[26] Zhang G, Yan H, Ji S, et al. Self-assembly of polyelectrolyte multilayer pervaporation membranes by a dynamic layer-by-layer technique on a hydrolyzed polyacrylonitrile ultrafiltration membrane[J]. J Membrane Sci, 2007, 292(1): 1 - 8.

[27] Srivastava S, Kotov N A. Composite layer-by-layer(LBL) assembly with inorganic nanoparticles and nanowires[J]. Accounts Chem Res, 2008, 41(12): 1831 - 1841.

[28] Shen J, Hu Y, Li C, et al. Layer-by-layer self-assembly of graphene nanoplatelets[J]. Langmuir, 2009, 25(11): 6122 - 6128.

[29] Caruso F, Möhwald H. Protein multilayer formation on colloids through a stepwise self-assembly technique [J]. Journal of the American Chemical Society, 1999, 121 (25): 6039 - 6046.

[30] Samuelson L A, Anagnostopoulos A, Alva K S, et al. Biologically derived conducting and water soluble polyaniline[J]. Macromolecules, 1998, 31(13): 4376 - 4378.

[31] Li Y, Yao J, Zhu Y, et al. Synthesis and electrochemical performance of mixed phase α/β nickel hydroxide[J]. Journal of Power Sources, 2012, 203: 177 - 183.

[32] Hu C, Li B, Guo R, et al. Pervaporation performance of chitosan-poly(acrylic acid) polyelectrolyte complex membranes for dehydration of ethylene glycol aqueous solution[J]. Separation and Purification Technology, 2007, 55(3): 327 - 334.

[33] Hu Y, Jiang X, Ding Y, et al. Synthesis and characterization of chitosan-poly(acrylic acid) nanoparticles[J]. Biomaterials, 2002, 23(15): 3193 - 3201.

[34] Freger V, Gilron J, Belfer S. TFC polyamide membranes modified by grafting of hydrophilic polymers: an FT-IR/AFM/TEM study[J]. J Membrane Sci, 2002, 209(1): 283 - 292.

[35] Mahdavinia G, Pourjavadi A, Hosseinzadeh H, et al. Modified chitosan 4. Superabsorbent hydrogels from poly (acrylic acid-co-acrylamide) grafted chitosan with salt-and pH-responsiveness properties[J]. European Polymer Journal,2004,40(7):1399-1407.

[36] Fu J, Ji J, Yuan W, et al. Construction of anti-adhesive and antibacterial multilayer films via layer-by-layer assembly of heparin and chitosan[J]. Biomaterials, 2005, 26 (33): 6684-6692.

[37] Cardenas G, Orlando P, Edelio T. Synthesis and applications of chitosan mercaptanes as heavy metal retention agent[J]. Int J Biol Macromol,2001,28(2):167-174.

[38] Guibal E. Interactions of metal ions with chitosan-based sorbents: a review[J]. Separation and Purification Technology,2004,38(1):43-74.

[39] Ngah W W, Teong L, Hanafiah M. Adsorption of dyes and heavy metal ions by chitosan composites: a review[J]. Carbohydrate Polymers,2011,83(4):1446-1456.

[40] Taboada E, Cabrera G, Jimenez R, et al. A kinetic study of the thermal degradation of chitosan-metal complexes[J]. Journal of applied polymer science,2009,114(4):2043-2052.

[41] Saifuddin M, Kumaran P. Removal of heavy metal from industrial wastewater using chitosan coated oil palm shell charcoal[J]. Electronic Journal of Biotechnology,2005,8(1): 43-53.

[42] Zhu Y, Xuan H, Ren J, et al. Self-healing multilayer polyelectrolyte composite film with chitosan and poly(acrylic acid)[J]. Soft Matter,2015,11(43):8452-8459.

[43] Amaral I, Granja P, Barbosa M. Chemical modification of chitosan by phosphorylation: an XPS, FT-IR and SEM study[J]. Journal of Biomaterials Science, Polymer Edition,2005, 16(12):1575-1593.

[44] Paluszkiewicz C, Stodolak E, Hasik M, et al. FT-IR study of montmorillonite-chitosan nanocomposite materials[J]. Spectrochimica Acta Part A: Molecular and Biomolecular Spectroscopy,2011,79(4):784-788.

[45] Guan H M, Cheng X S. Study of cobalt(Ⅱ)-chitosan coordination polymer and its catalytic activity and selectivity for vinyl monomer polymerization[J]. Polym Adv Technol,2004,15 (1/2):89-92.

[46] Skorb E V, Andreeva D V. Layer-by-Layer approaches for formation of smart self-healing materials[J]. Polymer Chemistry,2013,4(18):4834-4845.

[47] Wu M, Ma B, Pan T, et al. Silver-nanoparticle-colored cotton fabrics with tunable colors and durable antibacterial and self-healing superhydrophobic properties[J]. Advanced Functional Materials,2015.

[48] Zhu D Y, Rong M Z, Zhang M Q. Self-healing polymeric materials based on microencapsulated healing agents: from design to preparation[J]. Progress in Polymer Science, 2015, 49: 175-220.

[49] Neal J A, Mozhdehi D, Guan Z. Enhancing mechanical performance of a covalent self-healing material by sacrificial noncovalent bonds[J]. Journal of the American Chemical

Society,2015,137(14):4846 - 4850.

[50] Andreeva D V, Fix D, Möhwald H, et al. Self-healing anticorrosion coatings based on pH-sensitive polyelectrolyte/inhibitor sandwichlike nanostructures[J]. Advanced Materials, 2008,20(14):2789 - 2794.

[51] Kawashita M, Tsuneyama S, Miyaji F, et al. Antibacterial silver-containing silica glass prepared by sol-gel method[J]. Biomaterials,2000,21(4):393 - 398.

[52] Regiel-Futyra A, Kus-Lis'kiewicz M, Sebastian V, et al. Development of noncytotoxic chitosan-Gold nanocomposites as efficient antibacterial materials [J]. ACS Applied Materials & Interfaces,2015,7(2):1087 - 1099.

[53] Lorenzini C, Haider A, Kang I-K, et al. Photoinduced development of antibacterial materials derived from isosorbide moiety[J]. Biomacromolecules,2015,16(3):683 - 694.

[54] Li W, Zhou S, Gao S, et al. Spatioselective fabrication of highly effective antibacterial layer by surface-anchored discrete metal-organic frameworks[J]. Advanced Materials Interfaces, 2015,2(2).

[55] Cloutier M, Mantovani D, Rosei F. Antibacterial coatings: challenges, perspectives, and opportunities[J]. Trends Biotechnol,2015,33(11):637 - 652.

[56] Grunlan J C, Choi J K, Lin A. Antimicrobial behavior of polyelectrolyte multilayer films containing cetrimide and silver[J]. Biomacromolecules,2005,6(2):1149 - 1153.

[57] Kruk T, Szczepanowicz K, Kregiel D, et al. Nanostructured multilayer polyelectrolyte films with silver nanoparticles as antibacterial coatings[J]. Colloids and Surfaces B: Biointerfaces,2016,137:158 - 166.

[58] Zheng Z, Huang X, Schenderlein M, et al. Self-healing and antifouling multifunctional coatings based on pH and sulfide ion sensitive nanocontainers[J]. Advanced Functional Materials,2013,23(26):3307 - 3314.

[59] Wang X, Wang Y, Bi S, et al. Optically transparent antibacterial films capable of healing multiple scratches[J]. Advanced Functional Materials,2014,24(3):403 - 411.

[60] 王旭. 层层组装聚合物凝胶膜:功能负载与修复[D]. 长春:吉林大学; 2012.

[61] Zhao Z, Arruda E M. An internal cure for damaged polymers[J]. Science, 2014, 344 (6184):591 - 592.

[62] Wang C, Wu H, Chen Z, et al. Self-healing chemistry enables the stable operation of silicon microparticle anodes for high-energy lithium-ion batteries[J]. Nature Chemistry, 2013,5(12):1042 - 1048.

[63] Hou C, Huang T, Wang H, et al. A strong and stretchable self-healing film with self-activated pressure sensitivity for potential artificial skin applications[J]. Scientific Reports, 2013,3:1 - 6.

[64] Wang H, Xue Y, Ding J, et al. Durable, self-healing superhydrophobic and superoleophobic surfaces from fluorinated-decyl polyhedral oligomeric silsesquioxane and hydrolyzed fluorinated alkyl silane[J]. Angewandte Chemie International Edition, 2011, 50 (48):

11433 - 11436.

[65] Wu J, Weir M D, Melo M A S, et al. Development of novel self-healing and antibacterial dental composite containing calcium phosphate nanoparticles[J]. J Dent, 2015, 43(3): 317 - 326.

[66] Abdullayev E, Abbasov V, Tursunbayeva A, et al. Self-healing coatings based on halloysite clay polymer composites for protection of copper alloys[J]. ACS Applied Materials & Interfaces, 2013, 5(10): 4464 - 4471.

[67] Jiang K, Kuang D, Fei T, et al. Preparation of lithium-modified porous polymer for enhanced humidity sensitive properties[J]. Sensors and Actuators B: Chemical, 2014, 203: 752 - 758.

[68] Zhang Y, Yu K, Jiang D, et al. Zinc oxide nanorod and nanowire for humidity sensor[J]. Appl Surf Sci, 2005, 242(1): 212 - 217.

[69] Muto S, Suzuki O, Amano T, et al. A plastic optical fibre sensor for real-time humidity monitoring[J]. Measurement Science and Technology, 2003, 14(6): 746.

[70] Bariain C, Matı'as I R, Arregui F J, et al. Optical fiber humidity sensor based on a tapered fiber coated with agarose gel[J]. Sensors and Actuators B: Chemical, 2000, 69(1): 127 - 131.

[71] Xuan R, Wu Q, Yin Y, et al. Magnetically assembled photonic crystal film for humidity sensing[J]. Journal of Materials Chemistry, 2011, 21(11): 3672 - 3676.

[72] Winn J N, Fink Y, Fan S, et al. Omnidirectional reflection from a one-dimensional photonic crystal[J]. Optics Letters, 1998, 23(20): 1573 - 1575.

[73] Jiang H, Chen H, Li H, et al. Properties of one-dimensional photonic crystals containing single-negative materials[J]. Physical Review E, 2004, 69(6): 066607.

[74] Dorvee J R, Derfus A M, Bhatia S N, et al. Manipulation of liquid droplets using amphiphilic, magnetic one-dimensional photonic crystal chaperones[J]. Nature Materials, 2004, 3(12): 896 - 899.

[75] Ozaki R, Matsui T, Ozaki M, et al. Electrically color-tunable defect mode lasing in one-dimensional photonic-band-gap system containing liquid crystal[J]. Applied Physics Letters, 2003, 82(21): 3593 - 3595.

[76] Němec H, Duvillaret L, Garet F, et al. Thermally tunable filter for terahertz range based on a one-dimensional photonic crystal with a defect[J]. Journal of Applied Physics, 2004, 96(8): 4072 - 4075.

[77] Katouf R, Komikado T, Itoh M, et al. Ultra-fast optical switches using 1D polymeric photonic crystals[J]. Photonics and Nanostructures-Fundamentals and Applications, 2005, 3(2): 116 - 119.

[78] Liu C, Yao C, Zhu Y, et al. Dually responsive one dimensional photonic crystals with reversible color changes[J]. Sensors and Actuators B: Chemical, 2015, 220: 227 - 232.

[79] Zhu Y, Xuan H, Ren J, et al. Color tunable ultrathin films capable of healing multiple

scratches[J]. Chem Nano Mat,2016,2:791－795.

[80] Kumawat N, Pal P, Varma M. Diffractive optical analysis for refractive index sensing using transparent phase gratings[J]. Scientific Reports,2015,5:16687.

[81] Picheth G F, Sierakowski M R, Woehl M A, et al. Characterisation of ultra-thin films of oxidised bacterial cellulose for enhanced anchoring and build-up of polyelectrolyte multilayers[J]. Colloid and Polymer Science,2014,292(1):97－105.

第三章　基于动态席夫碱作用构建的多层功能膜材料

任娇雨　中国矿业大学

1. 概述

动物的皮肤受伤后可以自我愈合，植物的枝条经过嫁接可以重新生长，这些自然现象引发了研究人员对自修复现象的思考。在自然界中，自修复现象不仅发生在单分子水平上，例如DNA的修复，同时也可以发生在宏观水平上，例如血管损伤的闭合和愈合，骨骼破碎后的合并等。近年来，受天然生物有机体启发的可修复损伤的自修复材料受到越来越多的关注[1-2]。自修复性能被定义为能够使材料固定自发地修复损伤，并恢复正常的特性[3-6]。研发具有从损伤事件中自我修复能力的材料不仅可以延长材料的使用寿命，还可以恢复或保持材料的原有特性。同时，自修复性能可以使材料避免破损堆积引发的故障，从而提高材料的耐用性、可靠性和安全性。

自然界中自我修复的机制被应用到自修复材料的制备上，例如模仿血管及其自修复能力，制备了载有修复因子的3D微脉管水凝胶[7-8]；从蓝贻贝的分泌物上得到启发，制备了利用对pH响应而达到自修复性能的聚合物水凝胶[9-11]。根据自修复机制，自修复材料可以分为外源型自修复材料和本征型自修复材料[12]。外源型自修复材料也被认为自主自我修复，其中材料结构的损伤由预填充的修复因子实现修复，修复因子首先被填充在不同的容器里，然后将容器包埋在自修复材料中。根据容器类型不同，外源型自修复材料可以分为微胶囊型自修复材料和微脉管型自修复材料。这两种材料的自修复机制类似，当材料遭到破坏，形成裂缝并损坏容器时，容器中的修复因子将被释放并修复裂缝。尽管大多数外源型自修复材料破损部位可以在常温下愈合，但有时仍需要加热以进行自修复过程或增强自修复性能。

不同于外源型自修复材料，本征型自修复材料无须修复因子和催化剂就可实现可重复的自修复，其自修复性能依靠的是材料本身具有的动态连接。这种简单的自修复机制在产品制造和应用方面更具竞争力。不同的动态连接赋予了自修复材料不同的性质。与共价交联网络相比，使用弱相互作用(如氢键)物理交联而组成的自修复材料机械性能较弱[13-14]。动态共价交联指的是可以断裂和重新形成的永久性价键。在不同条件下，这些价键可以像非共价物理键一样可逆，也可以像常规共价键那样稳定。例如狄尔斯-阿尔德(Diels-Alder)反应。狄尔斯-阿尔德反应是指共轭双烯与取代烯烃反应生成取代环己烯的反应，是一种比较重要的可逆共价键。Wei 等人[15]通过分子链的设计将热可逆狄尔斯-阿尔德键引入聚氨酯中以获得自修复性能。虽然狄尔斯-阿尔德反应可以用于自修复材料的制备，但是狄尔斯-阿尔德键需要高温和长时间来裂解和重新形成价键以实现自修复性能，因此狄尔斯-阿尔德反应在生物医学的应用受到限制。

席夫碱是动态共价交联剂的一种，具有亚胺官能团的醛/酮和伯胺的缩合产物。Hugo Schiff 在 1864 年首次报道该类产物，并以他的名字 Schiff 为此命名[16]。席夫碱的通式为 $RN{=}CR'R''$，其中 R、R'和 R''可以是烷基、芳基、杂芳基或环烷基等。目前，制备席夫碱最常用方法是 Hugo Schiff 最初发现的反应。简单来说反应包括醛(或者是酮)与伯胺的反应和一个水分子的消除[图 3-1(a)]。通常将羰基化合物和胺类化合物混合在 Dean Stark 仪器中反应，并去除水分。这种水分去除是必须的，因为反应是可逆的。还有其他一些方法可以用来制备席夫碱。方法一：由于醛和酮主要通过醇的氧化反应获得，因此可以通过串联氧化方法从胺和醇直接制备席夫碱[图 3-1(b)][17-19]。方法二：向芳基氰化物中加入格氏试剂或有机锂试剂可以得到未取代的酮亚胺，然后水解金属亚胺中间体，可以将其精制成相应的酮，从而制备席夫碱[图 3-1(c)]。该反应也已扩展到脂肪族氰化物，用无水甲醇处理亚胺中间体，便可生成席夫碱。方法三：烷基和芳基氰化物与酚类及其醚类在酸催化剂存在条件下可以平稳地反应生成席夫碱[图 3-1(d)]。

制备而成的席夫碱可用作多种配体，用于配位不同配位几何形状和氧化状态的各种金属离子，目前已合成众多席夫碱金属配合物。席夫碱金属配合物具有有趣的化学和物理性质。席夫碱金属配合物可以掺入离散的小分子、低聚物或聚合物中，提供了将金属络合物的化学、电子、磁性、光学和氧化还原性质与有机材料的化学、电子、磁性、光学和氧化还原性质相结合的良好平台，用以合成具有机械、催化、热、化学和光电性质的新功能材料。

$$\text{(a)}\quad (R_2)(R_3)C{=}O + H_2N{-}R_1 \rightleftharpoons (R_2)(R_3)C{=}N{-}R_1$$

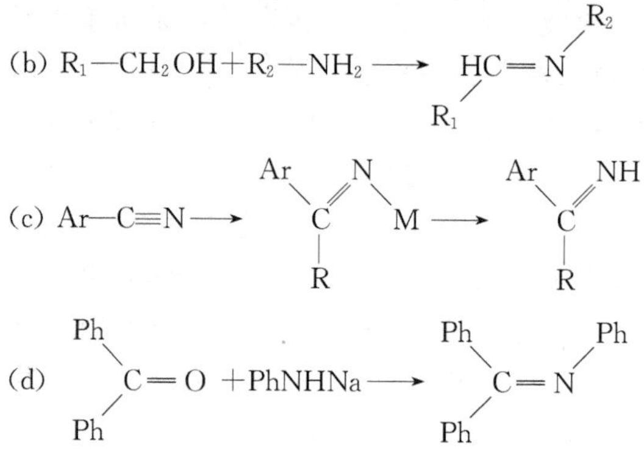

(b) $R_1—CH_2OH+R_2—NH_2 \longrightarrow$ $\underset{R_1}{HC}=\overset{R_2}{N}$

(c) $Ar—C\equiv N \longrightarrow$ $\overset{Ar}{\underset{R}{C}}=N—M \longrightarrow$ $\overset{Ar}{\underset{R}{C}}=NH$

(d) $(Ph)_2C=O + PhNHNa \longrightarrow (Ph)_2C=N—Ph$

图 3-1　席夫碱合成方程式

与此同时，席夫碱中的—C =N—亚胺键在赋予这些化合物广谱生物活性方面发挥独特作用。—C =N—亚胺键中的亲电碳和亲核氮为不同的亲核试剂和亲电子试剂提供了极好的结合机会，从而抑制了靶向疾病、酶或 DNA 复制。作为生物活性分子的席夫碱拥有多种药理活性[20-22]，具有抗菌、抗真菌、抗疟疾、抗病毒、抗炎、抗氧化和抗癌活性。

此外，席夫碱在中性条件下可以保持价键破裂和再生之间的平衡，这一性能使得席夫碱可以用于构筑自修复材料。且与其他构筑自修复材料的动态价键相比，席夫碱具有以下几个优点：(1) 反应物容易获得，仅需醛和胺类化合物；(2) 中性条件下席夫碱即可达到动态平衡，无须热激发或光激发，使得席夫碱自修复材料适用范围广泛；(3) 可降解，酸性条件下，席夫碱可分解成醛和胺；(4) 生物相容性好；(5) 席夫碱可以与不同金属形成动态金属配位键，且席夫碱间会形成一定的氢键，为双网络自修复材料的构筑提供了基础；(6) 席夫碱应用范围广泛，据上文所述，席夫碱在抗菌、抗癌、抗氧化及催化方面都有所应用，因而使用席夫碱构筑自修复材料可以扩展自修复材料的应用范围。

由于 Legras 和他的合作者[23]发现通过层层自组装(LbL)技术制备的聚合物涂层具有自修复性能，因此 LbL 技术制造的自修复薄膜广受关注[24-26]。层层自组装(LbL)技术是一种使用聚合物、胶体、生物分子甚至细胞涂覆基底的制备技术，与某些研究和工业应用中的其他薄膜沉积技术相比，LbL 技术的优点在于可控制性及多功能性[27-28]。传统上，LbL 技术是将带相反电荷的材料通过焓和熵驱动力依次吸附到基底上[29]，但在利用生物素-链霉抗生物素蛋白相互作用 LbL 材料后[30]，各种分子相互作用就广泛地应用在 LbL 技术上[31-32]，例如氢键[33-34]、配位作用[35-36]等。常见的 LbL 技术包括旋涂法、浸涂法和喷涂法等。旋涂法是指在基底上涂布并且进行干燥的制备方法。由于易于使用和相关设备开发比较完善，旋涂法是首先应用于 LbL 的技术之一[37]。大多数旋涂步骤是将溶液浇铸到旋转基底[38]或固定基底[39]上然后旋转。浸涂法是最常见的 LbL 技术,浸涂法是将平板基底依次浸泡在组装溶液中并进行洗清来进行的[40-41]。与上述两种方法相比,喷涂法在涂覆大型基底上有明显的优势[42-43]。

不同的化合物在基底上通过 LbL 技术沉积导致基底薄膜区域的形貌和性质发生改变。同时基底的形态、疏水性、润湿性、黏附性、生物相容性[44-45]以及界面层的负载能力可以通过 LbL 技术多层沉积改变[46]。除此之外,通过 LbL 技术容易形成具有多功能性的纳米结构。由于各种组分的 LbL 沉积简单均匀,LbL 材料在传感[47]、电致发光[48]、生物传感[49]、分离[50]、催化[51]、药物传递[52]、界面纳米工程[53]等领域具有广泛应用。

综上所述,本章主要叙述将席夫碱作为一种新的动态化学键构筑自修复材料的制备过程和表征过程,并研究材料的自修复原理和自修复材料在不同领域的应用。

2. 席夫碱自修复薄膜的制备及表征

2.1 纳米级席夫碱自修复薄膜的制备及表征

通过旋涂法、浸涂法利用壳聚糖和双醛基聚合物制备可得到不同性质的席夫碱自修复薄膜。旋涂法可以用于制备纳米级薄膜,经实验发现,该薄膜具有不同的结构色,称之为超薄彩色自修复薄膜(图 3 - 2)。通过调节制备条件可制备出具有不同结构色的超薄彩色自修复薄膜。首先,将双醛基修饰聚乙二醇溶液滴加到硅片基底上,1 000～3 000 r/min 旋涂 20～60 s,得到一层双醛基修饰聚乙二醇薄膜,

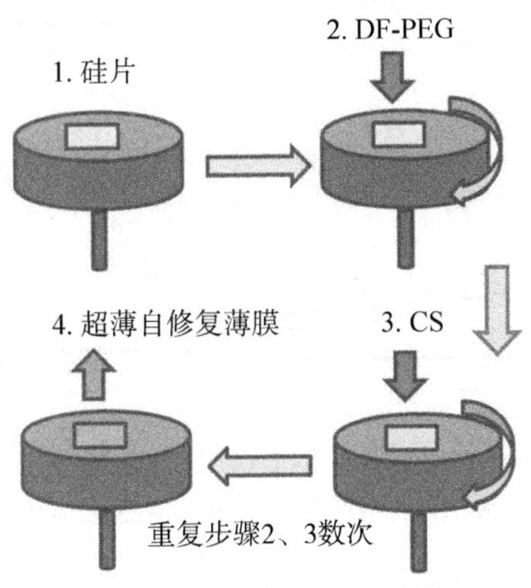

图 3 - 2　旋涂法制备薄膜示意图

将得到的双醛基修饰聚乙二醇薄膜放入烘箱 45 ℃烘干 5 min，再将壳聚糖溶液滴加到双醛基修饰聚乙二醇薄膜表面，1 000～3 000 r/min 旋涂 20～60 s，得到 $(DF\text{-}PEG/CS)_1$ 薄膜，将得到的 $(DF\text{-}PEG/CS)_1$ 薄膜放入烘箱 45 ℃烘干 5 min。重复上述沉积过程数次，制备出拥有不同结构色的 $(DF\text{-}PEG/CS)_n$ 薄膜。

双醛基聚合物上的双醛基可以在极短的时间内与壳聚糖上的氨基反应，生成动态席夫碱[图 3－3(a)]。通过 SEM 图观察旋涂条件皆为旋涂转速为 3 000 r/min，旋涂时间为 30 s，但旋涂周期数不同的薄膜的厚度。从图 3－3(c)中可以发现，超薄彩色薄膜的厚度与薄膜旋涂周期数呈线性增长关系，这说明薄膜每个周期沉积的厚度固定，规则的周期结构可以赋予薄膜独特的结构色。接着使用紫外可见分光光度计表征了壳聚糖、双醛基修饰聚乙二醇和 $(DF\text{-}PEG/CS)_n$ 薄膜。从紫外光谱中可以发现，对比单独的壳聚糖和双醛基修饰聚乙二醇，$(DF\text{-}PEG/CS)_n$ 薄膜在 240 nm 处形成了一个新的吸收峰，此处位于 R 带，代表与双键相连接的杂原子(例如 C═O、C═N、S═O 等)上未成键电子的孤对电子向 π^* 轨道跃迁的结果，因此可以认为 240 nm 的吸收峰证明 $(DF\text{-}PEG/CS)_n$ 薄膜中形成了席夫碱 C═N 双键[54-57][图 3－3(b)]。

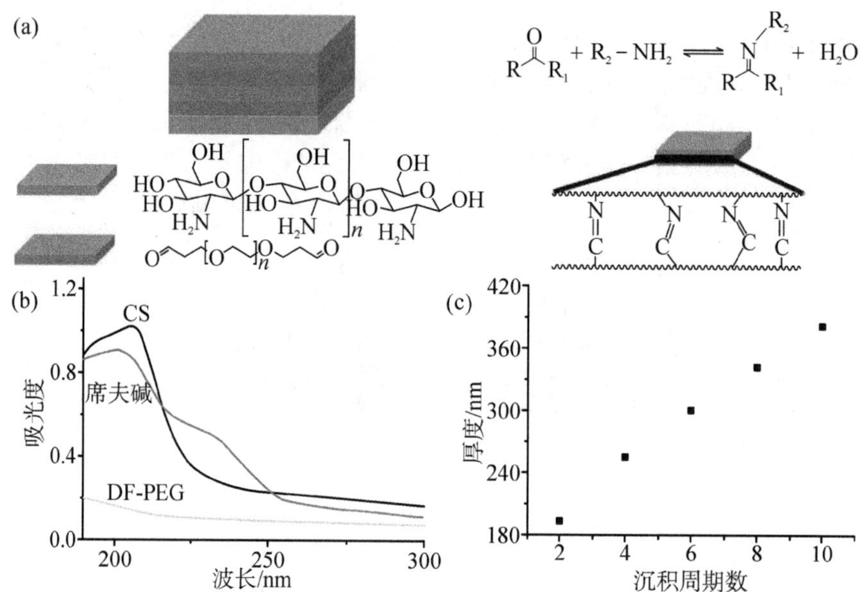

图 3－3 (a) $(DF\text{-}PEG/CS)_n$ 薄膜示意图；(b) 壳聚糖、双醛基修饰聚乙二醇和 $(DF\text{-}PEG/CS)_n$ 薄膜的紫外光谱；(c) $(DF\text{-}PEG/CS)_n$ 薄膜厚度与沉积周期数的关系

$(DF\text{-}PEG/CS)_n$ 薄膜的规则结构赋予了薄膜独特的结构色。结构色是通过周期性纳米结构操纵光的衍射、干涉、散射和/或反射而产生的结果。布拉格衍射定律描述了结构干涉，根据公式 3.1，其中 d 是原子面间的距离，θ 是入射角，λ 是入射光的波长。结合 Bragg 定律和 Snell 定律中关于折射的部分[58-60]，可以得到公式 3.2，其中 d 是粒子面之间的距离，n_{eff} 是平均有效折射率，θ 是入射角，m 是衍射级数，λ 是反射光的波长。其中 n_{eff} 可以根据公式 3.3 计算，n_p 和 n_m 分别代表构成结构色组分各自的折射率，V_p 和 V_m 则是它们各自的体积分数。

$$m\lambda = 2d\cos\theta \tag{3.1}$$

$$m\lambda = 2d\sqrt{n_{eff}^2 - \sin^2\theta} \tag{3.2}$$

$$n_{eff}^2 = n_p^2 V_p + n_m^2 V_m \tag{3.3}$$

由上述公式可以发现，$(DF\text{-}PEG/CS)_n$ 薄膜的结构色受到周期厚度、入射角和有效折射率的影响。在本章节中，通过改变旋涂条件改变了周期厚度，从而制备出具有不同结构色的 $(DF\text{-}PEG/CS)_n$ 薄膜[图 3-4(a)]。接着观察了随着入射角的变化，薄膜结构色的变化。从图 3-4(b)中可以发现，随着入射角增大，$(DF\text{-}PEG/CS)_n$ 薄膜的结构色发生了一定的蓝移，这一结果与公式 3.2 相符。

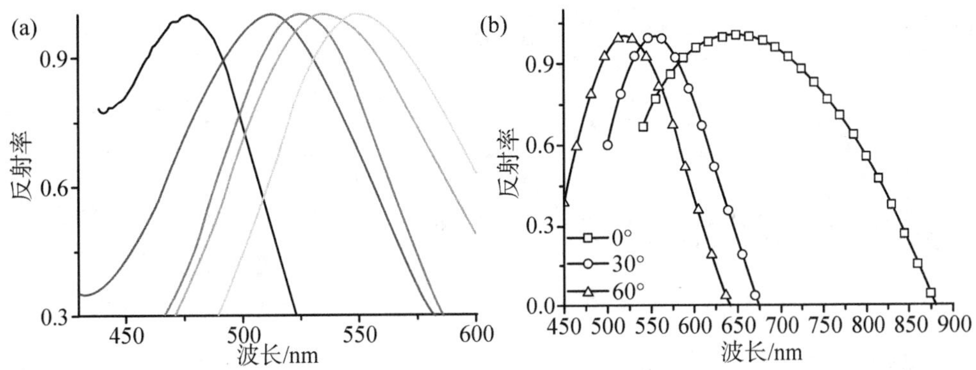

图 3-4 (a) 具有不同结构色的 $(DF\text{-}PEG/CS)_n$ 薄膜；(b) 入射角的改变对 $(DF\text{-}PEG/CS)_n$ 薄膜反射光谱的影响

2.2 微米级席夫碱自修复薄膜的制备及表征

使用旋涂法制备得到纳米级席夫碱薄膜后，再使用浸涂法制备微米级席夫碱薄膜。首先，将壳聚糖溶液滴加到玻璃基底上，1 500 r/min 旋涂 30 s，得到一层壳聚糖膜。将得到的壳聚糖薄膜浸泡在双醛基修饰聚乙二醇溶液中 5 min，用超纯水冲洗基底 3 次，用以去除未结合的双醛基修饰聚乙二醇，得到 $(CS/DF\text{-}PEG)_1$ 薄膜。重复上述沉积过程 14 次，制备出微米级席夫碱薄膜 $(CS/DF\text{-}PEG)_{15}$，并放入烘箱35 ℃烘干[图 3-5(a)]。从图 3-5(c)内嵌的 SEM 图中可以发现，壳聚糖层和双醛基修饰聚乙二醇相互交织组成一体，且席夫碱自修复薄膜的厚度随着沉积层数的增多快速变大。使用红外光谱仪表征壳聚糖、双醛基修饰聚乙二醇和微米级席夫碱薄膜，在壳聚糖的红外光谱上可以发现数个特征吸收峰，其中 3 425 cm^{-1} 处出现了羟基的吸收峰，2 879 cm^{-1} 处出现了烷基的吸收峰，1 635 cm^{-1} 处出现了氨基的吸收峰，1 080 cm^{-1} 处有 C—O 键的吸收峰。从双醛基修饰聚乙二醇的红外光谱上可以观察到由于水分子和结构—OH 基团的 O—H 伸缩振动引起的 3 448 cm^{-1} 处的吸收峰，烷基的 C—H 伸缩振动使得在 2 885 cm^{-1} 处出现了吸收峰，而在 1 718 cm^{-1} 和 1 637 cm^{-1} 处的吸收峰则来自自醛基的 C═O 伸缩振动，在 1 117 cm^{-1} 处的吸附峰可以归因于 C—O 伸缩振动。与壳聚糖和双醛基修饰聚乙二醇相比，在微米级席夫碱薄膜的红外光谱中，许多吸收峰发生了明显移动。其中羟基的 O—H 伸缩振动引起的吸收峰移至 3 433 cm^{-1} 处，烷基的 C—H 伸缩振动引起的吸收峰移动到了 2 924 cm^{-1} 处和 2 858 cm^{-1} 处，C—O 伸缩振动引起的吸附峰移至 1 086 cm^{-1} 处。同时一个代表席夫碱键的 C ═N 伸缩振动的新吸附峰出现在

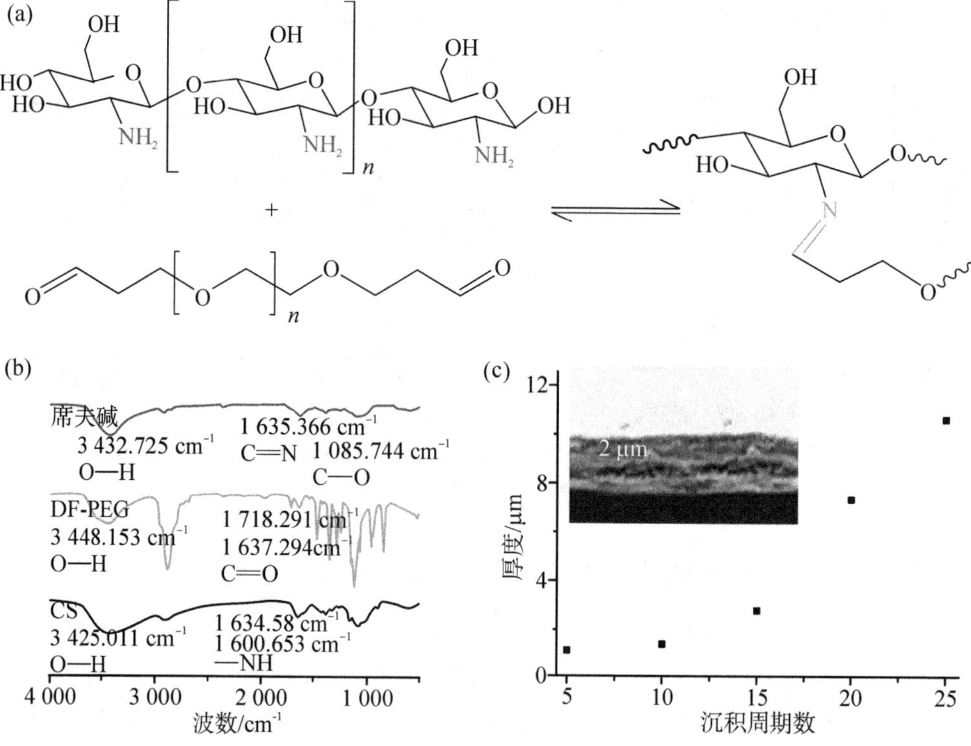

图 3-5 (a) 席夫碱反应方程式；(b) 壳聚糖，双醛基修饰聚乙二醇和微米级席夫碱薄膜的红外光谱；(c) LbL 自修复薄膜厚度和周期数关系，内嵌图为微米级席夫碱薄膜 SEM 截面图

1 635 cm^{-1}处,而醛基 C=O 伸缩振动引起的吸收峰和氨基 N—H 伸缩振动引起的吸收峰从$(CS/DF\text{-}PEG)_{15}$薄膜的红外光谱中消失了,这些变化证明了薄膜中动态席夫碱的形成[图 3-5(b)]。

席夫碱薄膜将作为涂层应用在不同设备上,因此席夫碱薄膜需要拥有较高的透明度和黏附性。与其他自修复薄膜相比,所制得的微米级席夫碱薄膜具有较高的透明度。将微米级席夫碱薄膜和对照组的自修复薄膜同时覆盖在图片上时,透过两种薄膜都可以清晰地看到图片,并且与未覆盖自修复薄膜的图片相比,无明显区别;但将薄膜拿起,放置在距图片 50.0 cm 处观察图片时,可以发现放置于对照组自修复薄膜后面的图片模糊不清,无法观察其画面细节,而放置在微米级席夫碱薄膜后面的图片则依然可以清楚观看[图 3-6(b)]。使用光纤光谱仪测量量化微米级席夫碱薄膜的透光率,将微米级席夫碱薄膜放置在金相显微镜样品台上,测量微米级席夫碱薄膜的透射光谱,并将薄膜的透过率定义为微米级席夫碱薄膜从 400 nm 到 700 nm 透过率的平均值。当单纯玻璃基底的透过率为 100%时,沉积有微米级席夫碱薄膜的玻璃基底透过率为 99.4%。薄膜所具有的极高透过率使得微米级席夫碱薄膜可以应用在光学器件上。

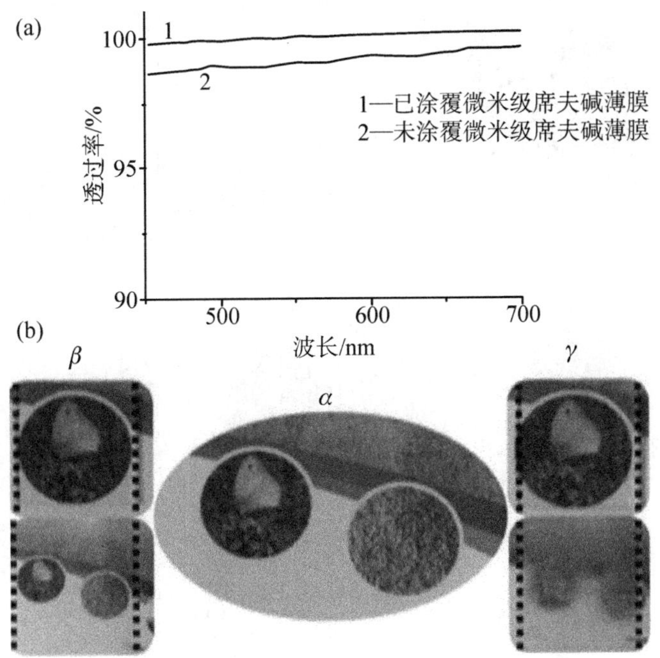

图 3-6 (a) 未涂覆与已涂覆微米级席夫碱薄膜的玻璃基底的透射光谱。(b) α—未覆盖自修复薄膜的图片;β—被微米级席夫碱薄膜遮盖的图片;γ—被对照组自修复薄膜遮盖的图片

接着分别使用了百格法和拉开法检测薄了席夫碱薄膜对不同基底的黏附性。首先将薄膜制备在玻璃、陶瓷、合金、塑料和环氧树脂板上，用百格刀划伤薄膜表面，并使用胶带黏附薄膜2次，观察薄膜被黏附下来的情况，判定薄膜对基底的黏附性[图3-7(a)]。百格法检测的结果显示在图3-7(b)中，对照百格法国家标准(表3-1)可以发现，席夫碱薄膜对玻璃、陶瓷、塑料和环氧树脂板的黏附力都达到了国家标准。使用拉开法测量了席夫碱薄膜对不同基底具体的黏附力，具体做法如图3-7(c)所示，在不同的基底上制备大小为2.0 cm×1.5 cm的席夫碱薄膜，并在薄膜上层黏附另一个相同的基底，使用单立柱材料试验机拉伸两个基底，检测基底分开时所需的拉力。从图3-7(d)中可以发现，席夫碱薄膜对塑料基底的黏附力最大，为150～200 N，环氧树脂基底其次，黏附力为100～150 N，同时薄膜对玻璃基底的黏附较为一般，黏附力维持在35～50 N，薄膜对合金基底的黏附性最差，黏附力在5～15 N，这些检测结果与百格法检测结果相符。可调的厚度和结构色、高透明度和高黏附性为席夫碱薄膜的广泛应用打下了基础。

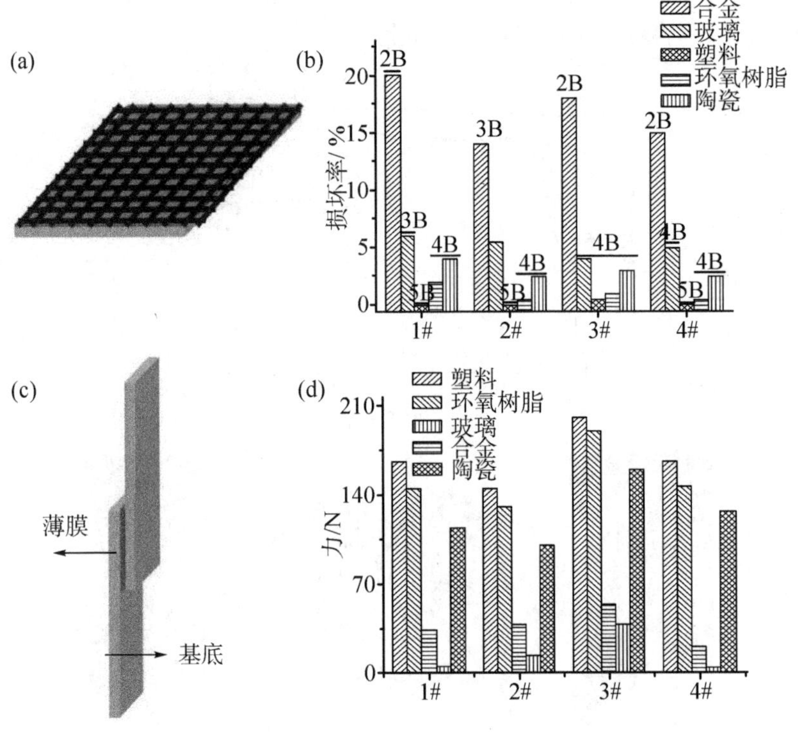

图3-7 (a) 百格法示意图；(b) 百格法检测结果；(c) 拉开法示意图；(d) 拉开法检测结果

表 3-1 百格法国家标准

等级	破损率	评定结果
5B	0%	优
4B	0%~5%	良
3B	5%~15%	通过
2B	15%~35%	不通过
1B	35%~65%	不通过
0B	≥65%	不通过

3. 席夫碱薄膜的自修复性能

我们在具体研究席夫碱薄膜的自修复性能之前，率先了解了 LbL 材料的自修复行为。通过动态聚合物系统概念可以理解 LbL 技术形成材料的自修复行为[61-62]。由于存在可逆的共价键和非共价键，动态聚合物材料会表现出可逆性质[63]。一般情况下，聚合物链在生理条件下具有较高的流动性，因此聚合物具有很大的自修复能力。LbL 沉积的多层薄膜的自修复性能是基于多层薄膜里组分在外部刺激下的流动性。多层薄膜的迁移率、渗透性和弹性由多层薄膜的性质和外部条件决定的。多层薄膜中未结合的移动聚电解质链的数量是影响聚电解质多层流动性的关键因素。比如 pH 和离子强度就可以影响多层薄膜的溶胀行为，从而影响聚电解质链的流动性[64]。

除此之外，很多实验表明，多层薄膜中的水分会影响薄膜中的分子相互作用，从而影响薄膜的流动性。而聚电解质多层薄膜中的水分可以通过离子强度[65]、pH[66]和吸附的聚电解质[67]的类型来控制。其他一些实验则侧重研究了多层薄膜中带电和不带电分子的扩散。多层薄膜中分子的扩散是由于分子和聚合物基质之间的静电相互作用引起的。不带电分子的扩散与分子大小无关。Vogt 等人[64]通过荧光恢复和光漂白研究了多层薄膜中荧光素标记蛋白的流动性，并证明了蛋白质的流动性取决于其浓度，薄膜中的蛋白质会从高浓度区域扩散到低浓度区域。对于沉积在薄膜中的其他化合物或修复因子，可以预期到相同的结果。在这种情况下，多层薄膜完整性的破坏可以触发修复因子和沉积的聚合物扩散到破损区域以实现修复。

3.1 纳米级席夫碱薄膜的自修复性能表征

在席夫碱薄膜中，壳聚糖上的氨基可以在数分钟内与双醛基修饰聚乙二醇上的双醛基反应生成动态席夫碱，动态席夫碱连接赋予了席夫碱薄膜自修复性能。通过观察发现，不论是纳米级席夫碱薄膜还是微米级席夫碱薄膜，皆具有自修复性能。以纳米级超薄彩色薄膜为例，使用厚度为 228 nm 的$(DF\text{-}PEG/CS)_3$ 薄膜作为研究超薄彩色薄膜自修复性能的样本。利用金相显微镜和光纤光谱仪观察$(DF\text{-}PEG/CS)_3$ 薄膜的自修复过程。首先用刀片在$(DF\text{-}PEG/CS)_3$ 薄膜上划一道伤口，破损处宽度约为 30 μm，接着将超纯水滴加到薄膜破损部位，10 min 后使用金相显微镜观察薄膜的自修复情况。从图 3-8(a)中可以发现，未损坏的$(DF\text{-}PEG/CS)_3$ 薄膜结构色为蓝色，薄膜遭到损坏后，露出硅片基底，10 min 的自修复过程后，薄膜不仅修补了破损部位的空缺，还同时修复了自身的结构色。利用光纤光谱仪量化了$(DF\text{-}PEG/CS)_3$ 薄膜的自修复性能，从图 3-8(b)中可以发现，未损坏的$(DF\text{-}PEG/CS)_3$ 薄膜反射峰波长位置为 494.0 nm 处，反射峰强度为 58.0%。损坏后，露出的硅片基底反射得到的反射波长位置处于 721.2 nm 处，与未损坏的$(DF\text{-}PEG/CS)_3$ 薄膜的反射光谱完全不重合。而修复后的$(DF\text{-}PEG/CS)_3$ 薄膜反射峰位置为 492.4 nm 处，反射峰强度为 50.1%。本章使用自修复薄膜修复前后性能的比例来表征薄膜的自修复效率，公式如下：

$$E_h = P/P_0 \tag{3.4}$$

其中，E_h 代表自修复效率，P_0 代表薄膜未损伤时的性能数据，P 代表薄膜自修复后的性能数据。根据公式 3.4 计算可得：按照反射峰位置评估薄膜自修复性能，$(DF\text{-}PEG/CS)_3$ 薄膜的自修复效率为 100%；按照反射峰强度评估薄膜自修复性能，$(DF\text{-}PEG/CS)_3$ 薄膜的自修复效率为 87%。同时，使用扫描电子显微镜表征了$(DF\text{-}PEG/CS)_3$ 薄膜修复前后的形貌。从图 3-9 中可以发现，未损坏的薄膜表面平整，无明显起伏，而修复后的薄膜在损伤部位有一定的凹陷，这是由于未修复完全。

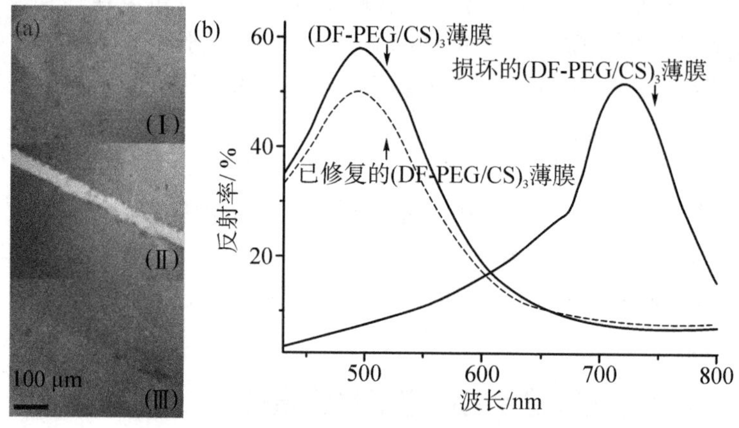

图 3-8 (a) $(DF\text{-}PEG/CS)_3$ 薄膜的自修复过程与(b) 修复前后的反射光谱

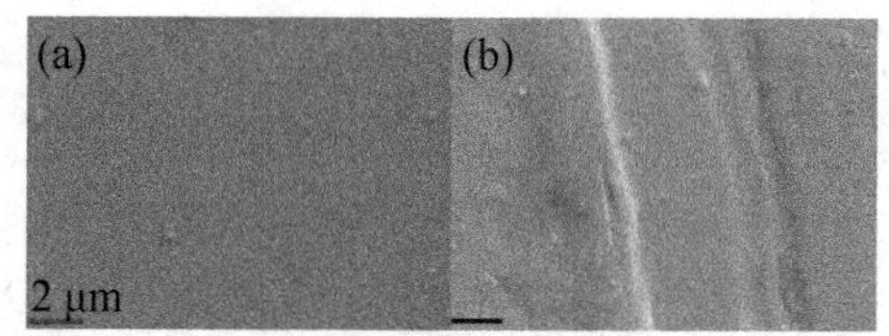

图 3-9 (a) 未损坏的(DF-PEG/CS)$_3$ 薄膜和(b) 修复后的(DF-PEG/CS)$_3$ 薄膜的 SEM 图

3.2 微米级席夫碱薄膜的自修复性能表征

同时,我们观察了微米级席夫碱薄膜的自修复过程,结果如图 3-10 所示。首先,使用刀片在微米级席夫碱薄膜表面制造一个宽度为 30 μm 且贯穿薄膜直达基底表面的伤口[图 3-10(a)-②],将超纯水滴加到微米级席夫碱薄膜破损区域,10 min 后观察薄膜,可以从金相显微镜图片上看到破损的薄膜已经修复,且无任何破损痕迹残留[图 3-10(a)-③]。除了从显微镜图片对微米级席夫碱薄膜的自修复性能进行宏观观察,还对薄膜内部性能的自修复效果进行了检查。利用纳米力学性能测试系统和单立柱材料试验机检测微米级席夫碱薄膜修复前后的硬度、弹性模量、拉伸长度和拉伸载荷,并通过这些性能的变化比例来表征薄膜的自修复效率。

纳米力学性能测试系统测试得到的结果显示在图 3-10(c)中。对于未损伤的微米级席夫碱薄膜,压痕深度为 567 nm,塑性压痕深度为 482 nm,最大载荷为 1.19 mN,经过计算可知,未损伤微米级席夫碱薄膜的硬度为 0.175 GPa,弹性模量为 3.46 GPa;而对于修复后的微米级席夫碱薄膜,压痕深度为 563 nm,塑性压痕深度为 464 nm,最大载荷为 1.09 mN,计算得到修复后微米级席夫碱薄膜的硬度为 0.171 GPa,弹性模量为 2.79 GPa。根据公式 3.4 计算可得:按照硬度评估薄膜自修复性能,微米级席夫碱薄膜的自修复效率为 98%;按照弹性模量评估薄膜自修复性能,微米级席夫碱薄膜的自修复效率为 81%。

接着使用单立柱材料试验机检测薄膜修复前后机械性能的恢复情况,得到的拉伸结果显示在图 3-10(d)中。从图中可以看出,对于未损伤的微米级席夫碱薄膜,拉伸载荷为 6.69 N,拉伸长度为 1.09 cm;而对于修复后的微米级席夫碱薄膜,拉伸载荷为 5.98 N,拉伸长度为 0.90 cm。根据公式 3.1 计算可得,按照拉伸载荷评估薄膜自修复性能,微米级席夫碱薄膜的自修复效率为 89%;按照拉伸长度评估薄膜自修复性能,微米级席夫碱薄膜的自修复效率为 82%。从本实验可以看出,使用不同的参数评估相同薄膜的自修复效率会产生一定的误差,为了统一评估席夫碱自修复薄膜的自修复效率,本文在接下来的实验中使用拉伸载荷/应力的变化比例评价席夫碱自修复薄膜的自修复效率。

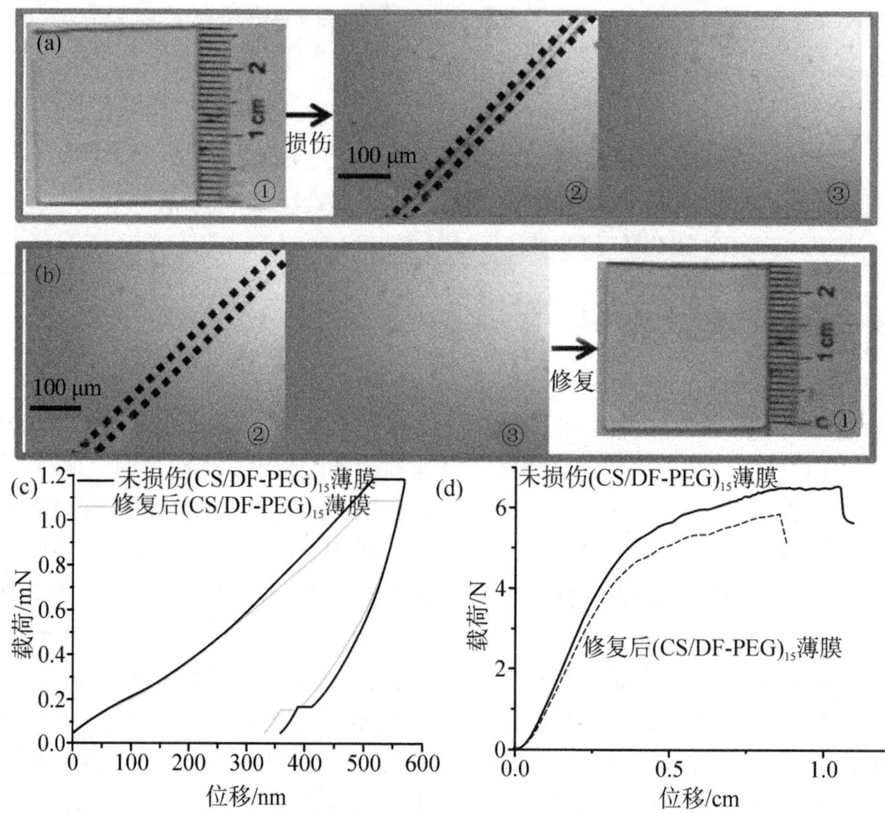

图 3-10 微米级席夫碱薄膜的自修复过程：(a) 第一个自修复循环；(b) 第十个自修复循环，其中①代表微米级席夫碱薄膜的照片，②代表微米级席夫碱薄膜受损时的显微镜图片，③代表微米级席夫碱薄膜自修复后的显微镜图片；(c) 微米级席夫碱薄膜自修复前后的纳米力学性能测试结果；(d) 单立柱材料试验机检测结果

自然界中的自修复物质可以完成多次自修复循环，而大部分人工制备的自修复材料却只能承受数次自修复过程。为了更进一步表征微米级席夫碱薄膜的自修复性能，在同一个微米级席夫碱薄膜的同一位置上重复进行了十次自修复循环。如图 3-11 所示，依次在微米级席夫碱薄膜上制造 30～150 μm 的损伤，滴加超纯水使其完成自修复过程，并使用金相显微镜记录薄膜的十个自修复循环。通过实验可以发现微米级席夫碱薄膜具有优异的自修复性能，在十个自修复循环过后，薄膜表面依然无明显的破损痕迹残留，并可以继续进行自修复过程。这种优异的自修复性能是由薄膜内动态的席夫碱连接赋予的。

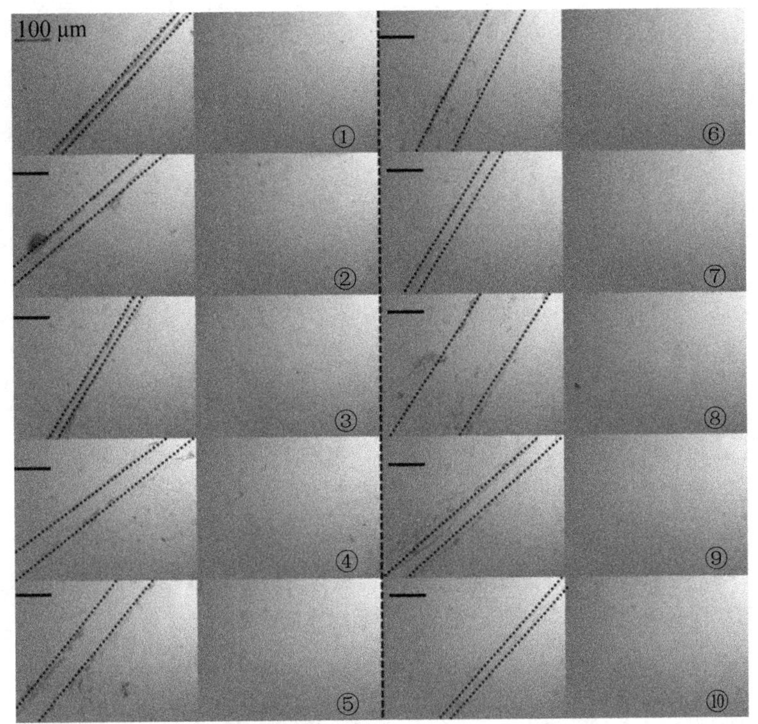

图 3-11 微米级席夫碱薄膜的自修复过程,其中①—⑩代表不同的自修复循环

微米级席夫碱薄膜具有很高的透明度,因此希望微米级席夫碱薄膜在自修复过程中不仅可以修复薄膜破损的表面,还可以修复薄膜受损的透过率。观察微米级席夫碱薄膜在十个自修复循环中的透明度,将经历过不同数目自修复循环的薄膜放在图片前方距图片 50.0 cm 处,通过沉积有薄膜的玻璃观察图片,并与未覆盖薄膜的图片进行对比,结果如图 3-12 所示。图 3-12(a)为未覆盖薄膜的图片,图 3-12(b)为通过沉积有经历过 1～10 个自修复循环的微米级席夫碱薄膜的玻璃基底观察到的图片。通过对比,未发现明显区别。这说明微米级席夫碱薄膜的自修复性能不仅可以修复薄膜破损的表面,还可以修复透过率。接着用光纤光谱仪表征微米级席夫碱薄膜在经历不同自修复循环后的透射光谱,并评估其各自对应的透明度。从图 3-13 中可以发现,未损伤微米级席夫碱薄膜的透过率为 99.5%±0.1%,经历 1～10 个自修复循环后,修复后的薄膜透过率分别为 99.5%±0.1%、99.4%±0.4%、99.4%±0.3%、99.4%±0.2%、99.3%±0.1%、99.3%±0.1%、99.2%±0.1%、99.1%±0.1%、99.1%±0.1%和 99.0%±0.2%。总体来说,在经过数次自修复循环后,微米级席夫碱薄膜依然可以维持其本身较高的透过率。这种既可以修复损伤,又可以维持自身透过率的特性使得席夫碱自修复薄膜可以使用在光学器件上,延长器件的使用寿命。

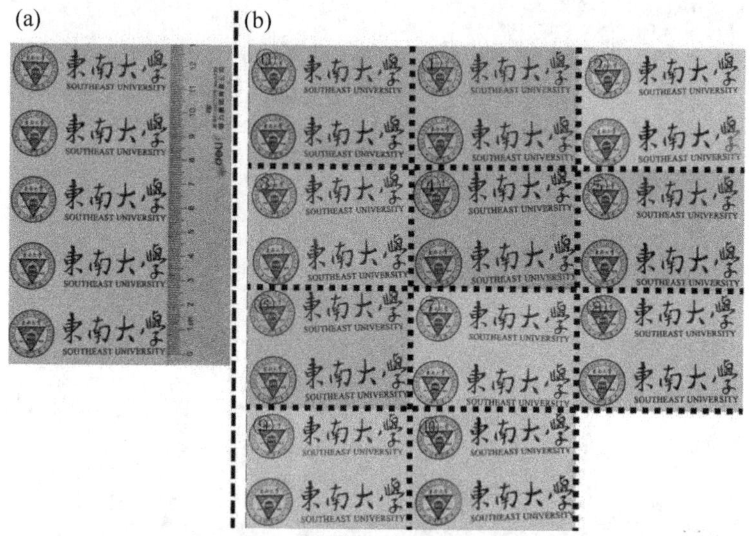

图 3-12 (a) 未覆盖微米级席夫碱薄膜的图片;(b) 通过自修复后的微米级席夫碱薄膜观察到的图片,其中①—⑩代表经历过不同次数自修复循环的薄膜

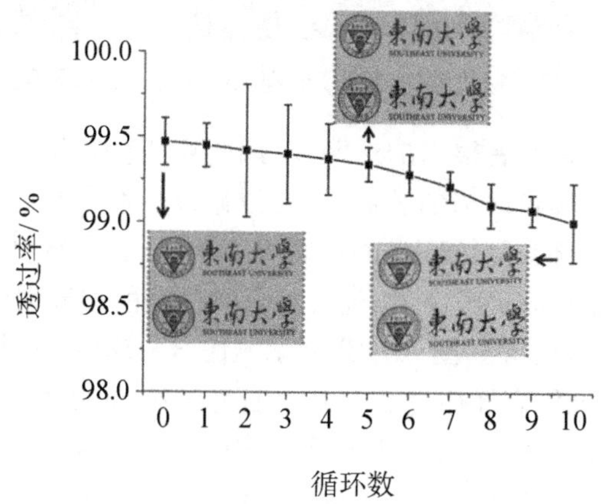

图 3-13 微米级席夫碱薄膜在经历不同数目自修复循环后的透射率,其中嵌入的三幅图分别是通过经历 0 个、5 个和 10 个自修复循环后的微米级席夫碱薄膜观察到的图片

微米级席夫碱薄膜既可以修复薄膜破损的表面,还可以维持薄膜透过率的原因与薄膜具有的自修复性能有关。当微米级席夫碱薄膜受损后,薄膜表面变得凹凸不平,因此薄膜的透明度大大降低。但当微米级席夫碱薄膜在水分的引导下完成自修复后,薄膜破损的表面得到修复,可以恢复平整,因此微米级席夫碱薄膜的透明度得以恢复。在经历数个自修复循环后,微米级席夫碱薄膜的透过率有轻微降低，这是因为自修复过程中薄膜表面产生了一定的变化，如薄膜表面的粗糙度有所提升，造成了些微的光散射。为了证明此想法，使用原子力显微镜对微米级席夫碱薄膜的表面形貌和粗糙度进行了表征。图 3－14 代表未损伤薄膜和经过十次自修复循环后薄膜的原子力显微镜(AFM)图片，从图中可以发现未损伤的微米级席夫碱薄膜表面有一些较小的起伏，但整体较为平整，而修复后的微米级席夫碱薄膜表面有一个明显的凹陷，这是未完全修复留下来的痕迹，凹陷最深处距表面有 25 nm，最浅处距表面有 15 nm。经过处理后可以发现在 1 μm×1 μm 的范围内，未损伤的微米级席夫碱薄膜表面粗糙度为 5 nm，而修复后的微米级席夫碱薄膜表面粗糙度为 24 nm。这些数据证明了以上猜测，修复后微米级席夫碱薄膜的透明度有轻微降低是由于自修复过程中制造的极小凹陷使得薄膜表面粗糙度有较小程度的增加，引起了光散射。

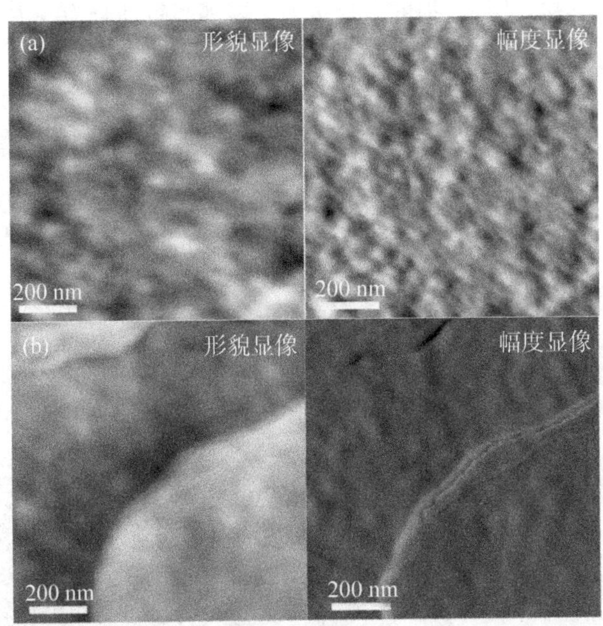

图 3－14 (a) 未损伤微米级席夫碱薄膜和(b) 经过十次自修复循环后微米级席夫碱薄膜的 AFM 图片

3.3 席夫碱薄膜自修复原理及影响因素探索

本节进一步探讨席夫碱薄膜的自修复原理。因为席夫碱薄膜的自修复过程是由超纯水引导的，需要研究水分对薄膜的影响。首先使用扫描电子显微镜观察干燥和湿润条件下微米级席夫碱薄膜的形貌结构，如图 3－15(b)所示，无论在高倍镜还是低倍镜下，干燥的微米级席夫碱薄膜表面都较为平整、致密，无明显的孔洞结构。与之相比，湿润状态下的微米级席夫碱薄膜有明显的3D网络结构，孔洞大小分布在数十微米至数百微米。孔洞结构的出现一方面说明了微米级席夫碱薄膜在湿润状态下发生了明显的膨胀行为，另一方面也说明了水分会影响薄膜中的分子相互作用，从而会影响薄膜的流动性[68]。总结上述结果，水分在薄膜自修复过程中起到的作用为造成薄膜膨胀，影响薄膜的流动性，使得薄膜破损部位接触，同时影响薄膜中席夫碱的连接，促进薄膜破损部位席夫碱连接的断裂和重铸。经过十次自修复循环后，可以总结微米级席夫碱薄膜的自修复过程。如图3-15(a)所示，刀片破坏薄膜，使薄膜分为两份，部分席夫碱连接断裂，将超纯水滴加到薄膜破损区域，薄膜膨胀，同时水分的存在促进了微米级席夫碱薄膜的流动，薄膜破损部位边缘处接触，作为席夫碱正反应的产物，水分弱化了席夫碱的连接，使得席夫碱连接的流动性增强，在破损部位边缘处，未连接的氨、双醛基和动态的席夫碱重新构筑新的席夫碱连接，使得破损的微米级席夫碱薄膜重新合为一体。

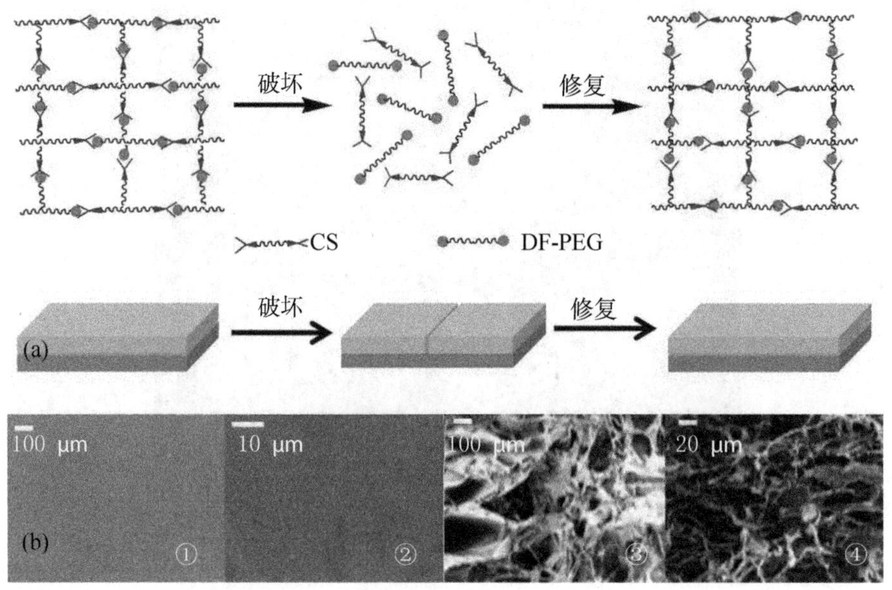

图3-15 (a) 微米级席夫碱薄膜自修复过程示意图；(b) 干燥(①-②)和湿润的(③-④)微米级席夫碱薄膜的SEM图片

在前述纳米级的席夫碱薄膜和微米级的席夫碱薄膜的自修复行为中，我们发现不同的席夫碱薄膜自修复性能并不相同，因此接下来研究了不同因素对薄膜自修复性能的影响，从而更深层次地研究席夫碱薄膜的自修复机理。上文中确定了席夫碱薄膜的自修复过程，在这一系列的自修复过程中认为薄膜的流动性(薄膜的厚度、亲疏水性)、构成薄膜中空余的活性基团、连接的密度。连接的流动性会影响薄膜的自修复性能，因此逐个研究了它们对薄膜自修复性能的影响。

3.3.1 薄膜流动性对席夫碱薄膜自修复性能的影响

首先使用纳米级的超薄彩色薄膜研究了薄膜的流动性对薄膜自修复性能的影响。超薄彩色薄膜的厚度维持在微米级以下，在一定程度上削弱了薄膜的流动性，因此能够更加直观地观察到薄膜的厚度、亲疏水性对席夫碱薄膜自修复性能的影响。

首先，研究了薄膜的厚度对自修复性能的影响。通过实验发现，厚度为 228 nm 的$(DF\text{-}PEG/CS)_3$ 薄膜仅能承受两次自修复循环。在第一个和第二个自修复循环中，薄膜可以修复损伤的表面和本身的结构色，但当薄膜在同一位置受到第三次损伤时，$(DF\text{-}PEG/CS)_3$ 薄膜无法修复第三次损伤[图 3-16(c)]。而厚度为 255 nm 的$(DF\text{-}PEG/CS)_4$ 薄膜可以承受三次自修复循环。从图 3-16(a)中可以发现，在前两次自修复循环后，$(DF\text{-}PEG/CS)_4$ 薄膜可以修复表面损伤，并维持自身的结构色，但在第三次自修复循环后，薄膜损伤处的结构色发生了改变，且在修复位置留下了修复痕迹，这是由于损伤处修复后与周围薄膜相比，产生了一定的厚度差，这与$(DF\text{-}PEG/CS)_3$ 薄膜修复后的扫描电子显微镜图片结果相符(图 3-12)，是由有限的自修复性能造成的。使用光纤光谱仪定量的测量了$(DF\text{-}PEG/CS)_4$ 薄膜的自修复性能。

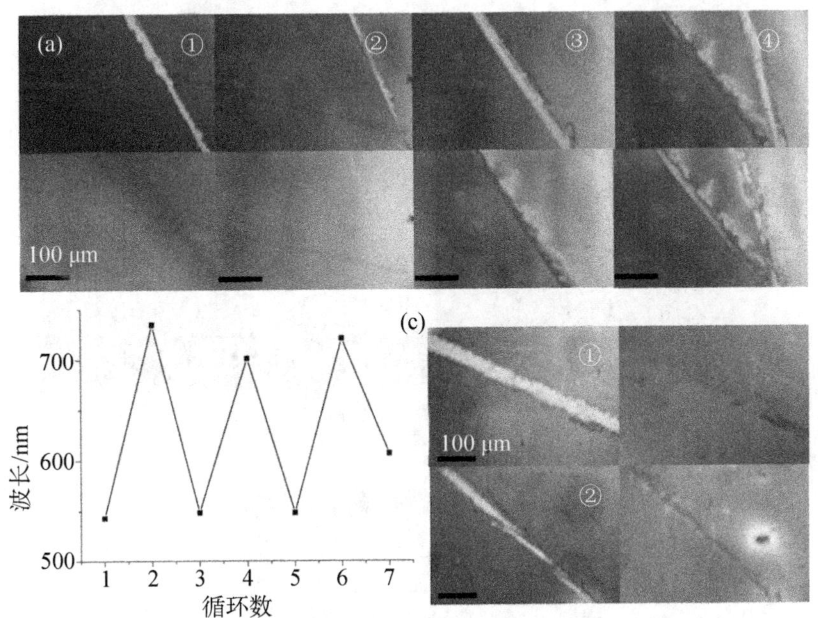

图 3-16 (a) $(DF\text{-}PEG/CS)_4$ 薄膜的自修复过程；(b) $(DF\text{-}PEG/CS)_4$ 薄膜在不同自修复循环后的结构色；(c) $(DF\text{-}PEG/CS)_3$ 薄膜的自修复过程，其中①—④代表薄膜不同的自修复循环。

根据公式 3.1 计算可得，按照反射峰位置评估薄膜自修复性能，$(DF\text{-}PEG/CS)_4$ 薄膜的三次自修复循环的自修复效率为 99%(542.9/546.8=0.99)、99%(546.8/548.3=0.99)和 90%(548.3/606.9=0.90)；按照反射峰强度评估薄膜自修复性能，$(DF\text{-}PEG/CS)_4$ 薄膜的自修复效率为 90%(0.431/0.48=0.90)、80%(0.431/0.536=0.80)和 89%(0.475/0.536=0.90)。在第四次自修复循环中，薄膜无法修复表面损伤，从图 3-16(a)中可以发现，部分损伤部位完成了修复，但大部分损伤部位未能相互接触，这是由于$(DF\text{-}PEG/CS)_4$ 薄膜的厚度等一系列原因限制了薄膜的流动性，使得薄膜无法完成自修复的第一步——薄膜流动破损部位重新接触。除了$(DF\text{-}PEG/CS)_3$ 薄膜和$(DF\text{-}PEG/CS)_4$ 薄膜，我们还研究了厚度更大的$(DF\text{-}PEG/CS)_5$ 薄膜和$(DF\text{-}PEG/CS)_6$ 薄膜的自修复性能(表 3-1)。结果显示，$(DF\text{-}PEG/CS)_5$ 薄膜和$(DF\text{-}PEG/CS)_6$ 薄膜分别都可以承受三次自修复循环。

接着，我们研究了薄膜亲疏水性对席夫碱薄膜自修复性能的影响。本章节中，我们通过改变薄膜最上层的组分来改变薄膜的亲疏水性。对比$(DF\text{-}PEG/CS)_4$ 薄膜，$(CS/DF\text{-}PEG)_4$ 薄膜仅可承受一次自修复循环。且$(CS/DF\text{-}PEG)_4$ 薄膜在第一次自修复循环后，只能修复表面损伤，无法完全恢复薄膜本身的结构色[图 3-17(b)]。

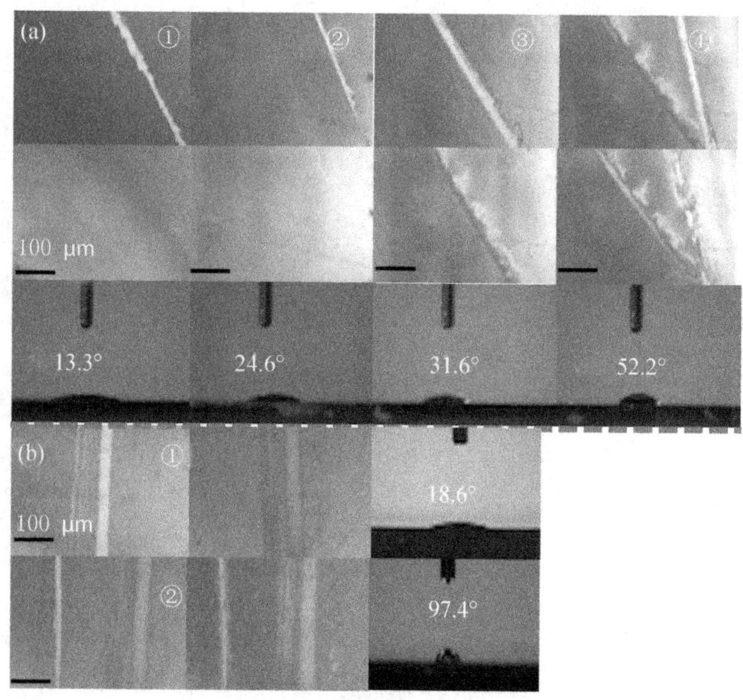

图 3-17 (a) $(DF\text{-}PEG/CS)_4$ 薄膜和(b) $(CS/DF\text{-}PEG)_4$ 薄膜的自修复循环，其中①—④代表薄膜不同的自修复循环。

未损伤的$(CS/DF\text{-}PEG)_4$薄膜的反射峰位置为491.6 nm，反射峰强度为50.1%；修复后$(CS/DF\text{-}PEG)_4$薄膜的反射峰位置为624.5 nm，反射峰强度为37.0%。根据公式3.1计算可得，$(CS/DF\text{-}PEG)_4$薄膜的三次自修复循环的自修复效率为79%（反射峰位置）、74%（反射峰强度）。为了更准确地确定薄膜亲疏水性对薄膜自修复性能的影响，测量了每次自修复过程前$(CS/DF\text{-}PEG)_4$薄膜和$(DF\text{-}PEG/CS)_4$薄膜的接触角。从图3－17中可以发现，$(DF\text{-}PEG/CS)_4$薄膜初始的接触角为13.3°，一次自修复循环后，薄膜的接触角变大，变为24.6°；两次自修复循环后，接触角变为31.6°；三次自修复循环后，接触角是52.2°，之后薄膜无法修复损伤。$(CS/DF\text{-}PEG)_4$薄膜初始的接触角为18.6°，一次自修复循环后，接触角变大，变为97.4°，之后薄膜无法完成第二次自修复循环。之后还研究了$(CS/DF\text{-}PEG)_5$薄膜和$(CS/DF\text{-}PEG)_6$薄膜的自修复性能（表3－2），结果显示，$(CS/DF\text{-}PEG)_5$薄膜和$(CS/DF\text{-}PEG)_6$薄膜分别可以承受一次和两次自修复循环。

表3－2 不同超薄彩色薄膜的自修复性能

样品	可承受的自修复循环数	最后的接触角
$(DF\text{-}PEG/CS)_3$薄膜	2	56.0°
$(CS/DF\text{-}PEG)_3$薄膜	1	85.0°
$(DF\text{-}PEG/CS)_4$薄膜	3	52.2°
$(CS/DF\text{-}PEG)_4$薄膜	1	97.4°
$(DF\text{-}PEG/CS)_5$薄膜	3	53.6°
$(CS/DF\text{-}PEG)_5$薄膜	1	55.8°
$(DF\text{-}PEG/CS)_6$薄膜	3	55.2°
$(CS/DF\text{-}PEG)_6$薄膜	2	55.3°

最后，总结六种超薄彩色薄膜的自修复性能。从表3－2中可以发现，无论薄膜最上层为何，随着薄膜厚度的加强，超薄彩色薄膜的自修复性能也会加强。这是由于厚度较大的薄膜，薄膜流动范围会增大，有利于破损的薄膜在水分的引导下膨胀、接触。同时也发现壳聚糖在最上层时，薄膜的自修复性能会比最上层为双醛基修饰聚乙二醇时要好。这是因为壳聚糖在最上层时，薄膜的接触角较小，也就是说薄膜的亲水性较好。亲水性好会增大水分与薄膜的接触面，便于水分在薄膜中流动，赋予薄膜更好的膨胀比和流动性。对比六种超薄彩色薄膜最后无法完成自修复过程时的接触角，当薄膜厚度小于微米级时，接触角大于50.0°，超薄彩色薄膜就

无法修复损伤部位。这是因为当接触角过大时，水分与薄膜接触部位有限，且水分无法较好地在薄膜表面及内部流动，在一定程度上限制了薄膜的流动性。再加上薄膜本身厚度较薄，膨胀程度和流动性有限，水分赋予薄膜的流动性起到关键作用，因此当薄膜接触角较大时，膨胀比和流动范围会受限，从而限制超薄彩色薄膜的自修复性能。

3.3.2 未连接活性基团对席夫碱薄膜自修复性能的影响

在研究薄膜流动性对其自修复性能的影响后，研究了构成薄膜的未连接活性基团对薄膜自修复性能的影响。首先制备了 $n(NH_2):n(CHO)=1:2$、1∶1 和 2∶1 的不同微米级席夫碱薄膜，命名为 1＃(2∶1)、2＃(1∶1，壳聚糖在上层)、3＃(1∶2)和 4＃(1∶1，壳聚糖在下层)薄膜。并使用金相显微镜观察了它们的自修复性能。从图 3-18 可以看出，所有的薄膜都可在 10 min 中完成自修复过程，且薄膜表面都没有痕迹残留。接着使用单立柱材料试验机检测了 1＃、2＃、3＃和 4＃ 薄膜自修复前后的机械性能，评估它们各自的自修复效率。从图 3-19 中可以看出：对于未损伤的 1＃、2＃、3＃和 4＃薄膜，应力分别为 11.57 MPa、16.47 MPa、15.63 MPa 和 15.64 MPa；而对于修复后的 1＃、2＃、3＃和 4＃薄膜，应力分别为 9.45 MPa、15.72 MPa、13.30 MPa 和 15.13 MPa。根据公式 3.4 计算可得，1＃、2＃、3＃和 4＃薄膜的自修复效率分别为 82%、95%、80%和 97%。总结实验结果可知，构成席夫碱薄膜的氨基和醛基的摩尔比为 1∶1 时，也就是未连接活性基团最少时，薄膜的自修复性能最好。

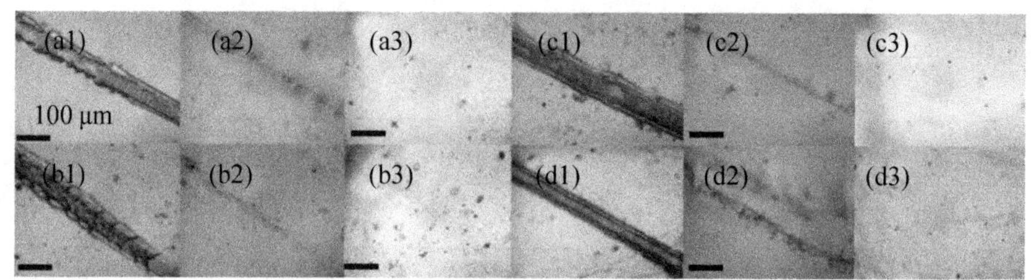

图 3-18 (a) 1＃；(b) 2＃；(c) 3＃和(d) 4＃薄膜的自修复过程。其中(a1-d1)代表破损的薄膜，(a2-d2)、(a3-d3)代表薄膜的修复过程

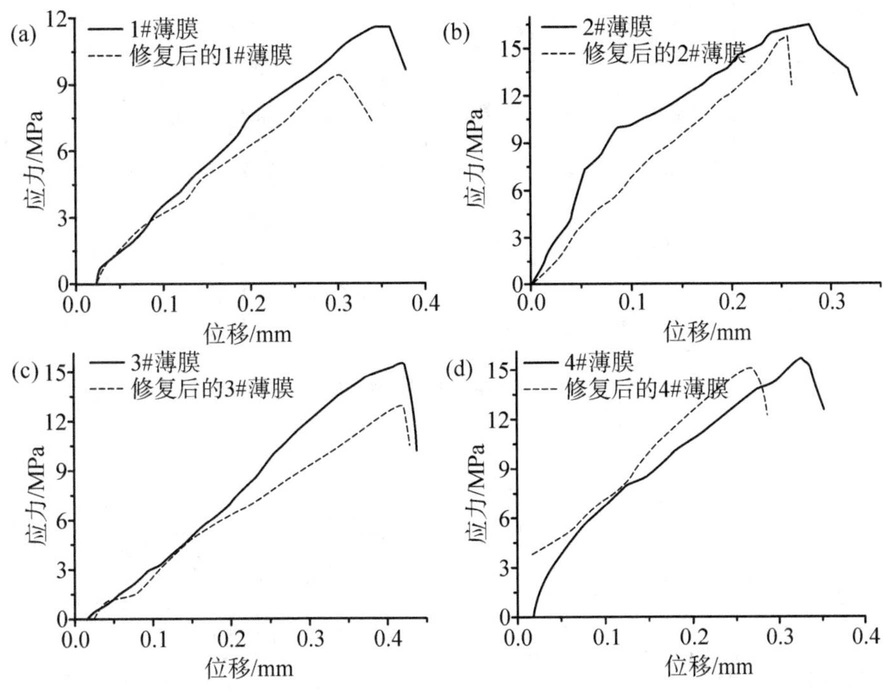

图 3-19 (a) 1#;(b) 2#;(c) 3#和(d) 4#薄膜自修复前后的单立柱材料试验机检测结果

3.3.3 连接密度对席夫碱薄膜自修复性能的影响

席夫碱薄膜的自修复性能来源于动态连接,为了分析连接密度对薄膜自修复性能的影响。首先,使用 LbL 技术制备了具有不同连接密度的席夫碱-氢键双网络体系自修复薄膜$(CS/DS\text{-}PVA_x)_{15}$(其中 x 代表 PVA 含量),如图 3-20 所示,自修复薄膜双重网络分别利用壳聚糖上的氨基和双醛淀粉上的双醛基反应生成的席夫碱网络,以及壳聚糖、双醛淀粉和聚乙烯醇上的有氧基团形成的氢键网络。使用红外吸收光谱表征了席夫碱-氢键双网络体系自修复薄膜的形成。如图 3-21(a),壳聚糖分子中 1 635 cm^{-1} 处出现了氨基的特征吸收峰。在双醛淀粉的红外光谱中,双醛基团中 C═O 的吸收峰出现在 1 660 cm^{-1} 处。与壳聚糖分子和双醛淀粉分子的红外光谱不同,席夫碱$(CS/DS)_{15}$薄膜在 1 568 cm^{-1} 处出现一个新的特征峰,代表席夫碱连接中 C═N 的伸缩振动。同时,峰值在 1 628 cm^{-1} 处的吸收峰代表未反应的残留氨基基团。与席夫碱薄膜相比,席夫碱-氢键双网络体系$(CS/DS\text{-}PVA_{7.5})_{15}$薄膜的红外光谱峰值发生明显变化。代表 C═N 伸缩振动的吸收峰也从 1 568 cm^{-1} 处移动到了 1 566 cm^{-1} 处,残留氨基的吸收峰则从 1 628 cm^{-1} 处移动到了 1 632 cm^{-1} 处[图 3-21(b)]。这些吸收峰的位置变化都证明了席夫碱-氢键双网络体系薄膜的形成[69-71]。

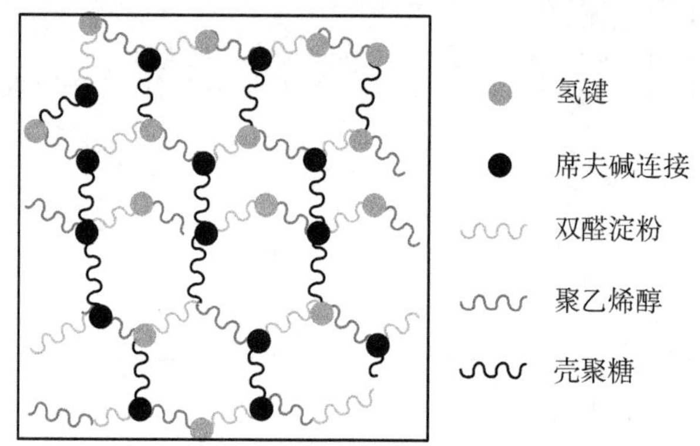

图 3-20　席夫碱-氢键双网络体系薄膜示意图

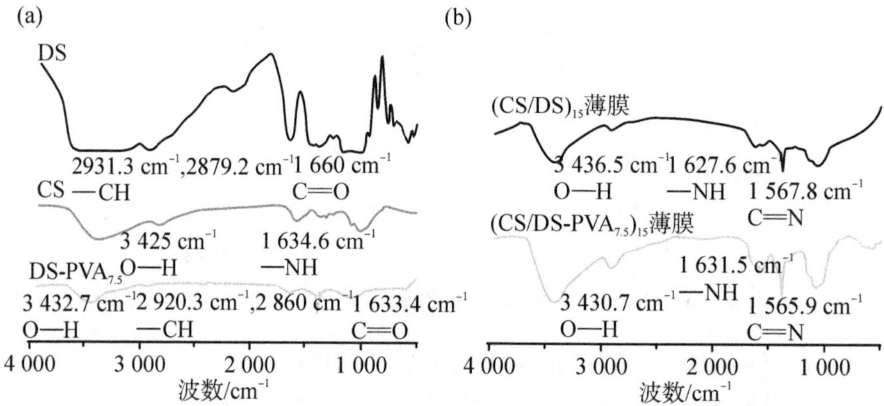

图 3-21　红外吸收光谱：(a) 壳聚糖、双醛淀粉和双醛淀粉-聚乙烯醇；(b) 席夫碱$(CS/DS)_{15}$薄膜和席夫碱-氢键双网络体系$(CS/DS\text{-}PVA_{7.5})_{15}$薄膜

然后使用金相显微镜观察了不同连接密度的席夫碱-氢键双网络体系自修复薄膜的自修复过程，结果如图 3-22 所示。首先，使用刀片在席夫碱-金属配位键双网络体系自修复薄膜表面制造一个伤口，将超纯水滴加到薄膜破损区域，湿润的$(CS/DS\text{-}PVA_x)_{15}$薄膜具有良好的流动性，使得破碎的薄膜可以相互接触。薄膜接触边缘，席夫碱和氢键动态流动，填补了破损间隙并重建了结构，10 min 后观察薄膜自修复情况。从图 3-22 可以看出，席夫碱$(CS/DS)_{15}$薄膜、$(CS/DS\text{-}PVA_{7.5})_{15}$薄膜和$(CS/DS\text{-}PVA_{10})_{15}$薄膜修复了全部损伤，并且无痕迹残留，而$(CS/DS\text{-}PVA_5)_{15}$薄膜却在修复损伤部位后留下了修复痕迹。接着使用单立柱材料试验机检测了$(CS/DS)_{15}$薄膜、$(CS/DS\text{-}PVA_5)_{15}$薄膜、$(CS/DS\text{-}PVA_{7.5})_{15}$薄膜和$(CS/DS\text{-}PVA_{10})_{15}$薄膜自修复前后的机械性能，评估席夫碱-氢键双网络体系自修复薄膜的自修复效率，得到的拉伸结果显示在图 3-23 中。从图中可以看出：对于未损伤的$(CS/DS)_{15}$薄膜、$(CS/DS\text{-}PVA_5)_{15}$薄膜、$(CS/DS\text{-}PVA_{7.5})_{15}$薄膜和(CS/DS-

PVA$_{10}$)$_{15}$薄膜，应力分别为 11.83 MPa、18.75 MPa、26.64 MPa 和 22.25 MPa；而对于修复后的(CS/DS)$_{15}$薄膜、(CS/DS-PVA$_5$)$_{15}$薄膜、(CS/DS-PVA$_{7.5}$)$_{15}$薄膜和(CS/DS-PVA$_{10}$)$_{15}$薄膜，应力分别为 9.83 MPa、13.92 MPa、23.56 MPa 和 17.85 MPa。根据公式 3.4 计算可得，(CS/DS)$_{15}$薄膜、(CS/DS-PVA$_5$)$_{15}$薄膜、(CS/DS-PVA$_{7.5}$)$_{15}$薄膜和(CS/DS-PVA$_{10}$)$_{15}$薄膜的自修复效率分别为 80%、74%、88%和 80%。

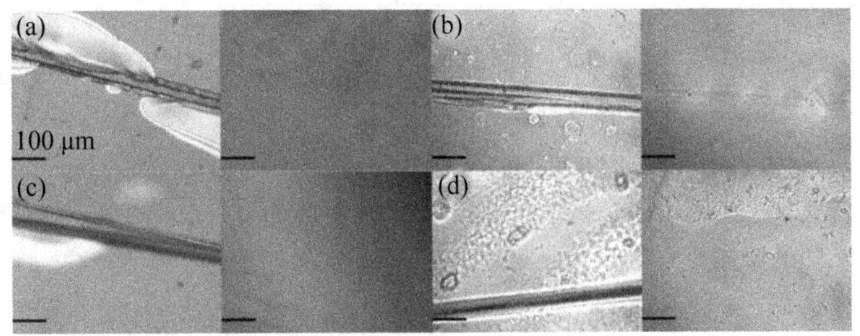

图 3-22 (a)(CS/DS)$_{15}$薄膜；(b)(CS/DS-PVA$_5$)$_{15}$薄膜；(c)(CS/DS-PVA$_{7.5}$)$_{15}$薄膜和(d)(CS/DS-PVA$_{10}$)$_{15}$薄膜的自修复过程

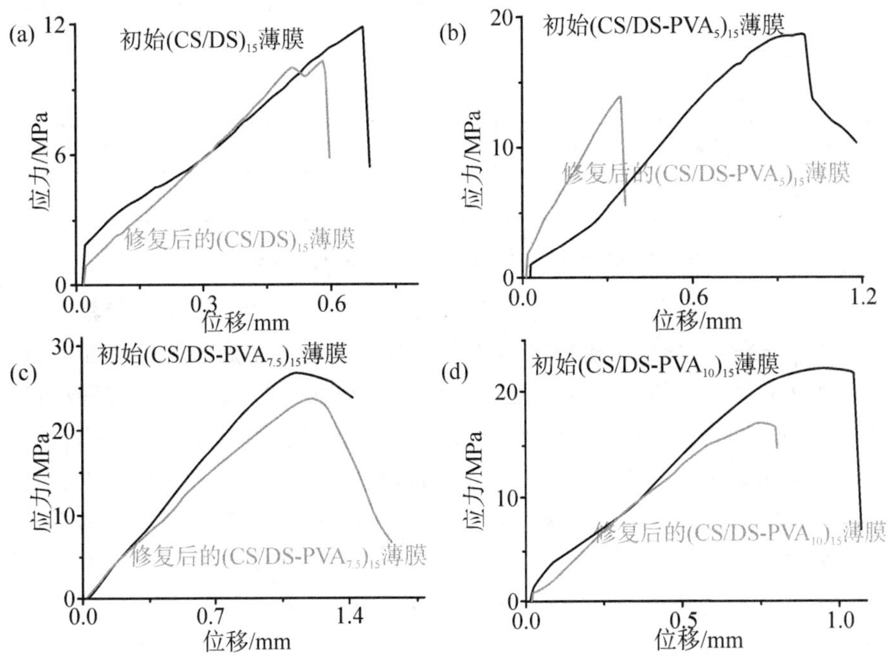

图 3-23 (a)(CS/DS)$_{15}$薄膜；(b)(CS/DS-PVA$_5$)$_{15}$薄膜；(c)(CS/DS-PVA$_{7.5}$)$_{15}$薄膜和(d)(CS/DS-PVA$_{10}$)$_{15}$薄膜的自修复前后的机械性能

分析不同薄膜中的连接密度(表 3 - 3)。对于$(CS/DS)_{15}$薄膜,薄膜内主要为席夫碱连接,其中氨基和醛基的摩尔比为 5∶3,它的连接密度为 0.06×10^{-3} mol/cm^3,未连接基团的密度为 0.02×10^{-3} mol/cm^3。同时,对于不同的席夫碱-氢键双网络体系自修复$(CS/DS\text{-}PVA_x)_{15}$薄膜,它们中壳聚糖氨基和双醛淀粉上醛基的摩尔比皆为 5∶3,形成的席夫碱连接密度为 0.06×10^{-3} mol/cm^3。而$(CS/DS\text{-}PVA_5)_{15}$薄膜中,三种聚合物含氧基团的密度为 0.26×10^{3} mol/cm^3,总体连接密度为 0.14×10^{-3} mol/cm^3,未连接基团的密度为 0.05×10^{-3} mol/cm^3。对于$(CS/DS\text{-}PVA_{7.5})_{15}$薄膜来说,三种聚合物含氧基团的密度为 0.30×10^{-3} mol/cm^3,总体连接密度为 0.18×10^{-3} mol/cm^3,连接比例达到 1∶1,没有未连接的基团。在$(CS/DS\text{-}PVA_{10})_{15}$薄膜中,三种聚合物含氧基团的密度为 0.37×10^{-3} mol/cm^3,总体连接密度为 0.18×10^{-3} mol/cm^3,未连接基团的密度为 0.07×10^{-3} mol/cm^3。总结实验结果可知,薄膜中连接密度越大,未连接的基团越少,薄膜的自修复性能就越好。

表 3 - 3　不同席夫碱-氢键双网络体系自修复薄膜的连接密度

单位:10^{-3} mol/cm^3

薄膜样品	氨基密度	醛基密度	含氧基团密度	连接密度
$(CS/DS)_{15}$	0.05	0.03	0.15	0.06
$(CS/DS\text{-}PVA_5)_{15}$	0.05	0.03	0.26	0.14
$(CS/DS\text{-}PVA_{7.5})_{15}$	0.05	0.03	0.30	0.18
$(CS/DS\text{-}PVA_{10})_{15}$	0.05	0.03	0.37	0.18

3.3.4　连接流动性对席夫碱薄膜自修复性能的影响

此后,为了研究连接流动性对席夫碱薄膜自修复性能的影响。实验使用 LbL 技术制备席夫碱-金属配位键双网络体系自修复薄膜。席夫碱薄膜表面上具有丰富的官能团并且可以与金属离子相互作用,用作交联位点,减弱了席夫碱连接的流动性[72],同时不同的金属配位键对席夫碱连接的流动性影响不同。如图 3 - 24 所示,首先,利用壳聚糖上的氨基和双醛基修饰聚乙二醇上的双醛基反应生成的席夫碱作为自修复薄膜的第一重网络[图 3 - 24(a)],然后利用席夫碱和金属离子之间形成的金属配位作用作为第二重网络[图 3 - 24(b)],形成双网络体系自修复薄膜。使用紫外可见分光光度计表征席夫碱-金属配位键双网络体系自修复薄膜的形成,如图 3 - 25(b)所示,席夫碱$(CS/DF\text{-}PEG)_{15}$薄膜拥有 2 个紫外吸收峰,分别位于 201 nm 和 230 nm 处。与席夫碱$(CS/DF\text{-}PEG)_{15}$薄膜相比,$(CS/DF\text{-}PEG)_{15}\text{-}Ca^{2+}$薄膜、$(CS/DF\text{-}PEG)_{15}\text{-}Cu^{2+}$薄膜和$(CS/DF\text{-}PEG)_{15}\text{-}Zn^{2+}$薄膜的紫外吸收峰发生了一定的移动。这些吸收峰的位置变化证明了席夫碱和金属离子之间形成了金属配位键。同时荧光光谱也被用于表征席夫碱-金属配位键双网络体系自修复薄膜的形成[图 3-25(a)]。据报道,C═N 双键异构化是席夫碱化合物激发态时的主要衰变过程[73-74],这导致席夫碱化合物荧光极弱。而金属离子和席夫碱之间的金属配位作用会抑制 C═N 双键异构化,使得席夫碱配合物的荧光强度急剧增加[75-76]。将倒置荧光显微镜和光纤光谱仪相连,检测$(CS/DF\text{-}PEG)_{15}$薄膜、$(CS/DF\text{-}PEG)_{15}\text{-}Ca^{2+}$薄膜、$(CS/DF\text{-}PEG)_{15}\text{-}Cu^{2+}$薄膜和$(CS/DF\text{-}PEG)_{15}\text{-}Zn^{2+}$薄膜的荧光光谱。从图 3-25(a)中可以看到,$(CS/DF\text{-}PEG)_{15}$薄膜、$(CS/DF\text{-}PEG)_{15}\text{-}Ca^{2+}$薄膜、$(CS/DF\text{-}PEG)_{15}\text{-}Cu^{2+}$薄膜和$(CS/DF\text{-}PEG)_{15}\text{-}Zn^{2+}$薄膜的荧光强度分别为 119.52、308.57、575.43 和 462.95。$(CS/DF\text{-}PEG)_{15}\text{-}Ca^{2+}$薄膜、$(CS/DF\text{-}PEG)_{15}\text{-}Cu^{2+}$薄膜和$(CS/DF\text{-}PEG)_{15}\text{-}Zn^{2+}$薄膜的荧光强度比$(CS/DF\text{-}PEG)_{15}$薄膜的荧光强度增强数倍。根据荧光发射波长的强弱可以判断出金属离子与席夫碱薄膜的键合程度为 $Ca^{2+} < Zn^{2+} < Cu^{2+}$。

使用金相显微镜观察了不同席夫碱-金属配位键双网络体系自修复薄膜的自修复过程,结果如图 3-26 所示。从图 3-26(a)中可以看到破损的$(CS/DF\text{-}PEG)_{15}$薄膜已经修复,且无任何破损痕迹残留。对于$(CS/DF\text{-}PEG)_{15}\text{-}Ca^{2+}$薄膜,30 min 后薄膜的破损部位修复了,但在薄膜表面遗留下了痕迹[图 3-26(b)]。同时对于$(CS/DF\text{-}PEG)_{15}\text{-}Zn^{2+}$薄膜,经过 30 min 的自修复过程,薄膜无法完全修复破损部位,但自我修复 60 min 后薄膜的破损部位被修复了,但遗留下了划痕痕迹[图 3-26(d)]。而对于$(CS/DF\text{-}PEG)_{15}\text{-}Cu^{2+}$薄膜,60 min 后薄膜仅能修复部分破损部位,完全修复损伤则需要更长时间[图 3-26(c)]。

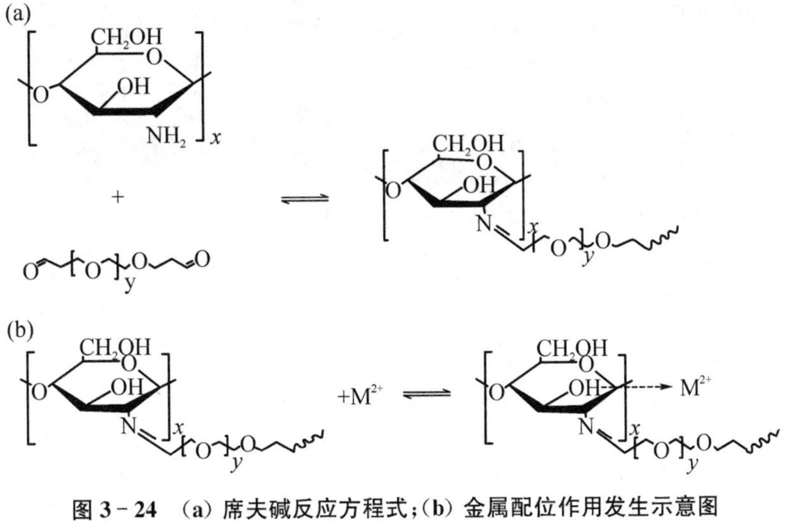

图 3-24 (a) 席夫碱反应方程式;(b) 金属配位作用发生示意图

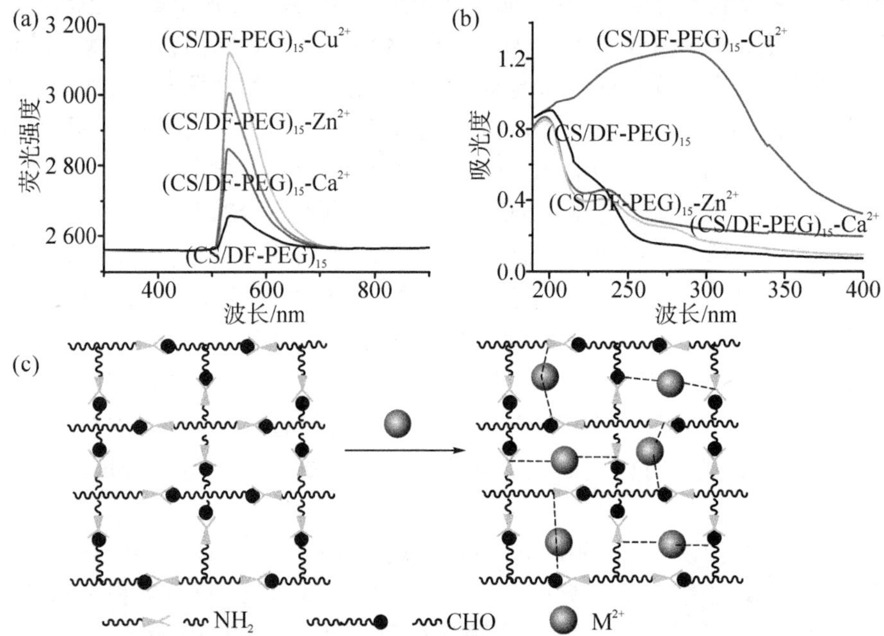

图 3-25 (CS/DF-PEG)$_{15}$ 薄膜、(CS/DF-PEG)$_{15}$-Ca^{2+} 薄膜、(CS/DF-PEG)$_{15}$-Cu^{2+} 薄膜和(CS/DF-PEG)$_{15}$-Zn^{2+} 薄膜的荧光光谱(a)和紫外吸收光谱(b)；(c) 席夫碱-金属配位键双网络体系自修复薄膜的形成示意图

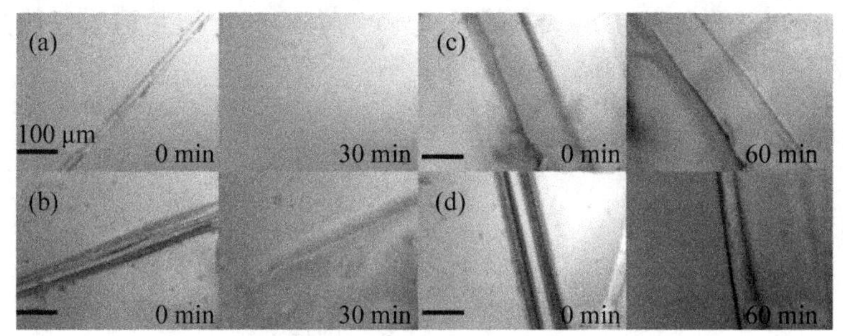

图 3-26 (a) (CS/DF-PEG)$_{15}$ 薄膜；(b) (CS/DF-PEG)$_{15}$-Ca^{2+} 薄膜；(c) (CS/DF-PEG)$_{15}$-Cu^{2+} 薄膜和(d) (CS/DF-PEG)$_{15}$-Zn^{2+} 薄膜的自修复过程

接着使用单立柱材料试验机检测席夫碱-金属配位键双网络体系自修复薄膜修复前后机械性能的恢复情况，得到的拉伸结果显示在图 3-27 中。从图中可以看出：未损伤的(CS/DF-PEG)$_{15}$ 薄膜、(CS/DF-PEG)$_{15}$-Ca^{2+} 薄膜、(CS/DF-PEG)$_{15}$-Cu^{2+} 薄膜和(CS/DF-PEG)$_{15}$-Zn^{2+} 薄膜可承受的最大力分别为 6.55 N、9.45 N、2.43 N 和 8.31 N；而修复一次后的(CS/DF-PEG)$_{15}$ 薄膜、(CS/DF-

PEG)$_{15}$-Ca^{2+}薄膜、(CS/DF-PEG)$_{15}$-Cu^{2+}薄膜和(CS/DF-PEG)$_{15}$-Zn^{2+}薄膜可承受的最大力分别为6.42 N、8.03 N、1.18 N和6.65 N。其对应的自修复效率分别为98%、85%、48%和82%;修复五次后的(CS/DF-PEG)$_{15}$薄膜、(CS/DF-PEG)$_{15}$-Ca^{2+}薄膜、(CS/DF-PEG)$_{15}$-Cu^{2+}薄膜和(CS/DF-PEG)$_{15}$-Zn^{2+}薄膜可承受的最大力分别为6.03 N、4.82 N、0.27 N和3.49 N。自修复效率则分别为92%、51%、11% 和42%。根据结果可知,不同席夫碱-金属配位键双网络体系自修复薄膜的自修复效率排名为(CS/DF-PEG)$_{15}$薄膜>(CS/DF-PEG)$_{15}$-Ca^{2+}薄膜>(CS/DF-PEG)$_{15}$-Zn^{2+}薄膜>(CS/DF-PEG)$_{15}$-Cu^{2+}薄膜,与宏观观察薄膜自修复性能的结果一致。薄膜经历五个自修复循环后的自修复效率比经历一次自修复循环后的自修复效率低,这是因为同一地方经过几次损伤并自修复后,薄膜破损部位的厚度有一定降低,这在一定程度上减弱了破损部位周围薄膜的流动性,另一方面,经历多次自修复循环后,有效的自修复因子距离破损部位更远,阻碍了薄膜的自修复效果[77]。

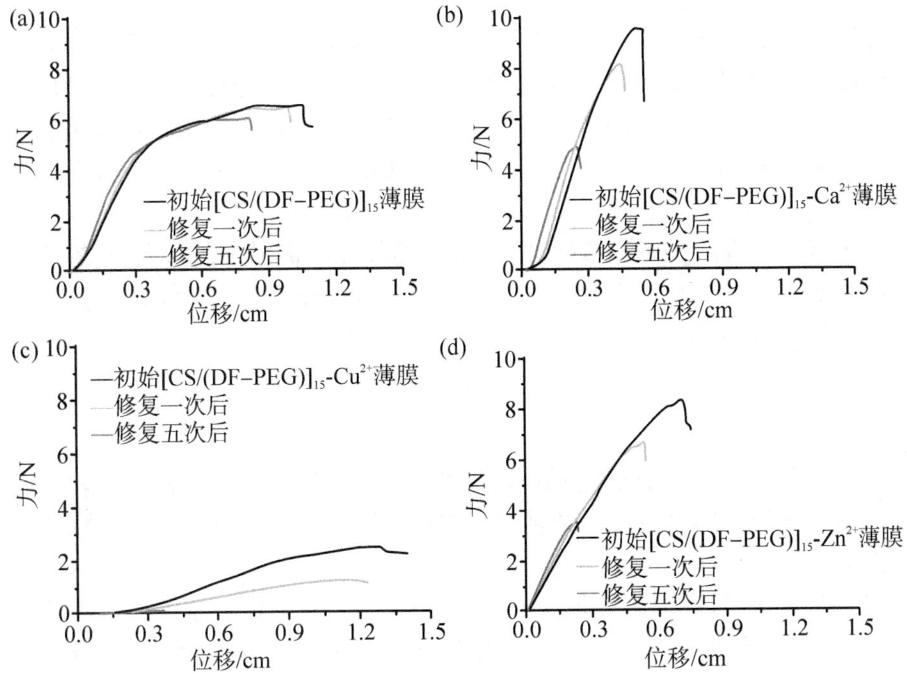

图3-27 经历不同自修复循环后薄膜的机械性能:(a)(CS/DF-PEG)$_{15}$薄膜;(b)(CS/DF-PEG)$_{15}$-Ca^{2+}薄膜;(c)(CS/DF-PEG)$_{15}$-Cu^{2+}薄膜和(d)(CS/DF-PEG)$_{15}$-Zn^{2+}薄膜

根据用不同方式对席夫碱-金属配位键双网络体系自修复薄膜的自修复性能

进行检测的结果，可以判定金属配位键的引入减弱了席夫碱自修复薄膜的自修复性能。这是由两个方面引起的，首先根据上面的研究结果可知，连接配比为 1∶1 时，材料的自修复性能最好，而过剩的金属离子会影响薄膜的自修复性能；其次席夫碱与金属离子的相互作用，减弱了席夫碱连接的流动性，同时不同金属离子与席夫碱薄膜的连接强度不同，对席夫碱连接的流动性造成的影响不同，从而使得不同的席夫碱-金属配位键双网络体系自修复薄膜拥有不同的自修复性能。据以上研究结果可知，金属离子与席夫碱薄膜的键合程度为 $Ca^{2+}<Zn^{2+}<Cu^{2+}$，因此双网络体系自修复薄膜的自修复性能为 $(CS/DF\text{-}PEG)_{15}\text{-}Ca^{2+}$ 薄膜＞$(CS/DF\text{-}PEG)_{15}\text{-}Zn^{2+}$ 薄膜＞$(CS/DF\text{-}PEG)_{15}\text{-}Cu^{2+}$ 薄膜，这与检测结果相符。综上所述，构成薄膜的聚合物链的流动性会影响薄膜的自修复性能。

4. 席夫碱自修复薄膜的应用

自修复性能和薄膜的特性、席夫碱的特点的结合拓展了自修复薄膜的应用范围。首先自修复性能使得薄膜可以应用在工作环境较为恶劣的环境中。以席夫碱-氢键双网络体系自修复薄膜为例，该薄膜具有较好的自修复性能可以有效延长自身使用寿命。更重要的是，薄膜中含有丰富的氨基基团。薄膜中的氨基可以赋予含水自修复薄膜输送二氧化碳的能力，同时薄膜中加入的聚乙烯醇可以改善席夫碱自修复薄膜的气体分离性能。

使用南京工业大学组装的单组分气体通量测量仪测量不同席夫碱-氢键双网络体系自修复薄膜的二氧化碳选择性透过性能，并根据公式 3.5 计算 CO_2 气体和 N_2 气体的单气体通量：

$$P_i = \frac{V \times 10^7}{750.4\pi tpd} \tag{3.5}$$

其中，P_i 代表不同气体的气体通量，V 代表输出端气体运动的体积，t 代表气体运动相对体积时所需的时间，p 代表薄膜上侧和下侧之间的局部压力差，d 代表薄膜的直径。

不同席夫碱-氢键双网络体系自修复薄膜的 CO_2 气体通量、N_2 气体通量和 CO_2/N_2 选择性显示在图 3－28 中。如图 3－28(a)所示，含水量为 45%时，$(CS/DS)_{15}$ 薄膜、$(CS/DS\text{-}PVA_5)_{15}$ 薄膜、$(CS/DS\text{-}PVA_{7.5})_{15}$ 薄膜和 $(CS/DS\text{-}PVA_{10})_{15}$ 薄膜的 CO_2 气体通量分别为 3 202 GPU、2 724 GPU、1 048 GPU 和 237 GPU，而不同薄膜的 N_2 气体通量分别为 3 021 GPU、2 101 GPU、669 GPU 和 59 GPU。在测量了双网络体系自修复薄膜对 CO_2 和 N_2 的透过选择性后，按公式 3.6 计算薄膜的 CO_2 气体选择透过性：

$$S=\frac{P_{CO_2}}{P_{N_2}} \tag{3.6}$$

其中，S 代表席夫碱-氢键双网络体系自修复薄膜的 CO_2 气体选择透过性，P_{CO_2} 代表 CO_2 的气体通量，P_{N_2} 代表 N_2 的气体通量。通过公式 3.6 计算可知，含水量为 45%时，$(CS/DS)_{15}$ 薄膜、$(CS/DS\text{-}PVA_5)_{15}$ 薄膜 $(CS/DS\text{-}PVA_{7.5})_{15}$ 薄膜和 $(CS/DS\text{-}PVA_{10})_{15}$ 薄膜的 CO_2/N_2 选择性分别为 1.06、1.29、1.56 和 4.03。同时，含水量为 30%时，$(CS/DS)_{15}$ 薄膜、$(CS/DS\text{-}PVA_5)_{15}$ 薄膜 $(CS/DS\text{-}PVA_{7.5})_{15}$ 薄膜和 $(CS/DS\text{-}PVA_{10})_{15}$ 薄膜的 CO_2 气体通量分别为 2 958 GPU、2 060 GPU、423 GPU 和 172 GPU，而不同薄膜的 N_2 气体通量分别为 2 714 GPU、1 391 GPU、47 GPU 和 9 GPU。通过公式 3.6 计算可知，含水量为 30%时，$(CS/DS)_{15}$ 薄膜 $(CS/DS\text{-}PVA_5)_{15}$ 薄膜 $(CS/DS\text{-}PVA_{7.5})_{15}$ 薄膜和 $(CS/DS\text{-}PVA_{10})_{15}$ 薄膜的 CO_2/N_2 选择性分别为 1.09、1.48、9.00 和 19.80。

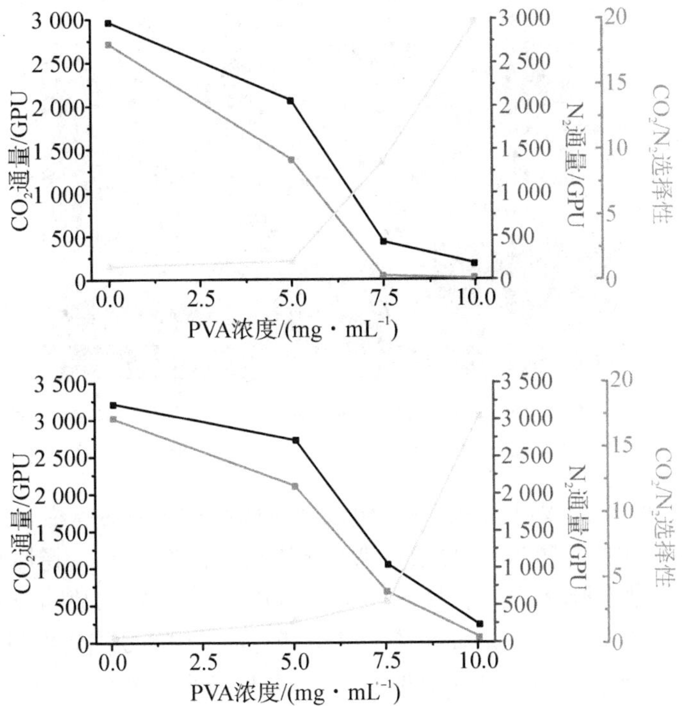

图 3-28 含水量为 45%：(a)和 30%(b)时不同席夫碱-氢键双网络体系自修复薄膜的 CO_2 气体通量，N_2 气体通量和 CO_2/N_2 选择性

从图 3-28 可以看出随着席夫碱-氢键双网络体系自修复薄膜中聚乙烯醇含量的增加，薄膜的 CO_2 气体通量和 N_2 气体通量都有所降低，而 CO_2/N_2 选择性却随之升高。含水量为45%时,$(CS/DS\text{-}PVA_{10})_{15}$薄膜的$CO_2/N_2$选择性是$(CS/DS)_{15}$薄膜的3.8倍;含水量为30%时,$(CS/DS\text{-}PVA_{10})_{15}$薄膜的$CO_2/N_2$选择性是$(CS/DS)_{15}$薄膜的18.0倍。这是因为随着席夫碱-氢键双网络体系自修复薄膜中聚乙烯醇含量的增加,薄膜中氢键连接增加,薄膜的连接密度增加,使得薄膜的结构更为致密。为了证明这一猜测,使用扫描电子显微镜表征了$(CS/DS)_{15}$薄膜、$(CS/DS\text{-}PVA_5)_{15}$薄膜、$(CS/DS\text{-}PVA_{7.5})_{15}$薄膜和$(CS/DS\text{-}PVA_{10})_{15}$薄膜的表面形貌。从图3-29中可以看到,随着薄膜中聚乙烯醇含量的增加,薄膜的结构更为致密。

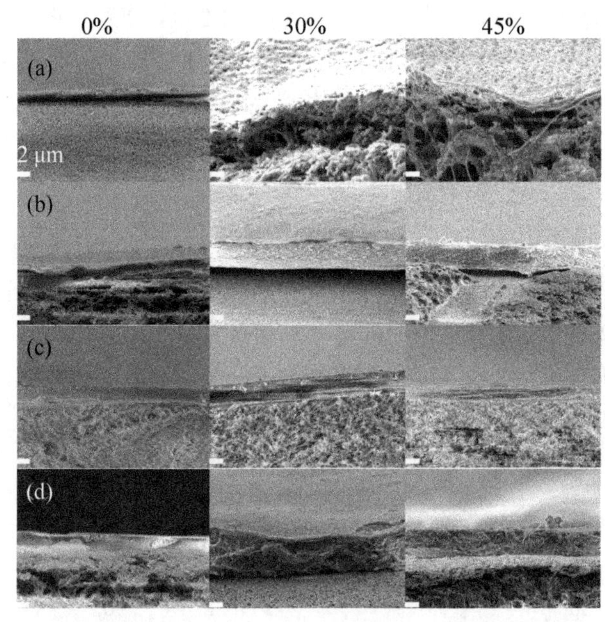

图3-29 不同含水量:(a) $(CS/DS)_{15}$薄膜;(b) $(CS/DS\text{-}PVA_5)_{15}$薄膜;(c) $(CS/DS\text{-}PVA_{7.5})_{15}$薄膜和(d) $(CS/DS\text{-}PVA_{10})_{15}$薄膜的表面形貌

此外,还可以看出随着席夫碱-氢键双网络体系自修复薄膜中含水量的增加,薄膜的CO_2气体通量和N_2气体通量都有所增加,而CO_2/N_2选择性却随之变低。这是因为当氢键连接较低时,薄膜的结构不够致密,有一定的缺陷,随着含水量的增加缺陷变大,此时CO_2气体和N_2气体主要通过薄膜中的缺陷实现跨膜运输,因此CO_2/N_2选择性接近1,且随含水量变化,CO_2/N_2选择性变化不大。而当氢键连接密度增加,薄膜的结构变得更为致密,此时增多的PVA在薄膜中形成结晶区域阻碍了气体传输。席夫碱-氢键双网络体系自修复薄膜CO_2气体的运输就主要依靠薄膜中充当载体的$—NH_2$[78]。如式3.7所示,在薄膜上侧时,CO_2和$—NH_2$在水的作用下生成HCO_3^-,HCO_3^-通过薄膜中的$—NH_2$和水在薄膜中运转直至薄膜下侧,重新形成CO_2并脱离薄膜(图3-30),因此在CO_2气体运输过程中水起到了重要作用。

$$CO_2 + —NH_2 + H_2O \rightleftharpoons HCO_3^- + —NH_3^+ \tag{3.7}$$

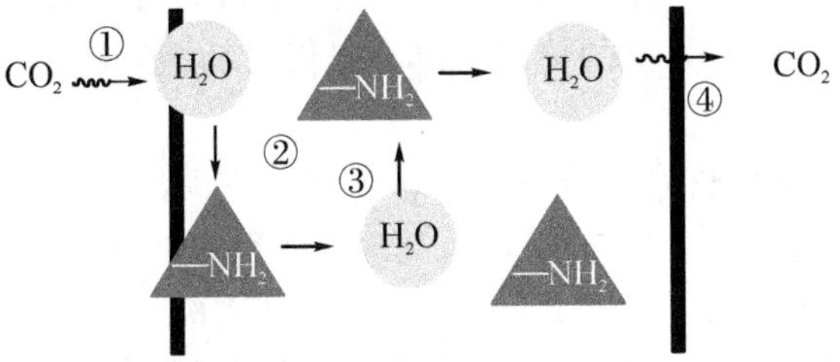

① $CO_2+H_2O \rightarrow H_2CO_3$
② $H_2CO_3+—NH_2 \rightarrow HCO_3^-+NH_3^+$
③ HCO_3^-运转通过薄膜
④ $HCO_3^-+NH_3^+ \rightarrow CO_2+H_2O+–NH_2$

图 3-30　席夫碱-氢键双网络体系自修复薄膜输送 CO_2 示意图

研究不同席夫碱-氢键双网络体系自修复薄膜的膨胀行为。如图 3-31 所示，$(CS/DS)_{15}$薄膜、$(CS/DS\text{-}PVA_5)_{15}$薄膜、$(CS/DS\text{-}PVA_{7.5})_{15}$薄膜和$(CS/DS\text{-}PVA_{10})_{15}$薄膜的膨胀率分别为 177.6%、157.3%、140.5%和 139.5%。众所周知，薄膜的微膨胀行为和薄膜的连接密度有关[79-82]，$(CS/DS)_{15}$薄膜含有最低的连接密度，因此它的膨胀率最大，而$(CS/DS\text{-}PVA_{7.5})_{15}$薄膜和$(CS/DS\text{-}PVA_{10})_{15}$薄膜拥有相同的连接密度，因此两者的膨胀率相似。膨胀率越大，薄膜在湿润状态下的结构就越蓬松，且水分子会打开聚乙烯醇的无定形区域[83]，造成结构缺陷。从图 3-32 可以发现，随着薄膜含水量的增加，席夫碱-氢键双网络体系自修复薄膜中会出现孔洞结构和缺陷结构。这些结构会使得薄膜的 N_2 通量增加，从而使得薄膜的 CO_2/N_2 选择性降低。

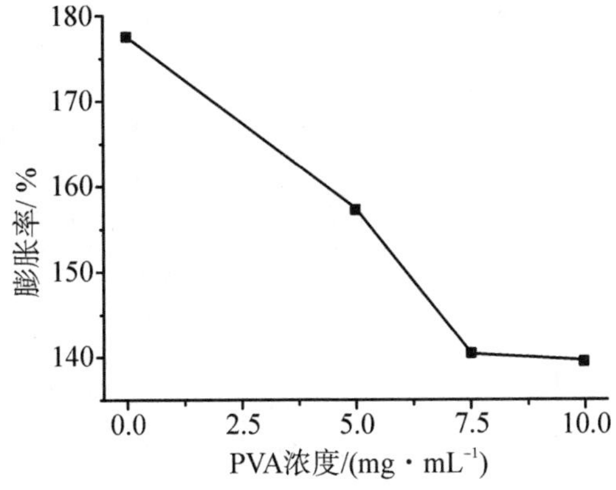

图 3-31　不同席夫碱-氢键双网络体系自修复薄膜的膨胀行为

除了自修复性能以外，薄膜本身也具有独特的性质，可以应用在不同领域。以超薄彩色薄膜为例，超薄自修复薄膜具有结构色，如果结构的周期性改变，结构色也将改变，这提供了一种方便的传感工具。自修复功能和传感器的结合将延长传感器的使用寿命。

为了验证超薄彩色自修复薄膜在传感领域的应用，制备具有不同结构色的超薄彩色薄膜，并将其组装成为传感阵列，观察其能否分辨不同的金属离子。这是基于席夫碱可作为配体，用于配位不同配位几何形状和氧化状态的各种金属离子，形成席夫碱金属配合物。而当席夫碱超薄彩色薄膜在与不同的金属离子形成配位键后，薄膜的厚度和有效折射率会发生一定的改变，从而使得薄膜的结构色发生变化。

首先，制备出拥有不同结构色的六种超薄彩色薄膜，并将这六种超薄彩色薄膜标号组装成为传感阵列(图 3 - 32)。将传感阵列浸泡在待检测溶液中 10 min，冲洗掉未结合的离子，使用光纤光谱仪观察并对比检测前后传感阵列反射光谱的变化，并利用雷达图对其进行分析。从图 3 - 33(a - e)中可以发现每种金属离子对应的雷达图具有不同的图案，在视觉区分不同金属离子中起到了功能性指纹的作用。之后使用聚类分析的方法对传感结果进行分析。从图 3 - 33(f)中可以发现，制备的传感阵列对二价金属离子具有特定的响应性，同时对其他金属离子无响应性。

同时，构成薄膜的席夫碱具有自身特性。席夫碱化合物及其衍生物能够通过不同的基团与各种金属离子形成金属配位作用，并可用于催化领域[84]、金属酶反应中心模型、非线性光学材料[85]和光致变色材料[86]。此外，席夫碱及其配合物具有良好的生物活性[87]，可以应用在抗菌、抗癌和抗病毒等领域。因此，可将席夫碱-金属配位键双网络体系自修复薄膜应用在抗菌、抗癌领域。

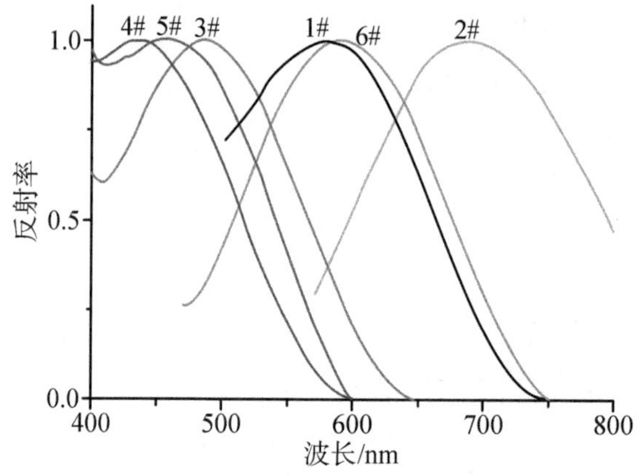

图 3 - 32　六种不同结构色的超薄彩色薄膜构成传感阵列

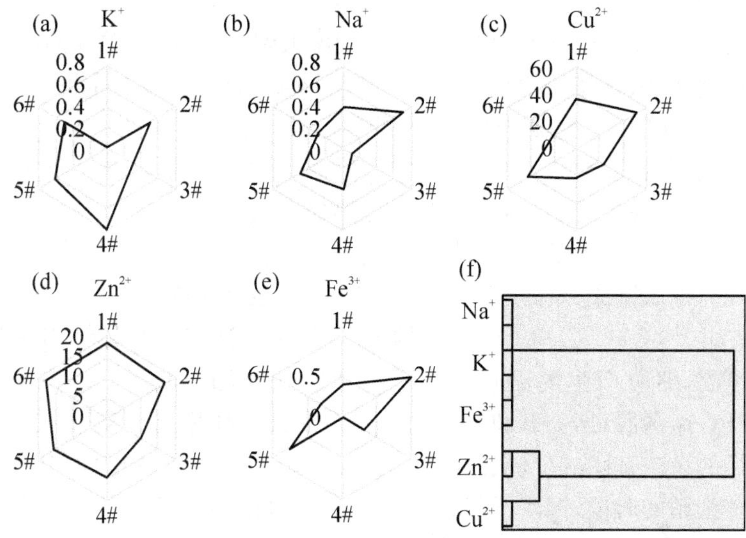

图 3-33 (a-e) 传感阵列对不同金属离子响应性的雷达图和(f) 聚类分析

使用大肠杆菌 *aw*1.7 作为模型菌株研究了不同席夫碱-金属配位键双网络体系自修复薄膜的抗菌活性,结果如图 3-34 所示。$(CS/DF\text{-}PEG)_{15}$薄膜、(CS/DF-

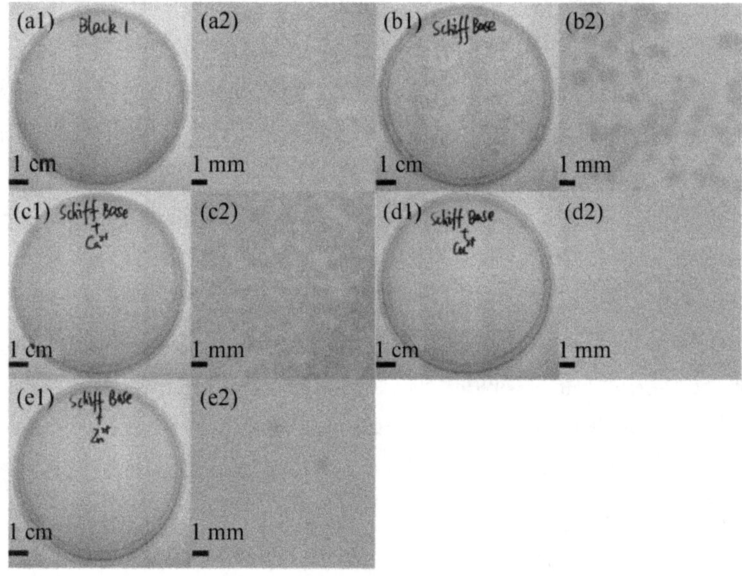

图 3-34 大肠杆菌培养结果:(a1-a2)对照组;(b1-b2)$(CS/DF\text{-}PEG)_{15}$薄膜;(c1-c2)$(CS/DF\text{-}PEG)_{15}$-Ca^{2+}薄膜;(d1-d2)$(CS/DF\text{-}PEG)_{15}$-Cu^{2+}薄膜和(e1-e2)$(CS/DF\text{-}PEG)_{15}$-Zn^{2+}薄膜

PEG)$_{15}$-Ca^{2+}薄膜、(CS/DF-PEG)$_{15}$-Cu^{2+}薄膜和(CS/DF-PEG)$_{15}$-Zn^{2+}薄膜的抑菌活性分别为62%、21%、100%和98%。不同席夫碱-金属配位键双网络体系自修复薄膜的抗菌活性大小顺序为(CS/DF-PEG)$_{15}$-Cu^{2+}薄膜>(CS/DF-PEG)$_{15}$-Zn^{2+}薄膜>(CS/DF-PEG)$_{15}$薄膜>(CS/DF-PEG)$_{15}$-Ca^{2+}薄膜。

据文献调研，目前已经开发了三种方法来限制微生在物聚电解质多层涂层上的定植，分别是抗黏附性、接触杀灭和抗微生物剂浸出[88]。对于(CS/DF-PEG)$_{15}$薄膜来说，一方面它对大肠杆菌的抗菌能力与C=N基团的疏水性有关，另一方面薄膜中存在与细菌壁成分相互作用的带电基团，导致细菌内电解质渗漏，从而使得细菌死亡。此外，在(CS/DF-PEG)$_{15}$薄膜骨架中具有N和O供体结构的席夫碱聚合物可以抑制细菌产生酶的过程[89-90]。对于(CS/DF-PEG)$_{15}$-Ca^{2+}薄膜，相比(CS/DF-PEG)$_{15}$薄膜，席夫碱和Ca^{2+}之间的金属配位作用会导致与细菌细胞壁成分相互作用的游离基团减少，从而使得抗菌活性降低。当在(CS/DF-PEG)$_{15}$-Cu^{2+}薄膜上培养细菌的时候，铜离子与细菌外膜之间的直接相互作用会导致细菌外膜破裂。然后，铜离子作用于细菌外膜上破裂形成的孔，使细胞失去必要的营养成分和水分，并最终导致细菌收缩。同时，铜离子可以与DNA相互作用，防止细菌繁殖[91]，进而达到抗菌效果。(CS/DF-PEG)$_{15}$-Zn^{2+}薄膜也具有抗菌活性，这是因为大肠杆菌细胞壁的外层是较厚的脂质样多糖，它可以吸附镁离子和钙离子，以增加这些离子在细胞表面的浓度。而(CS/DF-PEG)$_{15}$-Zn^{2+}薄膜具有氧化还原性能并且可以代替镁离子或钙离子，从而导致脂多糖结构的稳定性变差[92]。总而言之，制备的席夫碱-金属配位键双网络体系自修复薄膜的抗菌机制是：① 制备的双网络体系自修复薄膜与细菌接触并与细菌细胞膜相互作用，导致细菌细胞膜破裂[图3-35(a)]；② 制备的双网络体系自修复薄膜内部的官能团和离子影响细菌生长或繁殖所必需的生物大分子，从而直接杀死细菌或防止细菌繁殖[图3-35(b)]。为了更进一步证明这些结论，利用扫描电子显微镜表征细菌的形貌，从图3-36(a)中可以看到，(CS/DF-PEG)$_{15}$薄膜上大多数细菌的细胞膜发生了明显破裂，而培养在(CS/DF-PEG)$_{15}$-Ca^{2+}薄膜上的细菌也有少量因为细胞膜破裂而凋亡[图3-36(b)]。这些细胞膜破裂是由制备的双网络体系自修复薄膜和细菌细胞膜之间的相互作用引起的。同时几乎所有(CS/DF-PEG)$_{15}$-Cu^{2+}薄膜和(CS/DF-PEG)$_{15}$-Zn^{2+}薄膜上培养的细菌都变得干瘪和畸形[图3-36(c-d)]，这是由细菌细胞结构的稳定性变差和细菌内部营养成分和水分的丢失造成的。

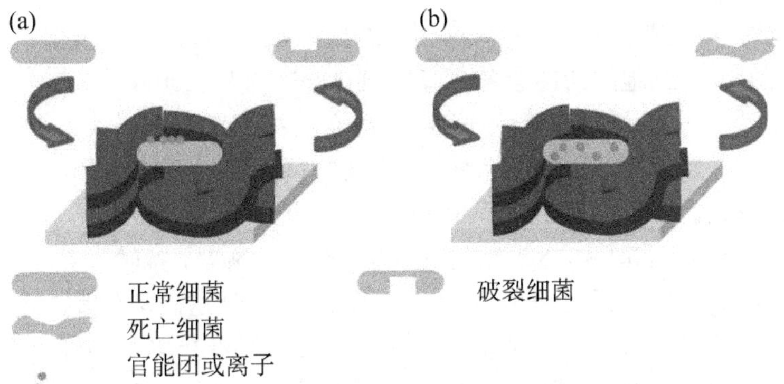

图 3-35 席夫碱-金属配位键双网络体系自修复薄膜的抗菌机制:(a) 薄膜与细菌接触并与细菌细胞膜相互作用,导致细菌细胞膜破裂;(b) 薄膜内部的官能团和离子影响细菌生长或繁殖必需的生物大分子,从而杀死细菌或防止细菌繁殖

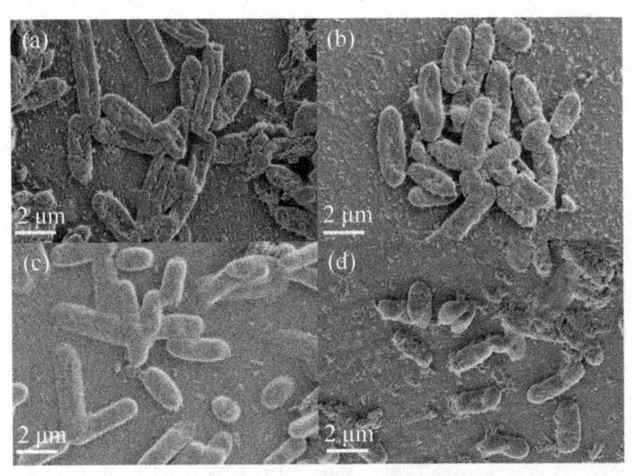

图 3-36 培养在不同席夫碱-金属配位键双网络体系自修复薄膜上的细菌的 SEM 图:(a) $(CS/DF\text{-}PEG)_{15}$ 薄膜;(b) $(CS/DF\text{-}PEG)_{15}\text{-}Ca^{2+}$ 薄膜;(c) $(CS/DF\text{-}PEG)_{15}\text{-}Cu^{2+}$ 薄膜和(d) $(CS/DF\text{-}PEG)_{15}\text{-}Zn^{2+}$ 薄膜

在检测不同席夫碱-金属配位键双网络体系自修复薄膜体外抗癌活性的实验中,我们选择了人宫颈鳞状细胞癌细胞。人宫颈鳞状细胞癌是最常见的妇科恶性肿瘤。笔者通过酶标仪检测在不同席夫碱-金属配位键双网络体系自修复薄膜提取液中培养的细胞在 450 nm 处的光密度值,以评估双网络体系自修复薄膜的抗癌活性。如图 3-37 所示,使用$(CS/DF\text{-}PEG)_{15}$薄膜、$(CS/DF\text{-}PEG)_{15}\text{-}Ca^{2+}$薄膜、$(CS/DF\text{-}PEG)_{15}\text{-}Cu^{2+}$薄膜和$(CS/DF\text{-}PEG)_{15}\text{-}Zn^{2+}$薄膜提取液培养 SiHa 细胞

24 h后，细胞活性分别为66%±3%、114%±3%、41%±7%和51%±1%。培养48 h后，细胞活性则分别为53%±4%、125%±4%、35%±3%和47%±3%。培养72 h后，SiHa细胞的活性会各自下降到43%±4%、100%±0.5%、15%±1%和39%±6%。实验结果表明，不同席夫碱-金属配位键双网络体系自修复薄膜的抗癌活性排名为$(CS/DF\text{-}PEG)_{15}\text{-}Cu^{2+}$薄膜>$(CS/DF\text{-}PEG)_{15}\text{-}Zn^{2+}$薄膜>$(CS/DF\text{-}PEG)_{15}$薄膜>$(CS/DF\text{-}PEG)_{15}\text{-}Ca^{2+}$薄膜。抗癌机制主要包括破坏细胞结构，影响核酸生物合成，破坏DNA结构和功能，嵌入DNA干扰转录RNA。席夫碱-金属配位键双网络体系自修复薄膜的抗癌机制主要是破坏细胞结构以及破坏DNA结构和功能。癌细胞的细胞膜上比正常细胞具有更多的神经电荷。由于游离氨基$(CS/DF\text{-}PEG)_{15}$薄膜带正电荷，这意味着$(CS/DF\text{-}PEG)_{15}$薄膜可以与癌细胞细胞膜相互作用，从而在抗癌活性中起作用。而对于$(CS/DF\text{-}PEG)_{15}\text{-}Ca^{2+}$薄膜来说，$(CS/DF\text{-}PEG)_{15}$薄膜会与钙离子相互作用导致薄膜所带正电荷减少，导致$(CS/DF\text{-}PEG)_{15}\text{-}Ca^{2+}$薄膜无抗癌活性。目前已有相关研究报道铜离子复合物可以与DNA或蛋白质结合从而杀死癌细胞[93]，其解释了实验中$(CS/DF\text{-}PEG)_{15}\text{-}Cu^{2+}$薄膜具有抗癌活性的机制。与此同时，$(CS/DF\text{-}PEG)_{15}\text{-}Zn^{2+}$薄膜的抗癌活性机制可能涉及抑制营养物质的运输和蛋白酶体氧化[94]。

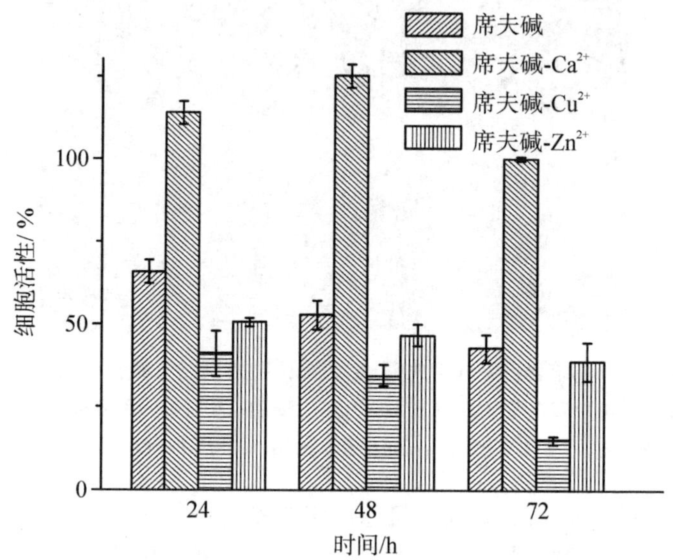

图3-37 不同席夫碱-金属配位键双网络体系自修复薄膜的抗癌活性

席夫碱-金属配位键双网络体系自修复薄膜在抗菌、抗癌方面的研究极大地拓宽了自修复材料在生物医学方面的应用，如自修复材料可以作为抗癌涂层，运用于癌症的临床治疗中。

5. 结论

我们利用层层组装技术的优势，选择聚电解质材料构筑不同的基于席夫碱体系的层层自组装自修复薄膜，围绕提高层层自组装席夫碱自修复膜的自修复性能和拓展其在不同领域的应用研究开展了一系列的实验。将席夫碱动态连接和层层自组装技术引入自修复材料中，必将极大地拓展自修复材料的功能，弥补其他技术的不足，推进自修复材料在仿生材料、生物医学和催化领域的应用。

参考文献

[1] Kilicli V, Yan X J, Salowitz N, et al. Recent advancements in self-healing metallic materials and self-healing metal matrix composites[J]. JOM,2018,70(6):846 - 854.

[2] Zheng R, Wang Y, Jia C, et al. Intelligent biomimetic chameleon skin with excellent self-healing and electrochromic properties[J]. ACS Applied Materials & Interfaces, 2018, 10 (41):35533 - 35538.

[3] Taylor D L, Panhuis M I H. Self-healing hydrogels[J]. Advanced Materials,2016,28(41):9060 - 9093.

[4] Hager M D, Greil P, Leyens C, et al. Self-healing materials[J]. Advanced Materials,2010, 22(47):5424 - 5430.

[5] Kirchmajer D M, Panhuis M I H. Robust biopolymer based ionic-covalent entanglement hydrogels with reversible mechanical behaviour[J]. Journal of Materials Chemistry B,2014, 2(29):4694 - 4702.

[6] Bakarich S E, Pidcock G C, Balding P, et al. Recovery from applied strain in interpenetrating polymer network hydrogels with ionic and covalent cross-links[J]. Soft Matter,2012,8(39):9985 - 9988.

[7] Fang Y, Wang C-F, Zhang Z-H, et al. Robust self-healing hydrogels assisted by cross-linked nanofiber networks[J]. Scientific Reports,2013,3:2811.

[8] Toohey K S, Sottos N R, Lewis J A, et al. Self-healing materials with microvascular networks[J]. Nature Materials,2007,6(8):581 - 585.

[9] Ahn B K, Lee D W, Israelachvili J N, et al. Surface-initiated self-healing of polymers in aqueous media[J]. Nature Materials,2014,13(9):867 - 872.

[10] Krogsgaard M, Hansen M R, Birkedal H. Metals & polymers in the mix: fine-tuning the mechanical properties & color of self-healing mussel-inspired hydrogels[J]. Journal of Materials Chemistry B,2014,2(47):8292 - 8297.

[11] Krogsgaard M, Behrens M A, Pedersen J S, et al. Self-healing mussel-inspired multi-pH-responsive hydrogels[J]. Biomacromolecules,2013,14(2):297 - 301.

[12] Hia I L, Vahedi V, Pasbakhsh P. Self-healing polymer composites:prospects, challenges, and applications[J]. Polymer Reviews,2016,56(2):225 - 261.

[13] Cai L, Dewi R E, Heilshorn S C. Injectable hydrogels with in situ double network formation enhance retention of transplanted stem cells[J]. Advanced Functional Materials, 2015,25(9):1344 - 1351.

[14] Wang H, Heilshorn S C. Adaptable hydrogel networks with reversible linkages for tissue engineering[J]. Advanced Materials,2015,27(25):3717 - 3736.

[15] Wei Y Y, Ma X Y. The self-healing cross-linked polyurethane by Diels-Alder polymerization[J]. Advances in Polymer Technology,2018,37(6):1987 - 1993.

[16] Hameed A, al-Rashida M, Uroos M, et al. Schiff bases in medicinal chemistry:a patent review(2010 - 2015)[J]. Expert Opinion on Therapeutic Patents,2017,27(1):63 - 79.

[17] Huang B, Tian H, Lin S, et al. Cu^{+}/TEMPO-catalyzed aerobic oxidative synthesis of imines directly from primary and secondary amines under ambient and neat conditions[J]. Tetrahedron Letters,2013,54(22):2861 - 2864.

[18] Soule J-F, Miyamura H, Kobayashi S. Selective imine formation from alcohols and amines catalyzed by polymer incarcerated gold/palladium alloy nanoparticles with molecular oxygen as an oxidant[J]. Chemical Communications,2013,49(4):355 - 357.

[19] Lan Y-S, Liao B-S, Liu Y-H, et al. Preparation of imines by oxidative coupling of benzyl alcohols with amines catalysed by dicopper complexes[J]. European Journal of Organic Chemistry,2013,2013(23):5160 - 5164.

[20] Salehi M, Rahimifar F, Kubicki M, et al. Structural, spectroscopic, electrochemical and antibacterial studies of some new Ni^{2+} Schiff base complexes[J]. Inorganica Chimica Acta, 2016,443:28 - 35.

[21] Tweedy B G. Possible mechanism for reduction of elemental sulfur by monilinia fructicola [J]. Phytopathology,1964,54(8):910 - 912.

[22] Jin R Y, Liu J L, Zhang G H, et al. Design, Synthesis, and antifungal activities of novel 1,2,4-triazole Schiff base derivatives[J]. Chemistry & Biodiversity,2018,15(9):e1800263.

[23] Bertrand P, Jonas A, Laschewsky A, et al. Ultrathin polymer coatings by complexation of polyelectrolytes at interfaces: suitable materials, structure and properties [J]. Macromolecular Rapid Communications,2000,21(7):319 - 348.

[24] Dezfuli S M, Sabzi M. Effect of yttria and benzotriazole doping on wear/corrosion responses of alumina-based nanostructured films[J]. Ceramics International, 2018, 44(16): 20245 - 20258.

[25] Hao X, Wang W, Yang Z, et al. pH responsive antifouling and antibacterial multilayer films with Selfhealing performance[J]. Chemical Engineering Journal,2019,356:130 - 141.

[26] Wang L, Wang L, Zang L, et al. Biocompatibility polyelectrolyte coating with water-enabled self-healing ability[J]. Journal of the Taiwan Institute of Chemical Engineers, 2018,91:130 - 137.

[27] Fujita S, Shiratori S. Waterproof anti reflection films fabricated by layer-by-layer adsorption process[J]. Japanese Journal of Applied Physics Part 1-Regular Papers Short Notes & Review Papers, 2004, 43(4B): 2346 - 2351.

[28] Kim J H, Kim S H, Shiratori S. Fabrication of nanoporous and hetero structure thin film via a layer-by-layer self assembly method for a gas sensor[J]. Sensors and Actuators B: Chemical, 2004, 102(2): 241 - 247.

[29] Fu J, Schlenoff J B. Driving forces for oppositely charged polyion association in aqueous solutions: enthalpic, entropic, but not electrostatic[J]. Journal of the American Chemical Society, 2016, 138(3): 980 - 990.

[30] Cassier T, Lowack K, Decher G. Layer-by-layer assembled protein/polymer hybrid films: nanoconstruction via specific recognition[J]. Supramolecular Science, 1998, 5(3/4): 309 - 315.

[31] Borges J, Mano J F. Molecular interactions driving the layer-by-layer assembly of multilayers[J]. Chemical Reviews, 2014, 114(18): 8883 - 8942.

[32] Zhang X, Chen H, Zhang H. Layer-by-layer assembly: from conventional to unconventional methods[J]. Chemical Communications, 2007, (14): 1395 - 1405.

[33] Kharlampieva E, Sukhishvili S A. Hydrogen-bonded layer-by-layer polymer films[J]. Polymer Reviews, 2006, 46(4): 377 - 395.

[34] Zeng G, Gao J, Chen S, et al. Combining hydrogen-bonding complexation in solution and hydrogen-bonding-directed layer-by-layer assembly for the controlled loading of a small organic molecule into multilayer films[J]. Langmuir, 2007, 23(23): 11631 - 11636.

[35] Lan Y, Xu L, Yan Y, et al. Promoted formation of coordination polyelectrolytes by layer-by-layer assembly[J]. Soft Matter, 2011, 7(7): 3565 - 3570.

[36] Rubinstein I, Vaskevich A. Self-assembly of nanostructures on surfaces using metal-organic coordination[J]. Israel Journal of Chemistry, 2010, 50(3): 333 - 346.

[37] Lee S S, Hong J D, Kim C H, et al. Layer-by-layer deposited multilayer assemblies of ionene-type polyelectrolytes based on the spin-coating method[J]. Macromolecules, 2001, 34(16): 5358 - 5360.

[38] Chiarelli P A, Johal M S, Casson J L, et al. Controlled fabrication of polyelectrolyte multilayer thin films using spin-assembly[J]. Advanced Materials, 2001, 13(15): 1167 - 1170.

[39] Cho J, Char K, Hong J D, et al. Fabrication of highly ordered multilayer films using a spin self-assembly method[J]. Advanced Materials, 2001, 13(14): 1076 - 1078.

[40] Wang B Z, Tokuda Y, Tomida K, et al. Use of amphoteric copolymer films as sacrificial layers for constructing free-standing layer-by-layer films[J]. Materials, 2013, 6(6): 2351 - 2359.

[41] Ogoshi T, Takashima S, Yamagishi T A. Molecular recognition with microporous multi layer films prepared by layer-by-layer assembly of pillar 5 arenes[J]. Journal of the

American Chemical Society,2015,137(34):10962－10964.

[42] Li Q, Chen G Q, Liu L, et al. Spray assisted layer-by-layer assembled one-bilayer polyelectrolyte reverse osmosis membranes[J]. Journal of Membrane Science, 2018, 564: 501－507.

[43] Larocca N M, Bernardes R, Pessan L A. Influence of layer-by-layer deposition techniques and incorporation of layered double hydroxides(LDH) on the morphology and gas barrier properties of polyelectrolytes multilayer thin films[J]. Surface & Coatings Technology, 2018,349:1－12.

[44] Hiller J, Mendelsohn J D, Rubner M F. Reversibly erasable nanoporous anti-reflection coatings from polyelectrolyte multilayers[J]. Nature Materials,2002,1(1):59－63.

[45] Kharlampieva E, Kozlovskaya V, Sukhishvili S A. Layer-by-layer hydrogen-bonded polymer films: from fundamentals to applications[J]. Advanced Materials, 2009, 21(30): 3053－3065.

[46] Krasowska M, Kolasinska M, Warszynski P, et al. Influence of polyelectrolyte layers deposited on mica surface on wetting film stability and bubble attachment[J]. Journal of Physical Chemistry C,2007,111(15):5743－5749.

[47] Jiang C Y, Markutsya S, Tsukruk V V. Collective and individual plasmon resonances in nanoparticle films obtained by spin-assisted layer-by-layer assembly[J]. Langmuir, 2004, 20(3):882－890.

[48] Gao M Y, Lesser C, Kirstein S, et al. Electroluminescence of different colors from polycation/CdTe nanocrystal self-assembled films[J]. Journal of Applied Physics, 2000, 87(5):2297－2302.

[49] Sukhorukov G B, Rogach A L, Zebli B, et al. Nanoengineered polymer capsules: Tools for detection, controlled delivery, and site-specific manipulation[J]. Small, 2005, 1(2): 194－200.

[50] Krogman K C, Lowery J L, Zacharia N S, et al. Spraying asymmetry into functional membranes layer-by-layer[J]. Nature Materials,2009,8(6):512－518.

[51] Ouyang L, Dotzauer D M, Hogg S R, et al. Catalytic hollow fiber membranes prepared using layer-by-layer adsorption of polyelectrolytes and metal nanoparticles[J]. Catalysis Today, 2010,156(3－4):100－106.

[52] Andreeva D V, Gorin D A, Moehwald H, et al. Novel type of self-assembled polyamide and polyimide nanoengineered shells-Fabrication of microcontainers with shielding properties [J]. Langmuir,2007,23(17):9031－9036.

[53] Stuart M A C, Huck W T S, Genzer J, et al. Emerging applications of stimuli-responsive polymer materials[J]. Nature Materials,2010,9(2):101－113.

[54] Knudsen J L, Kluge A, Bochenkova A V, et al. The UV-visible action-absorption spectrum of all-trans and 11-cis protonated Schiff base retinal in the gas phase[J]. Physical Chemistry Chemical Physics,2018,20(10):7190－7194.

[55] Nakatori H, Haraguchi T, Akitsu T. Polarized light-induced molecular orientation control of rigid Schiff base Ni^{2+}, Cu^{2+}, and Zn^{2+} binuclear complexes as polymer composites[J]. Symmetry-Basel, 2018, 10(5): 147.

[56] Ramezani S, Pordel M, Davoodnia A. Synthesis, characterization and quantum-chemical investigations of new fluorescent heterocyclic Schiff-base ligands and their Co^{2+} complexes [J]. Inorganica Chimica Acta, 2019, 484: 450 - 456.

[57] Tari G O, Ceylan U, Uzun S, et al. Synthesis, spectroscopic (FT-IR, UV-Vis), experimental (X-Ray) and theoretical (HF/DFT) study of: (E)-2-Chloro-N-[(4-nitrocyclopenta-1, 3-dienyl) methylene] benzenamine[J]. Journal of Molecular Structure, 2018, 1174: 18 - 24.

[58] Joshi R G, Karthickeyan D, Gupta D K, et al. Effect of entanglements on temperature response of gel immobilized microgel photonic crystals [J]. Colloids and Surfaces A-Physicochemical and Engineering Aspects, 2018, 558: 600 - 607.

[59] Konopsky V N, Alieva E V. Photonic crystal surface mode imaging biosensor based on wavelength interrogation of resonance peak[J]. Sensors and Actuators B-Chemical, 2018, 276: 271 - 278.

[60] Tavousi A, Rakhshani M R, Mansouri-Birjandi M A. High sensitivity label-free refractometer based biosensor applicable to glycated hemoglobin detection in human blood using all-circular photonic crystal ring resonators[J]. Optics Communications, 2018, 429: 166 - 174.

[61] Syrett J A, Becer C R, Haddleton D M. Self-healing and self-mendable polymers[J]. Polymer Chemistry, 2010, 1(7): 978 - 987.

[62] Urban M W. The chemistry of self-healing dynamic materials[J]. Nature Chemistry, 2012, 4(2): 80 - 82.

[63] Imato K, Nishihara M, Kanehara T, et al. Self-healing of chemical gels cross-linked by diarylbibenzofuranone-based trigger-free dynamic covalent bonds at room temperature[J]. Angewandte Chemie-International Edition, 2012, 51(5): 1138 - 1142.

[64] Vogt C, Ball V, Mutterer J, et al. Mobility of proteins in highly hydrated polyelectrolyte multilayer films[J]. Journal of Physical Chemistry B, 2012, 116(17): 5269 - 5278.

[65] Dubas S T, Schlenoff J B. Swelling and smoothing of polyelectrolyte multilayers by salt[J]. Langmuir, 2001, 17(25): 7725 - 7727.

[66] Schoenhoff M, Ball V, Bausch A R, et al. Hydration and internal properties of polyelectrolyte multilayers[J]. Colloids and Surfaces A-Physicochemical and Engineering Aspects, 2007, 303(1/2): 14 - 29.

[67] Ladam G, Schaad P, Voegel J C, et al. In situ determination of the structural properties of initially deposited polyelectrolyte multilayers[J]. Langmuir, 2000, 16(3): 1249 - 1255.

[68] Skorb E V, Andreeva D V. Layer-by-layer approaches for formation of smart self-healing materials[J]. Polymer Chemistry, 2013, 4(18): 4834 - 4845.

[69] Mowla O, Kennedy E, Stockenhuber M. *In-situ* FTIR study on the mechanism of both steps of zeolite-catalysed hydroesterification reaction in the context of biodiesel manufacturing[J]. Fuel, 2018, 232: 12 - 26.

[70] Soldevila-Sanmartin J, Sanchez-Sala M, Calvet T, et al. [Cu(μ-$MeCO_2$)^2(4-Bzpy)]^2 (4-Bzpy=4-benzylpyridine): study of the intermolecular C-H… O hydrogen bonds at two temperatures[J]. Journal of Molecular Structure, 2018, 1171: 808 - 814.

[71] Wertz J H, Tang P L, Quye A, et al. Characterisation of oil and aluminium complex on replica and historical 19th c. Turkey red textiles by non-destructive diffuse reflectance FTIR spectroscopy[J]. Spectrochimica Acta Part A: Molecular and Biomolecular Spectroscopy, 2018, 204: 267 - 275.

[72] Han L, Zhang Y, Lu X, et al. Polydopamine nanoparticles modulating stimuli-responsive PNIPAM hydrogels with cell/tissue adhesiveness[J]. ACS Applied Materials & Interfaces, 2016, 8(42): 29088 - 29100.

[73] Johnson J E, Morales N M, Gorczyca A M, et al. Mechanisms of acid-catalyzed Z/E isomerization of imines[J]. Journal of Organic Chemistry, 2001, 66(24): 7979 - 7985.

[74] Wu J S, Liu W M, Zhuang X Q, et al. Fluorescence turn on of coumarin derivatives by metal cations: A new signaling mechanism based on C=N isomerization[J]. Organic Letters, 2007, 9(1): 33 - 36.

[75] Mukherjee S, Talukder S. A reversible luminescent quinoline based chemosensor for recognition of Zn^{2+} ions in aqueous methanol medium and its logic gate behavior[J]. Journal of Luminescence, 2016, 177: 40 - 47.

[76] Liu B, Wang P-f, Chai J, et al. Naphthol-based fluorescent sensors for aluminium ion and application to bioimaging[J]. Spectrochimica Acta Part A: Molecular and Biomolecular Spectroscopy, 2016, 168: 98 - 103.

[77] Caruso M M, Blaiszik B J, White S R, et al. Full recovery of fracture toughness using a nontoxic solvent-based self-healing system[J]. Advanced Functional Materials, 2008, 18(13): 1898 - 1904.

[78] Prasad B, Mandal B. Moisture responsive and CO_2 selective biopolymer membrane containing silk fibroin as a green carrier for facilitated transport of CO_2[J]. Journal of Membrane Science, 2018, 550: 416 - 426.

[79] Choi S-S, Chung Y Y. Considering factors for analysis of crosslink density of poly (ethylene-co-vinyl acetate) compounds[J]. Polymer Testing, 2018, 66: 312 - 318.

[80] Lee J Y, Park S H. Synthesis and physicochemical characterization of pH sensitive-hydrogels based on alginate/2-HEA/PEGDA[J]. Polymer-Korea, 2018, 42(4): 627 - 636.

[81] Mah A H, Mei H, Basu P, et al. Swelling responses of surface-attached bottlebrush polymer networks[J]. Soft Matter, 2018, 14(32): 6728 - 6736.

[82] Seyedlar R M, Imani M, Mirabedini S M. Curing of polyfurfuryl alcohol resin catalyzed by a homologous series of dicarboxylic acid catalysts. Ⅱ. swelling behavior and thermal

properties[J]. Journal of Applied Polymer Science, 2018, 135(5): 45770.

[83] Guerrero G, Hägg M B, de Kignelman G, et al. Investigation of amino and amidino functionalized Polyhedral Oligomeric SilSesquioxanes(POSS®) nanoparticles in PVA-based hybrid membranes for CO_2/N^2 separation[J]. Journal of Membrane Science, 2017, 544: 161 - 173.

[84] Natarajan A, Natarajan S, Tamilarasan A, et al. Catecholase activity of mononuclear copper(Ⅱ) complexes of tridentate 3N ligands in aqueous and aqueous micellar media: Influence of stereoelectronic factors on catalytic activity[J]. Inorganica Chimica Acta, 2019, 485: 98 - 111.

[85] David E, Thirumoorthy K, Palanisami N. Ferrocene-appended donor - π - acceptor Schiff base: Structural, nonlinear optical, aggregation-induced emission and density functional theory studies[J]. Applied Organometallic Chemistry, 2018, 32(11): e4522.

[86] Ding S, Lin H, Yu Y, et al. Molecular orbital delocalization/localization-induced crystal-to-crystal photochromism of Schiff bases without ortho-hydroxyl groups. Journal of Physical Chemistry C, 2018, 122(43): 24933 - 24940.

[87] Adeyemi J O, Onwudiwe D C, Ekennia A C, et al. Synthesis, characterization and biological activities of organotin (IV) diallyldithiocarbamate complexes [J]. Inorganica Chimica Acta, 2019, 485: 64 - 72.

[88] Seon L, Lavalle P, Schaaf P, et al. Polyelectrolyte multi layers: A versatile tool for preparing antimicrobial coatings[J]. Langmuir, 2015, 31(47): 12856 - 12872.

[89] Kaya I, Emdi D, Sacak M. Synthesis, characterization and antimicrobial properties of oligomer and monomer/oligomer-metal complexes of 2-(pyridine-3-yl-methylene) amino phenol[J]. Journal of Inorganic and Organometallic Polymers and Materials, 2009, 19(3): 286 - 297.

[90] Baran N Y, Sacak M. Synthesis, characterization and molecular weight monitoring of a novel Schiff base polymer containing phenol group: Thermal stability, conductivity and antimicrobial properties[J]. Journal of Molecular Structure, 2017, 1146: 104 - 112.

[91] Raghavendra G M, Jung J, Kim D, et al. Chitosan-mediated synthesis of flowery-CuO, and its antibacterial and catalytic properties[J]. Carbohydrate Polymers, 2017, 172: 78 - 84.

[92] Schachtele C F. Glucose transport in Streptococcus mutans: preparation of cytoplasmic membranes and characteristics of phosphotransferase activity [J]. Journal of Dental Research, 1975, 54(2): 330 - 338.

[93] Qi J, Liang S, Gou Y, et al. Synthesis of four binuclear copper(Ⅱ) complexes: Structure, anticancer properties and anticancer, mechanism [J]. European Journal of Medicinal Chemistry, 2015, 96: 360 - 368.

[94] Maryanski J H, Wittenberger C L. Mannitol transport in streptococcus-mutans[J]. Journal of Bacteriology, 1975, 124(3): 1475 - 1481.

第四章　多层功能膜材料在果蔬保鲜领域的应用

杨依帆　刘雪帆　东南大学

1. 概述

中国果蔬产量居世界前列，年均生产水果 1 亿吨，但是受保鲜技术和储存能力的制约，在流通中我国果蔬的年损失率高于 25%，每年损失的金额高达 550 亿元人民币[1]。合理的储藏保鲜技术可以降低果蔬腐坏等带来的损失，延长新鲜水果的货架期，因此采取有效的水果保鲜技术具有重要的意义。目前采用的水果保鲜方法很多，主要有使用保鲜膜、冷藏、气调储藏、减压储藏、使用防腐保鲜剂等方法。冷藏、减压、气调贮藏等方法的一次性投入太大，成本过高，尤其在远距离运输中，其推广应用受到极大限制。另外，冷藏法除保鲜成本过高外，还易导致水果冻伤[2]，且不利于节能减排。因此，许多研究人员竞相研究保鲜膜，期望找出可以保证水果质量、降低贮运成本、延长货架期的保鲜膜，这些研究使保鲜膜的研究以及市场化得到了巨大的发展。

可食用涂层和薄膜主要是由可食用成分制成的包装。同样，可以通过刷涂、浸涂和喷涂将制备的可食用包装溶液直接涂在食品表面。可食用薄膜也可以直接用作食品包装，无须再通过喷涂等手段包装[3]。可食用涂层和可食用薄膜有时被认为是相等同的，除了它们的使用方法不同，如图 4-1 所示。可食用涂层和可食用薄膜之间的区别在于，薄膜是可以直接包覆在食品表面，而涂层是直接涂覆在食品表面[4]。

本章将根据葛丽芹教授课题组开展的研究工作和已经得到的结果，讨论层层自组装可食用保鲜涂层在水果保鲜中的应用。第 2 节将介绍常见的可食用保鲜涂层材料，第 3 节将介绍可食用保鲜涂层的制备及其表征，第 4 节将介绍可食用保鲜涂层的保鲜效果，第 5 节将介绍可食用保鲜涂层在其他方面的应用。

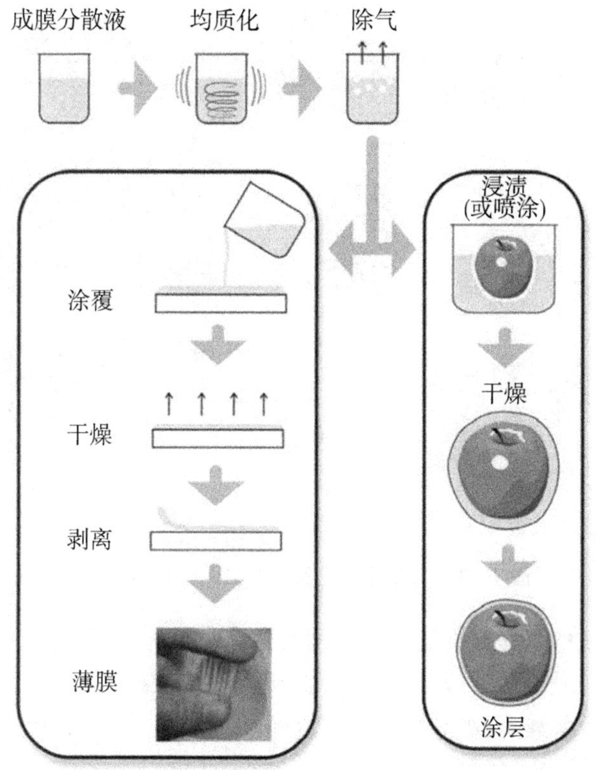

图 4-1 薄膜和涂层制备的示意图[5]

2. 常见的可食用保鲜涂层材料

可食用聚合物在果蔬和肉类保鲜[6]、抗菌抗氧化食品包装[7]、药物及其他活性分子递送[8]等方面的研究越来越成熟。Pellá 等人[9]通过在木薯淀粉可食用涂层中添加明胶和酪蛋白将番石榴的保质期延长了 2 d。Ozvural 等人将 β-胡萝卜素掺入壳聚糖可食用涂层中来延长汉堡肉饼的保质期[10]。藻酸盐和壳聚糖通过层层组装可以用来减缓水果果脯的褐变、软化[11]。Rodriguez 等人用木瓜制成可食用薄膜，将辣木叶粉和抗坏血酸作为抗氧化剂，用来保存鲜切梨，如图 4-2 所示[12]。

可食用涂层的成膜基质多是天然的可食性蛋白质、多糖或它们的衍生物及类脂[13]。不同原料制备的可食用涂层具有不同的性能，具体如下：

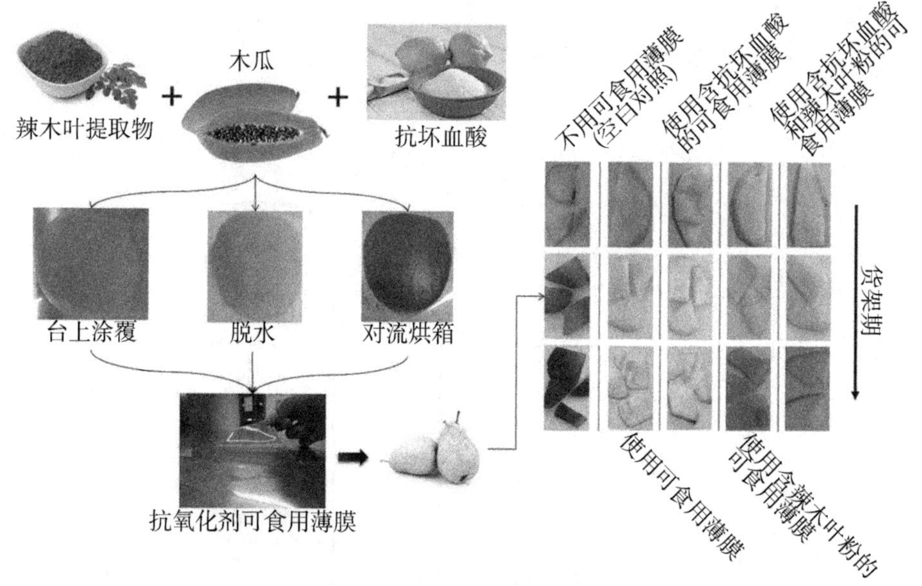

图 4-2　木瓜可食用保鲜涂层保存鲜切梨[12]

(1) 多糖类：许多多糖及其衍生物都可用来制备可食用膜，如纤维素衍生物、壳聚糖、海藻酸盐等，它们都属于亲水性高分子，制成的膜脆性、致密性以及附着性都较好，同时对湿度敏感，水蒸气透过率较高，对 O_2 和 CO_2 具有一定的选择性[14]，能较好地附着在食品表面。

(2) 蛋白质：蛋白质被用于制备可食用膜的时间晚于多糖类，常用的材料有：胶原蛋白、明胶、乳清蛋白等。20 世纪 90 年代以来，这种膜的研究进展很快，其机械性能比多糖类涂层好，但阻水性较差。

(3) 脂类物质：脂类是人类最早用来包涂食物的天然膜材，一般包括花生油、脂肪酸、精油等。脂类物质因本身极性弱而赋予膜很强的阻水能力，因此，脂类物质大多用来降低膜的水蒸气透过率，但制成的膜机械强度往往较差。

本章所用的涂层原料主要是糖类及其衍生物的盐：壳聚糖、羧甲基纤维素钠、海藻酸钠、聚丙烯酸钠等，还有食品级的氯化钙、抗坏血酸、L-薄荷醇，都可以直接消化吸收，这些物质通过层层自组装的方式组装，成为稳定的涂层结构。

2.1　壳聚糖

壳聚糖(chitosan，CS)，化学名称为 β-(1，4)-2-氨基-2-脱氧-D-葡萄糖，其结构式如图 4-3 所示，是自然界中唯一的正电荷天然高分子物质，不溶于水，溶于稀酸。在酸性条件下，CS 中的—NH_2 被质子化为—NH_3^+，从而带正电荷[15]。CS

是甲壳素脱乙酰化的产物，有良好的成膜性、生物相容性、生物可降解性、抗菌性等[14]，已被广泛用于制备可食用膜和生物可降解膜等。CS 中含有大量的自由氨基（—NH_2）和羟基，能与重金属离子形成稳定的螯合物；其电荷密度高，可与许多聚阴离子物质形成复合物，如自组装超薄膜和水凝胶。Abugoch 等[16]将 CS、有机藜诺亚蛋白质、葵花籽油混合制备可食用膜，探究了该膜在 4 ℃条件下对新鲜蓝莓的保鲜效果，发现这种复合保鲜膜延缓了蓝莓的成熟并抑制了蓝莓硬度的降低，同时，还能抑制细菌的生长，因此得出结论：这种含有 CS 的可食用膜具有较好的保鲜效果。壳聚糖形成的薄膜能抑制水果内外侧的气体交换，抑制果实呼吸，提高果内 CO_2/O_2 的值，减少水分散失，提高水果的抑菌能力，延缓水果衰老，进而延长水果的货架期。

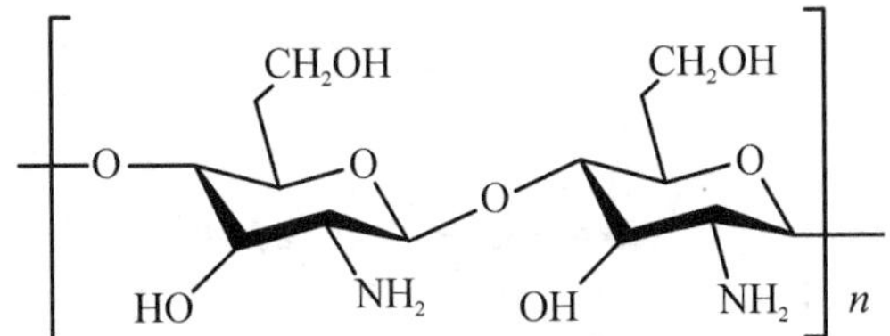

图 4-3　CS 的结构式[16]

2.2　羧甲基纤维素

羧甲基纤维素属于离子型纤维素醚，有盐型（羧甲基纤维素钠）和酸型（酸化羧甲基纤维素）两种。经碱化、醚化、中和、洗涤得到羧甲基纤维素钠（sodium carboxymethycellulose，Na-CMC），是一种水溶性的盐，习惯上称 CMC。CMC 广泛应用于饮料、乳制品等中作稳定剂，是一种聚阴离子线性高聚物，其结构式如图 4-4。CMC 成膜性能好，具有良好的生物相容性、可降解性和亲水性，同时其价格便宜。CMC 上的羧基（—COOH）在溶液中形成—COO—，因此带有负电荷，可以用于层层组装技术制备多糖类涂层[17]，也可以结合某些正电性的药物、蛋白质和 DNA 形成自组装膜。Arnon 等[18]发现层层自组装的可食用 CMC/CS 涂层能提高橘子的光泽度，抑制橘子硬度的降低，延缓橘子的成熟过程，比单独使用 CS 或者 CMC 时的保鲜效果更好。

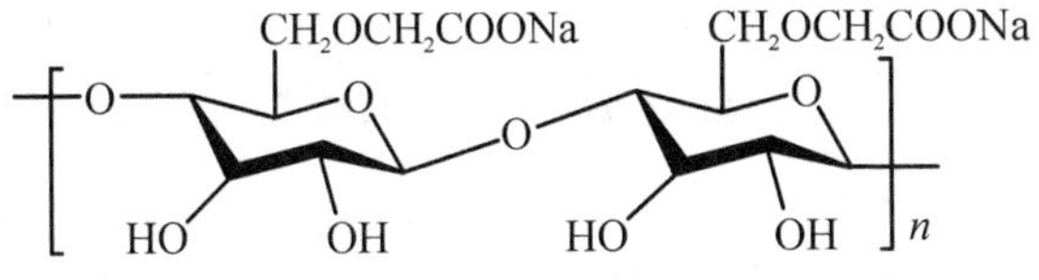

图 4-4　CMC 的结构式[15]

2.3 海藻酸钠

海藻酸钠(sodium alginate,SA)属于糖醛酸的多聚物,是从海藻中提炼的直链阴离子多糖,具有良好的生物相容性和生物降解性,一般以钠盐形式存在,结构式如图 4-5 所示,具有良好的成膜性。SA 在水果表面涂膜后能起到限气贮藏的作用,使果实内部处于高 CO_2 低 O_2 的状态,从而抑制果实的新陈代谢,达到保鲜效果。Poverenov 等[19]通过实验发现用海藻酸盐和 CS 制备的可食用涂层具有很好的抗菌性并且能抑制涂层两侧的气体交换,进而保持了鲜切柠檬的品质,是较好的保鲜膜材料。

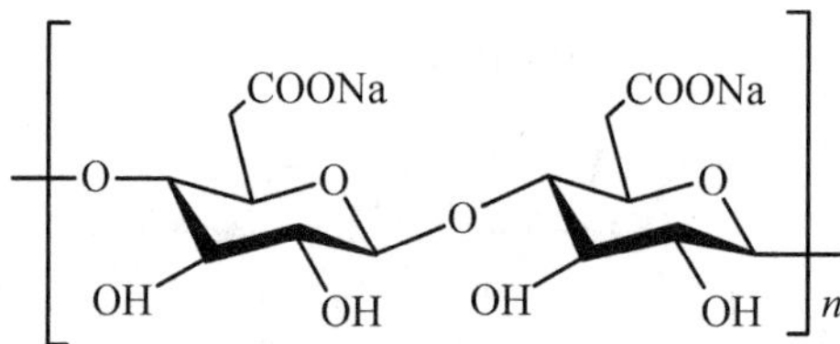

图 4-5 SA 的结构式

2.4 聚丙烯酸钠

聚丙烯酸钠(sodium polyacrylate,PAAS)在水中可完全电离,因为羧酸根离子的存在,在水中形成一种阴离子型聚电解质,图 4-6 是其结构式,PAAS 中的羧酸根负离子使大分子链附近存在大量的静电力。PAAS 是美国 FDA、中国卫健委等批准使用的食品添加剂,可用于多种功能食品的增稠、稳定和保鲜,被广泛应用于食品等行业。食用级 PAAS 是具有亲水基团的高分子化合物,溶于水后形成极黏稠的透明溶液,其黏度约为 CMC、SA 的 15~20 倍,久存黏度变化小,不易腐败。与一般的小分子电解质相比,PAAS 分子的电荷密度更高,且分子中的诸多羧酸根与颗粒间可产生多种结合作用,具有极强的增稠保水功能。

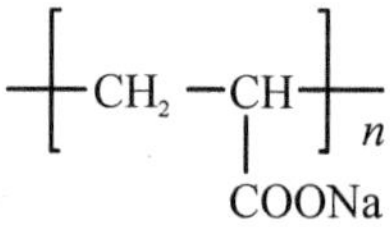

$$\left[CH_2 - \underset{\displaystyle COONa}{\underset{|}{CH}} \right]_n$$

图 4-6 PAAS 的结构式

氯化钙($CaCl_2$)及其水合物在食品制造、医学和生物学等多个方面均有重要的应用价值。作为食品配料,$CaCl_2$ 可用作多价螯合剂和固化剂,已被欧盟批准允许作为食品添加剂使用。钙能降低水果的呼吸强度,保持果实的硬度,影响吲哚乙酸的输送进而影响乙烯的产生。$CaCl_2$ 能够在苹果保鲜中实现较好的抗褐变效果,并且能通过降低氧气透过量的方式实现苹果保鲜[20]。Souza 等[21]通过研究发现，加入 $CaCl_2$ 的 CS 涂层可以有效地实现草莓保鲜，因为草莓的硬度、重量的降低都得到了有效抑制，另外，该涂层具有良好的抑菌效果。

L-抗坏血酸(L-ascorbic acid，AA，又称维生素 C)为酸性己糖衍生物，主要来源新鲜水果和蔬菜，是高等灵长类动物与其他少数生物的必需营养素，是一种抗氧化剂，能帮助植物抵抗干旱、臭氧和紫外线。Tortoe 等[22]发现 AA 具有很好的抗褐变效果，AA 使金冠苹果切片在 4 ℃条件下存放了 14 d，实现了较好的保鲜效果。杨巍等[23]分别用 1%的 AA 和 1%的 $CaCl_2$ 浸泡苹果切片，探究其保鲜效果，发现相比于对照组，1%的 AA 和 1%的 $CaCl_2$ 均能有效延缓苹果的褐变，抑制水分等的减少，具有很好的保鲜效果。

薄荷醇具有抗菌、止痛和抗炎的特性，是从留兰香中获得的一种广受欢迎的天然生物活性化合物[24]。L-薄荷醇是一种单环萜烯醇，是薄荷油的主要成分。在本节中，利用 β-CD 改性后的壳聚糖与海藻酸钠构建多层保鲜涂层，并在环糊精的空腔中负载 L-薄荷醇，进一步延长新鲜水果的保鲜期。

3. 可食用保鲜涂层的制备及其表征

3.1 可食用保鲜涂层的制备方法

传统制备可食用膜的方法主要分为两种：湿处理和干处理。湿处理需要借助溶液和聚合物在平面上的分散性，随后，在一定条件下干燥以去除溶剂并成膜，主要包括：浸渍法、喷涂法、涂覆法。湿处理法能通过控制溶液浓度、pH 等指标较精确地对涂层的各项指标进行控制。其中，浸渍法是应用在果蔬保鲜中较为常见的方法，这种方法要求溶液具有一定的密度、黏性和表面张力；喷涂法一般在溶液黏度低时使用，因为低黏度的溶液更易喷洒；在大豆和草莓上用喷涂法制成的涂层的效果比用包覆和浸渍方法效果更好，能有效抑制水分的流失。浸渍法、喷涂法、涂覆法在水果上制备涂层的流程如图 4-7 所示，这三种方法的制备过程都较简单，成本较低，同时对水果的形态要求不高[25]。干处理法中用得较多的方法有挤压、注射、吹塑成型、热压处理等，这些方法能在可食用膜的工业制造中达到高效率高产出，但是干处理过程中的高温会影响膜内的某些活性成分[26]。由于浸渍法能使水果更充分地接触到溶液，形成的涂层与水果紧密性更好，同时，结合水果的种类与形态，本章中选择采用浸渍法在水果表面制备可食用涂层。

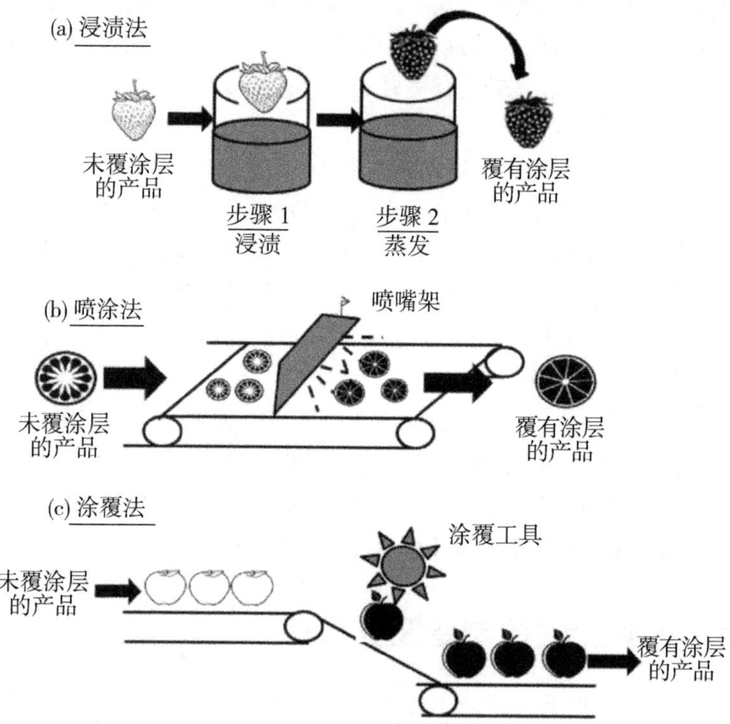

图 4-7 在水果上制备涂层的三种方法[7]

层层自组装技术是制备多层膜及微胶囊的主要方法之一。自 1991 年 Decher 等人提出以静电引力为推动力制备多层膜的自组装方法(如图 4-8)后,自组装多层膜的研究与制备引起了越来越多人的重视,该组装技术也随着技术研究的不断深入得到了极大的丰富。层层自组装方法已经用于对生物材料进行功能化改造和构建各种多功能的可控的多形态物体(如:胶囊、空心管、自支撑膜等)[27]。在过去几十年的研究过程中,层层自组装的基础和应用研究都取得了显著的成果,在物理、化学、生物等领域都展现了重要的前景。

该技术具有独特的优势[28-30]:

(1) 简单方便,制作步骤可简化为交替浸泡、冲洗、涂布基底材料,无须其他复杂的过程,不需要复杂的设备和精确的化学计量,不依赖复杂的化学反应实现逐层沉积;

(2) 组装基元种类丰富,除了可以采用聚电解质材料,还可应用纳米粒子、微凝胶、生物蛋白质分子等等材料,极大地丰富和发展了层层自组装材料的多样性;

(3) 组装基底不受限制,基底除了可以是平面基底,还可以是大尺寸、有复杂结构的材料;

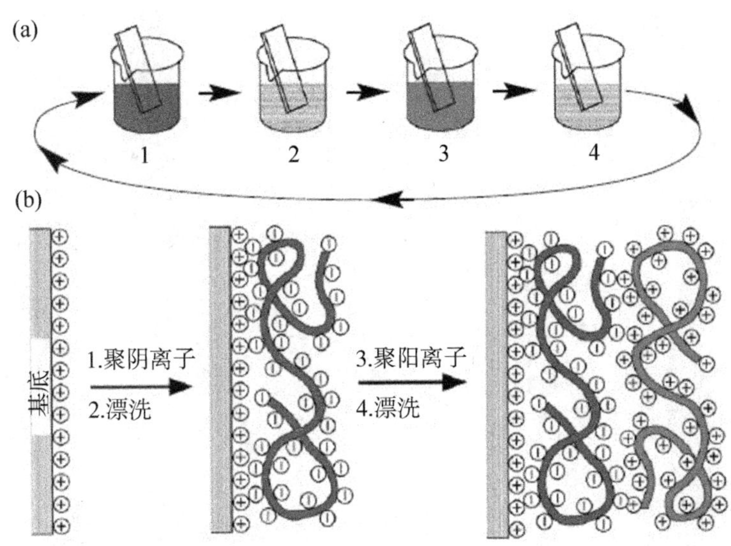

图 4-8 (a) 层层自组装法制备多层膜的过程示意图;(b) 膜的制备结构图[27]

(4) 材料结构可控,能通过控制某一特定参数对材料的结构和组成进行精确有序地调控。

层层自组装技术需要通过一定的作用力实现自组装,自组装过程的作用力包括(如图 4-9)静电力相互作用、氢键作用、金属配位键作用、范德瓦耳斯力、螯合效应、主客体相互作用、疏水相互作用等,部分作用力的具体介绍如下:

3.1.1 静电力相互作用

静电层层自组装技术利用聚电解质之间正负电荷的静电作用力构筑稳定结构,过程简单方便,可操作性强,具有良好的重复性,受到化学、材料学、光电子学、生物医学等领域的重视[31]。

3.1.2 氢键作用

层层自组装技术以氢键为驱动力时,在基底上可以交替吸附高分子,进而制备薄膜和微胶囊等多形态的材料。该技术能够很好地控制薄膜的交联度,当酸碱度为中性时,薄膜内氢键容易遭到破坏;如果在体系中引入玻璃化转变温度较低的高分子,会给体系引入新的用途[32]。

3.1.3 金属配位键作用

通过化合物之间的配位作用实现层层自组装,以该驱动力制备材料时制备工艺简单,可选择的组装基元丰富,拥有巨大的潜在应用价值,在层层自组装材料的研究中越来越活跃[29]。

正是这些可逆、较弱的非共价键的相互作用力驱使了自组装的发生,也保持了

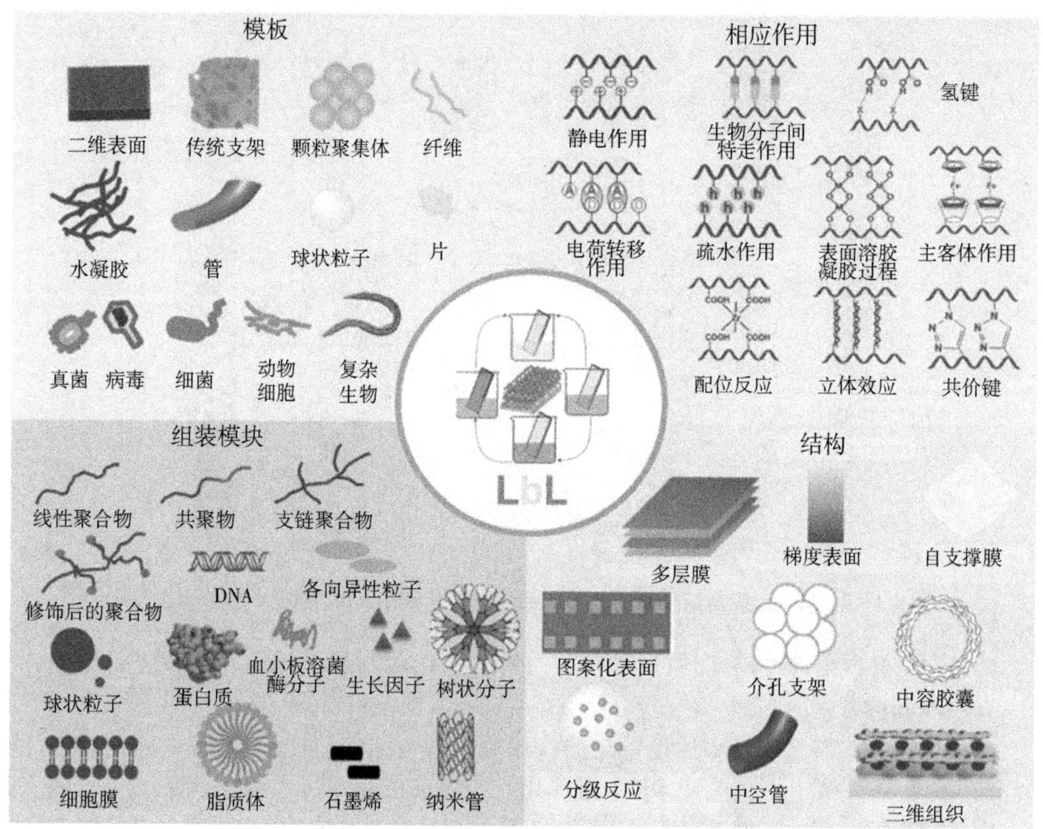

图 4-9　不同多层材料制备的基底、形态、反应、结构的示意图

自组装体系的稳定性和完整性，进而可以制备出尺寸、成分和形貌可控的多功能膜。Rubner 等[33]发现 PAAS 与聚丙烯酰胺层层自组装得到的聚合物微胶囊经过 EDC[1-(3-二甲氨基丙基)-3-乙基碳二亚胺]交联后，能在生理条件下稳定存在。同时，该自组装过程可以负载某些功能性物质，他们成功地使这种微胶囊负载纳米银粒子，制备的微胶囊具有较好的抑菌性。

在制备层层自组装材料时，可以通过控制溶液的浓度、pH、组装次数等参数改变材料的形貌、厚度，进而控制材料的性能，另外，可以根据需要，在聚电解质溶液或制备好的材料中添加功能性物质，以提高材料的性能。层层自组装材料的制备过程不受基底的限制，这对于在不同形态的水果上制备涂层具有非常重要的意义，能轻松实现水果表面涂层的制备，因此该技术可以应用于水果保鲜领域，根据不同水果种类，通过控制涂层的制备过程，可以特异性地控制水果的新陈代谢、水分流失、重量减少等，延长水果的货架期，在满足人们对新鲜水果的要求的同时减少水果市场的损失。

3.2 可食用保鲜涂层的常用表征方法

用 Nicolet 5700 FTIR 光谱仪表征改性的壳聚糖成膜溶液(图 4-10)。

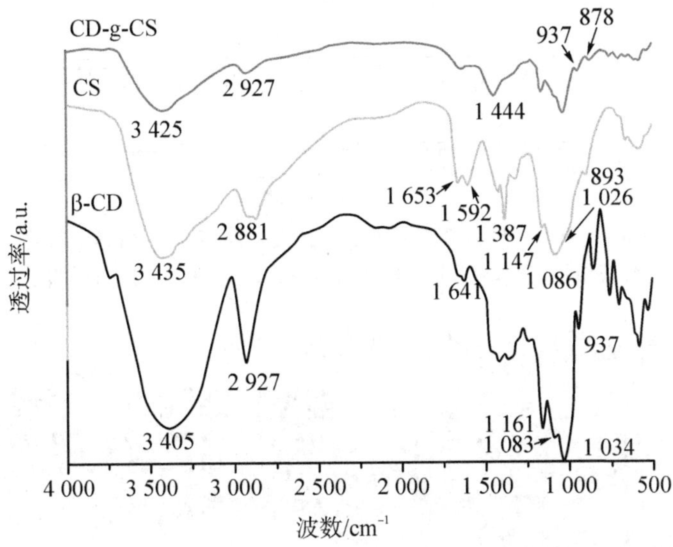

图 4-10 β-CD 接枝到壳聚糖骨架的红外表征

用气相色谱仪(GC)分析成膜的复合溶液,以确定壳聚糖骨架上接枝的β-环糊精中包含 L-薄荷醇。使用长 30 m,内径 0.32 mm,涂层厚度 0.50 μm 的聚乙二醇毛细管柱。将以 1 mL/min 的气体流速流动的氦气用作输送气体。毛细管柱的温度设定为:在 70 ℃维持 2 min;随后将其以 15 ℃/min 的速率升至 120 ℃,维持 1 min;以 20 ℃/min 的速率升至 160 ℃,维持 3 min;并以 20 ℃/min 的速率升至 240 ℃,维持 5 min。分流进样器的温度为 220 ℃,分流比为 10 : 1,样品量为 1 μL。传输线温度为 240 ℃。离子源温度为 230 ℃。对每个样品进行三次重复,并记录数据的平均值(图 4-11)。

通过场发射扫描电子显微镜研究保鲜涂层表面和截面的形貌(图 4-12)。

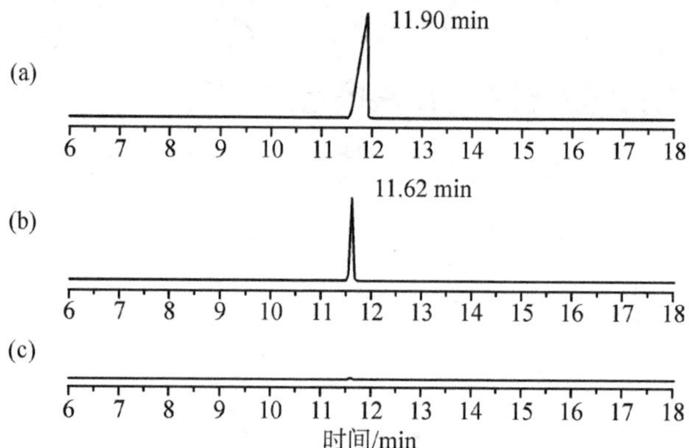

图 4-11 气相色谱法测定包合物复合溶液：(a) 薄荷醇标准溶液出峰时间；(b) 包合物复合溶液出峰时间；(c) 空白对照组

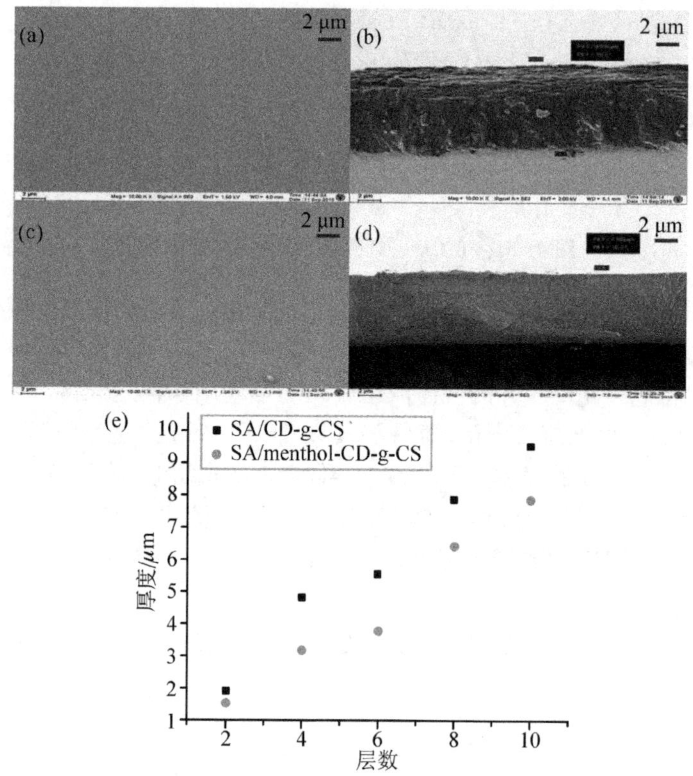

图 4-12 (a) $(SA/CD\text{-}g\text{-}CS)_{10}$ 的表面形态；(b) $(SA/CD\text{-}g\text{-}CS)_{10}$ 的横截面 SEM 图像；(c) $(SA/menthol\text{-}CD\text{-}g\text{-}CS)_{10}$ 的表面形态；(d) $(SA/menthol\text{-}CD\text{-}g\text{-}CS)_{10}$ 的截面 SEM 图像；(e) 涂层厚度随层数增加的示意图

使用室温下的接触角测试仪获取 LbL 自组装涂层的水接触角。在每个涂层上使用微型注射器将 5 μL 超纯水滴到涂层上，并在 3 s 左右记录水接触角值。每个样品进行五次重复，并记录数据的平均值(图 4－13)。

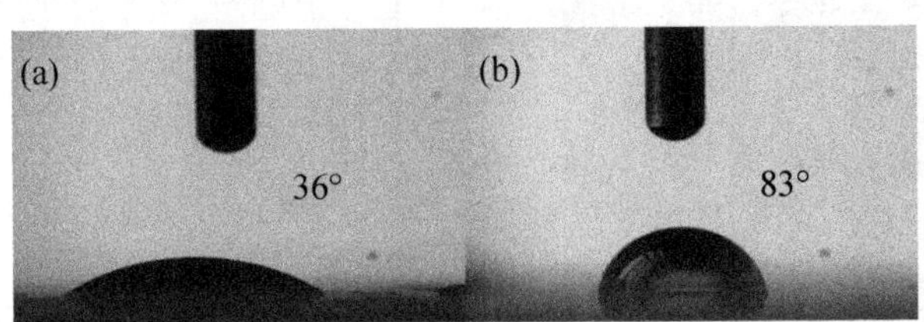

图 4－13 (a) $(SA/CD\text{-}g\text{-}CS)_{10}$ 保鲜涂层表面的水接触角；(b) $(SA/menthol\text{-}CD\text{-}g\text{-}CS)_{10}$ 保鲜涂层表面的水接触角

使用光纤光谱仪在 300～1 000 nm 范围内确定保鲜涂层的透射光谱，确定其在可见光范围内的透明度(图 4－14)。

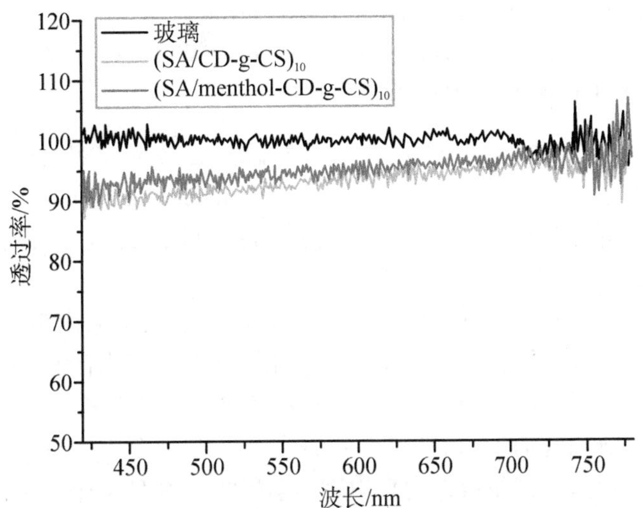

图 4－14 玻璃基底、$(SA/CD\text{-}g\text{-}CS)_{10}$ 保鲜涂层和 $(SA/menthol\text{-}CD\text{-}g\text{-}CS)_{10}$ 保鲜涂层的可见光透射率

用手术刀片划破涂层，随后将涂层的受损区域用水涂覆。使用金相显微镜记录涂层的自修复过程。使用张力测试仪对保鲜涂层进行应力-应变测量，分析保鲜涂层的机械性能。操作速度为 30 mm/min。在测量之前，使用数字千分尺记录保鲜涂层的尺寸和厚度(图 4－15)。涂层的自修复能力由原始涂层应力 S_0 和自修复涂层应力 S_1 决定，其计算公式如下：

$$E_{\text{self-healing}} = \frac{S_1}{S_0} \times 100 \tag{4.1}$$

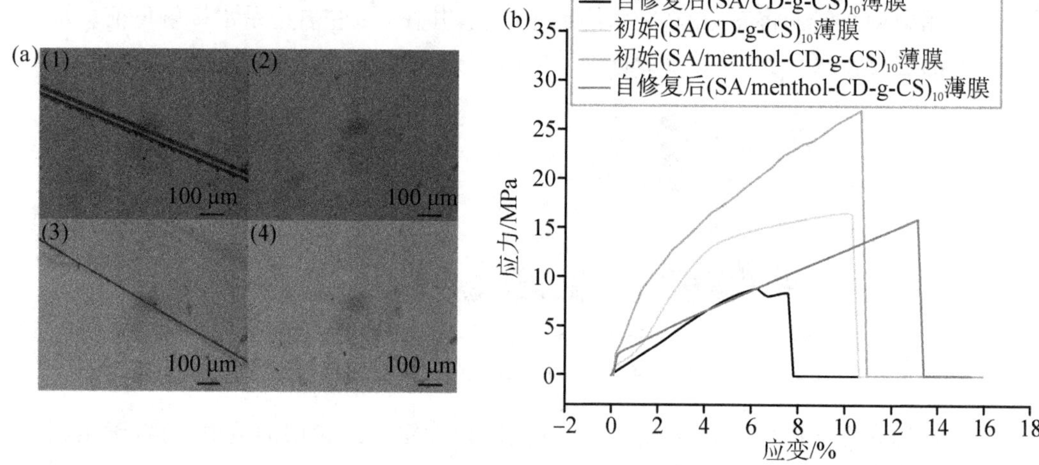

图 4-15 (a_1)(SA/CD-g-CS)$_{10}$保鲜涂层的破损状态;(a_2)(SA/CD-g-CS)$_{10}$保鲜涂层的自修复后状态;(a_3)(SA/menthol-CD-g-CS)$_{10}$保鲜涂层的破损状态;(a_4)(SA/menthol-CD-g-CS)$_{10}$保鲜涂层的自修复后状态;(b)(SA/CD-g-CS)$_{10}$保鲜涂层和(SA/menthol-CD-g-CS)$_{10}$保鲜涂层自修复前后的机械性能

抗菌剂的释放表征:取不同质量浓度薄荷醇-乙醇标准溶液创建标准校准曲线。取质量浓度为 0 mg/mL、0.5 mg/mL、1.0 mg/mL、2.0 mg/mL、4.0 mg/mL、6.0 mg/mL 的薄荷醇-乙醇标准溶液,分别进样进行测定,绘制峰面积相对于质量浓度的标准曲线(图 4-16)。

将旋涂制备的 10 层保鲜涂层浸入 20 mL 乙醇溶液中来测定 L-薄荷醇的释放。释放过程中每次采集 1 mL 含有 L-薄荷醇的释放介质溶液,并用新鲜的乙醇溶液代替。将采集的释放的介质溶液如介质:溶液用气相色谱法,测定所述的气相色谱法,测定释放到溶剂中的 L-薄荷醇的峰面积,并计算得到累计释放量。每个样品进行三次重复,并记录数据的平均值。累积释放的 L-薄荷醇可以表示为:

$$\text{累积释放量}(\%) = \frac{C_n V_t + \sum_{n=0}^{n-1} C_n V_s}{x} \times 100 \tag{4.2}$$

其中,C_n 是时间 t 时的浓度,V_t 是溶剂的总体积(20 mL),V_s 是采集的释放介质溶液体积(1 mL),x 是 L-薄荷醇的初始量。

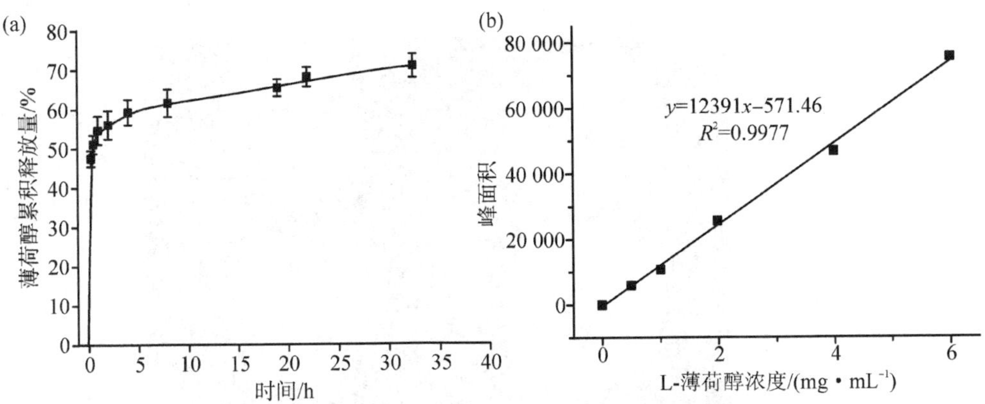

图 4-16 (a) 层层自组装主客体保鲜涂层 *L*-薄荷醇的释放曲线;(b) 表示峰面积与 *L*-薄荷醇浓度的标准曲线

计算机断层扫描(CT)和图像重建基于 Hiscan M 1001 CT 机系统。扫描电压为 60 kV,扫描电流为 134 μA,扫描分辨率为 50 μm(图 4-17,图 4-18)。

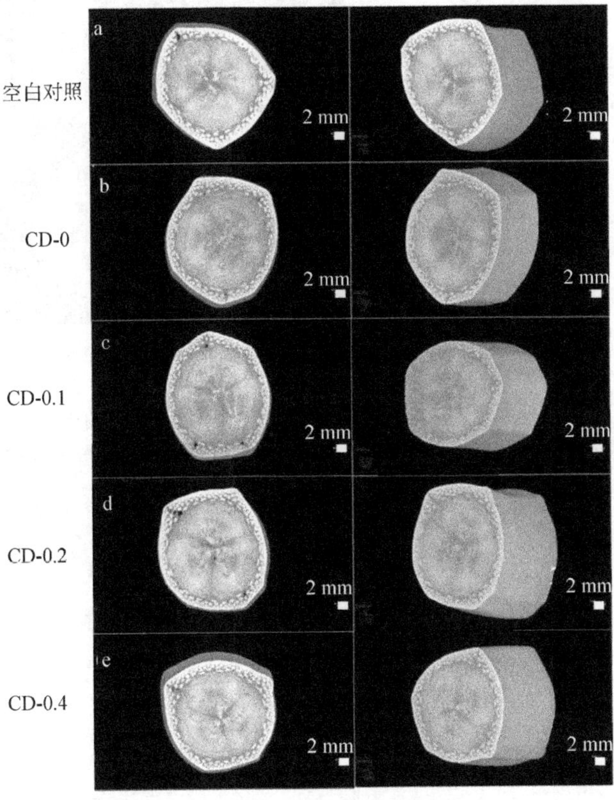

图 4-17 香蕉的 CT 扫描重建图像

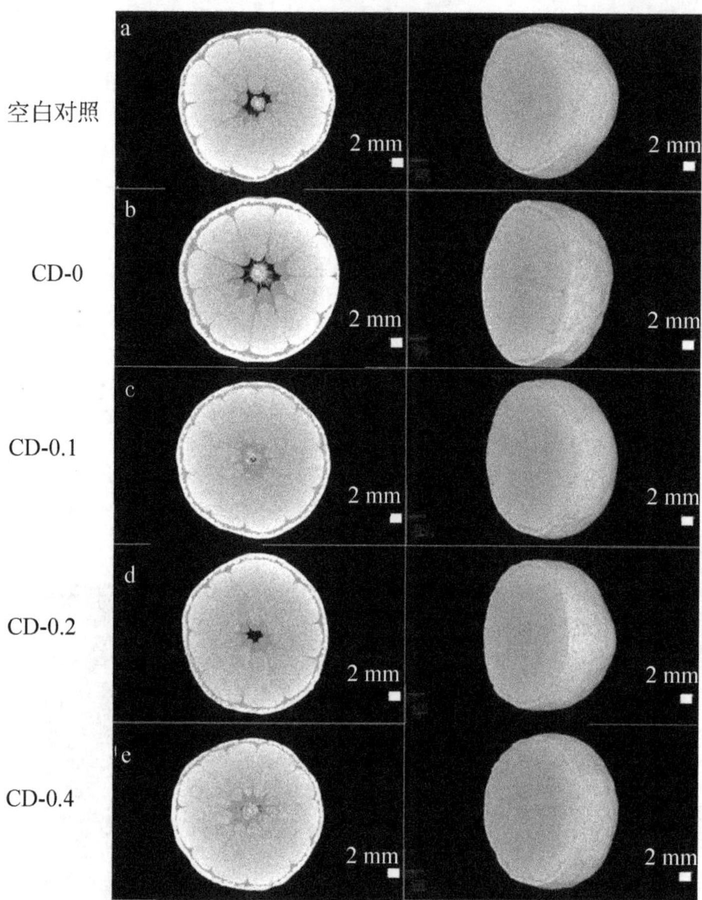

图 4-18 蜜橘的 CT 扫描重建图像

使用南京工业大学组装的单组分气体通量测量仪测量保鲜涂层的氧气选择性透过性能。具体操作可见本课题组任姣雨的论文[34]。采用标准真空时滞系统[35]测定了薄膜的二氧化碳气体透过率,纯气体的渗透性是由渗透室下游一侧的压力增加计算出来的,压力传感器由计算机监控。每个样本进行三次独立测量,计算平均值和标准误差(图 4-19)。

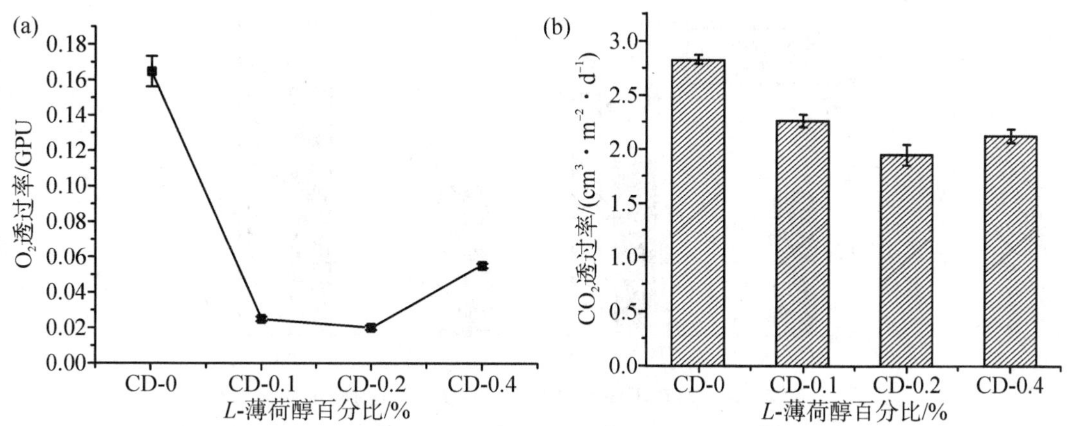

图 4-19 (a) 席夫碱层层组装保鲜涂层氧气透过率;(b) 席夫碱层层组装保鲜涂层二氧化碳透过率

4. 可食用保鲜涂层的保鲜效果

本节将首先对比几种不同的聚阴离子材料与CS组装后的保鲜效果,其后介绍保鲜涂层对切片苹果的保鲜效果,最后介绍以壳聚糖为主导的阴阳离子聚合和席夫碱体系的两种保鲜涂层。

4.1 不同的聚阴离子材料与CS组装后的保鲜效果

天然聚阳离子材料CS与SA、CMC、PAAS通过层层自组装法制备成三层可食用涂层,对比涂层对蜜橘的保鲜效果。蜜橘是存放在鼓风恒温恒湿箱中,箱内的风速大,容易带走蜜橘中的水分,而当水分流失时,蜜橘的表皮多出现枯水、浮皮和汁胞粒化现象,致使蜜橘表皮硬度增大,因此,本实验中蜜橘的硬度间接表征的是涂层对蜜橘水分保持的能力。从不同组蜜橘硬度比较(图4-20)可以看出,蜜橘在常温下存放10 d后,有涂层的蜜橘硬度都比对照组低,所以三种涂层都能有效抑制蜜橘水分的流失。涂覆有$(CMC/CS)_3$涂层的蜜橘失重率最低,比对照组的失重率低25.21%;涂覆有$(SA/CS)_3$涂层的蜜橘失重率也比对照组低;而$(PAAS/CS)_3$涂层可能无法抑制蜜橘水分的流失,这可能与涂层的亲水性有关,涂层吸收一部分蜜橘中的水分后,水分被空气中的气流带走,导致蜜橘的失重率增加。综上所述,三种涂层均能抑制蜜橘水分的流失,并抑制蜜橘硬度的降低,而$(CMC/CS)_3$涂层抑制蜜橘重量降低的能力最强,是良好的保鲜涂层材料。

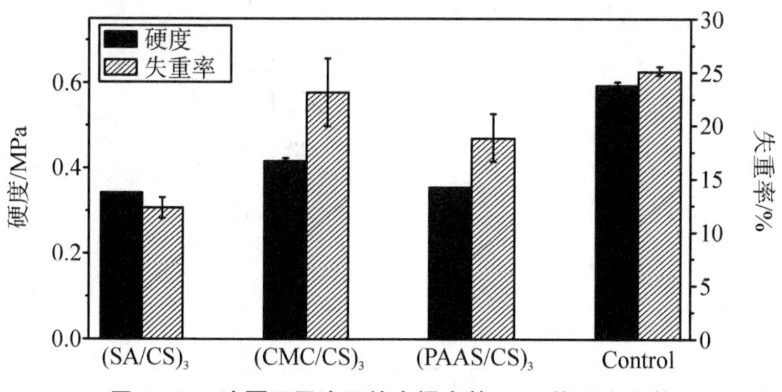

图 4-20　涂覆不同涂层的蜜橘在第 10 d 的硬度和整个存储过程的失重率,"Control"表示对照组

4.2　保鲜涂层对切片苹果的保鲜效果

由于多酚氧化酶(PPO)的存在,苹果切片极易发生褐变。在 O_2 的参与下,PPO 催化酚类物质氧化成醌,醌类进一步聚合为黑色物质,使苹果发生褐变[36],苹果切片的褐变将严重影响苹果切片的使用价值[37],因此如何控制苹果切片的褐变是苹果切片保鲜的首要问题。如图 4-21 所示,随着时间的推移,所有组的苹果果

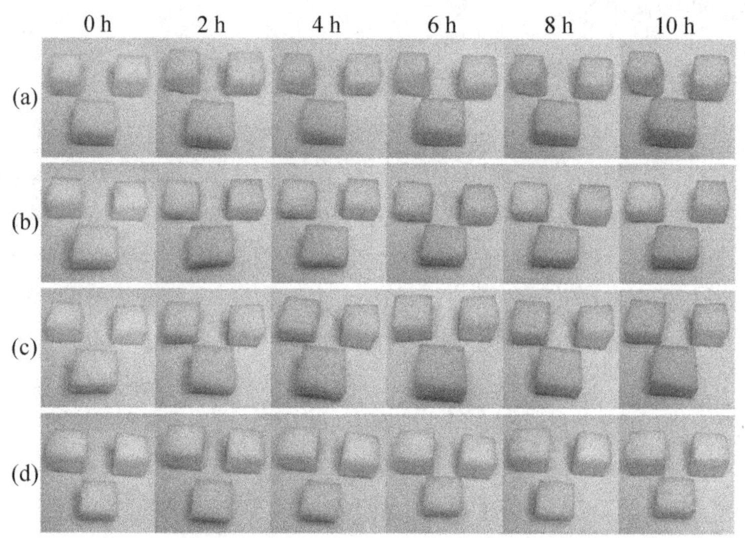

图 4-21　苹果切片外观随着时间变化的光学图像:(a) 对照组;(b) CS 涂层组;(c) CS-AA 涂层组;(d) CS-$CaCl_2$ 涂层组在 0、2、4、6、8、10 h 时的状态

肉颜色都发生了一定程度的褐变，且在 0～2 h 期间颜色变化明显，随着时间的推移，颜色变化程度逐渐变小。不难发现整个过程涂层都紧密附着在苹果表面，未发现明显的涂层脱落现象，说明涂层在苹果上的附着性好。CS－$CaCl_2$ 涂层组的苹果褐变程度在 10 h 时是最低的，其颜色深度接近于其他三组在第 2 h 的状态，说明 CS－$CaCl_2$ 涂层有良好的抗褐变效果。而 CS 涂层组的苹果褐变程度比对照组和 CS－AA 组低，说明单纯的 CS 涂层也具有一定的抗褐变效果。

从图 4－22 可以看出，随着时间的变化，所有组苹果块的质量都有一定程度的降低。就失重率而言，对照组失重率达 15%，而实验组苹果的失重率都低。CS－$CaCl_2$ 涂层组的失重率最低，CS－$CaCl_2$ 涂层组的苹果切片放置 10 h 以后，失重率仅为 11%，比对照组失重率低了 26.67%，说明 CS－$CaCl_2$ 涂层具有良好的抑制水分丢失的能力。另外，和岳等[38]将壳聚糖、氯化钙、抗坏血酸和赤霉素进行配方优化，并分别应用于常温和低温条件下的草莓涂膜保鲜实验，发现常温下壳聚糖复合涂层处理组比对照组草莓的失水率低 10.55%。该现象可能是由于涂层中含有 $CaCl_2$，Ca^{2+} 能提高水果果胶质与细胞壁的结合[39]，同时 CS 的成膜性为 $CaCl_2$ 提供了很好的基底，两者结合使 CS－$CaCl_2$ 涂层对苹果切片的重量有很好地保持效果。

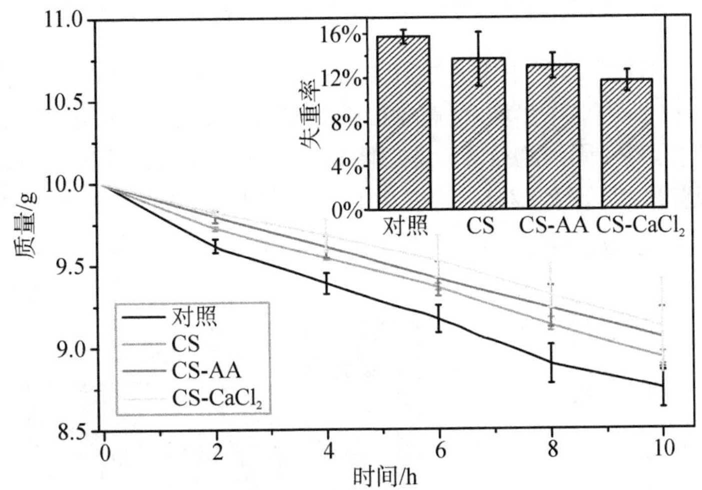

图 4－22 四组苹果切片的质量变化情况以及苹果块在第 10 h 时的失重率(右上角图)

维生素 C 是人体不可或缺的营养物质，也是水果中的重要成分，对维生素 C 含量(AAC)的评价可在一定程度上表征水果的营养保持情况。不同组水果切片的 AAC 如图 4－23 所示，该实验通过苹果提取液在 243 nm 处的吸光度来表征 AAC，从图中可看出，有涂层的实验组苹果 AAC 都比对照组高，说明它们都能维持水果中的 AAC。10 h 以后 CS - $CaCl_2$ 涂层组苹果在 243 nm 处的吸光度达到 1.25，比其他两个实验组高，这说明 CS - $CaCl_2$ 涂层能更好地保存苹果的 AA，间接说明它能更好地保持苹果的营养成分。这个现象可能仍与涂层中含有的 $CaCl_2$ 有关，Ca^{2+} 能与苹果表皮的细胞壁结合，在苹果块表面形成一层致密的保护膜，使水分和营养物质不易流失。

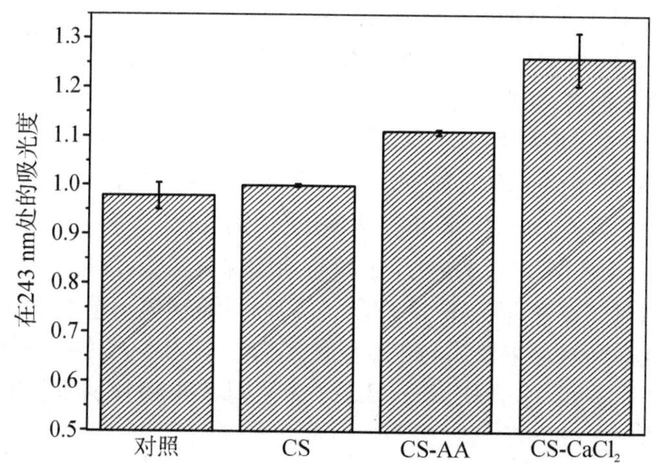

图 4 - 23　苹果上清液在 243 nm 处的吸光度，表示维生素 C 含量

可溶性固形物是食品中所有溶解于水的化合物总称，包括糖、维生素、矿物质等[40]。Supapvanic 等[41]强调，保鲜膜能抑制水果的新陈代谢，降低水果糖类的降解，进而抑制可溶性固形物含量(SSC)降低。图 4 - 24 为四组水果提取液的折射率，折射率越高说明 SSC 越高。对照组的 SSC 最低，说明这三种涂层都能抑制水

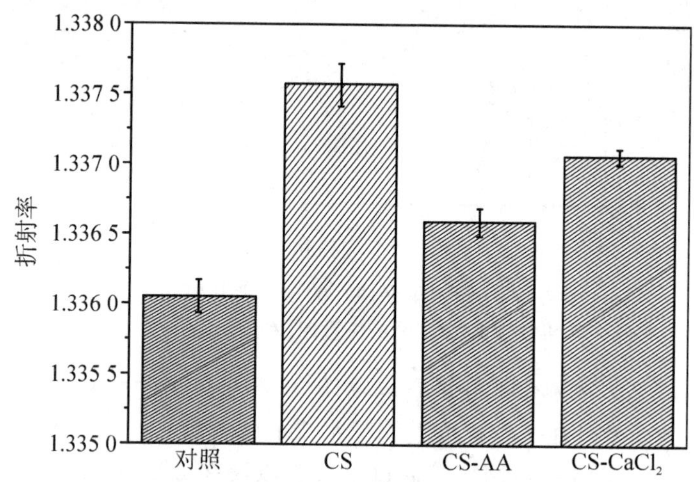

图 4 - 24　四组苹果块在第 10 h 时的折射率，表示 SSC

果的新陈代谢活动。而对于实验组，CS 涂层组的 SSC 比其他实验组更高，说明 CS 抑制新陈代谢的能力更强，相反，在 CS 涂层中添加 AA 或 $CaCl_2$ 则降低了涂层这方面的性能。该现象可能与涂层的致密性有关，CS 本身的成膜性较好，当 CS 溶液达到一定浓度时，涂层致密，气体透过性较差，但是在 CS 中掺杂 AA 或者 $CaCl_2$ 时，这些小分子物质使 CS 内部分子间距离变大，气体透过性增强，所以 CS 涂层的氧气透过率更低，氧气透过率低抑制了苹果细胞的新陈代谢，进而抑制 SSC 的降低，促进苹果营养物质的保持。

4.3 以壳聚糖为主导的阴阳离子聚合和席夫碱体系的两种保鲜涂层

4.3.1 以壳聚糖为主导的阴阳离子聚合保鲜涂层

购买无损伤、无病虫害的无锡阳山水蜜桃，并随机分为两组：对照组买回来之后不做任何处理；涂膜组买回后先喷涂包合物复合溶液，之后喷涂海藻酸钠溶液，室温下风干 30 min。重复喷涂四次，在水蜜桃上形成保鲜涂层。在 25 ℃、75%湿度条件下进行保存，定期拍照记录水蜜桃状态。

购买无损伤、无病虫害的金冠苹果，并随机分为两组，每组 5 个。将苹果用次氯酸盐溶液(5 mg/mL)清洗，然后用大量超纯水冲洗。对照组之后不做任何处理；涂膜组将苹果浸入 SA 溶液中 6 min，之后浸入包合物复合溶液 6 min，室温下风干 30 min。重复操作 9 次，在苹果表面形成保鲜涂层。然后将两组苹果放在冰箱(温度 4 ℃±2 ℃，湿度 75%～85%)中 30 d。在存储期间的第 0、10、20 和 30 d 拍摄光学照片记录苹果状态。在第 0 d 和第 30 d 测量苹果重量和硬度。

桃子的特征是呼吸跃变过程中呼吸速率和乙烯产量急剧增加，桃子会迅速变软之后腐烂[42]。室温下桃子的质量变差仅需几天时间。但是桃子不宜冷藏保存，因为其易产生冻伤，直接导致果肉腐烂变质[43]。将所制备的涂层溶液喷涂在桃子上形成保鲜涂层，对照组未做任何处理。如图 4-25 所示，涂膜组在第 6 d 已经能

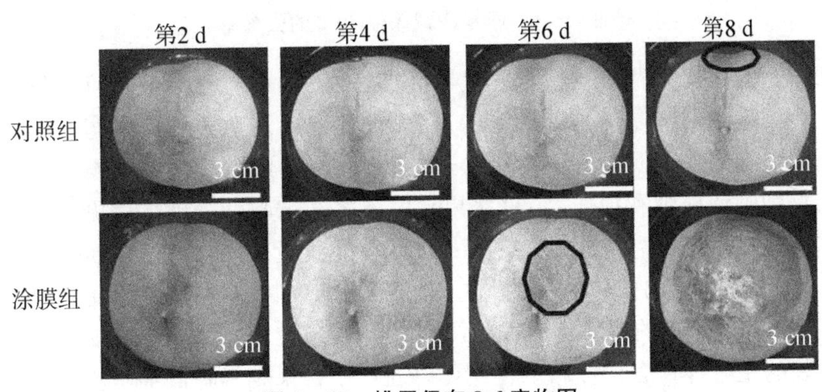

图 4-25 桃子保存 8 d 实物图

观察到顶部腐烂迹象；而对照组的桃子还未表现出明显的腐烂，直到第 8 d，在桃子的侧面直接观察到腐烂变质，而此时涂膜组的大部分桃子均已能够观察到大面积腐烂变质。分析可能是桃子在成熟后不适合接触含水物质，并且成熟后的桃子表皮比较脆弱，喷涂溶液时先从顶部喷起，由于操作原因，桃子顶部遭受的水雾冲击力度最大，可能对桃子表皮造成损伤，更容易引起桃子腐烂。所以决定采用苹果作为后续实验的水果。

苹果冷藏期间的失重主要是由于水从苹果迁移到环境使苹果缩水。如图 4－26 所示，在冷藏保存的 30 d 里：涂膜组的失重率为 7％，对照组的失重率为 15％。涂膜组的失重率比对照组少几乎一半。层层组装的主客体保鲜涂层在苹果表面形成一个阻隔层，L－薄荷醇的掺入导致涂层的结构更致密，这可以进一步减少水果中水分的迁移，在货架期内有效减少水果内部水分的损失。并且由于涂层的机械性能良好，能够有效贴合苹果表面；并且涂层具有自修复性能，在储存期间可以自愈保鲜涂层表面的小破损，不仅延长了保鲜涂层的寿命，更能全面保护苹果表面。

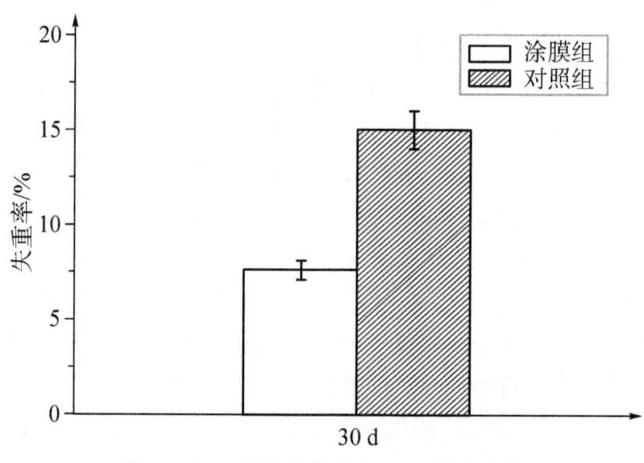

图 4－26　苹果冷藏保存 30 d 的失重率

评价新鲜水果和蔬菜质量时硬度是重要参数之一。而水果的硬度与细胞壁的完整性相关。细胞壁是一种动态结构，在生长发育以及防止伤口和病原体侵袭中起着至关重要的作用。作为非生物胁迫的物理屏障，细胞壁成分被酶水解和解聚导致植物细胞壁松弛和损伤[44]，使水果硬度下降。细胞壁被破坏后更容易感染病原菌，导致采后果实腐烂。如图 4－27 所示，在冷藏储存开始前，对照组和涂膜组的苹果硬度几乎没有差别，均为 6.0 N 左右。30 天结束时，涂层样品的硬度为 4.0 N，下降了 33％；对照组的硬度为 3.5 N，下降了 41％，涂膜组硬度比对照组高 14％。层层组装的主客体可食用涂料的使用可以通过结合果胶和降低细胞壁的酶解来改善水果和蔬菜的硬度。

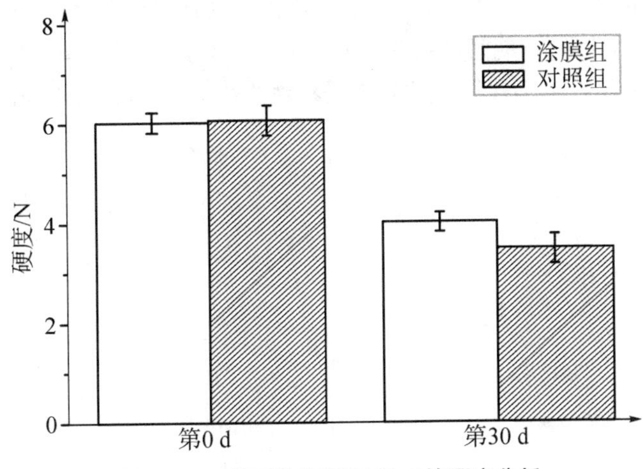

图 4-27 苹果冷藏保存 30 d 的硬度分析

如图 4-28 所示，对照组苹果的果皮皱纹可以用肉眼观察。而浸涂了可食用保鲜涂层的苹果表面仍然保持比较光滑的状态。这种现象表明可食用涂层有效地延长了苹果的保质期。

图 4-28 苹果冷藏保存 30 d 的实物图

图 4-29 展示了苹果在 30 d 里每隔 6 d 由志愿者评价的感官分析。如图 4-29(a)所示，从保存的第 6 d 开始，与对照样品相比，涂层样品的质地评分明显更高。涂层样品的评分值较高的原因可能是因为涂层可以减少水果的水分流失。由感官小组评估的该结果与先前的测量结果一致。颜色是影响新鲜水果适销性的重要质量参数。如图 4-29(b)所示，对照组苹果更快变暗沉，质地软化并产生一些斑点。然而如图 4-28 所示，在涂膜组中未观察到这些表现。通常所有苹果样品在整个储存过程中都没有表现出明显不同的风味值，如图 4-29(c)所示，感官评价小组对两组评分差异也不大。在冷藏保存期间，由感官小组评估的苹果未检测到与薄荷醇有

关的异味。如图 4－29(d)所示，产品的适销性与质地和颜色密切相关，外观较好意味着更高的适销性，储存期间的损失更小。感官评价小组对涂膜组的苹果评分明显更高，说明在冷藏 30 d 后涂膜组的苹果更易被消费者接受，具有更高的经济价值。

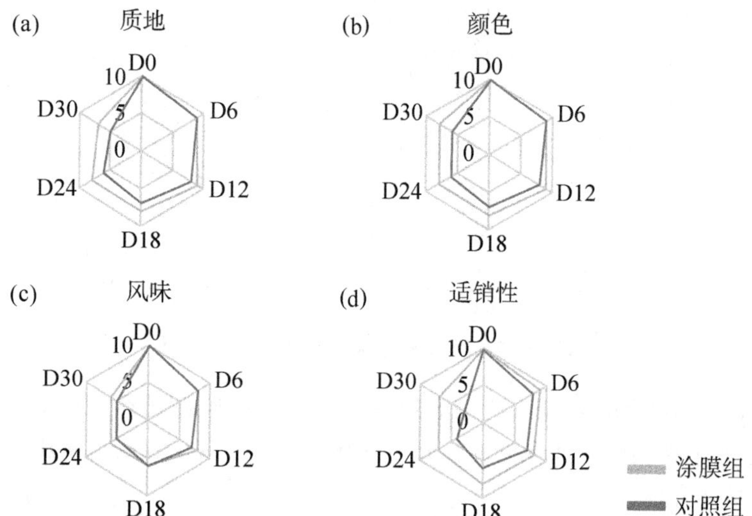

图 4－29 冷藏保存期间苹果的(a) 质地；(b) 颜色；(c) 风味；(d) 适销性的评价

4.3.2 以壳聚糖为主导的席夫碱体系保鲜涂层

在南京当地市场购买一批大小一致、表面无病虫害和压痕的新鲜波姬红无花果。用次氯酸盐溶液(2 mg/mL)清洗，再用大量超纯水冲洗并晾干。在清洗过程中注意不要大力揉搓无花果表面，也不要使其表面产生破损。

第一批无花果保鲜实验：

(1) 将处理后的无花果随机分为五组，每组 4 个。

(2) 第一组空白对照组不做任何处理，命名为 Blank 组。

(3) 第二组为对照组：先喷涂双醛淀粉溶液，风干 5 min 之后，再喷涂壳聚糖溶液，风干 20 min，命名为 CD-0 组(Control)。

(4) 第三组命名为 CD-0.1：先喷涂 DS-0.1 混合溶液，风干 5 min 之后，再喷涂壳聚糖溶液，风干 20 min。

(5) 第四组和第五组与第三组操作相类似，分别命名为 CD-0.2、CD-0.3。

第二批无花果保鲜实验：

(1) 将处理后的无花果随机分为六组，每组 4 个。

(2) 第一组空白对照组不做任何处理，命名为 Blank 组。

(3) 第二组是无花果套保鲜袋，命名为 Blank＋Bag(Blank＋B)。

(4) 第三组先喷涂海藻酸钠溶液，风干 5 min 之后，再喷涂壳聚糖溶液，风干

20 min,命名为 CS/SA。第四组与第三组操作相同,风干之后套保鲜袋,命名为 CS/SA+Bag(CS/SA+B)。

(5) 第五组先喷涂双醛淀粉溶液,风干 5 min 之后,再喷涂壳聚糖溶液,风干 20 min,命名为 CS/DS。第六组与第五组操作相同,风干之后套保鲜袋,命名为 CS/DS+Bag(CS/DS+B)。

两批无花果均在室温条件下存储,观察并记录无花果的失重率,对无花果的变化拍照并对照片做对比。

图 4-30 和图 4-31 是第一批实验无花果的失重率和实物图片。如图 4-30 所示,CD-0 组在整个储存期间的失重率均保持在最低水平,其中第 2 d 和第 8 d 的失重率约为 14%和 41%。在添加 L-薄荷醇的三组无花果中,失重率随着添加 L-薄荷醇的百分含量增加而增加,这与之前苹果实验有一些冲突,经分析这可能是因为 L-薄荷醇在保存期间会随时间挥发,这个过程会带走水果中的水分,然而无花果的质量基数比较小,所以当 L-薄荷醇的百分含量较高时,相应带走的无花果中的水分比例较高,CD-0.3 保鲜涂层组失重比例甚至要高于空白对照组。而从图 4-31 无花果的实物对比图中可以更直观地看到,随着无花果的水分的流失,每组无花果颜色变暗紫,皱缩明显;CD-0 组的无花果相较于其他组皱缩速度慢。所以进行了第二批无花果实验,该次实验中不再添加 L-薄荷醇,加对无花果的套袋处理组。

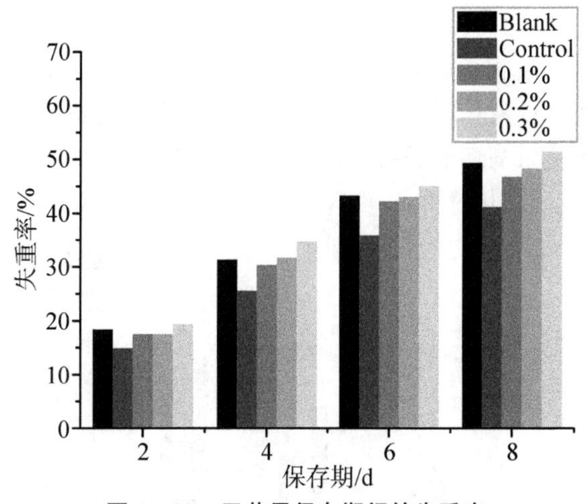

图 4-30 无花果保存期间的失重率

图 4-32 至图 4-34 是第二批实验无花果的失重率和实物图片。如图 4-32 所示,所有套袋组在整个储存期间的失重率均远低于涂膜组和空白对照组,其中第 2 d 三个套袋组的失重率约为 1%、1%、2%;第 8 d 三个套袋组的失重率约为 5%、4%、4%。在未套袋的三组中,其中两个涂膜组的失重率相近但都比对照组低,说明涂膜组相比空白组,无花果的重量损失更少。CS/SA 和 CS/DS 两组无花果的

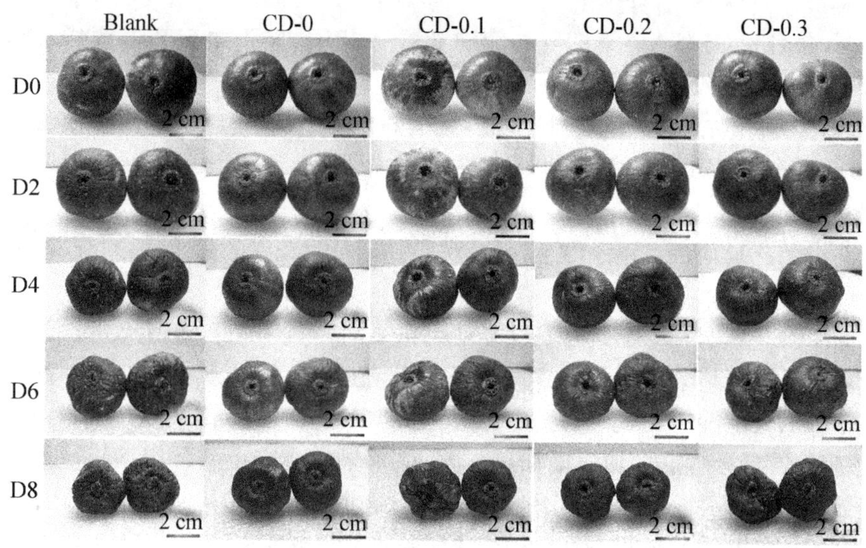

图 4 - 31　无花果保存期间的实物图

失重率在整个存储期间几乎一样。从图 4 - 33 看出未套袋无花果保存期间的实物图中涂膜组的无花果的皱缩速度更快。然而从图 4 - 34 套袋无花果保存期间的实物图看出 Blank＋Bag 组在第 4 d 有局部腐烂，最早出现腐烂现象，并且其腐烂速度相比其他两组更快，腐烂面积也更大，在第 8 d 时几乎全部腐烂；CS/SA＋Bag 组在第 6 d 时，无花果侧面出现腐烂现象，正面腐烂不明显；CS/DS＋Bag 组也是在第 6 d 时无花果正面出现腐烂现象。以上结果说明套袋更易引起无花果腐烂变质，这可能是因为保鲜袋阻挡无花果与环境进行气体交换，并在无花果周围形成一个相对密闭的空间，这个空间湿度温度相对更高，更容易在水果表面滋生细菌，引起无花果腐烂。

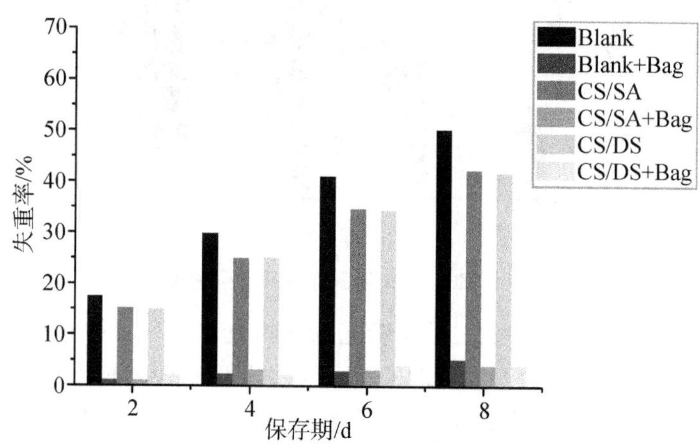

图 4 - 32　无花果保存期间的失重率

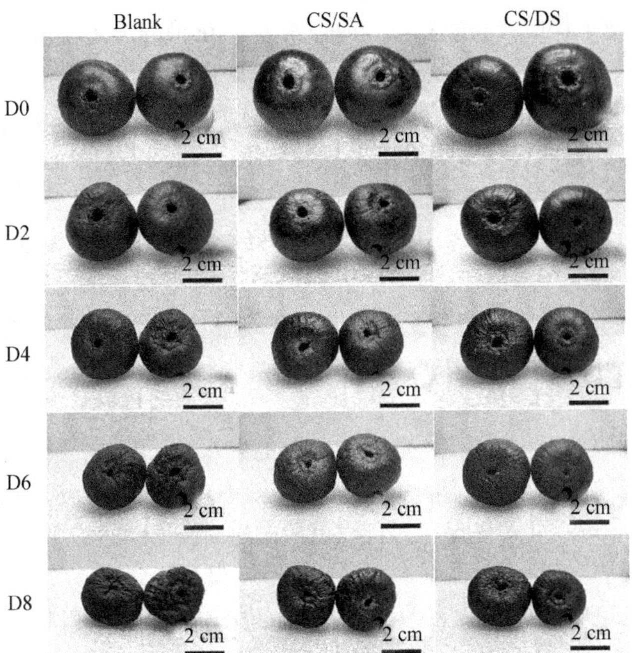

图 4-33　无花果保存期间未套袋组的实物图

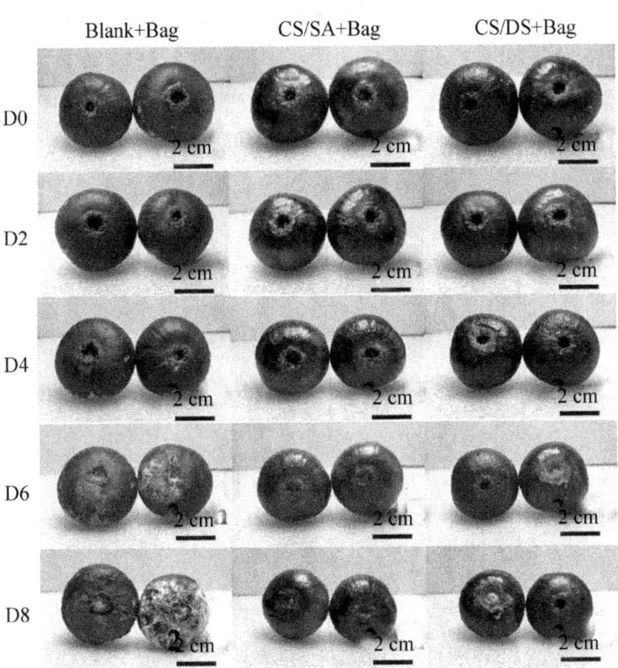

图 4-34　无花果保存期间套袋组的实物图

从两批无花果保鲜实验来看：L -薄荷醇对无花果的失重率影响比较大，失重率会随着 L -薄荷醇的百分含量的增加而增加，这可能是因为 L -薄荷醇在储存期间的挥发导致的；套袋组的无花果失重率远远小于对照组和涂膜组，但是更易引起无花果的腐烂变质，因为保鲜袋阻挡无花果与环境进行气体交换，并在无花果周围形成一个相对密闭的空间，这个空间湿度、温度相对更高，更容易在水果表面滋生细菌，引起无花果腐烂；而 CS/SA 和 CS/DS 两组无花果的失重率在整个存储期间几乎一样，并且都低于对照组，说明涂膜能够减少无花果重量损失。综合来说，在无花果的室温存储中，涂膜能够在减少失重率的同时防止无花果腐烂变质。

本章使用喷涂法将所制备涂层均匀喷涂到香蕉表面，香蕉品种为广西高山香蕉，详细操作同上。香蕉果肉中的淀粉含量测定通过碘染色法[45]。碘-碘化钾溶液配制：准确称取 2.5 g 碘化钾，加入 10 mL 的温水，轻轻搅拌使之完全溶解；准确称取 1.0 g 的碘晶体，加入已溶解的碘化钾溶液中，轻轻摇动，使之完全溶解；用蒸馏水定容至 100 mL，并避光保存。将香蕉的横切面浸入碘溶液中 5～10 s，拍照记录。并用 ImageJ 对碘-淀粉体系的灰度值进行定量分析。

如图 4 - 35 所示，是香蕉在贮藏 18 d 里的失重情况。随着贮藏时间的延长，CD-0、CD-0.1、CD-0.2、CD-0.4 的失重率均增加。在第 18 d 时，CD-0.4 保鲜涂层组失重率相对较高，约为 30%，CD-0.2 组的失重率最高，约为 31%，CD-0.1 组失重率相对较低，为 28%，CD-0 组的失重率最低，约为 27%。与 CD-0 组(不含 L -薄荷醇组)相比，CD-0.1、CD-0.2 和 CD-0.4 三组(含 L -薄荷醇)在保存期间香蕉的质量减轻速度更快。新鲜水果的蒸腾作用和代谢活动是导致其质量减轻的主要原因。根据席夫碱保鲜涂层的氧气和二氧化碳的阻隔性能，CD-0.1、CD-0.2 和 CD-0.4 三组保鲜涂层提供了一个有效的气体屏障，减慢了代谢活动和呼吸速率。因此，

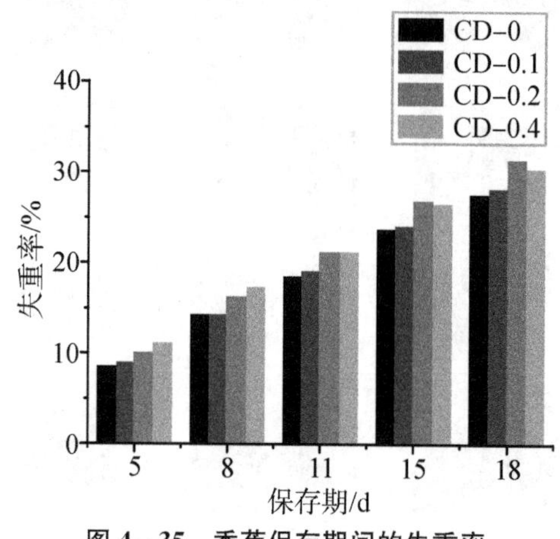

图 4 - 35 香蕉保存期间的失重率

分析推断蒸腾作用是质量减轻的主要原因。同时,L-薄荷醇在膜中的挥发会从水果表面带走更多的水分。这一结果与前文中无花果的质量损失趋势类同。

香蕉在贮藏18 d后的硬度如图4-36所示。刚开始的15 d内,硬度损失很低。相比于储存第0 d,储存第15 d时四组的硬度损失率约为:23%、19%、20%、19%;而储存第18 d时,四组的硬度约为18.54 N、1.51 N、1.43 N、20.16 N,对应的硬度损失率约为:27%、94%、94%、21%。CD-0组和CD-0.4组表现出了更高的硬度值。CD-0.1组和CD-0.2组在储存第15 d到第18 d之间迅速变软。

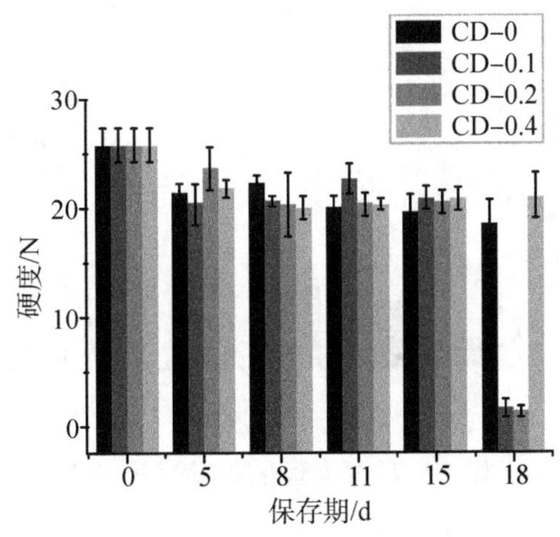

图4-36 香蕉保存期间的硬度分析

采后果蔬的SSC随果实成熟而增加,可滴定的酸度降低。如图4-37所示,四组橡胶的SSC在贮藏15 d内持续递增。值得关注的是,在第20 d,CD-0.1组和CD-0.2组之间分别出现了显著的SSC升高,约为11°Brix和9.2°Brix。另外两组(CD-0组和CD-0.4组)SSC则表现出一个缓慢的增加,约为5.6°Brix和5.2°Brix。可滴定酸度(TA)的分析如图4-37。CD-0保鲜涂层组TA值约为0.28%,CD-0.1、CD-0.2、CD-0.4三组保鲜涂层TA值约为0.28%、0.31%、0.28%。在第15 d到第18 d期间,CD-0组TA值增加到0.29%,CD-0.1组TA值减少到0.26%,CD-0.2组TA值减少到0.2%,CD-0.4组TA值增加到0.29%。其中,CD-0组和CD-0.4组SSC和TA值的增加证实了香蕉在呼吸跃变期前生理代谢活动中淀粉的降解和有机酸的积累。CD-0.1组和CD-0.2组SSC的突然增加和TA值的减少说明香蕉果实在此期间经历了呼吸跃变期,果肉中的淀粉降解,糖类增加,同时有机酸减少。

如图4-39所示,从香蕉保存期间的实物对比图中发现:几乎所有的香蕉果皮在前15 d都是绿色多于黄色。所以,四组涂层均减慢了香蕉表皮中叶绿素的降解。在第15 d到第18 d期间,CD-0和CD-0.4两组保鲜涂层降低了水果表面的褐斑的发生率，而 CD-0.1 和 CD-0.2 两组香蕉中多酚氧化酶加速催化了酚类化合物水解为邻醌，然后被氧化并聚合形成深棕色黑色素，使香蕉果皮表面产生斑点。这个结果与香蕉的失重率、硬度、SSC 和 TA 值的结果一致。随着时间的推移，膜中 L-薄荷醇的针状结晶升华，导致原始膜出现裂纹。席夫碱保鲜涂层的水蒸气、氧气和二氧化碳阻隔性能随贮存时间的延长而降低。

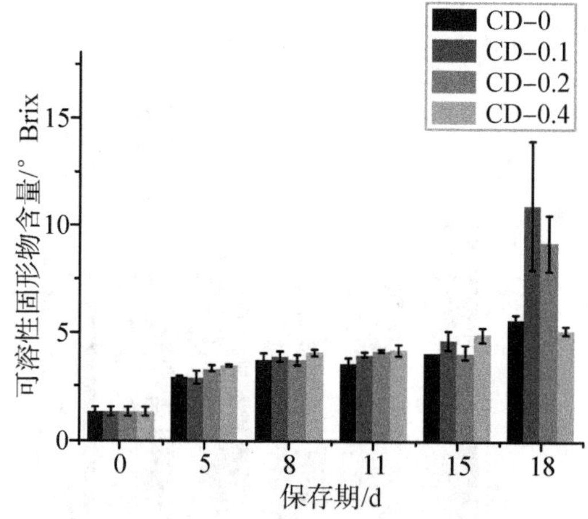

图 4-37 香蕉保存期间的 SSC 分析

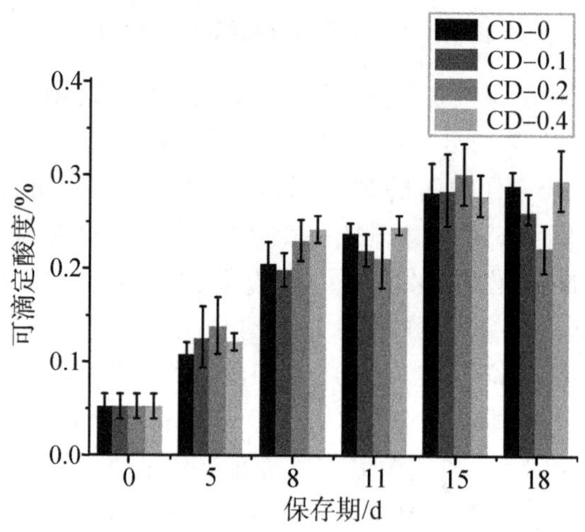

图 4-38 香蕉保存期间的 TA 分析

香蕉淀粉的降解与含糖量有关，淀粉在成熟过程中会水解成可溶性糖。图 4-40 显示了在储存期间香蕉果肉的淀粉显色反应，利用 ImageJ 对图片的灰度值进行了定量表述。四组香蕉在前 15 d 里，果肉截面显示较深的蓝色，对应的灰度值也在前 15 d 中出现波动变化。在第 15 d 到第 18 d 期间,CD-0.1 组和 CD-0.2 组的香蕉果肉截面图片蓝色变浅,灰度值也下降,说明这两组香蕉果肉中的淀粉含量急剧下降,水解成糖类,从前述 SSC 的分析中也可以看出,在此期间糖类含量迅速上升。而 CD-0 组和 CD-0.4 组的香蕉果肉截面图片蓝色仍然比较深,说明这两组香蕉果肉中仍然含有大量淀粉。

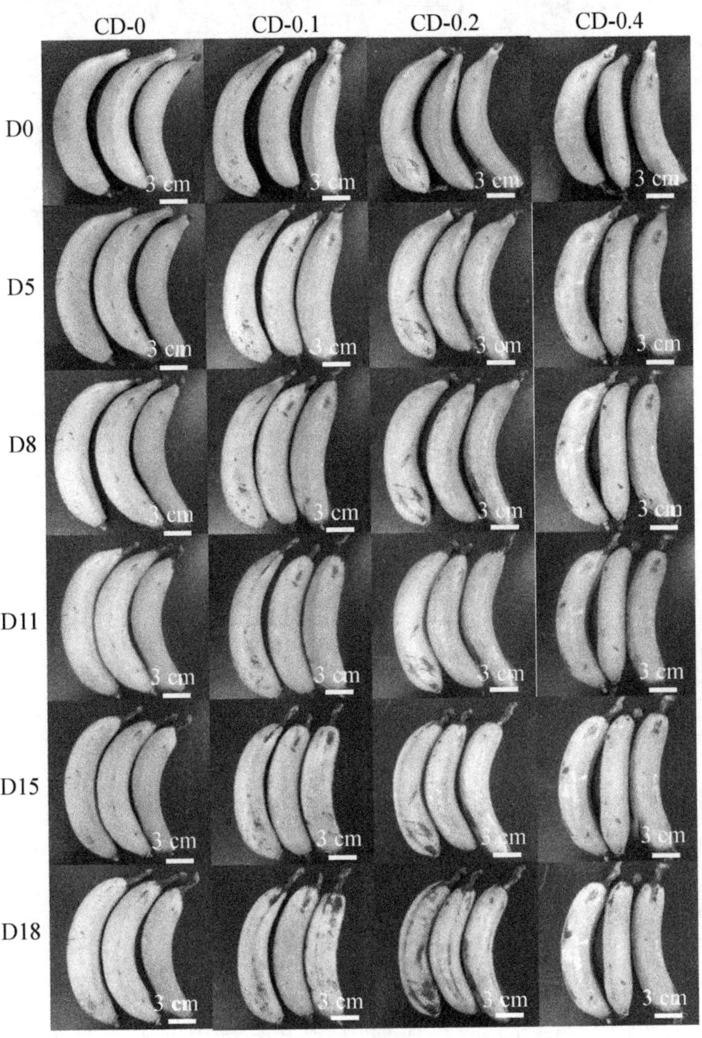

图 4-39 香蕉保存期间的实物对比图

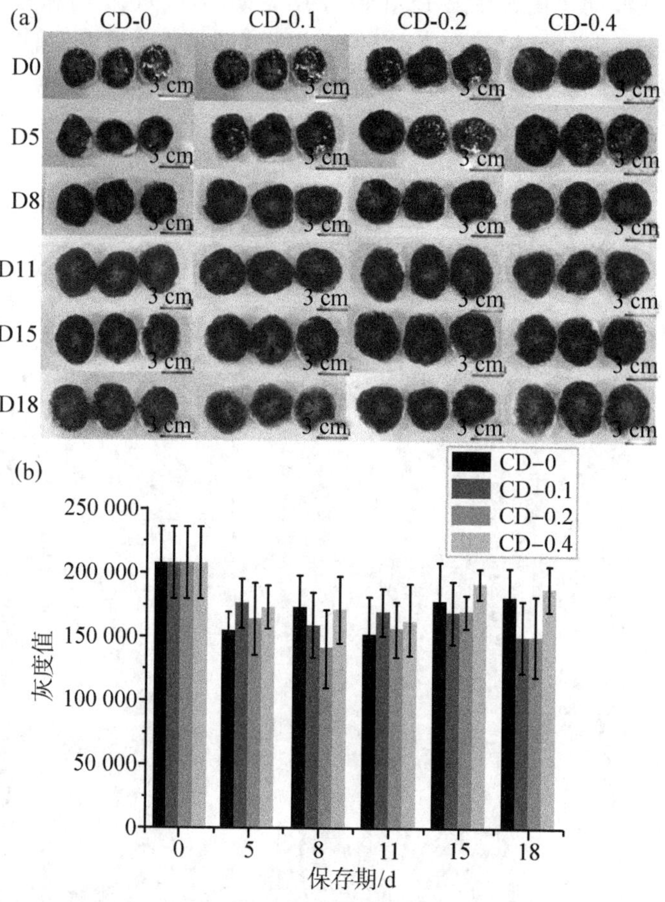

图 4-40 香蕉保存期间果肉的淀粉含量分析

5. 可食用保鲜涂层在其他方面的应用

5.1 PEM 涂层的抗氧化和抗菌能研究

水果切片因为方便、新鲜、即食，在市场上受到了越来越多的关注，然而，它们在失去了外皮保护后，容易受到机械损伤、氧化和细菌的影响而品质降低[46]。水果切片的氧化过程是在水果被切开以后短时间内发生的，某些水果甚至会发生褐变，直接影响消费者的食用意愿，同时也容易给消费者的健康带来不利的影响，这是水果切片保鲜首先要解决的问题。此外，水果切片的表面直接与外界环境接触，容易受细菌侵害[47]。食品在放置过程中接触到的细菌种类繁多，其中就含有致病菌,如金黄色葡萄球菌和李斯特单核增生菌等容易引起引起人体不适感,严重的甚至致命,因此探究保鲜涂层的抗菌性具有非常重要的意义。在所有可食用、可降解、抗菌性的保鲜涂层中,由CS制备的保鲜涂层受到了极大的关注。CS是天然存在的聚阳离子聚合物,在偏酸性的条件下溶解后溶液带正电荷,具有很好的成膜性、抗菌性、抗氧化性等[48-49]。CS对众多微生物有着良好的杀灭作用,可以使细胞膜外露,致使细胞质渗漏,造成细胞死亡。自修复材料是一种能自主或在外界刺激下被动修复损伤的材料,修复以后的材料仍保持其原来的性质[50]。近年来,自修复涂层的需求越来越大,因为涂层在使用过程中易受到外界的影响而受损,若涂层在受损后能立刻修复损伤,则该涂层能保持其完整性并能更好地发挥其作用。层层自组装静电堆积的方法能在制备过程中对材料的性能和形态进行控制,目前,这项技术在智能修复材料[51]以及食品保鲜[52]中得到了广泛应用。基于前一章的结论,CMC是良好的聚阴离子材料选择,能与CS进行层层自组装且有良好的保鲜效果。本章中将进一步探究CMC/CS涂层的性能,通过层层自组装法制备CMC/CS可食用PEM涂层,并对涂层的抗氧化性、抗菌性以及自修复性能进行表征,以探究这种涂层是否能抑制水果的氧化,抑制细菌的生长,在受损后修复损伤区域。

PEM涂层的抗氧化效果是通过探究涂层对1,1-二苯基-2-三硝基苯肼(DPPH)自由基的清除作用表征的,当自由基被清除,DPPH原来的深紫色会变浅[53-54],因此可通过分析DPPH溶液的吸光度来探究涂层对其的抗氧化效果。吸光度测量过程如下:借助干净镊子将涂层从基底上小心揭下,准确称取0.2 g涂层样品并浸没在10 mL 0.08 mg/mL DPPH的乙醇溶液中,溶液在黑暗环境下放置30 min后,在常温下测量其吸光度。该实验探究了放置有涂层的DPPH溶液在300～600 nm范围内的吸光度,以确定DPPH溶液的最大吸收峰A,并用于之后的单点测量。同时,测量添加涂层的DPPH溶液在30 min内在A处的吸光度值的变化情况。最大吸收峰A确定以后,比较单层涂层与PEM涂层对DPPH在A处吸光度的影响,进而表征涂层的抗氧化性,吸光度高表明涂层对DPPH的抗氧化性弱,同时,未添加涂层的DPPH溶液作为空白对照。

DPPH中含有自由基,这些自由基容易被抗氧化剂中的氢供体清除,随后转变为非自由基的形式(DPPH-H)[55],当自由基被清除后,DPPH的颜色会从深紫变浅,DPPH的特征峰吸光度值就会降低。从图4-41(a)可以看出DPPH在328 nm和517 nm处都有吸光度峰值,该结果与Marsden S. Blois的结果类似。Marsden S. Blois是首个提出通过DPPH探究物质抗氧化性的人,他指出DPPH的抗氧化性探究可以用517 nm(A_{517})的吸光度来表征[56]。因此本节中采用特征峰A_{517}来探究涂层的抗氧化性能。图4-41(a)中的小图是浸泡有PEM涂层的DPPH溶液在30 min内特征峰吸光度的变化情况,DPPH的吸光度值随着时间的变化呈指数递减,说明涂层在逐步清除 DPPH 的自由基，进一步说明涂层具有抗氧化效果，且随着时间的推移涂层对 DPPH 中自由基的清除速率逐渐降低。从图 4－41(b)可以发现 CS 单层涂层的抗氧化作用最强，PEM 涂层次之，并且它们的吸光度值都比没有添加涂层的对照组小，所以 CS 单层涂层和 PEM 涂层均具有一定的抗氧化作用。CS 的抗氧化作用其残留的—NH_2 基团有关，因为该基团能与自由基反应并形成稳定的大分子自由基[49]。PEM 涂层的抗氧化作用较弱，这可能是由于涂层内的—NH_2 基团的含量相对较少。

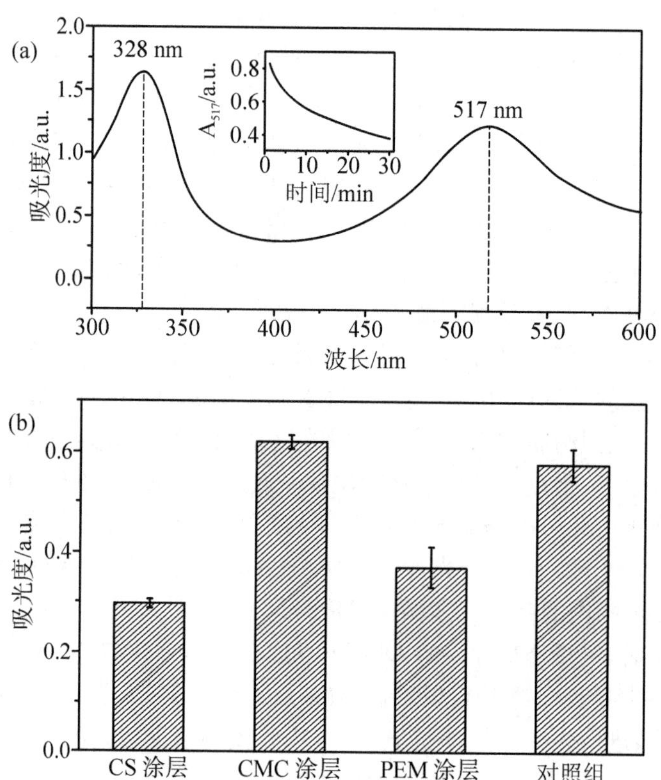

图 4－41 (a) DPPH 溶液在 300～600 nm 范围内的吸光度，插图是添加 PEM 涂层的 DPPH 溶液在 30 min 内特征峰的吸光度变化情况；(b) 单层 CS 涂层、单层 CMC 涂层、PEM 涂层对 DPPH 自由基的清除作用，对照组表示没有添加任何物质的 DPPH，图中的误差线表示三个样品的均值标准方差

将 10 g NaCl、10 g 胰蛋白胨、5 g 酵母粉定容于 1 000 mL 容量瓶中，充分振荡摇匀，将培养液分为等量的两部分，分别装入锥形瓶中，其中一个培养液中加入 5 g 琼脂条以制备固体培养基，摇匀后，用牛皮纸将锥形瓶口密封待用。取适量的培养皿、100 μL 枪头、1 mL 枪头、5 mL 枪头、10 mL 离心管分别用牛皮纸包好，与培养液一同放入灭菌锅中，在 121 ℃下灭菌 20 min，待固体培养基冷却至 50 ℃时，取出并放置于灭菌的超净台中，鼓风紫外灭菌 20 min，将培养基倒入到培养皿中，自然冷却固化，待用。

将沙门杆菌（*Salmonella enterica* Serovar Typhimurium，ATCC-14028）、李斯特菌（*Listeria monocytogenes*，ATCC-19111）、金黄色葡萄球菌（*Staphylococcus aureus*，ATCC-14458）、大肠杆菌（*Escherichia coli* O157：H7，ATCC-11775）倒入液体培养基中，在 37 ℃摇床中培养 24 h 后，通过 10 倍稀释的方法计算培养液中的菌落数。选择一定稀释倍数的培养液，将 PEM 涂层放入培养液中，未放置涂层的培养液作为对照组，将培养液在 37 ℃下培养 24 h，将 2 μL 带有菌液的培养液滴加在固体培养基中间并借助玻璃涂布棒均匀涂布在培养基表面，在培养箱中培养 24 h，计算菌落数。对照组的菌落数作为原始菌落数，添加涂层后的菌落数与原始菌落数的比值即为涂层对该细菌的抑菌率。分析 PEM 涂层对不同细菌的抑菌率以探究涂层的抗菌效果以及对细菌的抑菌原理。

CS 中含有许多带正电的氨基，可以与细菌细胞壁上富含的负电荷分子相结合，造成细胞死亡，因此最外层是 CS 的 PEM 涂层具有很好的抗菌性[57]。从图 4-42 可以看出，PEM 涂层对沙门杆菌和大肠杆菌具有非常好的抑菌性，抑菌率分别能达到 100%和 95.48%，涂层对李斯特菌和金黄色葡萄球菌也有较好的抑菌作用，但抑菌率相对较低。沙门杆菌和大肠杆菌均属于革兰阴性菌，可以发现涂层对革兰阴性菌比对革兰阳性菌的抑菌效果更好，这可能与 CS 对革兰阳性菌和革兰阴性菌的抑菌原理和 CS 的分子量有关[58]。小分子 CS 能进入到革兰阴性菌内，吸附细胞内带负电荷的细胞质，并发生絮凝作用，从而扰乱细菌正常的生理活动达到灭菌效

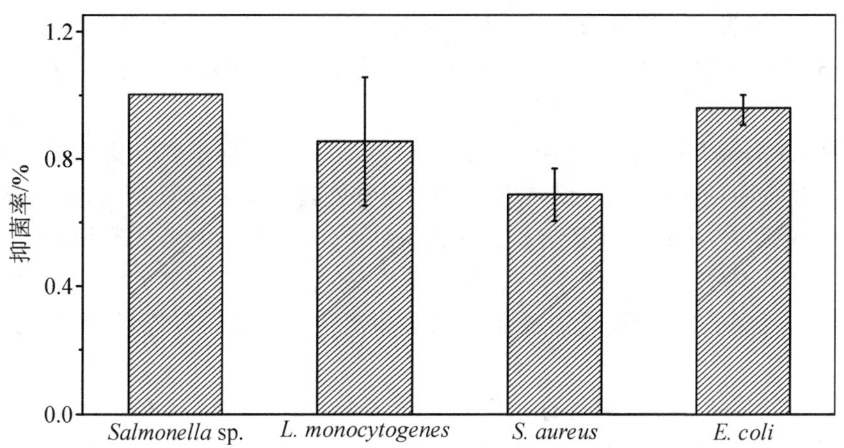

图 4-42　PEM 涂层对沙门杆菌、单增李斯特菌、金黄色葡萄球菌、大肠杆菌的抑菌率，图中的误差线表示三个样品的均值标准方差

果；而对于革兰阳性菌，CS的抑菌原理主要是附着在细菌表面，形成一层高分子膜以阻止营养物质向细胞内运输，致使细菌营养不足[59]。对于这两种抑菌原理，CS相对分子质量的差别对抑菌效果有明显影响。该实验用的CS分子量相对较低，容易进入革兰阴性菌内达到灭菌效果，而不容易附着在革兰阳性菌表面形成高分子膜，因此对格兰阴性菌的抑菌性更好。

5.2 席夫碱层层组装保鲜传感涂层

在现有的智能传感中，大部分通过使用刺激响应分子来制造刺激响应材料。这些刺激响应材料的基本功能包括材料属性的更改、尺寸的更改以及自组装或拆卸。许多类型的刺激响应材料会检测到刺激并产生材料特性的变化，如颜色、润湿性、磁性、刚度、电导率、溶解度变化等。应用于食物传感器中的刺激响应材料的特性变化通常比较直观，如产生荧光[60]、颜色发生变化[61-62]、电导率的浮动等电化学特性[63]易于检测或者可裸眼观察的特性。在水果保鲜应用方面，气体传感响应材料比较受欢迎，最常见的是将其应用于对乙烯、二氧化碳等气体的检测和响应。

乙烯是水果采后保存时一种具有代表性的气体，是最简单的烯烃，它的检测已用于评估水果的新鲜度并促进早采水果的成熟。而具高度选择性、灵敏且具有成本效益的乙烯检测在众多农业应用中具有巨大潜力，并且随着物联网和传感器网络的发展，其影响迅速增加。各种方法和仪器，包括气相色谱[64]、光致发光淬灭[65]、荧光探针[66]、光声光谱仪[67]已被用于检测乙烯。但是，这些检测所需的设备体积大、价格昂贵，并且在气体采集后还要预处理，比较耗时，这些因素导致这些方法无法达到即时、便携式和经济高效的气体监测要求。因此，金属氧化物气体传感器、碳纳米管(CNT)和石墨烯基材料相对更受欢迎，这是因为这些材料构建的传感系统具有高气体响应性、较快的响应速度、简单的传感器结构、便捷的小型化、良好的稳定性等特点。

铝(Al)箔通常在锂电池中作为正极材料，然而锂的低丰度以及锂矿开采和电池制造过程中对环境的重大影响使人们严重怀疑其在大规模可持续应用中的可行性。然而铝空气电池由于其众多实用优势而具有巨大潜力，其中纸质微流体铝空气电池不仅体积小巧、易于制造且具有成本效益，还具有很高的电化学性能[68]。我们由此受到启发，利用席夫碱保鲜涂层和铝箔制备了一种简易的便携式传感系统。

CD-Al 传感器在检测前的电阻通过 $I-V$ 曲线表示，如图 4－43(a)。其 CD-Al 传感器电阻值(R_0)是 1.8 Ω。CD-Al 传感器的电阻响应如图 4－43(b)所示。香蕉是一种呼吸跃变型水果，在成熟过程中表现出呼吸跃变的特性。在此期间，香蕉的生理生化活动呈现出明显增加的现象，伴随着呼吸速率和乙烯产量的第一个高峰以及第二个高峰。归一化电阻变化值在监测前两天急剧增加，第 3 d 达到第一个峰值，第 5 d 又达到另一个峰值。归一化电阻值变化趋势与呼吸速率和乙烯产量有关。值得注意的是，在第 7 d 出现了一个稍低的峰值，经分析这个峰的出现是由于香蕉产生挥发性芳香族化合物，如不饱和醛转化成酯[69]。水果的挥发性芳香族化合物的产生与乙烯密切相关。因此，第三个高峰峰值更低，甚至出现得更晚。

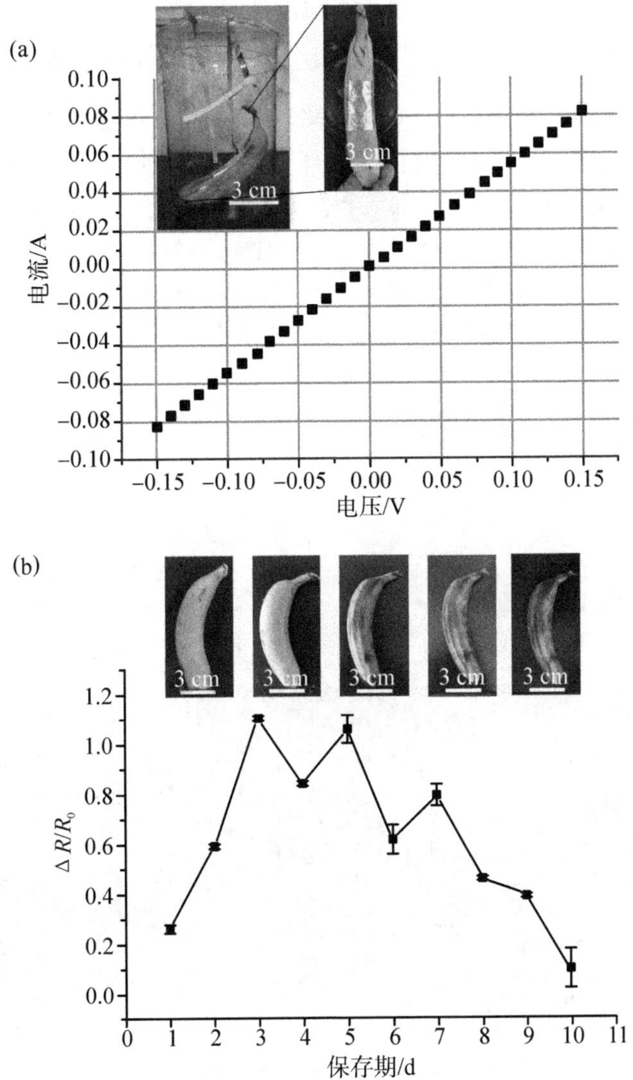

图 4-43 (a) CD-Al 传感器在检测前的 *I*-*V* 曲线，插图是自制的电阻传感器测试系统；(b) 香蕉存储 10 d 的归一化电阻变化值，插图为香蕉的实物照片

之后进一步检查了 CD-Al 传感器的表面，以验证归一化电阻值的变化是否与铝箔的腐蚀性有关。Al 的腐蚀过程由以下步骤组成：

$$CO_2 + —NH_2 + H_2O \rightleftharpoons HCO_3^- + —NH_3^+ \tag{4.3}$$

$$O_2 + 2H_2O + 4e^- \longrightarrow 4[OH]^- \tag{4.4}$$

$$Al - 3e^- \longrightarrow Al^{3+} \tag{4.5}$$

$$Al^{3+} + [OH]^- \text{或}[\text{芳香族化合物}] \longrightarrow Al(OH)_3 \text{ 或 } Al^- \text{复合物} \tag{4.6}$$

CD-Al 传感器装置内部在 10 d 存储期间的变化示意图如 4－44(a)所示。CD-0 膜中的氨基是转移 CO_2 气体的载体，如式 4.3 所示。随着果实成熟，装置内部的醛类气体减少，O_2、CO_2、乙烯和挥发性芳香化合物(酯类)增加。SEM 图像如图 4－44(b－g)所示。由图 4－44(e)与图 4－44(b)对比可知，第 10 d 铝箔表面被腐蚀。CD-0 薄膜表面沟壑出现是因为席夫碱保鲜涂层内结构的断裂和崩塌，截面图 4－44(d)和图 4－44(g)的对比图证实了这个结果。人们普遍认为铝箔的腐蚀对设备的性能是有害的，但基于这一特性开发了 CD-Al 传感器来监测果实成熟过程中的电阻性能。

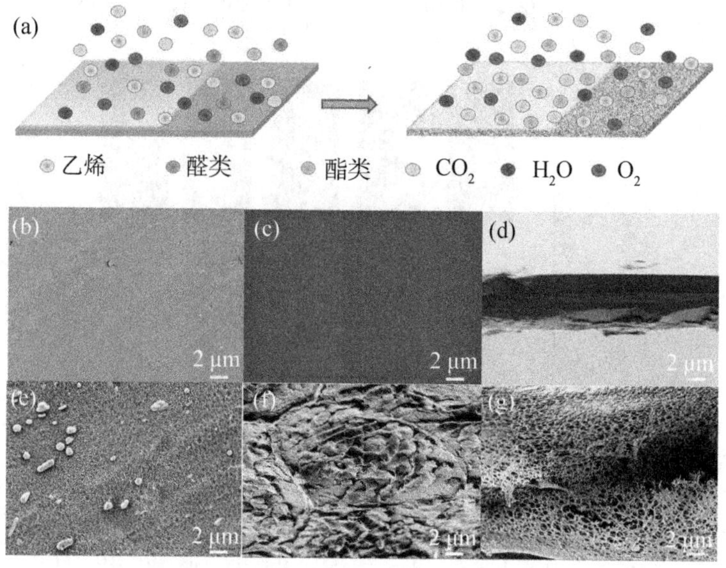

图 4－44 (a) CD-Al 传感系统在 10 d 储存期间的变化示意图。检测开始前：(b) Al 箔表面；(c) CD-0 膜表面；(d) CD-0 膜截面的扫描电镜图。检测 10 d 后：(e) Al 箔表面；(f) CD-0 膜表面；(g) CD-0 膜截面的扫描电镜图

6. 结论与展望

随着人们对高品质生活的追求，可食用保鲜涂层研究在应用研究领域进展飞快。虽然可食用涂层或薄膜不能完全替代传统的包装材料，但它们可以减少石油衍生聚合物的使用量[70]，并且除了具有可降解、可再生的优势外，同时还可以通过减少食品与周围环境之间的水分、脂质、挥发物和气体的交换来延长食物的货架期。可食用涂层和薄膜的阻隔要求取决于所保护的食品种类，蔬菜和新鲜水果的涂层或薄膜应具有较低的水蒸气透过率(WVP)以降低失重速率，而氧气透过率应足够低以减缓呼吸作用，但又不能太低，氧气透过率太低易滋生厌氧细菌，加速产生异味和酒精[71]。所以可食用涂层应该结合不同的食物特征，进行相应的改进，以满足保护食物的要求。

目前，对于可食用保鲜涂层的研究仅仅局限于涂层的保鲜效果上。实际上，水果在采摘以及储存过程中会受到外界环境的影响，例如：容易受细菌、霉菌(包括许多致病菌)的侵害，如果保鲜涂层没有抗菌效果，则被侵害的水果极有可能侵害人体健康；另外，在储运过程中，水果表面的涂层容易受外力的作用而破损，如果涂层缺乏修复损伤的能力，则保鲜涂层的保鲜效果就会受到抑制，甚至加速水果的腐坏。除探究涂层的可食用性、保鲜性外，保鲜涂层的抗氧化性、抗菌性、自修复性以及传感性能等能应用在现代农业中的潜在能力也正在被越来越多的研究者所重视。

参考文献

[1] 来有为，戴建军，田杰棠，等. 中国电子商务的发展趋势与政策创新[M]. 北京：中国发展出版社，2014.

[2] Gennadios A, Weller C L. Edible films and coatings from wheat and corn proteins[J]. Food Technol, 1991, 44: 63 - 68.

[3] Galus S, Kadzinska J. Food applications of emulsion-based edible films and coatings[J]. Trends in Food Science & Technology, 2015, 45(2): 273 - 283.

[4] Falguera V, Quintero J P, Jimenez A, et al. Edible films and coatings: Structures, active functions and trends in their use[J]. Trends in Food Science & Technology, 2011, 22(6): 292 - 303.

[5] Otoni C G, Avena-Bustillos R J, Azeredo H M C, et al. Recent advances on edible films based on fruits and vegetables—A Review[J]. Comprehensive Reviews in Food Science and Food Safety, 2017, 16(5): 1151 - 1169.

[6] Deng Z, Jung J, Simonsen J, et al. Cellulose nanomaterials emulsion coatings for controlling physiological activity, modifying surface morphology, and enhancing storability of postharvest bananas(*Musa acuminate*)[J]. Food Chemistry,2017,232:359 - 368.

[7] Zheng K, Li W, Fu B, et al. Physical, antibacterial and antioxidant properties of chitosan films containing hardleaf oatchestnut starch and Litsea cubeba oil[J]. International Journal of Biological Macromolecules,2018,118(A):707 - 715.

[8] Qian C, Zhang T, Gravesande J, et al. Injectable and self-healing polysaccharide-based hydrogel for pH-responsive drug release [J]. International Journal of Biological Macromolecules,2019,123:140 - 148.

[9] Pellá M C G, Silva O A, Pellá M G, et al. Effect of gelatin and casein additions on starch edible biodegradable films for fruit surface coating[J]. Food Chemistry,2020,309:125764.

[10] Ozvural E B, Huang Q. Quality differences of hamburger patties incorporated with encapsulated β carotene both as an additive and edible coating [J]. Journal of Food Processing and Preservation,2018,42(1):e13353.

[11] Bilbao-Sainz C, Chiou B S, Punotai K, et al. Layer-by-layer alginate and fungal chitosan based edible coatings applied to fruit bars[J]. Journal of Food Science,2018,83(7):1880 - 1887.

[12] Rodriguez G M, Sibaja J C, Espitia P J P, et al. Antioxidant active packaging based on papaya edible films incorporated with *Moringa oleifera* and ascorbic acid for food preservation[J]. Food Hydrocolloids,2020,103:105630.

[13] Dhanapal A,Sasikala P,Rajamani L,et al. Edible films from polysaccharides[J]. Food Sci Qual Manag,2012,3:9 - 18.

[14] Zeng M,Fang Z. Preparation of sub-micrometer porous membrane from chitosan/polyethylene glycol semi-IPN[J]. J Membr Sci,2004,245:95 - 102.

[15] 张锐.羧甲基纤维素—壳聚糖复合物的制备及对乳糖酶的固定化研究[D].哈尔滨:东北林业大学,2010.

[16] Abugoch L,Tapia C,Plasencia D,et al. Shelf-life of fresh blueberries coated with quinoa protein/Chitosan/sunflower oil edible film[J]. J Sci Food Agric,2016,96:619 - 626.

[17] Nuraje N, Asmatulu R, Cohen R E, et al. Durable antifog films from layer-by-layer molecularly blended hydrophilic polysaccharides[J]. Langmuir,2011,27:782 - 791.

[18] Arnon H,Zaitsev Y,Porat R,et al. Effects of carboxymethyl cellulose and chitosan bilayer edible coating on postharvest quality of citrus fruit[J]. Postharvest Biol Technol,2014,87:21 - 26.

[19] Poverenov E, Danino S, Horev B, et al. Layer-by-layer electrostatic deposition of edible coating on fresh cut melon model: anticipated and unexpected effects of alginate-chitosan combination[J]. Food Bioprocess Technol,2014,7:1424 - 1432.

[20] Aguayoa E,Requejo-Jackman C,Stanley R,et al. Effects of calcium ascorbate treatments and storage atmosphere on antioxidant activity and quality of fresh-cut apple slices [J]. Postharvest Biol Technol,2010,57:52 - 60.

[21] Souza M P, Vaz A F M, Silva H D, et al. Development and characterization of an active chitosan-based film containing quercetin [J]. Food Bioprocess Technol, 2015, 8: 2183 - 2191.

[22] Tortoe C, Orchard J, Beezer A. Prevention of enzymatic browning of apple cylinders using different solutions[J]. Int J Food Sci Technol, 2007, 42: 1475 - 1481.

[23] 杨巍，刘晶，吕春晶，等. 氯化钙和抗坏血酸处理对鲜切苹果品质和褐变的影响[J]. 中国农业科学，2010，43：3402 - 3410。

[24] Kamatou G P P, Vermaak I, Viljoen A M, et al. Menthol: a simple monoterpene with remarkable biological properties[J]. Phytochemistry, 2013, 96: 15 - 25.

[25] Tavassoli-Kafrani E, Shekarchizadeh H, Masoudpour-Behabadi M. Development of edible films and coatings from alginates and carrageenans [J]. Carbohyd Polym, 2016, 137: 360 - 374.

[26] Mellinas C, Valdés A, Ramos M, et al. Active edible films: Current state and future trends [J]. J Appl Polym Sci 2016, 42631: 1 - 15.

[27] Decher G. Fuzzy Nanoassemblies: toward layered polymeric multicomposites[J]. Science, 1997, 277: 1232 - 1237.

[28] Silva J M, Reis R L, Mano J F. Biomimetic extracellular environment based on natural origin polyelectrolyte multilayers[J]. Small, 2016, 12: 4308 - 4342.

[29] 朱彦熹. 层层组装自修复膜的制备及应用研究[D]. 南京：东南大学，2016.

[30] 陈小玲. 层层组装厚膜的设计与结构调控[D]. 吉林：吉林大学，2011.

[31] 史海滨. 静电层层自组装技术构建新型生物传感器的研究[D]. 天津：南开大学，2006.

[32] 韩秋燕. 溶胀引起的氢键层层自组装膜表面褶皱现象和自愈合现象的研究[D]. 天津：南开大学，2014.

[33] Lee D, Rubner M F, Cohen R E. Formation of nanoparticle-loaded microcapsules based on hydrogen-bonded multilayers[J]. Chem Mater, 2005, 17: 1099 - 1105.

[34] Ren J Y, Xuan H, Ge L. Double network self-healing chitosan/dialdehyde starch-polyvinyl alcohol film for gas separation[J]. Applied Surface Science, 2019, 469: 213 - 219.

[35] Gao X, Zhang J Y, Huang K, et al. ROMP for metal-organic frameworks: an efficient technique toward robust and high-separation performance membranes[J]. ACS Applied Materials & Interfaces, 2018, 10(40): 34640 - 34645.

[36] 鲜切苹果切苹果贮存保鲜方法的探讨[EB/OL]. 2020. 10. 7 https://wenku. baidu. comview3a1bf42da76e58fafbb00313. html.

[37] Lu S H, Luo Y, Turner E, et al. Efficacy of sodium chlorite as an inhibitor of enzymatic browning in apple slices[J]. Food Chem, 2007, 104: 824 - 829.

[38] 和岳，王明力，张洪，等. 壳聚糖复合涂层的制备及其对草莓的保鲜效果[J]. 贵州农业科学，2013，41：133 - 137.

[39] Salvia-Trujillo L, Rojas-Graü M A, Soliva-Fortuny R, et al. Use of 23 antimicrobial nanoemulsions as edible coatings: Impact on safety and quality attributes of fresh-cut Fuji

apples[J]. Postharvest Biol Technol,2015,105:8 - 16.

[40] 赵利娟. 蓝果忍冬(*Lonicera caerulea* L.)果实成熟软化机理研究[D]. 哈尔滨:东北林业大学,2016.

[41] Supapvanich S, Pimsaga J, Srisujan P. Physicochemical changes in fresh-cut wax apple (*Syzygium samarangenese* [Blume] Merrill & L. M. Perry) during storage[J]. Food Chem,2011,127:912 - 917.

[42] Bapat V A, Trivedi P K, Ghosh A, et al. Ripening of fleshy fruit: Molecular insight and the role of ethylene[J]. Biotechnol Advance,2010,28(1):94 - 107.

[43] Tanou G, Minas I S, Scossa F, et al. Exploring priming responses involved in peach fruit acclimation to cold stress[J]. Science Reporter,2017,7(1):11358.

[44] Napoleao T A, Soares G, Vital C E, et al. Methyl jasmonate and salicylic acid are able to modify cell wall but only salicylic acid alters biomass digestibility in the model grass Brachypodium distachyon[J]. Plant Science,2017,263:46 - 54.

[45] Blankenship S M, Ellsworth D D,Powell R L. A ripening index for banana fruit based on starch content[J]. HortTechnology,1993,3(3):338 - 339.

[46] Guan W,Fan X. Combination of sodium chlorite and calcium propionate reduces enzymatic browning and microbial population of fresh-cut "Granny Smith" apples[J]. J Food Sci, 2010,75:M72 - M77.

[47] Alvarez M V,Ponce A,Moreira M R. Antimicrobial efficiency of chitosan coating enriched with bioactive compounds to improve the safety of fresh cut broccoli[J]. LWT Food Sci Technol,2013,50:78 - 87.

[48] Romanazzi G, Feliziani E, Santini M, et al. Effectiveness of postharvest treatment with chitosan and other resistance inducers in the control of storage decay of strawberry[J]. Postharvest Biol Technol,2013,75:24 - 27.

[49] Ruiz-Navajas Y, Viuda-Martos M, Sendra E, et al. *In vitro* antibacterial and antioxidant properties of chitosan edible films incorporated with Thymus piperella or Thymus moroderi essential oils[J]. Food Control,2013,30:386 - 392.

[50] Guin A K,Nayak S,Bhadu M K,et al. Development and performance evaluation of corrosion resistance self-healing coating[J]. ISRN Corrosion,2014,2014:1 - 7.

[51] Zhu Y, Xuan H, Ren J, et al. Self-healing multilayer polyelectrolyte composite film with chitosan and poly(acrylic acid)[J]. Soft Matter,2015,11:8452 - 8459.

[52] Li H,Zhang Y. Determination of antioxidant activity of extracts from apple skins by DPPH method[J]. J Shandong Agricultural University(Natural Science),2015,36:35 - 38.

[53] Wang Y, Xie J, Li L, et al. Effect of chitosan oligosaccharide on properties of chitosan-gelatin-chitosan oligosaccharide ternary composite films[J]. Sci Technol Food Industry, 2015,8:134 - 137.

[54] Sun S, Zhang G, Ma C. Preparation, physicochemical characterization and application of acetylated lotus rhizome starches[J]. Carbohyd Polym,2016,135:10 - 17.

[55] Prior R L, Wu X, Schaich K. Standardized methods for the determination of antioxidant capacity in phenolics in foods and dietary supplements[J]. Journal of Agricultural and Food Chem, 2005, 53: 4290 - 4302.

[56] Blois M S. Antioxidant determinations by the use of stable free radical[J]. Nature, 1958, 181 (4617): 1199 - 1200.

[57] Séon L, Lavalle P, Schaaf P, et al. Polyelectrolyte multilayers: a versatile tool for preparing antimi-crobial coatings[J]. Langmuir 2015, 31(47): 12856 - 12872.

[58] Zheng L, Zhu J. Study of antimicrobial activity of chitosan with different molecular weight [J]. Carbohyd Polym, 2003, 54(4): 527 - 530.

[59] 刘航海，邓钢桥．壳聚糖在水果保鲜中的应用[J]．湖南农业科学，2009，4：97 - 99.

[60] Jiang Q, Wang Z, Li M, et al. A novel nopinone-based colorimetric and ratiometric fluorescent probe for detection of bisulfite and its application in food and living cells [J]. Dyes and Pigments, 2019, 171: 107702.

[61] Zhai X, Zou X, Shi J, et al. Amine-responsive bilayer films with improved illumination stability and electrochemical writing property for visual monitoring of meat spoilage[J]. Sensors and Actuators B: Chemical, 2020, 302: 127130.

[62] Huang J, Sun J, Warden A R, et al. Colorimetric and photographic detection of bacteria in drinking water by using 4-mercaptophenylboronic acid functionalized AuNPs [J]. Food Control, 2020, 108: 106885.

[63] Chen Q, Liu D, Lin L, et al. Bridging interdigitated electrodes by electrochemical-assisted deposition of graphene oxide for constructing flexible gas sensor[J]. Sensors and Actuators B: Chemical, 2019, 286: 591 - 599.

[64] Biale J B, Young R E, Olmstead A J. Fruit resoiration and ethylene production[J]. Plant Physiology, 1954, 29(2): 168 - 174.

[65] Green O, Smith N A, Ellis A B, et al. $AgBF_4$-Impregnated poly(vinyl phenyl ketone): An ethylene sensing film[J]. Journal of the American Chemical Society, 2004, 126(19): 5952 - 5953.

[66] Toussaint S N W, Calkins R T, Lee S, et al. Olefin metathesis-based fluorescent probes for the selective detection of ethylene in live cells [J]. Journal of the American Chemical Society, 2018, 140(41): 13151 - 13155.

[67] Woltering E J, Harren F, Boerrigter H A. Use of a laser-driven photoacoustic detection system for measurement of ethylene production in cymbidium flowers [J]. Plant Physiology, 1988, 88(2): 506 - 510.

[68] Shen L L, Zhang G R, Biesalski M, et al. Paper-based microfluidic aluminum-air batteries: toward next-generation miniaturized power supply[J]. Lab on A Chip, 2019, 19(20): 3438 - 3447.

[69] Zhu X Y, Li Q M, Li J, et al. Comparative study of volatile compounds in the fruit of two banana cultivars at different ripening stages[J]. Molecules, 2018, 23(10): E2456.

[70] Tian K M, Bilal M. Chapter 15-Research progress of biodegradable materials in reducing environmental pollution [M]//Singh P, Kumar A, Borthakur A. Abatement of environmental pollutants. Amsterdam: Elsevier, 2020:313 - 330.

[71] Lin D, Zhao Y Y. Innovations in the development and application of edible coatings for fresh and minimally processed fruits and vegetables[J]. Comprehensive Reviews in Food Science and Food Safety,2007,6(3):60 - 75.

第五章　彩色多层膜材料

杨　宁　姚　翀　葛丽芹　东南大学

1. 光子晶体

1.1　光子晶体

光子晶体是由具有不同折射率的介质材料周期性排列而成的晶体材料，因其特殊的周期结构从而可以对特定频率的光进行调控，其应用领域涵盖了光学器件、电子器件、催化、传感、显示、检测等众多领域[1-2]。作为结构最为简单的光子晶体材料，一维光子晶体由于其制备方法简便，光子禁带调制简易，近些年来受到了人们的广泛关注。多功能响应性的一维光子晶体在各种物理、化学及生物传感器方面展现了广阔的应用前景。

1.1.1　光子晶体简介

1987 年，美国贝尔通信研究中心的 E. Yablonovitch 和普林斯顿大学的 S. John 分别独立提出了光子晶体的概念，它是同传统的晶体概念类比而得出来的。光子晶体(photonic crystals)是一类介电常数在空间上呈周期性分布的具有光子禁带的晶体材料[3-5]。当介电常数(或折射率)不同的材料在空间中周期性排列，在其中传播的光波的色散曲线将成带状分布，当排列的周期与光波长处于同一量级且折射率比较大时，带与带之间有可能会出现类似于半导体禁带的“光子禁带”(photonic band gap，PBG)，能量落在“光子禁带”中的电磁波被禁止传播，这一类材料就被称为光子禁带材料，或光子晶体。自然界中就存在这种材料，如盛产于澳洲的蛋白石(opal)、蝴蝶的翅膀、孔雀羽毛、海老鼠的毛发等，具体结构如图 5 - 1 所示[6]。近些年来也引起了科研工作者的广泛兴趣。随着科学家对于这些永不褪色的结构色的光学性能的进一步研究，这些结构色已经能够被人工合成。并且它们的光学特性也得到了深入的研究[7]。

图 5-1 自然界中光子晶体材料范例

光子晶体最基本的性质就是光子禁带。在半导体材料中,其中运动的电子的性质受到原子排布的晶格结构产生的周期性电势场影响,从而形成能带结构。周期性电势场的强弱能够直接影响电子的运动。而对光子晶体来说,介电常数不同的材料在空间中周期性排列,它对光的折射同样呈现周期性的分布,光的色散曲线也呈现周期性,这就形成了类似于半导体能带结构的光子禁带,光子在其中的运动也类似于周期性电势场中电子的运动。由于不同介质界面对在其中传播的光的布拉格散射,能带结构形成并导致在能带与能带之间出现光子带隙。光子带隙可分为两种,一种是完全光子带隙,指在一定频率范围内,任何偏振与传播方向的光都被禁止传播;一种是不完全光子带隙,只出现在某些特定的方向上的传播光被禁止(图 5-2)。

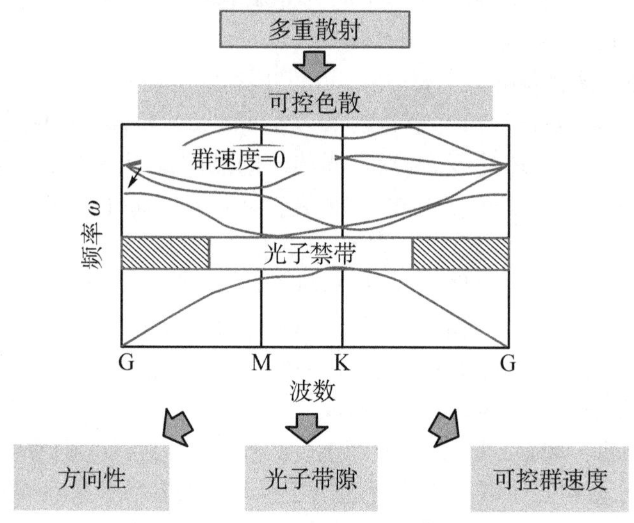

图 5-2 光子带隙理论示例图

按照光子晶体的光子禁带在空间存在的维数，可以将其分为一维光子晶体、二维光子晶体和三维光子晶体，如图 5-3 所示。

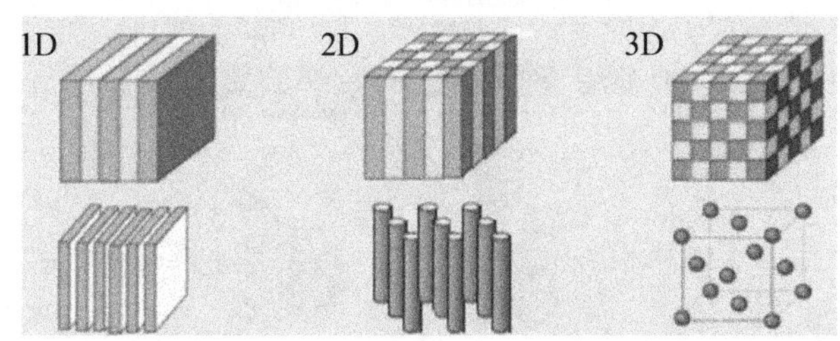

图 5-3 一维光子晶体、二维光子晶体和三维光子晶体结构示意图

一维光子晶体是指在一个方向上具有光子禁带的材料，它由两种介质交替堆叠而成。这种结构在垂直于基底的方向上，介电常数是空间位置的周期性函数。而在平行于基底平面的方向上，介电常数不随空间位置而变化，产生的光子带隙出现在一维方向。

二维光子晶体是指在二维空间各方向上具有光子频率禁带特性的材料，它是由许多介质杆平行而均匀地排列而成的。这种结构在垂直于介质杆的方向上（两个方向）介电常数是空间位置的周期性函数，而在平行于介质杆的方向上介电常数不随空间位置而变化。三维光子晶体是指在三维空间各方向上均具有光子频率禁带特性的材料，它是由许多介质六方堆积排列而成的。这种结构在各个方向上都具有高度对称性，光子晶体周期厚度与光波长具有相同量级，具有完全的光子带隙，频率处在光子带隙中的光波在晶体的任何方向都被禁止传播。

1.1.2 光子晶体的制备

自然界中本身存在着光子晶体结构，比如蝴蝶的翅膀和海老鼠的毛发，但实验室和实际应用的光子晶体都为人造结构，即不同折射率（或介电常数）周期性排列的电介质。理论研究表明光子禁带的形成与两种材料的折射率比、填充比，以及晶格结构有着密切的关系。光子晶体是在一维、二维或三维结构上高度有序排列的材料。目前，光子晶体的加工手段主要分为物理方法和化学方法，包含机械钻孔技术、激光辅助刻蚀技术、半导体制备技术、气相沉积技术和粒子自组装技术等。利用这些方法，人工控制介电材料之间的介电常数比例和光子晶体的周期性结构，可以制备出光子禁带位置人为可控的光子晶体[8-12]。

相比较而言，物理方法所制备的光子晶体质量和有序度更高，可以精确控制光子晶体的形貌以及缺陷态。但是，物理方法普遍造价昂贵，不利于大面积制备，更适于做理论研究；化学方法一般制备过程都简单方便，造价低廉，比较有利于大面积制备，但缺点是不可控因素较多，无法精确控制光子晶体的形貌、缺陷态，这也在一定程度上限制了化学方法所制备的光子晶体的应用（图 5-4）。

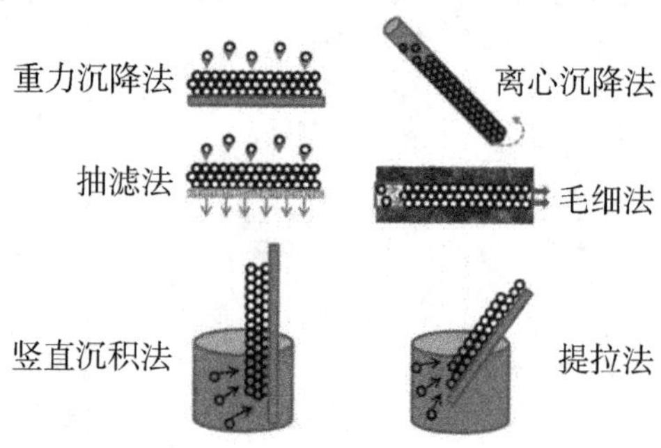

图 5-4　光子晶体几种主要制备方法示意图

1.1.3　光子晶体的应用

光子晶体有着广阔的应用前景。其原理主要是基于光子晶体本身的光子禁带和光子局域的重要特性。光子禁带可以控制在其中的光的传播，而且缺陷态的引入可以影响光子禁带的性质，因而光子晶体是光电集成、光通信等领域重要光学器件的关键性材料。光子晶体的另一个重要应用是通过对外界刺激做出响应调控其光子禁带，改变其光学性质，使得其在化学生物传感、新型彩色打印技术以及新型显示技术领域具有广阔的应用前景[13]。

光子晶体在传感方面应用的基本原理是利用光子晶体的光子禁带随温度、湿度、pH、应力等外界环境刺激因素变化而发生变化的特性，建立起光子禁带变化与外部环境刺激变量之间的关系，通过检测光子晶体禁带位置的变化来监测环境变量的变化[14-16]。近年来，化学及生物传感器技术发展的一个重要方向是更为快速、便捷地进行裸眼检测，而光子晶体由于其独特的结构色性能，为化学和生物传感器快速检测提供了新的可能。含有磁性纳米粒子的三维光子晶体在磁性调控方面获得了长足的进步和发展(图 5-5)，结合这些有用的特性，这些 Fe_3O_4 磁性纳米粒子及其衍生物几乎可以在任何溶剂中组装成光子晶体结构，随着应用磁场的强度显示灿烂的从红色到蓝色的结构色[16-19]。

光子晶体的出现为增强荧光发光提供了新的思路。由于光子晶体只对频率在光子禁带范围内的光具有反射作用，因而具有高度选择性，这为发展新型高效光电器件提供了新的思路。如果在光子晶体孔隙中填充功能染料分子，通过外界条件刺激可以实现光子禁带的调控以及荧光开关。这在新型信息存储材料和器件、化学传感器的设计、制备等方面都有着潜在的应用价值[20-22]。

随着不可再生能源的日益减少以及燃烧化石燃料对环境的污染和破坏，新型能源得到了社会各界的广泛关注。在多种新型能源中，太阳能最具有发展潜力。在对于太阳能进行利用的各种器件中，染料敏化太阳能电池由于其制备工艺简单、成本低廉以及具有较高的理论转化效率吸引了越来越多研究人员的兴趣。科学家也将光子晶体结构引入染料敏化太阳能电池中并进行相关研究，制备了反蛋白石结构光子晶体结构，利用光子晶体的光局域效应显著提高电极的光捕获效率。相关研究人员进行了一系列理论和实验研究证实光子晶体可以增强染料敏化太阳能电池对于光的捕获效率[23-28]。

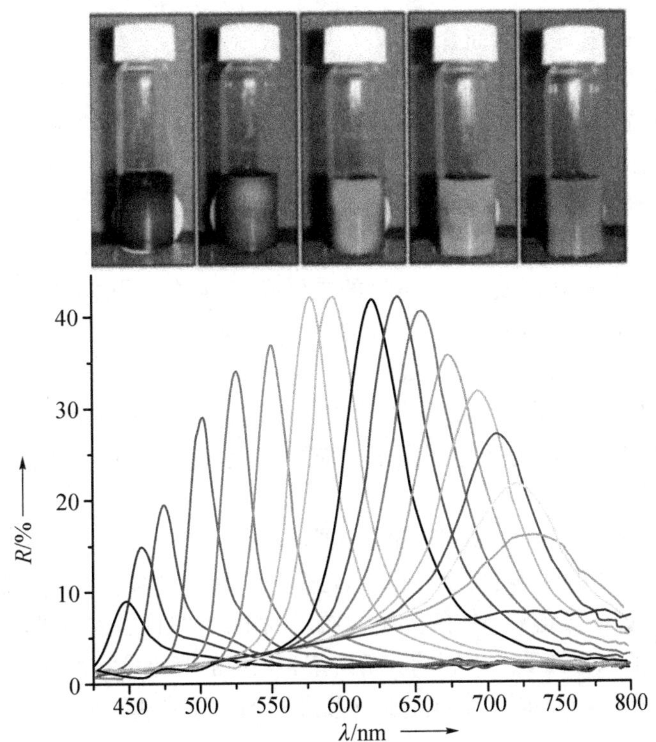

图 5-5 磁性胶体晶体的结构色和反射光谱随着外部磁场强度变化示意图

光子晶体同样为打印技术提供了新的施展空间。喷墨打印技术应用于制备胶体光子晶体图案化的工作中，可以精确、方便、快速地制备高分辨率的胶体光子晶体图案以及点阵、线条等，并用于显示、传感分析等领域。通过对打印基底性能进行设计，研究人员们还制备了观察角度/气体敏感性的介孔胶体光子晶体多重防伪图案以及柔性防伪图案。这种基于介孔胶体光子晶体的光学可变防伪图案，检测手段方便，颜色变化迅速、可逆，因此具有很好的防伪效果，为提高防伪标记的安全性能、构建新型防伪等提供了新的材料和方向[29-32]。

近年来，胶体光子晶体微球及以其为模板制备的反蛋白石微球由于其独特的结构和光学性质，在色谱、催化剂载体、吸附介质等方面具有潜在的应用价值，相关研究屡见报道。在生物分析应用中，胶体晶体微球具有比表面积大，自身带有编码等优点，因此非常符合液相芯片技术中生物分子编码载体的要求，已有研究工作将胶体晶体微球用于非标记生物分析[33-34]。

除此之外，光子晶体还具有高能反射器、激光器、偏振器和高效发光二极管等方面的应用。

1.2 一维光子晶体

1.2.1 一维光子晶体简介

一维光子晶体是指介电常数在空间一个方向上呈周期性分布，即由不同介质交替叠层而成的在其分布变化方向上具有光子禁带的光子晶体材料[35]。最基本的一维光子晶体通常是由两种介电常数相差较大的介质多层周期分布构成，在其分布方向上介电常数是与空间位置相关的周期性函数，而垂直于分布方向的介电函数则不是周期性函数。一维光子晶体从结构上来说是最为简单的一种光子晶体，其相较于制备复杂繁琐、成本高昂的二维和三维光子晶体，既具有光子晶体的各种性质，又具有设计简单、易于制备、成本较低等优点。

自然界中就存在着这样的一维光子结构。一些动物的表皮和外观羽毛中存在着一维光子晶体结构，通过和自然光的相互作用，可以呈现出鲜亮的颜色，有些颜色还可以随着外界刺激的变化而做出相应的改变，起到传输信号或者保护动物本体的作用。

1.2.2 一维光子晶体基本理论及光学特性

一维光子晶体的光学性质可由下面几个公式计算，周期的变化、折射率的变化和入射角的改变对于光子晶体的光学性质影响很大，并且层数和缺陷的存在也会对一维光子晶体的光学性质产生影响。折射率和周期的变化是大多数一维光子晶体能够产生响应性行为的根本原因，描述这一变化行为的经典理论是 Bragg - Snell 公式，其具体方程式如下：

$$m\lambda = 2D({n_{eff}}^2 - \sin^2\theta)^{1/2} \tag{5.1}$$

$${n_{eff}}^2 = n_1^2 f_1 + n_2^2 f_2 \tag{5.2}$$

其中，m 是衍射级数，λ 是反射光的波长，即光子禁带的位置，D 是周期，n_{eff} 是一维光子晶体的有效折射率，θ 是入射角，n_1 和 n_2 分别是两种介质的折射率，f_1 和 f_2 分别是两种介质在一个周期中所占的体积比。入射角指的是入射光线和法线之间的夹角，如图 5 - 6 所示。

改变介质的折射率可以有效调控一维光子晶体的禁带位置，两种介质的折射率差增大，光子禁带红移。介质的折射率可以通过改变介质的构成成分或者其物理和化学结构来调控。调节一维光子晶体的周期也是调控禁带位置的一个重要手段。周期增大，光子禁带位置红移。周期的调节可以通过控制制备的条件，例如，

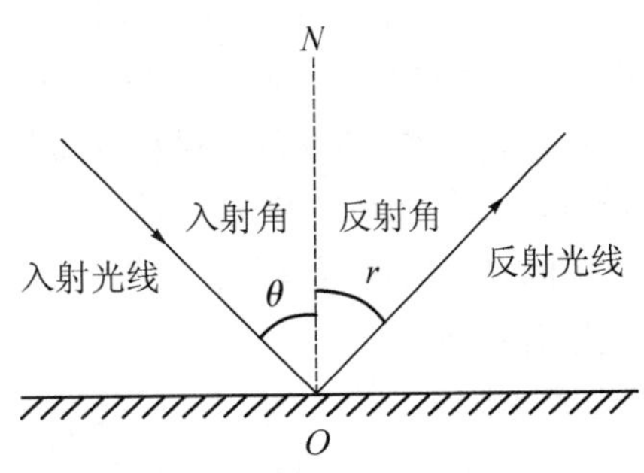

图 5－6　光子晶体理论中入射角示意图

旋涂法中通过控制旋涂的转速、时间和浓度等变量得到人工可控的周期厚度。此外，可以在制备材料中引入响应性材料，通过外界环境的刺激使材料发生膨胀或者收缩的形变，达到调节周期厚度的目的。此外，入射角也是影响一维光子晶体光学性质的一个重要因素。从公式可知：当入射角增大时，光子禁带蓝移。这就意味着当我们以不同的视角观察一维光子晶体时会看到不同的颜色，这样的性质就是光子晶体普遍拥有的角度依赖性质。

1.2.3　一维光子晶体的制备

一维光子晶体的制备手段区别于二维和三维的光子晶体，大多数采用传统的自上而下的(top-down)方法和自下而上的(bottom-up)方法。实际制备工艺有溅射、化学气相沉积、蒸镀、全息聚合和溶胶凝胶等，这些方法普遍显得成本高昂，制备工艺繁琐。

近些年来，随着制备技术的发展，更多简便易行的方法如浸涂、喷涂和旋涂等被应用于一维光子晶体的制备中，并且能制备出具有高检测灵敏度、可调控的光学性能的一维光子晶体。美国麻省理工学院的 Love 等人利用浸涂法层层自组装带正电的聚苯胺(PANI)和带负电的磺化聚苯乙烯(SPS)，成功制备了 PANI/SPS 一维光子晶体。该一维光子晶体对 pH 和电场都有着良好的响应能力[35]。Rubner 和 Shaaf 等人通过喷涂法利用高折射率的 TiO_2 和低折射率的 SiO_2 纳米颗粒层层组装出了 TiO_2/SiO_2 一维光子晶体。该组制备的 TiO_2/SiO_2 一维光子晶体在不同角度拍摄时均具有较大面积的均一鲜亮颜色；此外，该一维光子晶体反射光谱显示其具有很高的反射率，说明该一维光子晶体结构很好[36-37]。

虽然浸涂法和喷涂法可以制备一维光子晶体，但由于这两种方法完全依赖层与层之间的静电作用进行组装，其每层的厚度无法被精确控制和调节，导致其光学性质的可调节性较差。旋涂法则可以很好地解决这个问题，通过控制溶液的浓度、旋涂的转速和时间可以很好地控制所制得的一维光子晶体每层的厚度，从而得到光子禁带位置和结构色颜色各不相同的一维光子晶体。此外，在每一层制备过后采用固化措施可以抑制其与相邻层之间的相互渗透作用。通过旋涂法制备的一维光子晶体通常具有有序的内部结构和平整的表面，这十分有利于制备出具有鲜亮结构色的一维光子晶体。并且，旋涂法的制备原材料分布范围十分广泛，从无机材料到有机材料都可以用来制备一维光子晶体，极大地扩展了制备材料的范围，降低了技术门槛。旋涂法所使用的材料大体可以分为三类：无机材料体系[38-40]、有机无机杂化体系[40-42]以及有机聚合物体系。

1.2.4 图案化一维光子晶体

微纳尺度上的图案化已逐渐成为当代科技的研究热点，许多现代技术的发展都来源于新型微观结构的成功构造和集成。目前，表面图案化技术不仅应用在微电子和光电子行业中，而且也在化学以及生物物质微分析、生物芯片、微反应器件和微流控系统等领域中迅速地拓展。随着各种基于物理、化学和生物技术的发展，新表面图案化技术不断涌现，人们已经可以在微纳尺度上实现对表面的结构和物理、化学及生物方面的性质的控制。在自上而下的微加工策略中，光刻技术是目前为止最成功、最可靠和最基本的表面图案化技术。光刻技术的主要工作原理多是基于某些有特殊光敏性质的材料在电磁辐射下发生的物理或化学的变化。这些技术的加工精度不受光学技术的限制，而主要取决于材料本身的性质以及范德瓦耳斯相互作用、浸润性性质、模具表面粗糙度等动力学因素。一维光子晶体的图案化主要也是采用外场光源辅助刻蚀技术实现。

1.3 一维光子晶体的应用

一维光子晶体有着广阔的应用前景。其原理是基于一维光子晶体本身的重要特性及光子禁带和光子局域。光子禁带可以控制在其中的光的传播，而且缺陷态的引入可以影响光子禁带的性质，是光电集成、光子集成、光通信的一种关键性基础材料[43-44]。人工调节光子禁带是一维光子晶体应用研究领域的重要方向，下面简单介绍一些基于一维光子晶体的应用。

1.3.1 一维光子晶体在传感领域的应用

光子晶体的空间周期结构和电介质折射率的变化都会改变光子晶体的光子禁带。因此，光子晶体的响应性可以以光子带隙的位移来表征，如果响应性光子晶体的带隙在可见光范围内，材料在宏观上可表现出颜色的变化，这是一种最为直观的表征方式。因此这种光子禁带对外界环境变化具有响应性的光子晶体也称为响应性光子晶体，可以作为对外界环境变化的传感器件。其应用涉及根据环境湿度、酸碱度，向一维光子晶体中引入具有环境响应能力的材料制备出光学性质随着外界环境变化而变化的刺激响应性一维光子晶体，这一类一维光子晶体在传感领域有着很广泛的应用。自 20 世纪末期科学家们报道了新型的光子晶体化学智能传感材料以来，响应不同外界环境刺激的光子晶体材料得到了广泛的研究，实现了对光、电、磁、热、溶剂及气体、pH、金属离子、石油、机械强度以及生物分子如葡萄糖、蛋白酶、DNA 等的检测。一维光子晶体也可以实现这些响应性检测。

1.3.2 一维光子晶体在光学器件领域的应用

一维光子晶体被设计并制备出来的初衷就是将其应用在光学器件领域。由于频率位于光子带隙内的光子不能在光子晶体中自由传输，因此由吸收系数很小的全介质材料制作的光子晶体的反射率可以接近 100%。早期的一维光子晶体就已经应用了光子晶体的这一特性。如果一维光子晶体具有完全光子带隙，还可以设计出全反射器，其用途非常广泛，如：制作微波天线反射面，可以大大提高天线的发射效率；将其用作发光二极管的反射面，可以提高二极管的外量子效率。这里简要介绍两种作为滤波器的一维光子晶体应用。

德国 MaxPlank 研究所的 P. Lugli 研究员利用一个红外辐射检测原理整合了有机和无机发光二极管，将基于热可调谐的一维光子晶体作为光学过滤器。由于一维光子晶体透射谱滤光器具有温度可调性，光通过过滤器的强度由温度调制。由于一维光子晶体的禁带位置在可见区域，因此可以直接由可见光光电探测器探测到[45]。西班牙的研究人员 H. Miguez 等人基于 ZrO_2/SiO_2 一维光子晶体结构制备了紫外光选择反射镜。这个多孔结构的一维光子晶体薄膜能够充当滤光片，有效地阻止 UVA、UVB 和 UVC 波段的电磁波。这个滤波的原理来自一维光子晶体的光干涉现象，与一维光子晶体的堆叠层数和折射率密切相关[46]。

此外，加拿大多伦多大学的 G. Ozin 教授团队利用一维光子晶体结构制备了有机发光二极管等光电子器件，他们构建一维光子晶体采用的是 Sb 和 SiO_2 的堆叠结构[47]。由于 Sb 和 SiO_2 纳米粒子之间折射率差异很大，只要 5 个双层就可以制备出有明显光子禁带的一维光子晶体薄膜，因而适于制备大面积 OLED。这样的一维光子晶体器件可以直接提供传统的 ITO 阳极的两个功能，作为光学微腔的反射镜面以及充当二极管的阳极。

1.3.3 一维光子晶体在光子鼻领域的应用

20 世纪下半叶，科学家们提出了人工鼻的概念，即模仿人类的嗅觉感知原理，选择一定数量不同的气体传感器，组合在一起构成气体传感器阵列。由于传感阵列中各个气敏单元对各种气体的响应互不相同，人们利用模式识别技术对传感阵列得出的大量数据进行模式识别分析，并得到该类气体的特征响应谱，也就是“指纹数据”，就可以根据它辨别区分不同的气体。近年来，基于光学性质变化原理的气体传感技术由于具有多元化的数据采集方法以及和其他检测技术的兼容性，因而具有适用性广、方便、灵敏以及低检测成本等优势，从而受到人们的广泛关注[48-50]。

一维光子晶体作为一种有周期性介电常数的材料，具有光子带隙，频率在带隙范围内的光波在其中禁止传播。由于一维光子晶体的本质是一种周期性的结构，它不涉及具体的组成材料，所以制备光子晶体的材料选择面比较广泛，许多物质都可以用来制备出光子晶体，这就为敏感材料的多样化提供了极其广阔的空间。2000年前后，美国伊利诺伊大学Suslick研究组创造性地提出了以基于金属卟啉的比色阵列人工鼻系统。通过测量各个气敏单元与待检测气体反应前后的颜色变化，结合计算机模式识别技术，可以实现对多种气体的高精度分析检测。2011年，多伦多大学的G. Ozin教授提出了基于介孔SiO_2/TiO_2的一维光子晶体比色阵列光子鼻系统。利用介孔SiO_2/TiO_2纳米粒子交替旋涂构建介孔一维光子晶体，并用不同硅烷偶联剂对其进行修饰，Bonifacio等得到了一系列具有不同表面基团的介孔一维光子晶体。由于这些介孔一维光子晶体具有不同的表面能，对于不同的气体的吸附性能也各不相同，并且表现为光谱以及颜色上的变化。基于这种对不同气体具有各异光学响应的介孔一维光子晶体，Bonifacio等构建了光子鼻传感阵列，并成功地根据该阵列的整体颜色变化对不同的气体进行区分，对食物、水质量进行监控[51]。

2. 一维光子晶体的光学性质调控及在传感检测上的应用

2.1 TiO_2/GO一维光子晶体

旋涂法是一种简便、成本低廉的制备一维光子晶体的方法，其旋涂所用材料的折射率差越大，制得的一维光子晶体的颜色就越鲜亮。氧化石墨烯(GO)和TiO_2纳米颗粒之间的折射率差很大，氧化石墨烯的折射率约为2.0，TiO_2纳米颗粒的折射率约为3.0[52]，因此，只需数层布拉格堆积结构就可以得到光学质量很高的一维光子晶体多层薄膜(图5-7)。此外，氧化石墨烯具有诸多优异的性能，被广泛应用于锂离子电池、微生物燃料电池、超级电容器、催化剂、传感器识别元件载体及电化

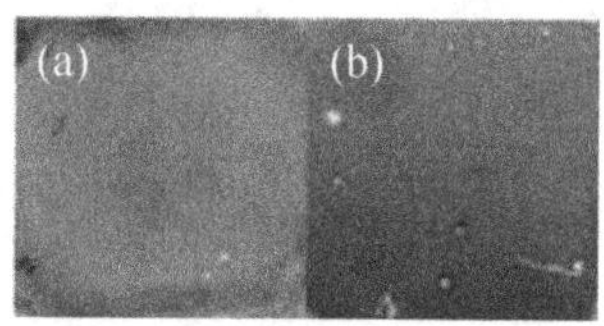

图5-7 在不同湿度条件下旋涂制得的TiO_2/GO一维光子晶体的光学照片：(a) 湿度大于70%；(b) 湿度小于50%

学等诸多领域[53-55]。引入氧化石墨烯可以为将来进行多信号检测提供可能性。受前人工作的启示，笔者采用旋涂 TiO_2 溶胶和 GO 溶液的方法制备 TiO_2/GO 一维光子晶体，并对其制备条件、光学性质的调控和在传感检测上的应用进行了研究。

2.1.1 有机溶剂检测

为测试制得的 TiO_2/GO 一维光子晶体的响应能力，将光子晶体浸没在不同的有机溶剂中(选用了乙醇、丙酮、DMF、三氯甲烷、四氢呋喃、1,4－二氧六环、乙酸乙酯、甲苯和二甲亚砜等九种实验室中常用的有机溶剂)。如图 5－8(a)和图 5－8(b)所示，发现将禁带在 535 nm、颜色为绿色的 TiO_2/GO 一维光子晶体浸没在乙醇、丙酮、DMF、三氯甲烷、四氢呋喃、1,4－二氧六环、乙酸乙酯和甲苯中时，光子晶体的颜色没有任何明显变化。为进一步确定其响应情况，将光子晶体在上述八种有机溶剂中浸没 24 h，并对其反射光谱进行监测。图 5－8(c)显示了 TiO_2/GO 一维光子晶体浸没在乙醇中 24 h 的反射光谱，发现即使浸泡在乙醇中长达 24 h，光子晶体的光子禁带相较于初始状态几乎没有任何移动。图 5－8(d)显示了 TiO_2/GO 一维光子晶体在上述八种有机溶剂中浸泡 24 h 后的光子禁带变化情况，从图中可

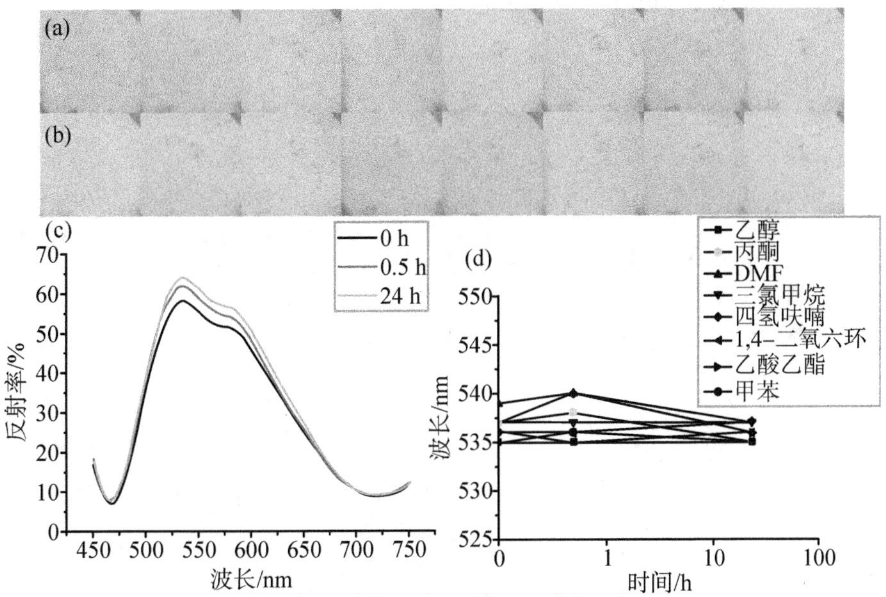

图 5－8 TiO_2/GO 一维光子晶体在浸没在不同有机溶剂中：(a) 浸没之前的光学照片和(b) 浸没之后的光学照片；从左到右溶剂依次为乙醇、丙酮、DMF、三氯甲烷、四氢呋喃、1,4－二氧六环、乙酸乙酯和甲苯；(c) TiO_2/GO 一维光子晶体在乙醇中浸没 24 h 的反射光谱；(d) TiO_2/GO 一维光子晶体在不同有机溶剂中浸没 24 h 的光子禁带变化情况

以明显看出，浸泡在上述八种有机溶剂中的光子晶体的光子禁带基本没有明显变化，最大位移只有 5 nm，如此小的位移很难证明出现位移是由于有机溶剂的作用，而不是由于测量误差。

然而，当 TiO_2/GO 一维光子晶体浸没在二甲亚砜中时，光子晶体的颜色在短短几分钟内便发生了明显变化。图 5 - 9(a)显示了光子禁带在 534 nm 的 TiO_2/GO 一维光子晶体浸没在二甲亚砜中前后的光学照片，从图中可以明显地看出，光子晶体浸没在二甲亚砜中后，其颜色发生红移，从最初的绿色逐渐变成了粉色。图 5 - 9(b)显示了 TiO_2/GO 一维光子晶体浸没在二甲亚砜中不同时间的反射光谱，浸没时间为 2 min、4 min 和 6 min 时，其光子禁带分别为 551 nm、581 nm 和 612 nm，光子禁带发生了明显的红移。结合之前的研究，这一实验结果说明制备的 TiO_2/GO 一维光子晶体对实验室中常用的大多数有机溶剂不敏感，但对二甲亚砜具有特异性响应。

但是，如果继续将 TiO_2/GO 一维光子晶体浸没在二甲亚砜中，一段时间后，光子晶体表面会出现一层白膜，光子禁带亦会消失，这一现象说明一维光子晶体的结构被破坏，导致其相应的光学特性消失。

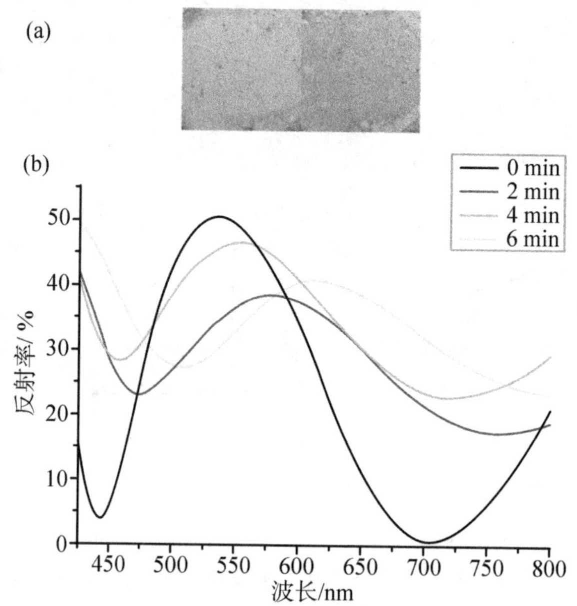

图 5 - 9 (a) 从左至右依次为 TiO_2/GO 一维光子晶体在空气中和浸没在二甲亚砜中 6 min 后的光学照片；(b) TiO_2/GO 一维光子晶体浸没在二甲亚砜中不同时间的反射光谱

为明确造成以上现象的原因，将单层二氧化钛薄膜浸泡在二甲亚砜中，观测其形貌的变化。图 5 - 10(a)和图 5 - 10(b)显示了单层二氧化钛薄膜在空气和二甲亚砜中的光学照片，从图中可以看出两者没有明显的差别，这说明二甲亚砜不会导致 TiO_2 的性质发生变化。因此，可以推测 TiO_2/GO 一维光子晶体对二甲亚砜的特异性响应是由于二甲亚砜对氧化石墨烯的溶解作用。当二甲亚砜渗透入 TiO_2/GO 一维光子晶体时，溶胀作用改变了氧化石墨烯的折射率，并使氧化石墨烯层的厚度增大，从而使周期增大，导致光子禁带红移，半峰宽增大。但随着作用时间的延长，TiO_2/GO 一维光子晶体中的氧化石墨烯逐渐溶解至二甲亚砜中，使材料的层状结构被破坏，进而破坏了一维光子晶体的结构，导致光子禁带和结构色消失。

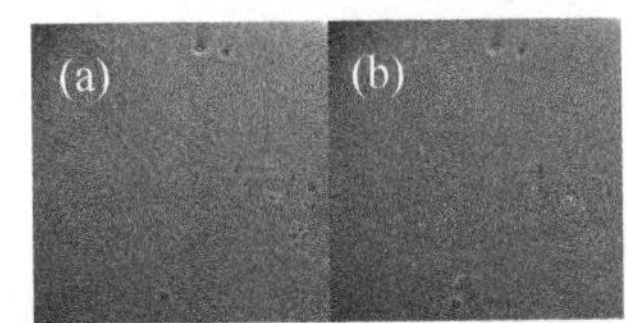

图 5 - 10 (a) 单层二氧化钛薄膜在空气中的光学照片；(b) 单层二氧化钛薄膜在二甲亚砜中的光学照片

2.1.2 pH 检测

将 TiO_2/GO 一维光子晶体浸没在不同 pH 的溶液中，观测其颜色和光子禁带的变化情况。图 5 - 11 显示了光子禁带为 552 nm 的 TiO_2/GO 一维光子晶体浸泡在不同 pH 溶液中的反射光谱，从图中我们可以看出其光子禁带在 pH 为 0～11 的溶液中没有明显的移动，在 pH 为 12 的溶液中轻微红移了约 8 nm，在 pH 为 13 的强碱性溶液中有明显红移。说明 TiO_2/GO 一维光子晶体对酸性、中性和弱碱性溶液不敏感，但对强碱性溶液有响应性。如图 5 - 11 所示，将光子晶体浸没在 pH 为 13 的强碱性溶液中，用光谱仪原位检测其光学性质的变化。经过 10 min、20 min、30 min、40 min、50 min 和 60 min，光子晶体的光子禁带从 552 nm 依次移动至 560 nm、563 nm、567 nm、569 nm、575 nm 和 583 nm。60 min 后光子禁带不再移动，说明响应在 60 min 时达到平衡。

此外，我们在实验中发现了与将 TiO_2/GO 一维光子晶体长时间浸没在二甲亚砜中会发生类似的情况。如果光子晶体浸没在强碱性溶液中的时间过长，光子晶体表面同样会出现一层白膜，光子禁带亦会消失，这一现象说明一维光子晶体的结构被破坏，导致其相应的光学特性消失。由此，推测 TiO_2/GO 一维光子晶体对强碱的特异性响应是由 TiO_2 在强碱性溶液中的溶解作用造成的。当强碱性溶液渗透入 TiO_2/GO 一维光子晶体时，溶胀作用改变了 TiO_2 的折射率，并使周期增大，导致光子禁带红移，半峰宽增大。但随着作用时间的延长，TiO_2/GO 一维光子晶

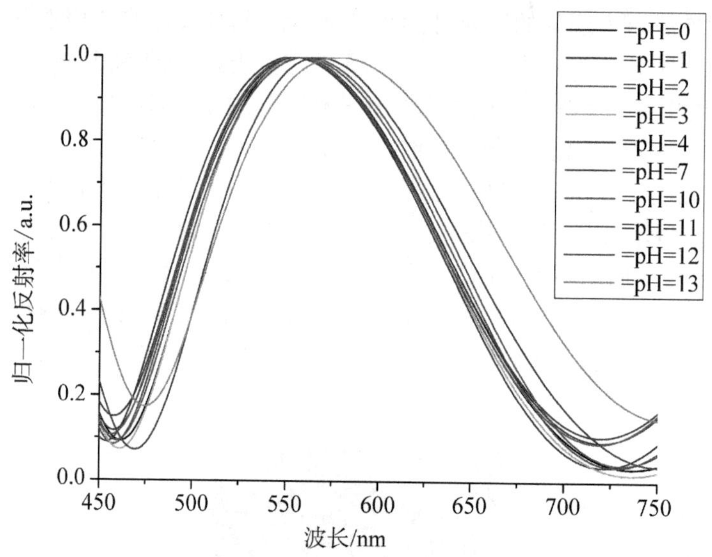

图 5-11 TiO_2/GO 一维光子晶体浸没在 pH 不同的溶液中的反射光谱

体中的 TiO_2 逐渐溶解至溶液中,使材料的层状结构被破坏,进而破坏了一维光子晶体的结构,导致光子禁带和结构色消失。

2.2 二氧化钛/水凝胶/氧化石墨烯一维光子晶体

利用旋涂法制备了在可见光区域全色可调的、对二甲亚砜和强碱性溶液具有响应性的二氧化钛/氧化石墨烯一维光子晶体。但我们发现这一响应性具有诸多不足之处,如不敏感、不可逆、响应缓慢等。将刺激—响应性水凝胶引入一维光子晶体的结构单元中后,一维光子晶体周期的可变化幅度将得到显著提升,从而大大提升一维光子晶体的响应能力,其将具有更快的反应速度、更大的禁带移动和更明显的颜色变化[51,56-57]。采用旋涂的方法,通过旋涂二氧化钛溶胶、不同的刺激—响应性水凝胶和氧化石墨烯溶液的方法,将 PEG-PMVE-MA-β-CD 水凝胶掺入二氧化钛/氧化石墨烯一维光子晶体中,从而制备了响应灵敏度更高、响应速度更快、可重复响应的二氧化钛/水凝胶/氧化石墨烯一维光子晶体。

2.3 基于 TiO_2/PEG-PMVE-MA-β-CD/GO 一维光子晶体的传感检测

β-环糊精是由 7 个 D-吡喃葡萄糖单元通过 α-1,4 糖苷键首尾相连形成呈截锥状的圆筒形环状低聚糖。环糊精的亲水性羟基基团位于分子的外表面,疏水性基团位于分子的内表面,这种结构使环糊精具有腔外亲水、腔内疏水的特性[58]。环糊精疏水性的内腔可以与大小适宜的有机物分子如苯酚结合形成包合物[59-61],

而其外表面亲水性的羟基则可以与金属离子发生螯合作用[62-63]。因此,将β-环糊精接枝到 PEG-PMVE-MA 上,可以提升水凝胶的响应能力,进而提升一维光子晶体的响应能力。

2.3.1 TiO_2/PEG-PMVE-MA-β-CD/GO 一维光子晶体的有机溶剂响应性研究

PEG-PMVE-MA-β-CD 和 PEG-PMVE-MA 唯一的区别在于前者含有β-环糊精,而β-环糊精可以富集大小适宜的有机物分子,例如苯酚,从而使这些有机物进入水凝胶中,使水凝胶溶胀。因此,TiO_2/PEG-PMVE-MA-β-CD/GO 一维光子晶体相较于 TiO_2/PEG-PMVE-MA/GO 一维光子晶体应该具有更好的对有机溶剂的响应能力,在对二甲亚砜有响应能力的基础上,应该对苯酚亦有响应性,同时保持对其他实验中所用的有机溶剂不敏感的性质。我们将 TiO_2/PEG-PMVE-MA-β-CD/GO 一维光子晶体浸没在乙醇、丙酮、DMF、三氯甲烷、四氢呋喃、1,4-二氧六环、乙酸乙酯和甲苯中。图 5-12 显示了 TiO_2/PEG-PMVE-MA-β-CD/GO 一维

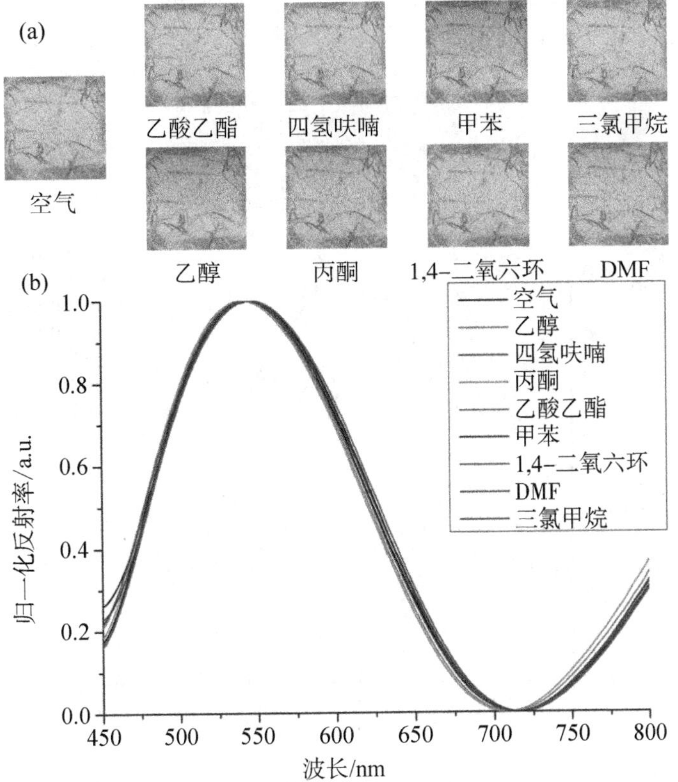

图 5-12 TiO_2/PEG-PMVE-MA-β-CD/GO 一维光子晶体浸没在乙醇、丙酮、DMF、三氯甲烷、四氢呋喃、1,4-二氧六环、乙酸乙酯和甲苯等有机溶剂中之前和之后的(a) 光学照片和(b) 反射光谱

光子晶体在空气中和浸没在乙醇、丙酮、DMF、三氯甲烷、四氢呋喃、1,4-二氧六环、乙酸乙酯和甲苯中时的光学照片和反射光谱。从图 5-12(a)中我们可以明显地看出相较于在空气中,一维光子晶体的颜色在上述八种有机溶剂中没有任何明显变化。其在有机溶剂中浸没 24 h 后的反射光谱相较于在空气中时几乎没有任何移动,其光子禁带的位置基本都处于 545 nm 附近[图 5-12(b)]。这一现象说明 TiO_2/PEG-PMVE-MA-β-CD/GO 一维光子晶体保持了和 TiO_2/PEG-PMVE-MA/GO 一维光子晶体相近的对其他实验中所用的有机溶剂不敏感的性质。

2.3.2 二甲亚砜检测

将 TiO_2/PEG-PMVE-MA-β-CD/GO 一维光子晶体浸没在二甲亚砜中时,光子晶体的颜色在 10 min 内便发生了明显的变化。图 5-13(a)显示了光子禁带在 545 nm的 TiO_2/PEG-PMVE-MA-β-CD/GO 一维光子晶体浸没在二甲亚砜中前后的光学照片,从图中可以明显地看出,光子晶体浸没在二甲亚砜中后,其颜色发生红移,从最初的绿色逐渐变成了红色。图 5-13(b)显示了 TiO_2/PEG-PMVE-MA-β-CD/GO 一维光子晶体浸没在二甲亚砜中不同时间的反射光谱,浸没时间为 2 min、

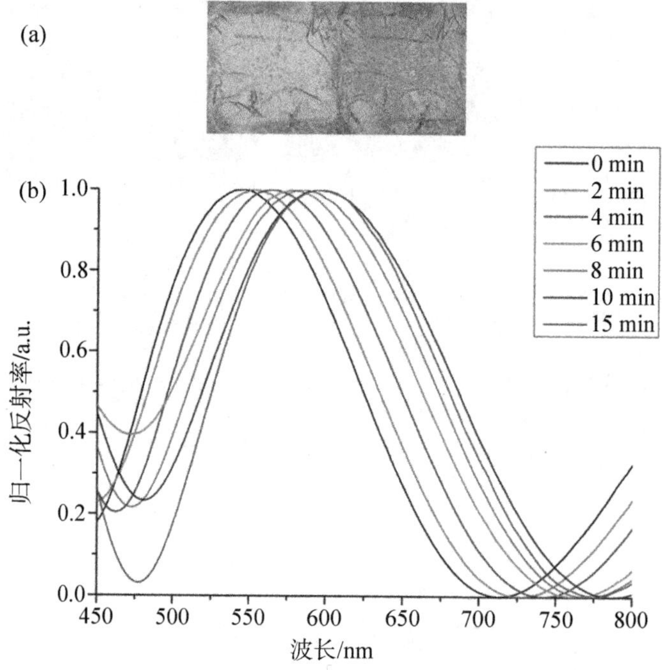

图 5-13 (a) 从左至右依次为 TiO_2/PEG-PMVE-MA-β-CD/GO 一维光子晶体在空气中和浸没在二甲亚砜中 10 min 后的光学照片;(b) TiO_2/PEG-PMVE-MA-β-CD/GO 一维光子晶体浸没在二甲亚砜中不同时间的反射光谱

4 min、6 min、8 min 和 10 min 时，其光子禁带分别为 553 nm、564 nm、577 nm、584 nm和 594 nm，光子禁带发生了明显红移，10 min 后光子禁带不再移动，说明响应在 10 min 时达到平衡。这说明 TiO_2/PEG-PMVE-MA-β-CD/GO 一维光子晶体对二甲亚砜仍然具有良好的响应能力。

2.3.3 苯酚检测

我们将 TiO_2/PEG-PMVE-MA-β-CD/GO 一维光子晶体浸没在 4%的苯酚溶液中时，光子晶体的颜色在 20 min 内便发生了变化。图 5-14(a)显示了光子禁带在 545 nm 的 TiO_2/PEG-PMVE-MA-β-CD/GO 一维光子晶体浸没在 4%的苯酚溶液中前后的光学照片，从图中可以明显地看出，光子晶体浸没在 4%的苯酚溶液中后，其颜色发生红移，从最初的绿色逐渐变成了黄色。图 5-14(b)显示了 TiO_2/PEG-PMVE-MA-β-CD/GO 一维光子晶体浸没在 4%的苯酚溶液中不同时间的反射光谱，浸没时间为 5 min、10 min 和 20 min 时，其光子禁带分别为 552 nm、558 nm和 566 nm，光子禁带发生了明显的红移，20 min 后光子禁带不再移动，说明响应在20 min时达到平衡。这说明 TiO_2/PEG-PMVE-MA-β-CD/GO 一维光子晶体对苯酚具有响应能力。

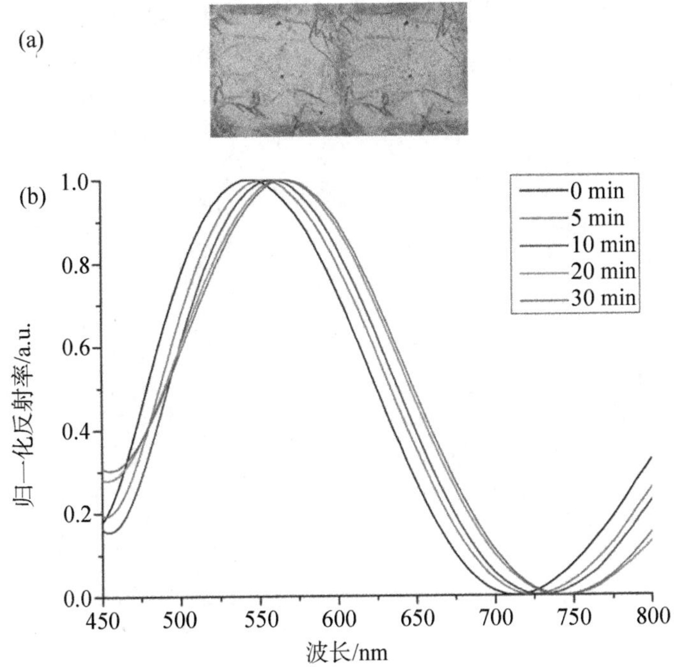

图 5-14 (a) 从左至右依次为 TiO_2/PEG-PMVE-MA-β-CD/GO 一维光子晶体在空气中和浸没在 4%苯酚中 20 min 后的光学照片；(b) TiO_2/PEG-PMVE-MA-β-CD/GO 一维光子晶体浸没在 4%苯酚中不同时间的反射光谱

但 TiO_2/PEG-PMVE-MA-β-CD/GO 一维光子晶体在苯酚中的光子禁带位移量要明显小于在二甲亚砜中的光子禁带位移量。表 5 - 1 给出了苯酚和二甲亚砜的各种溶解度参数和摩尔体积，从表中我们可以明显看出苯酚的 δ_{DP} 远远小于二甲亚砜。这充分说明 TiO_2/PEG-PMVE-MA-β-CD/GO 一维光子晶体对苯酚的响应能力源自 β-环糊精对苯酚的吸附作用。这一作用促进了苯酚进入水凝胶中，使水凝胶溶胀，但由于 β-环糊精在水凝胶中所占比例有限，导致其溶胀程度不及二甲亚砜，进而导致一维光子晶体在苯酚中的光子禁带位移量小于在二甲亚砜中的光子禁带位移量。

表 5 - 1 苯酚和二甲亚砜的溶解度参数和摩尔体积[58]

溶质	δ_D	δ_P	δ_H	δ_{DP}	摩尔体积/(L·mol^{-1})
苯酚	18.0	5.9	14.9	18.9	87.5
二甲亚砜	18.4	16.4	10.2	24.6	71.3

传感检测的另一个重要要求是对不同浓度的检测物具有良好的区分度。图 5 - 15 显示了将光子禁带在 545 nm 的 TiO_2/PEG-PMVE-MA-β-CD/GO 一维光子晶体浸没在不同浓度的苯酚溶液中 20 min 后的反射光谱，苯酚浓度为 0%、0.5%、1%、2%、3%、4% 和 5% 时，其光子禁带分别为 545 nm、545 nm、549 nm、553 nm、558 nm、566 nm 和 572 nm。这说明我们制得的一维光子晶体可以区分不同浓度的苯酚溶液，其检出限为 1%，这为其将来应用于苯酚检测提供了可能。

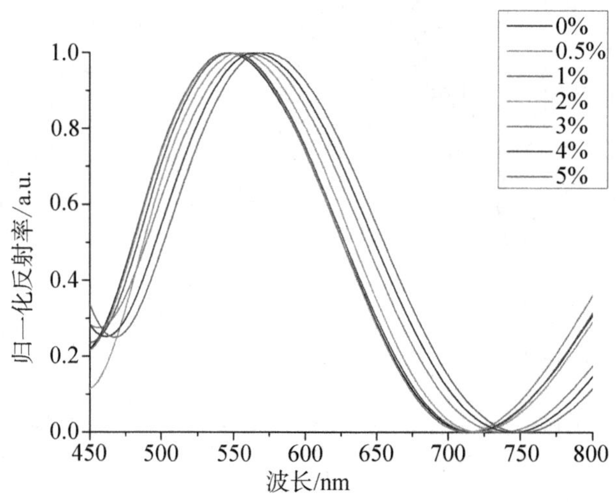

图 5 - 15 TiO_2/PEG-PMVE-MA-β-CD/GO 一维光子晶体在不同浓度的苯酚溶液中浸没 20 min 后的反射光谱

2.4 pH 检测

2.4.1 TiO_2/PEG-PMVE-MA-β-CD/GO 一维光子晶体的 pH 响应性研究

图 5-16 显示了将光子禁带在 556 nm 的 TiO_2/PEG-PMVE-MA-β-CD/GO 一维光子晶体浸没在不同 pH 的溶液中的反射光谱，从图中我们可以看出其光子禁带在 pH 为 0～13 的溶液中没有明显的移动，而在 pH 为 14 的强碱性溶液中有明显红移，其光子禁带为 662 nm，光子禁带的位移量为 106 nm。说明一维光子晶体对酸性、中性、弱碱性、中强碱性溶液不敏感，但对强碱性溶液有明显的响应性。图 5-17 显示了 TiO_2/PEG-PMVE-MA-β-CD/GO 一维光子晶体浸泡在 pH 为 14

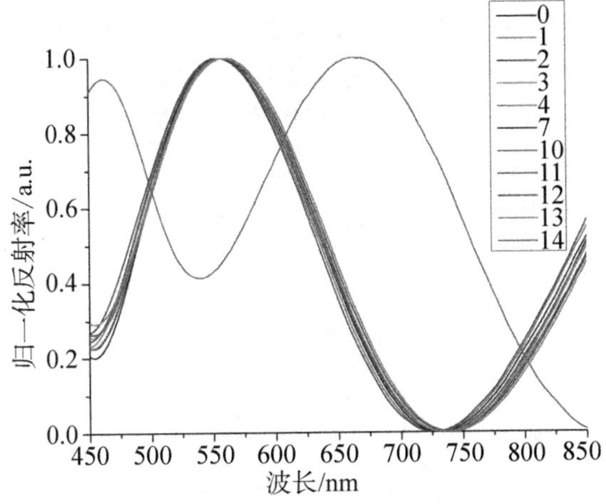

图 5-16 TiO_2/PEG-PMVE-MA-β-CD/GO 一维光子晶体在 pH 值不同的溶液中浸没 5 min 后的反射光谱

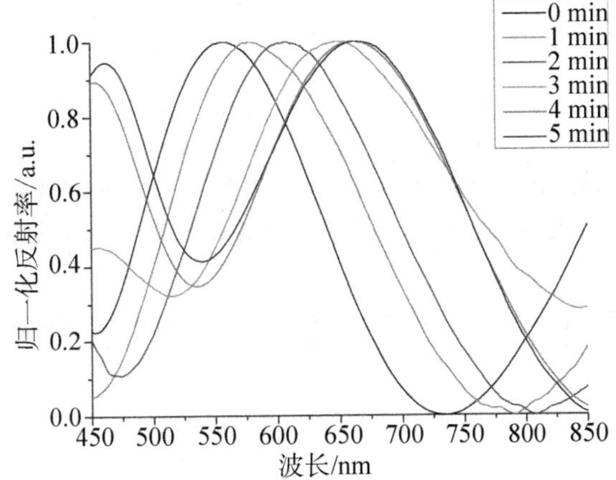

图 5-17 TiO_2/PEG-PMVE-MA-β-CD/GO 一维光子晶体浸没在 pH 为 14 的溶液中不同时间的反射光谱

的溶液中不同时间的反射光谱，经过 1 min、2 min、3 min和 4 min，一维光子晶体的光子禁带从 556 nm 依次移动至 578 nm、607 nm、648 nm和 662 nm。4 min 后光子禁带不再移动，说明响应在 4 min 时达到平衡。

2.5 金属离子检测

β-环糊精外表面亲水性的羟基则可以与金属离子发生螯合作用，因此，理论上 TiO_2/PEG-PMVE-MA-β-CD/GO 一维光子晶体应该可以富集金属离子，从而使一维光子晶体的光学性质发生改变。图 5-18 显示了 TiO_2/PEG-PMVE-MA-β-CD/GO 一维光子晶体在浓度为 0.1 mol/L 的 Ag^+、Mg^{2+}、Mn^{2+}、Cu^{2+}、Zn^{2+}、Pb^{2+} 和 Fe^{3+} 溶液中的反射光谱。与预期的结果不同，我们发现 TiO_2/PEG-PMVE-MA-β-CD/GO 一维光子晶体的光子禁带在这些溶液中没有发生明显位移，其反射率亦没有明显改变。我们推测造成这一现象的原因是金属离子虽然能和 β-环糊精发生螯合作用，但这一作用不足以使水凝胶的体积或折射率发生明显变化，从而导致一维光子晶体的光学性质亦无明显变化。

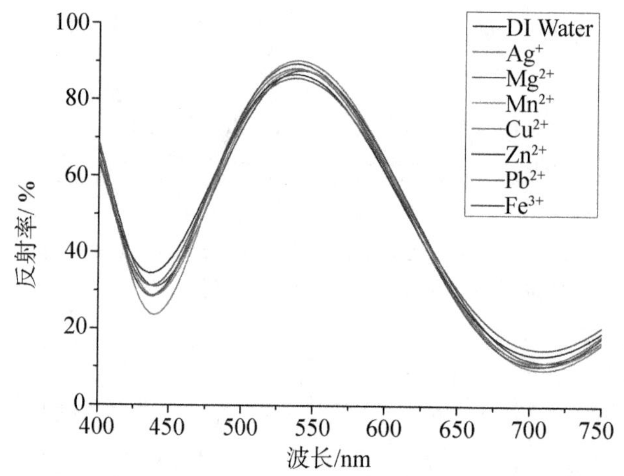

图 5-18 TiO_2/PEG-PMVE-MA-β-CD/GO 一维光子晶体在去离子水和浓度为 0.1 mol/L 的不同金属离子溶液中的反射光谱

3. 一维光子晶体/纳米氧化锌复合薄膜增强荧光的研究

基于荧光的检测技术是环境保护、生物检测和临床化学等领域的一项核心技术，其具有灵敏度高、选择性强和成本较低等优点，在环境监测、医疗检查和疾病的诊断中具有巨大的应用潜力[64-67]。

然而，在用荧光检测技术进行实际分析检测的过程中，由于对检测精度的要求越来越高,需要开发出具有更低检出限、更高灵敏度和检测特异性的荧光检测技术。现阶段提高检测灵敏度的主要方法除去寻找、合成更高灵敏度的荧光分子外,最常用的就是将荧光分子固定在具有荧光增强效果的特定的衬底上。氧化锌纳米材料也是最近几年发展起来的一种新的荧光增强衬底[68-71]。将这两种基底进行有效结合,即在一维光子晶体表面旋涂一层氧化锌纳米颗粒,可以构建具有更好荧光增强效果的一维光子晶体/纳米氧化锌复合薄膜,并以此为基础利用荧光染料对重金属离子进行检测。

在一维光子晶体/纳米氧化锌复合薄膜中,光子晶体和氧化锌纳米颗粒都具有增强荧光的能力。

光子晶体的荧光增强作用主要源自其对光的调控能力:如图 5-19(a)所示,光子禁带与荧光染料的发射光谱匹配时,光子晶体对发射光的光禁阻效应可以将荧光物质在空间沿各个方向随机分布的自发发射信号进行定向收集,从而收集到更多的荧光信号[72];图 5-19(b)显示了光子晶体的慢光子效应,当光子晶体的光子禁带与荧光染料的激发光谱匹配时,慢光子效应使激发光的群速度下降,使光子与染料的作用时间延长,增大了染料对激发光的吸收率,从而使荧光强度得以提高[73]。

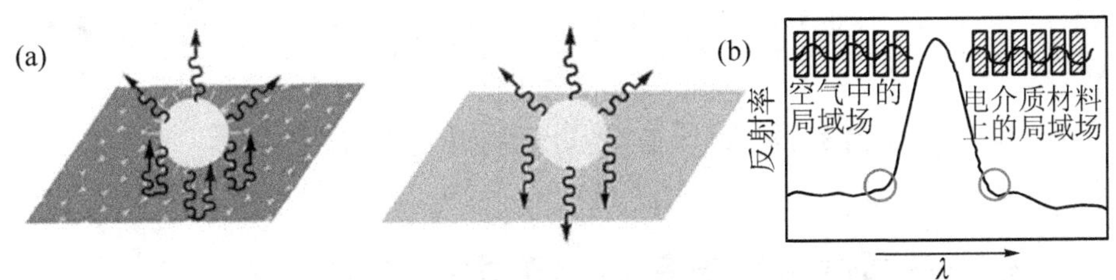

图 5-19 (a) 荧光染料分子在光子晶体(左)和玻璃(右)上自发辐射的示意图[72];(b) 光子晶体的慢光子效应示意图[73]

卟啉是一种在激发光照射下可以很容易发出强烈荧光的荧光染料。卟啉因为具有荧光强度高、斯托克斯位移大和由激发波长与发射波长之间距离长引起的减少背景信号影响的作用等优点而被认为是一种优异的荧光探针。此外,卟啉能与元素周期表中大多数金属结合生成螯合物,因此可被用于生化反应和药学研究中对多种金属离子的检测研究[72,74-75]。

将 TPPS 溶液与不同浓度的金属离子混合,静置反应 1 h 后,将其旋涂在一维光子晶体/纳米氧化锌复合薄膜上,所得的实验结果如图 5-20 所示。TPPS 在混有 Cu^{2+}、Zn^{2+}、Mg^{2+} 和 Mn^{2+} 时的荧光强度随金属离子浓度变化而变化的情况。从图中可以明显看出,即使当这四种金属离子的浓度低至 1×10^{-7} mol·L^{-1}时,金属离子对卟啉的荧光淬灭效果依然可以被明显地观测到。这说明一维光子晶体/纳米氧化锌复合薄膜的荧光增强作用可以在一定程度上提高检测灵敏度,以降低检出限。此外,从图中可以看出不同金属离子浓度改变造成的荧光淬灭速度各不相同,Cu^{2+}最快,Mn^{2+}最慢。当Cu^{2+}浓度高于1×10^{-3} $mol\cdot L^{-1}$时,TPPS的荧光完全淬灭。造成这一现象的一个可能的原因是铜卟啉相较于其他三种金属卟啉具有最好的热力学稳定性,溶液中的卟啉分子全部与Cu^{2+}结合,导致荧光完全淬灭而无法观测。因此,构建的这一检测体系对Cu^{2+}具有一定的特异性检测能力。

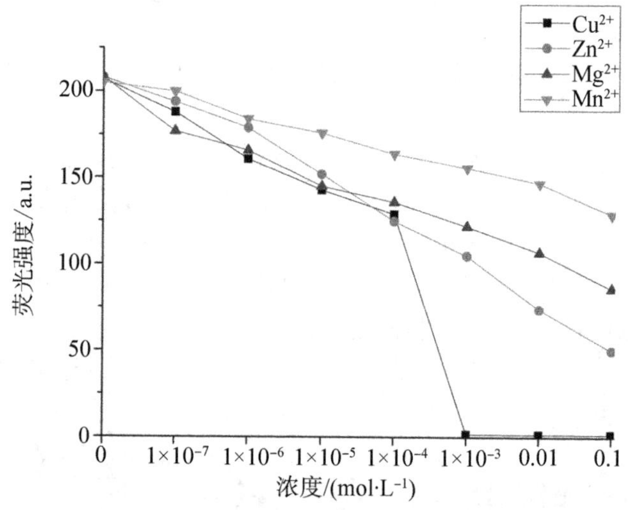

图 5-20　TPPS 的荧光强度与金属离子浓度的关系

4. 一维光子晶体在酸碱气体检测中的应用

4.1　图案化 PANI/TiO_2一维光子晶体

PANI是一类潜在的传感器材料,其传感机理在于PANI分子与分析物分子间的相互作用会使PANI氧化程度或掺杂度发生变化,从而引起载流子浓度、载流子运动程度的变化,故导电率发生变化而产生响应信号。自从可溶性PANI开发以来,将PANI应用于NO_2、H_2S、SO_2、液化石油气等气体传感器的研究也越来越受到人们的广泛关注[76-81]。

将类似PANI的导电聚合物材料引入光子晶体,外界刺激作用可以引起光子晶体的光学性质改变,以此为检测信号可以达到对外场刺激快速响应的目的。光子晶体光学性质的改变通常会伴随器件表面颜色的变化,因此可以实现裸眼检测。为了增强刺激响应性结果的可识别性,降低读取难度,我们利用紫外光辅助刻蚀的技术构筑图案化一维光子晶体,进而提高传感灵敏度[82]。

图案化 PANI/TiO_2 一维光子晶体的酸碱气体检测实验主要是利用原位监测反射光谱的变化状况来表征的。实验是利用饱和蒸气压的 HCl 和 NH_3 气体作为待测气体注入特殊制备的反应池中，将图案化 PANI/TiO_2 一维光子晶体置于反应池中，将光纤光谱仪探头连接至反应池透明玻璃表面采集光谱数据的(图 5－21)。

图 5－21　一维光子晶体用于气体响应性实验气体检测装置示意图

聚苯胺、聚噻吩和聚吡咯等导电高分子聚合物修饰纳米 TiO_2 可降低 TiO_2 的禁带宽度，提高纳米 TiO_2 的可见光催化活性，同时，导电聚合物优良的导电性能还可以降低光生电子-空穴的复合率，提高光催化量子效率，提高紫外光下的光催化活性。在共轭聚合物中，PANI 因电导率较高、原料便宜、稳定性好，是最有希望获得实际应用的导电聚合物。

将制备的 PANI/TiO_2 一维光子晶体放在酸碱气体检测装置中，由于 PANI 在酸性和碱性的气体环境中会发生掺杂和脱掺杂的变化，导致 PANI 层的折射率发生明显变化，光子禁带位置同时发生移动，伴随着结构色的变化。在一维光子晶体用于酸碱气体响应性实验的过程中，随着响应过程的推移，一维光子晶体的平均折射率变化不同，导致光子禁带移动到不同的位置，同时伴随着不同的结构色变化，以这样的光学性质和颜色变化为刺激响应性反馈信号就可以达到可视化检测酸碱气体的目的。

将制备的 PANI/TiO_2 一维光子晶体薄膜放置在交替变化的酸碱气体环境中，该一维光子晶体展现了明显的气体响应性质。PANI/TiO_2 一维光子晶体在饱和 HCl 气体环境中响应一段时间后的反射光谱表明，该一维光子晶体薄膜呈现绿色，光子禁带位置位于 531 nm。在浸入饱和蒸气压浓度的 HCl 气体氛围中时，光子禁带发生红移，响应 15 s 后，到达黄绿色可见光区域达到平衡，光子禁带位置停留在 593 nm。呈现出良好的气体响应性变化，并且这种变化可以裸眼观察到。

当酸性气体响应过程完成后，将该一维光子晶体薄膜反应容器中 HCl 气体排空，注入 NH_3 气体，浸入饱和蒸气压浓度的 NH_3 气体环境中时，光子禁带发生蓝移，响应 15 s 后，到达蓝色可见光区域达到平衡，光子禁带位置停留在 535 nm。一维光子晶体薄膜呈现出良好的气体响应性变化，并且这种变化可以裸眼观察到。

4.2 非传统对称结构一维光子晶体

响应性一维光子晶体在刺激响应的过程中伴随着结构色的变化。将制备的梯度结构 PANI/SiO_2 一维光子晶体放在酸碱气体检测装置中，由于 PANI 在酸性和碱性的气体环境中会发生掺杂和脱掺杂的变化，导致 PANI 层的折射率发生明显变化，引起一维光子晶体薄膜平均折射率的变化，光子禁带位置同时发生移动，伴随着结构色的变化。在梯度结构一维光子晶体中这样的变化直观地表现为结构色区域的整体移动，这样的可视化响应性结果更加明显[83]。

初始状态下该一维光子晶体薄膜的颜色分布区域是从蓝色到黄色区域。当发生 HCl 掺杂反应时，由于 PANI 由本征态转变为掺杂态，折射率变大导致一维光子晶体的平均折射率变大，这样使得结构色整体红移，发生了蓝色到绿色、绿色到黄色、黄色到红色的转变。当在 NH_3 饱和蒸气压环境中，由于掺杂态的 PANI 发生脱掺杂反应变化到本征态，折射率变小导致一维光子晶体的平均折射率变小，这使得结构色整体蓝移，恢复到初始的颜色分布状态，此变化十分迅速。

利用高光谱成像系统对于薄膜颜色的变化过程进行了记录，可以发现当气体响应性反应进行时，这样的颜色变化能被高光谱清晰地记录下来，并且更加直观（图 5-22）。当气体响应性实验开始时，高光谱测量的光谱覆盖范围从蓝色区域到黄色区域，当气体响应性实验完成后，光谱覆盖范围变化为从绿色区域到红色区域，与之前光纤光谱仪的测量结果吻合。

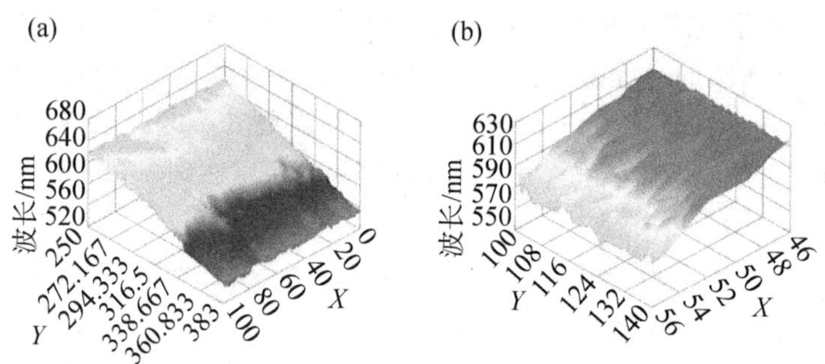

图 5-22 气体响应性实验过程中，梯度结构一维光子晶体经历酸性气体 HCl 响应过程和碱性气体 NH_3 响应过程中高光谱成像系统表征的薄膜禁带位置变化示意图

4.3 含有 PANI 缺陷态的 SiO_2/GO 一维光子晶体

在一维光子晶体的制备和应用中，一项重要内容是对于可调控一维光子晶体的研究，调控一维光子晶体主要指的是对于光子禁带的调节。通常，研究人员们采用以下方法来有效调节光子禁带：调控一维光子晶体的有效折射率，调节一维光子晶体的周期以及向一维光子晶体结构中引入缺陷。其中，调节响应性光子晶体折射率和周期的研究工作已经被报道多次，但是，缺陷态一维光子晶体仍少有文献报道。在现有工作中，在光子晶体的特定位置引入缺陷结构已经适用于制备集成光路中的光波导、光学谐振腔和低阈值激光器等，大多数集中于光学器件的制备和应用[83-85]。

采用无机层 SiO_2 和 GO 来构筑一维光子晶体的主体结构，有机层 PANI 来构筑缺陷层。一维光子晶体材料是一类具有光子禁带的周期性的光学纳米结构材料。当光子禁带位置位于可见光区域时，光子晶体可以由于布拉格折射现象呈现出鲜亮的结构色彩，这样的结构色可以被人的肉眼捕捉到。人工制造含有缺陷态的一维光子晶体可以帮助我们更好地理解一维光子晶体禁带调控的方法和意义。

将含 PANI 缺陷层的 SiO_2/GO 一维光子晶体放置在检测器件中，依次通入 HCl 气体和 NH_3 气体，记录下在不同时间节点禁带位置所处的波长、禁带位置和响应性时间之间的关系，可以发现含 PANI 缺陷层的 SiO_2/GO 一维光子晶体在 HCl 气体和 NH_3 气体之间的响应性速度是很快的，分别都只需要 6 s(图 5－23)，同时具有很好的重复响应性能力。

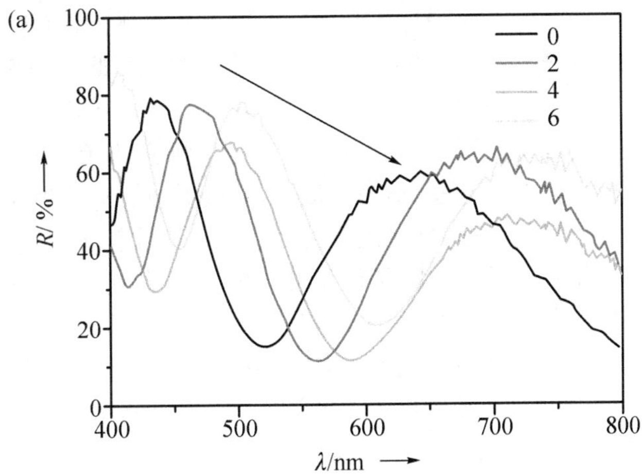

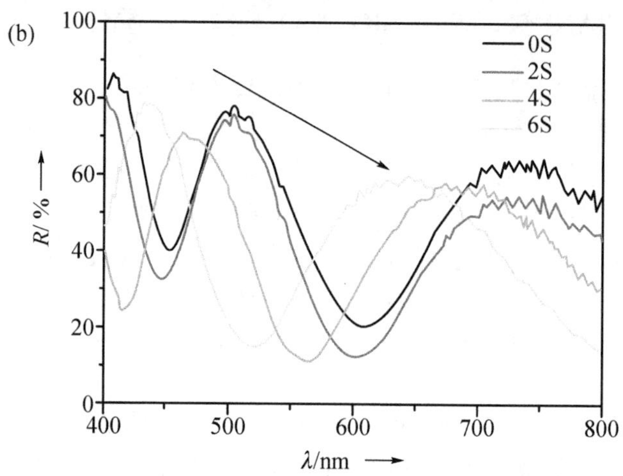

图 5-23 缺陷态一维光子晶体在气体响应性过程中反射光谱变化示意图：(a) HCl 气体环境中，缺陷态特征峰的位置由 515 nm 移动到 610 nm；(b) NH_3 气体环境中，缺陷态特征峰的位置由 610 nm 移动回到 515 nm

5. 一维光子晶体的双重响应性能研究

响应性一维光子晶体是光子晶体研究领域的热点，国内外众多研究人员对其制备及应用进行了探讨，历经数十年，单一刺激响应性体系已经不能满足需求，刺激响应性研究领域逐渐拓展到双重乃至多重响应性范畴[33,86-89]。在实际应用中，只有特异性较强的响应性光子晶体才能独立完成一个检测。然而实际的情况却是几乎没有一种光子晶体水凝胶能够具有很强的专一性，比如 pH 响应性光子晶体会受到离子强度的影响，葡萄糖响应性光子晶体会受到 pH 的影响，湿度响应性光子晶体会受到温度的影响，等等。因此，对于同一个响应性光子晶体体系，如果能够开发其多重响应特性，就能获取更多的信息，通过不同信号的相互对比参照可以增强其响应信号的可靠性，并降低受到其他因素干扰的可能性。

响应性一维光子晶体的应用除了传统的气体响应性和 pH、温度响应性之外，响应性聚合物对于光子晶体薄膜表面浸润性的影响也逐渐被研究人员注意到[90-94]。既然响应性聚合物可以实现材料与液体接触角的调控，那么一维光子晶体结构响应性聚合物也可以实现接触角的调控，从而达成化学信号—接触角—光子晶体光学信号的传导，实现浸润性响应[95-98]。同时，在一定范围内，这种浸润性响应与传统一维光子晶体的膨胀收缩响应可以同时进行，实现多维度的光学传感[99-102]。此外，响应性的水溶性两亲性分子(如表面活性剂和高分子嵌段共聚物)

也能通过刺激响应性实现胶束化转变、不溶性转变等行为，同时极大地影响其水溶液的表面张力[90-92]。常见的环境敏感两亲性分子(以两亲性聚合物为例)包括温度敏感型、pH 敏感型、离子强度敏感型、光敏型两亲性分子等。以响应性两亲性分子控制溶液与材料表面的接触角，从而调控一维光子晶体表面的浸润性，也是一条实现浸润性响应的途径[103-105]。

5.1 TiO_2/P(AA-bis-NiPAAm)一维光子晶体

TiO_2/P(AA-bis-NiPAAm)一维光子晶体具有 pH/温度双重响应性质。其中，TiO_2 能够形成致密稳定的无机层，在实验的全过程中都能保持结构和性质的稳定，P(AA-bis-NiPAAm)水凝胶层在温度的作用下能够发生溶胀和收缩的变化，这一变化能够有效地影响一维光子晶体层的厚度，进而改变光子晶体的周期，使禁带位置发生变化(图 5-24)。

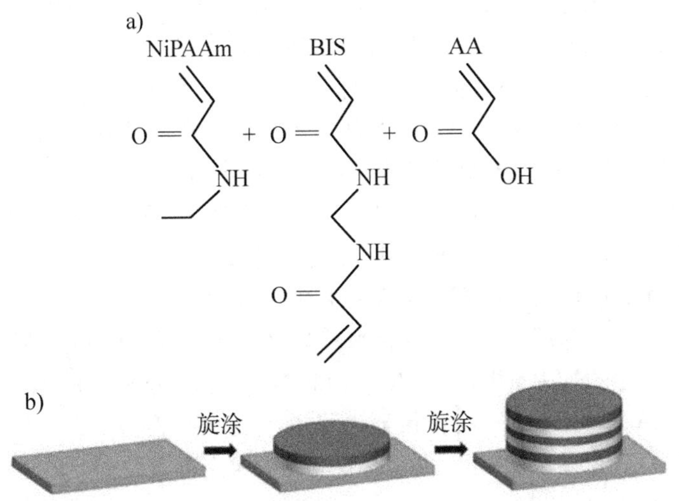

图 5-24 (a) P(AA-bis-NiPAAm) 水凝胶分子构成情况示意图；(b) TiO_2/P(AA-bis-NiPAAm)一维光子晶体制备过程示意图

有研究表明 PNiPAAm 水凝胶是温敏型聚合物，对于温度有着优秀的响应性能力，随着水溶液温度不断升高，其溶胀比下降，而达到某一温度时则会发生相转变；但当温度降低时，它又可逆性地恢复到原来的溶胀状态。单一聚合物状态下其相变温度为 32 ℃，当温度高于相变温度时，水凝胶网格结构会排出体系中的水分并收缩使得体积减小。这一特性使得它经常被用来组装或者制备响应性聚合物水凝胶。通常，人们会选用其他的聚合物例如 HEMA、AA、PEG 等和 NiPAAm 共聚制备出共聚物水凝胶，以增强其使用价值和响应性能力。这其中 AA 作为一种 pH

响应性的聚合物，非常适合和 NiPPAm 一起共聚制备出双重响应性的水凝胶。PAA 在单一聚合物状态下具有 pH=4.25 的酸解离常数，而在与其他高分子共同聚合时，这一常数通常大于 4.25。

研究者们广泛研究了 PNiPAAm 水凝胶的温度敏感性现象，同时提出了多种不同的理论对其加以解释，有些研究者认为水溶液中 PNiPAAm 水凝胶中亲水和疏水基团与水之间的相互作用才导致了这样的相转变过程发生，这种相互作用力一般认为是氢键和疏水作用力。由于 PNiPAAm 分子中既含有亲水性的酰胺基，同时又具有疏水性的异丙基，因此才表现出了温敏性。当外界的温度低于水凝胶的最低临界温度(LCST)时，存在于凝胶网络中的亲水基团就会与水分子以氢键的形式结合，从而导致水凝胶积极吸水产生溶胀，而整个 PNiPAAm 分子链也随之呈现舒张状态。但随着外界温度上升，水凝胶体系的熵值也会随之增加，加快水分子的运动速率，也使亲水基团与水分子形成的氢键作用减弱，从而加强水凝胶体系中疏水基团之间的相互作用；当外界温度上升至 PNiPAAm 的 LCST 以上时，PNiPAAm 高分子链之间的疏水基团作用转而起到主导作用，使得 PNiPAAm 高分子链之间通过疏水基团之间的作用而相互聚集，同时 PNiPAAm 水凝胶发生相转变的现象，整个水凝胶的网络结构会立即呈现蜷缩聚集状态，降低其溶胀程度。因而，我们适当调节水凝胶体系中疏水/亲水基团之间的摩尔比例，就可以人为调节 PNiPAAm 的 LCST 值。当我们向含 PNiPAAm 的凝胶体系中加入了疏水性的单体时，增加水凝胶的疏水性，水凝胶的 LCST 就会降低；当向凝胶体系加入亲水性的单体时，水凝胶网络亲水性就会加强，水凝胶的 LCST 也随之升高。本小节选用丙烯酸(AA)作为亲水单体让其与 PNiPAAm 共聚，由于 AA 中含有大量亲水性的羧基，共聚物 P(AA-bis-NiPAAm)分子链的亲水性得到人为加强，调节 AA 和 NiPAAm 的含量比例可以改变水凝胶的 LCST 值，使其在较高温度条件下仍然能够保持较高的溶胀性，从而探究其在一维光子晶体体系中的双重响应性。

在图 5-25 中，我们详细描述了 TiO_2/P(AA-bis-NiPAAm)一维光子晶体对于温度的响应性能力。当固定体系 pH 值为 4.0 时，增加体系温度从 25 ℃到 50 ℃，可以发现，一维光子晶体的禁带位置由 600 nm 蓝移到了 505 nm，同时光子晶体薄膜的颜色从红色变化到绿色。这是由于随着体系温度的增加 P(AA-bis-NiPAAm)水凝胶的体积发生了收缩，导致一维光子晶体的层厚降低。根据一维光子晶体的理论，层厚降低光子禁带位置会发生蓝移，同时由于体系中原本由水填充的网格结构消失或者变为由空气填充使得光子晶体的平均折射率变小，一维光子晶体的禁带位置发生明显蓝移。

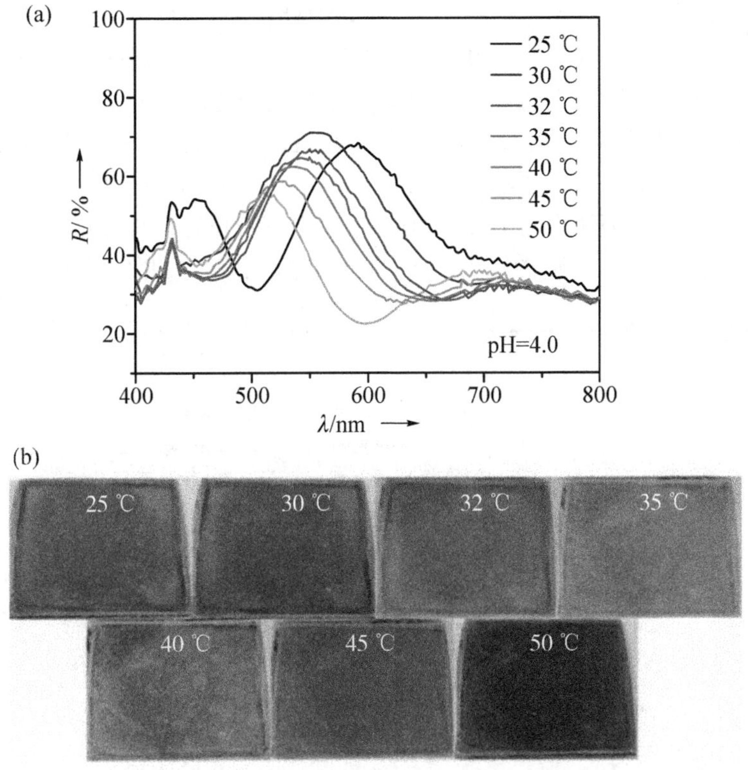

图 5-25　TiO_2/P(AA-bis-NiPAAm) 一维光子晶体当固定体系 pH 为 4.0 时，增加体系温度从 25 ℃ 到 50 ℃：(a) 反射光谱变化示意图；(b) 薄膜颜色变化照片

pH 响应性聚合物水凝胶是其体积等性质随 pH 改变而变化的高分子凝胶。这类凝胶的大分子网络中具有一些酸性或碱性基团，比如羧基及氨基等，这些基团在一定的条件下易被解离。这些基团的解离极易受外界 pH 的影响，当外界 pH 发生变化时，其解离程度也相应地发生改变，造成内外的离子浓度发生很大的改变，网络结构和电荷密度也随之发生变化，并且对凝胶网络的渗透压也产生相应的影响。这些酸性或碱性基团的解离也会破坏凝胶内相应的氢键，从而使水凝胶网络的交联点相应减少，造成凝胶网络结构发生变化，引起水凝胶体积的变化。随着溶液 pH 改变，这些基团也随之发生电离，网络内大分子链段间氢键也随之解离，产生不连续的相变体积变化。

在图 5-26 中，详细描述了 TiO_2/P(AA-bis-NiPAAm)一维光子晶体对于 pH 的响应性能力。当固定体系温度值为 35 ℃时，改变体系 pH 从 8.0 变化到 2.0，可以发现，一维光子晶体的禁带位置由 575 nm 蓝移到了 510 nm，同时光子晶体薄膜的颜色从黄色变化到蓝绿色。这是由于随着体系 pH 减小，体系从偏碱性变化到中性再变化到弱酸性、酸性，在碱性溶液中，水凝胶中的羧基(—COOH)解离，以羧酸根(—COO—)的形式存在，凝胶网络内存在静电斥力，水凝胶网络变得疏松；当溶液接近中性时，体系中羧基(—COOH)以部分离子化的形式存在，静电作用相互吸引，使凝胶网络收缩，水凝胶层体积变小；在酸性缓冲液中，水凝胶的网络变得相对疏松，但水凝胶在一维光子晶体结构中的 pH 变为酸性并没有引起内部渗透压明显增大，不能有效抵消体积变小带来的影响，所以禁带位置蓝移变得缓慢，由于凝胶结构变得充水透明，透射强度和散射光大量增加，反射峰强度相应而变弱。

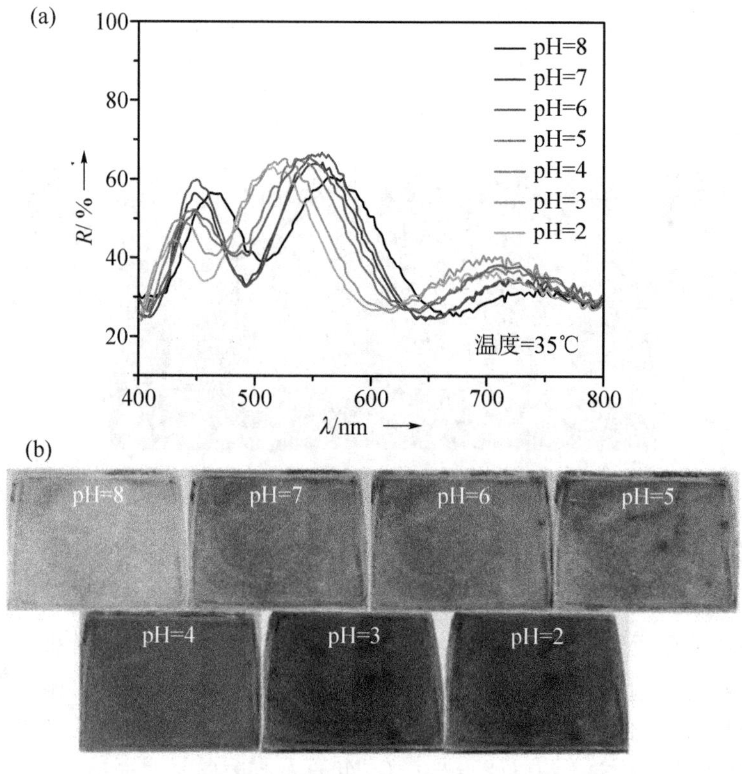

图 5-26 TiO_2/P(AA-bis-NiPAAm)一维光子晶体当固定体系温度值为 35 ℃ 时，改变体系 pH 从 8.0 变化到 2.0：(a) 反射光谱变化示意图；(b) 薄膜颜色变化照片

P(AA-bis-NiPAAm)水凝胶的体积由于 pH 的变化发生了相变，导致一维光子晶体的层厚降低，根据一维光子晶体的理论，层厚降低，光子禁带位置会发生蓝移，同时由于体系中原本由水填充的网格结构消失或者变为由空气填充使得光子晶体的平均折射率变小，一维光子晶体的禁带位置也发生明显的蓝移，同时反射峰强度也出现了波动。

对于光子禁带位置的调节主要是改变层厚来实现的，随之引发的光子晶体平均折射率的改变增强了这一变化。P(AA-bis-NiPAAm)水凝胶中 AA 和 NiPAAm 的协同作用在禁带位置调节中显得并不明显，温度和 pH 的响应性过程差异主要体现在对于反射峰强度的影响上，温度影响下的反射峰强度的变化值近似线性变化，随着温度的升高，反射峰强度不断降低；而当 pH 从碱性变动到中性再到酸性过程中 pH 经历了先升高再降低的过程，这一过程以 pK_a 值作为拐点，在 pK_a 值之前反射峰强度随着光子晶体最大反射波长的变小而变大，在 pK_a 值之后，反射峰强度随着光子晶体最大反射波长的变小而变小。在不同温度和 pH 影响下的 TiO_2/P(AA-bisNiPAAm)一维光子晶体，反射峰位置和反射峰强度的变化规律直观地展示了光子晶体研究领域的同与不同，两者相互依存相互影响，展示了光子晶体研究领域的美感。

良好的可重复性显示了 TiO_2/P(AA-bis-NiPAAm)一维光子晶体结构的稳定性很好，原因是 P(AA-bis-NiPAAm)中的羟基可以和 TiO_2 形成氢键，使其在膨胀过程中只在垂直于基底的方向上发生膨胀，而在平行于基底的方向上不发生膨胀，同时由于 TiO_2 层是由致密的纳米粒子组成，气体传输性好，当改变湿度时，外界或者聚合物内的水分子能很快扩散进去或者出来，同时响应的重复性很好。

5.2 浸润性可调控的图案化一维光子晶体的双重响应性能研究

通过旋涂法制备了具有 pH/温度双重响应能力的 TiO_2/P(AA-GO-NiPAAm) 一维光子晶体，并且利用了 GO 在近红外光的照射下的发热性能使得 P(AA-GO-NiPAAm)水凝胶层发生收缩，形成明显的图案。由于石墨烯可以吸收近红外波段(800～1 300 nm)的光，因此石墨烯及其衍生物可以被作为一种光学加热组件，广泛地应用在肿瘤治疗上[106-108]。在这个实验中，我们利用了氧化石墨烯(GO)的热敏特性，用近红外光源照射一维光子晶体表面形成特定的图案，结合 NiPPAm 这一聚合物的温敏特性制备出了图案化的 TiO_2/P(AA-GONiPAAm) 一维光子晶体，用以进一步研究其浸润性可调控的性能。

利用 TiO_2 和 P(AA-GO-NiPAAm)制备得到的一维光子晶体结构对于温度和 pH 具有响应性性能(图 5-27)。一维光子晶体薄膜的大小为 15 mm×15 mm，光子禁带全部位于可见光区域内，制得的光子晶体薄膜具有良好的结构色。图 5-27(a)所示为当固定 pH 为 4.0 时，初始禁带位置为 600 nm 的红色光子晶体薄膜在温度由25 ℃逐渐增加到 50 ℃时光子禁带位置移动的示意图。从图中我们可以观察到，当温度由 25 ℃经由 30 ℃、32 ℃、35 ℃、40 ℃、45 ℃上升至 50 ℃时，光子禁带位置由600 nm逐渐蓝移至 505 nm，移动幅度将近 100 nm，横跨可见光区域内的红色、黄色直至绿色区域。值得注意的是，在光谱位置移动的同时，反射强度也随着光谱位置的蓝移发生了明显降低。

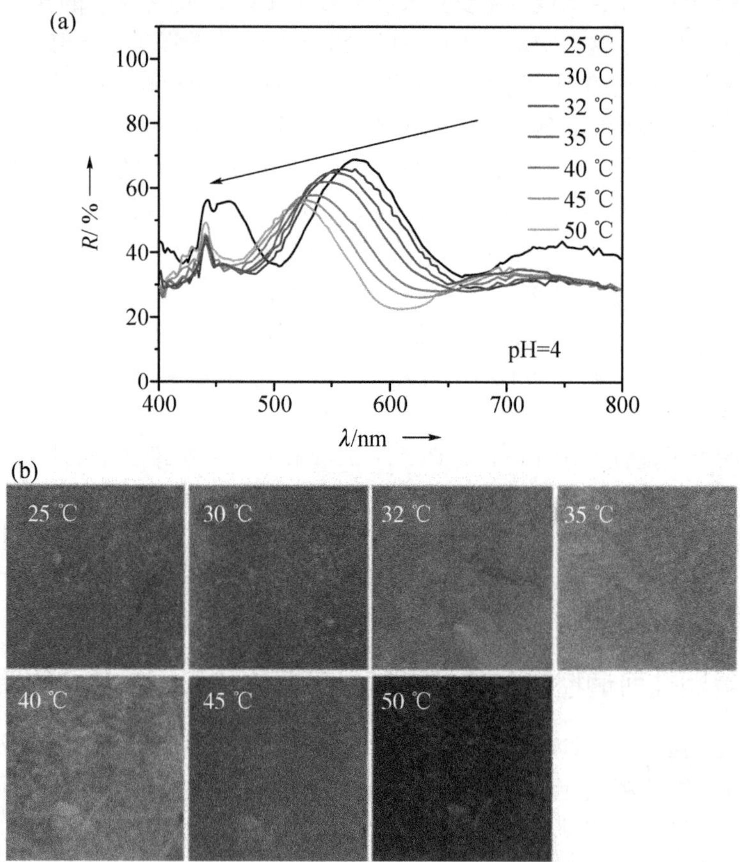

图 5-27 TiO_2/P(AA-GO-NiPAAm)一维光子晶体当固定体系 pH 值为 4.0 时,增加体系温度从 25 ℃ 到 50 ℃:(a) 反射光谱变化示意图以及(b) 薄膜颜色变化照片

由于 AA 凝胶网络中的弱电离基团—COOH 的存在,在不同 pH 条件下质子会发生转移。pH 敏感性水凝胶是环境响应性高分子材料很重要的一个构成部分,因此关于敏感性凝胶的研究非常迅速。pH 响应性水凝胶一般都含有—COO^-、—NH_3^+、—OPO_3^- 等阴阳离子基团。水凝胶特性的变化主要是由于阴阳离子基团在不同 pH 溶液中离子化不同,从而显示出其 pH 响应性。

图案化的 TiO_2/P(AA-GO-NiPAAm)一维光子晶体主要也是基于对 GO 近红外光热效应的研究。利用波段在 800~1 100 nm 的近红外光直接照射覆盖有图案化中空掩模版的一维光子晶体表面,可以直接制备得到带有图案的一维光子晶体薄膜,同时,由于该光子晶体是由含有 NiPAAm 的水凝胶构筑的,因此具有随温度改变的可调控浸润性能。由此,图案化浸润性可调的双重响应性一维光子晶体薄膜就被制备了出来。

近红外光照射光子晶体薄膜产生的图案主要是由于在近红外光照射下 GO 具有光热效应，使得 P(AA-GO-NiPAAm)被加热，NiPAAm 作为一类温敏聚合物，在温度上升时水凝胶网格结构剧烈收缩，改变了光子晶体结构的层厚，导致禁带位置蓝移，使得一维光子晶体薄膜表面出现图案，这样的过程可以被称为近红外光照直写技术，是制备新型图案化光子晶体的可靠手段。进行 10 次重复性实验，禁带位置移动后大体保持在固定位置，展现了良好的重复响应性。

6. 基于介孔材料的一维光子晶体的超级电容应用研究

采用新型材料构筑一维光子晶体并开发新型应用一直是我们矢志追求的方向。当前世界，能源环境是相当热门的研究议题，光子晶体在新型能源器件方面已经展现了一定的应用潜力[24,109-110]。例如，有研究人员将光子晶体结构用于制备染料敏化太阳能电池，表明光子晶体结构更有利于电池对于光的捕获。新能源的应用范围也随着社会的发展越来越广泛，而新能源对新能源材料也提出了新的要求，更大功率和更大容量的能源终端储电器件成为关键材料之一[111]。

目前，超级电容器由于其能够高功率、高能量密度存储和使用电能成了研究的热点[111-112]。超电容包含很多种电极材料，如多孔活性炭、碳材料气凝胶、碳纳米管和石墨烯等碳材料[113-116]，氧化锰、氧化镍等金属氧化物，聚苯胺、聚吡咯等导电聚合物以及由它们构成的复合材料[117-120]。近年来，介孔材料因其规整的孔道结构、较大的孔内容量以及良好的导电性能被广泛应用于电容器的电极材料制备。但是，现在超电容器件中使用的电极介孔材料绝大多数都是介孔碳材料，关于介孔导电聚合物的文章和研究工作鲜有报道。我们尝试制备介孔导电聚合物材料来增强其电容能力，这样电解质离子可以在介孔导电聚合物孔隙中做自由迁移运动，能够快速形成双电层，减弱电容分散效应，增强充放电能力[121-123]。

有研究表明，微观结构呈层状堆叠样式的电容器具有更大的电量存储能力和电子转移能力，而一维光子晶体正是这样一个重复单元层层堆叠的结构，这表明一维光子晶体结构很可能提供了一个良好的构建超电容器件的平台。同时，一直以来电容器件的实际电量消耗状况一直无法准确判断，并且充放电的时间也无法准确把握，为了解决这一问题，通常采用精密仪器对其进行测量。光子晶体结构的出现使得这些难题迎刃而解，一维光子晶体具有鲜亮的结构色薄膜，这样的结构色可以被折射率和周期完美调控。当超电容器处于使用状态时，PANI 会发生掺杂、脱掺杂的变化，这样的变化会导致 PANI 的折射率发生变化，利用这一特点，借助结构色的变化，可以有效地对于电容器电量存储状况做出实时准确判断。这大大方便了电容器的使用，是一维光子晶体应用的新突破。PANI 和 GO 水凝胶作为一直以来制备有机无机杂化体系一维光子晶体的有效材料[124-129]，十分适于用来制备超电容材料，以构建一维光子晶体超电容器件。

6.1 一维光子晶体的柔性电极的制备

mPANI/P(AA-GO-NiPAAm)一维光子晶体柔性电极的制备主要基于两部分内容，首先是一维光子晶体结构的制备，其次是可剥离自支撑柔性电极的制备。

首先，在硅片基底上均匀旋涂上一层可溶性聚乙烯醇(PVOH)牺牲层，在110 ℃条件下烘干，去除溶剂和水分，然后，在含有PVOH涂层的硅片基底上交替旋涂制备mPANI/P(AA-GO-NiPAAm)一维光子晶体结构。其次，将掺杂有导电碳粉的PDMS前驱体混合液覆于一维光子晶体表面，经过抽真空、热聚合固化等步骤，将一维光子晶体PDMS薄膜置于溶液中浸泡，去除可溶性牺牲层PVOH，自然剥落得到自支撑柔性mPANI/P(AA-GO-NiPAAm)一维光子晶体电极薄膜。

mPANI/P(AA-GO-NiPAAm)一维光子晶体柔性电极的结构表征主要是柔性PDMS基底一维光子晶体结构的SEM表征(图5-28)。

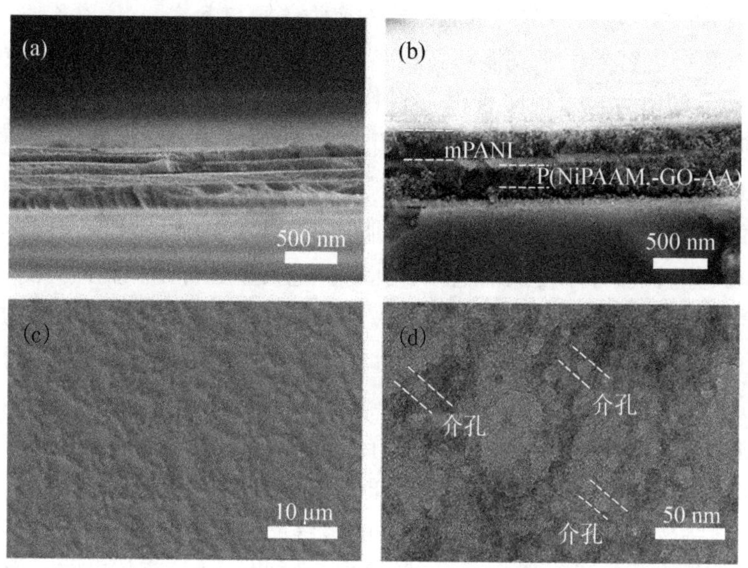

图5-28 mPANI/P(AA-GO-NiPAAm)一维光子晶体柔性电极的结构表征：(a) 一维光子晶体柔性电极的SEM图片显示出良好的层状结构；(b) 局部放大的一维光子晶体结构，mPANI和P(AA-GONiPAAm)层的分层结果明显且厚度均一；(c) P(AA-GO-NiPAAm)层的表面形貌，在较大尺度(10 μm)范围内保持了平整有序的结构；(d) mPANI的介孔结构表征，介孔直径约10 nm

一维光子晶体结构 SEM 照片如图 5 - 28 所示，层状有序的层层堆叠结构展示了一维光子晶体结构已经被成功制备出来，并且这样的结构在较大尺度上规则连续，其中，mPANI 层的厚度为 50～150 nm，我们根据不同的 mPANI 厚度调节了梯度变化的一维光子晶体禁带位置；聚合物水凝胶 P(AA-GO-NiPAAm)的层厚大约为 50 nm，这样的厚度在整个实验中保持固定。根据 Bragg 公式我们可以有效地调节层厚度来控制一维光子晶体的禁带位置，进而调控它们的结构色。

被转印到 PDMS 柔性基地上的有序一维光子晶体结构同样呈现出规则有序的层层堆叠结构，并且同样在较大尺度上规则连续，mPANI 层和 P(AA-GO-NiPAAm)层的厚度保持稳定。同时我们细致观察了 P(AA-GO-NiPAAm)层的表面形貌，在较大尺度(10 μm)范围内保持了平整有序的结构，这样的结果显示我们的柔性电极材料并没有在转印过程中发生溶胀、破裂等损坏，同样，mPANI 层也保持了相当好的孔隙特性，这样的结构有利于作为电极材料时电解质溶液的渗透。

mPANI/P(AAGO-NiPAAm)一维光子晶体结构的数码相机照片和反射光谱如图 5 - 29。由于我们控制了介孔聚苯胺层的厚度，我们制备出了具有不同光子禁带位置的一维光子晶体，呈现出不同的结构色，它们的禁带分别位于 460 nm、540 nm 和 600 nm，由于这些光子晶体的光子禁带落在可见光区域的不同波段，所以这些一维光子晶体呈现出多种鲜亮的颜色。光子禁带为 460 nm 的光子晶体薄膜颜色为蓝绿色，光子禁带为 540 nm 的光子晶体薄膜颜色为黄色，光子禁带为 600 nm 的光子晶体薄膜颜色偏红色。这证明我们制得的 mPANI/P(AA-GO-NiPAAm)一维光子晶体的光子禁带位置可以在可见光波段进行很好的调节。

6.2 超电容器件的制备

在超电容性能测试中，我们采用的是双电极体系。其中，自支撑柔性 mPANI/P(AA-GO-NiPAAm)一维光子晶体薄膜在实验中充当工作电极；铂片(Pt)充当对电极。

工作电极的制备如上文所述，对电极的制备是将面积为 2 cm×2 cm 的钛片用砂纸打磨，然后用洗涤剂清洗，用蒸馏水冲洗 2 遍，再超声清洗 10 min，然后在 120 ℃条件下真空干燥 5 h 后即可进行电化学测试。实验中，电解质溶液采用的是 1 mol/L H_2SO_4。

mPANI/P(AA-GO-NiPAAm)一维光子晶体柔性电极在不同的电流密度下展现了良好的充放电性能，图 5 - 29 展示了 mPANI 质量分数为 60%时，mPANI/P(AA-GONiPAAm)一维光子晶体在电流密度为 0.5 A/g 时的循环稳定性曲线。

经过 3 000 次充放电循环后，该电容器的比电容量保持在 91.1%，这与其特定的结构和储能机理有关。

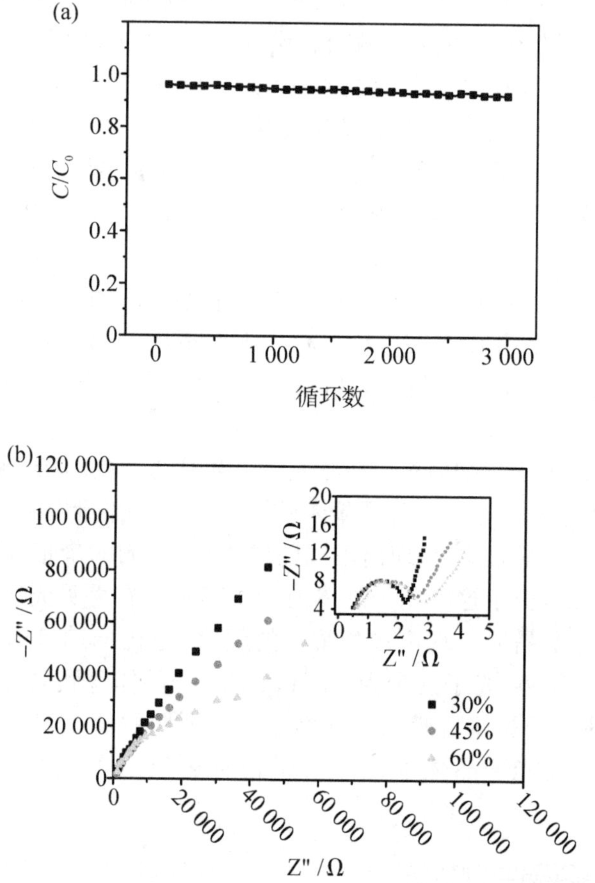

图 5-29 (a) mPANI/P(AA-GO-NiPAAm) 一维光子晶体柔性超电容 3 000 次充放电实验后电量储存能力测试；(b) 聚苯胺质量分数不同的一维光子晶体超电容奈奎斯特图以及高频区域放大图

有较好的循环稳定性主要归因于以下两个方面：第一，GO 水凝胶的加入可提升层状堆叠结构 mPANI/P(AA-GO-NiPAAm) 一维光子晶体的电导率，且 mPANI 镶嵌于层状堆叠结构中时，在进行快速充放电的过程中能够有效缩短电解液中离子的扩散和迁移路径，能增加活性材料在循环过程中的电化学利用率；第二，当 mPANI 均匀镶嵌在 P(AA-GO-NiPAAm) 的网状结构中时，有效阻止了 mPANI 在长时间的充放电循环过程中因体积膨胀而导致的其结构的破坏，并且 mPANI 的介孔结构具有良好的稳定性和电子传递效率。

图 5 - 29(b)展示了 mPANI 质量分数为 30%、45%和 60%时，3 种不同一维光子晶体的交流阻抗奈奎斯特图。其中插图为样品在高频区和中频区的放大图。交流阻抗曲线能够反映电极材料在充放电过程中的一些阻抗性质，可以看出，3 个样品均存在高频区、中频区和低频区，其中在高频区半圆弧的直径反映了电极/电解液界面的传质电阻，中频区为电解液中离子在电极材料中渗透/扩散而产生，低频区反映材料的电容性能、电子转移效率。随着 mPANI 含量的增多，可以发现该电容器的内阻逐渐增大，因为电荷在 mPANI/P(AA-GO-NiPAAm)中移动不仅要在平面内移动，更要穿越 GO-mPANI 的纳米界面进行迁移，而 mPANI 的电子迁移难度显然随着 mPANI 量的增加而变大。

插图中的半圆弧大小显示了超电容的能量密度，和电极与电极界面的电子转移能力密切相关。而且随着 mPANI 含量的增加，mPANI/P(AA-GO-NiPAAm)薄膜在高频区的半圆弧的直径越小，这说明 mPANI 含量的增多显著降低了 mPANI/P(AA-GONiPAAm) 薄膜的界面接触电阻，mPANI 显著增强了堆叠结构之间的导电性。同时，在低频区域，低 mPANI 含量的 mPANI/P(AA-GO-NiPAAm) 薄膜的直线相比于高 mPANI 含量的更加接近于与虚轴平行，这可能是因为 mPANI 含量低的时候 GO 水凝胶与 mPANI 片层间形成的空间孔洞与电解液更加匹配。

因此，mPANI 的加入能提升 mPANI/P(AAGO-NiPAAm) 薄膜的倍率性能，mPANI 含量越高，倍率性能越好，当 mPANI 含量达到一定程度之后可能会影响 mPANI/P(AA-GO-NiPAAm) 薄膜的电容特性，mPANI 含量为 60%的一维光子晶体薄膜兼顾了比容和倍率性能的优点，因此其综合性能最好。图 5 - 29(b)中展示的三种交流阻抗曲线显示出了 mPANI 含量为 60%的电极具有更好的电子转移效率和电量存储能力，相比较于其他两种电极的电容能力更适合做高能存储设备。

光子晶体作为一种结构色可以人工调控的材料，经常被用来作为颜色指示响应性器件。在 mPANI/P(AA-GO-NiPAAm)一维光子晶体柔性超电容工作过程中，我们同样利用了一维光子晶体颜色可调的特性，制备出了可以指示电容存储状况的一维光子晶体超电容。

对于电容存储状况的监视主要是缘于 mPANI 在充放电实验中处于的不同掺杂状态导致的折射率变化会引起一维光子晶体的禁带位置发生变化，导致结构色的变化(图 5 - 30)。在充电过程中，mPANI 会转变为全导电掺杂态，折射率随之上升，光子晶体禁带位置发生红移，光子晶体薄膜的颜色由绿色转变为黄色；与之对应的是，当该柔性超电容处于放电状态时，mPANI 由全导电掺杂态转变为本征态，折射率随之降低，光子禁带位置发生蓝移，光子晶体薄膜的颜色从黄色转变回绿色。这样的颜色转变过程通过肉眼就可以清晰地捕捉到，是行之有效的指示电容电量存储状态的方法。

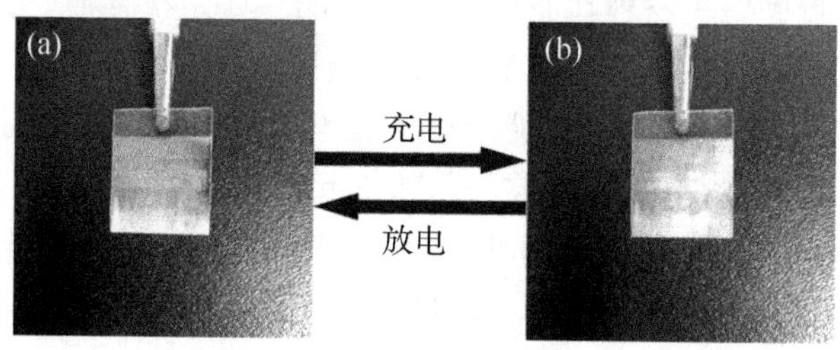

图 5-30 一维光子晶体电容器在充放电过程中的颜色变化示意图：(a) 为初始状态超电容，薄膜颜色为绿色；(b) 为充电后状态超电容，薄膜颜色为黄色

参考文献

[1] Yablonovitch E, Gmitter, T J, Leung K M. Photonic band structure: the face-centered-cubic case[J]. Physical Review Letters, 1989, 63(18):1950-1953.

[2] John S. Strong localization of photons in certain disordered dielectric superlattices[J]. Physical Review Letters, 1987, 58(23): 2486-2489.

[3] Bogomolov V N, Gaponenko S V, Germanenko I N, et al. Photonic band gap phenomenon and optical properties of artificial opals[J]. Physical Review E, 1997, 55(6): 7619.

[4] Astratov V N, Adawi A M, Fricker S, et al. Interplay of order and disorder in the optical properties of opal photonic crystals[J]. Physical Review B, 2002, 66(16): 165215.

[5] Johnson N P, McComb D W, Richel A, et al. Synthesis and optical properties of opal and inverse opal photonic crystals[J]. Synthetic Metals, 2001, 116(1/2/3): 469-473.

[6] Zhao Y J, Xie Z Y, Gu H C, et al. Bio-inspired variable structural color materials[J]. Chemical Society Reviews, 2012, 41(8): 3297-3317.

[7] Cong H L, Yu B, Tang J G, et al. Current status and future developments in preparation and application of colloidal crystals[J]. Chemical Society Reviews, 2013, 42(19): 7774-7800.

[8] Braun P V, Wiltzius P. Macroporous materials: electrochemically grown photonic crystals [J]. Current Opinion in Colloid & Interface Science, 2002, 7(1/2): 116-123.

[9] Park S H, Xia Y N. Assembly of mesoscale particles over large areas and its application in fabricating tunable optical filters[J]. Langmuir, 1999, 15(1): 266-273.

[10] Zakhidov A A. Carbon structures with three-dimensional periodicity at optical wavelengths [J]. Science, 1998, 282(5390): 897-901.

[11] Ge J P, Hu Y X, Yin Y D. Highly tunable superparamagnetic colloidal photonic crystals [J]. Angewandte Chemie International Edition, 2007, 46(39): 7428-7431.

[12] Xu X L, Majetich S A, Asher S A. Mesoscopic monodisperse ferromagnetic colloids enable magnetically controlled photonic crystals[J]. Journal of the American Chemical Society, 2002, 124(46): 13864 - 13868.

[13] Li M Z, Song Y L. High effective sensors based on photonic crystals[J]. Frontiers of Chemistry in China, 2010, 5(2): 115 - 122.

[14] Zhao Y J, Zhao X W, Gu Z Z. Photonic crystals in bioassays[J]. Advanced Functional Materials, 2010, 20(18): 2970 - 2988.

[15] Ge J P, Yin Y D. Responsive photonic crystals[J]. Angewandte Chemie International Edition, 2011, 50(7): 1492 - 1522.

[16] Wang J X, Zhang Y Z, Wang S T, et al. Bioinspired colloidal photonic crystals with controllable wettability[J]. Accounts of Chemical Research, 2011, 44(6): 405 - 415.

[17] He L, Wang M S, Ge J P, et al. Magnetic assembly route to colloidal responsive photonic nanostructures[J]. Accounts of Chemical Research, 2012, 45(9): 1431 - 1440.

[18] Ge J P, He L, Hu Y X, et al. Magnetically induced colloidal assembly into field-responsive photonic structures[J]. Nanoscale, 2011, 3(1): 177 - 183.

[19] Lee H, Kim J, Kim H, et al. Colour-barcoded magnetic microparticles for multiplexed bioassays[J]. Nature Materials, 2010, 9(9): 745 - 749.

[20] Blum C, Mosk A P, Nikolaev I S, et al. Color control of natural fluorescent proteins by photonic crystals[J]. Small, 2008, 4(4): 492 - 496.

[21] García-Moreno I, Amat-Guerri F, Liras M, et al. Structural changes in the BODIPY dye PM567 enhancing the laser action in liquid and solid media[J]. Advanced Functional Materials, 2007, 17(16): 3088 - 3098.

[22] Li H, Wang J X, Lin H, et al. Amplification of fluorescent contrast by photonic crystals in optical storage[J]. Advanced Materials, 2010, 22(11): 1237 - 1241.

[23] Park J T, Prosser J H, Ahn S H, et al. Enhancing the performance of solid-state dye-sensitized solar cells usin g a mesoporous interfacial titan ia layer with a Bragg stack[J]. Advanced Functional Materials, 2013, 23(17): 2193 - 2200.

[24] López-López C, Colodrero S, Calvo M E, et al. Angular response of photonic crystal based dye sensitized solar cells[J]. Energy & Environmental Science, 2013, 6(4): 1260.

[25] Li Y, Fu Z Y, Su B L. Hierarchically structured porous materials for energy conversion and storage[J]. Advanced Functional Materials, 2012, 22(22): 4634 - 4667.

[26] Yang N L, Zhai J, Wang D, et al. Two-dimensional graphene bridges enhanced photoinduced charge transport in dye-sensitized solar cells[J]. ACS Nano, 2010, 4(2): 887 - 894.

[27] Liu J, Liu G L, Li M Z, et al. Enhancement of photochemical hydrogen evolution over Pt-loaded hierarchical titan ia photonic crystal[J]. Energy & Environmental Science, 2010, 3(10): 1503.

[28] Liu J, Wang H Q, Chen Z P, et al. Microcontact-printing-assisted access of graphitic carbon nitride films with favorable textures toward photoelectrochemical application[J].

Advanced Materials, 2015, 27(4): 712 - 718.

[29] Bao B, Jiang J K, Li F Y, et al. Fabrication of patterned concave microstructures by inkjet imprinting[J]. Advanced Functional Materials, 2015, 25(22): 3286 - 3294.

[30] Wang L B, Wang J X, Huang Y, et al. Inkjet printed colloidal photonic crystal microdot with fast response induced by hydrophobic transition of poly(N-isopropyl acrylamide)[J]. Journal of Materials Chemistry, 2012, 22(40): 21405.

[31] Li L H, Guo Y Z, Zhang X Y, et al. Inkjet-printed highly conductive transparent patterns with water based Ag-doped graphene[J]. J Mater Chem A, 2014, 2(44): 19095 - 19101.

[32] Wang J X, Wang L B, Song Y L, et al. Patterned photonic crystals fabricated by inkjet printing[J]. Journal of Materials Chemistry C, 2013, 1(38): 6048.

[33] Hansen A, Zhang R, Bradley M. Fabrication of arrays of polymer gradients usin g inkjet printing[J]. Macromolecular Rapid Co mmunications, 2012, 33(13): 1114 - 1118.

[34] Lee H S, Shim T S, Hwang H, et al. Colloidal photonic crystals toward structural color palettes for sec urity materials[J]. Chemistry of Materials, 2013, 25(13): 2684 - 2690.

[35] Ozaki, R, Ozaki M, Yoshino K. Defect mode switching in one-dimensional photonic crystal with nematic liquid crystal as defect layer[J]. Jpn J Appl Phys, 2003, 42: L669 - L671.

[36] Por Ce L C H, Izquierdo A, Ball V, et al. Ultrathin coatings and (poly(glutamic acid)/polyallylamine) films deposited by continuous and simultan eous spraying[J]. Langmuir the Acs Journal of Surfaces & Colloids, 2005, 21(2): 800 - 802.

[37] Lee D, Rubner M F, Cohen R E. All-nanoparticle thin-film coatings[J]. Nano Letters, 2006, 6(10): 2305 - 2312.

[38] González-García L, Lozano G, Barranco A, et al. TiO2-SiO2 one-dimensional photonic crystals of controlled porosity by glancing angle physical vapour deposition[J]. Journal of Materials Chemistry, 2010, 20(31): 6408.

[39] Bonifacio L D, Lotsch B V, Puzzo D P, et al. Stacking the nanochemistry deck: Structural and compositional diversity in one-dimensional photonic crystals[J]. Advanced Materials, 2009, 21(16): 1641 - 1646.

[40] Redel E, Mlynarski J, Moir J, et al. Electrochromic Bragg mirror: ECBM[J]. Advanced Materials, 2012, 24(35): OP265 - OP269.

[41] Kapitonov A M. One-dimensional opal photonic crystals[J]. Photonics and Nanostructures-Fundamentals and Applications, 2008, 6(3/4): 194 - 199.

[42] Lotsch B V, Ozin G A. All-clay photonic crystals[J]. Journal of the American Chemical Society, 2008, 130(46): 15252 - 15253.

[43] Niu S M, Wang S H, Liu Y, et al. A theoretical study of grating structured triboelectric nanogenerators[J]. Energy Environ Sci, 2014, 7(7): 2339 - 2349.

[44] O'Brien P G, Puzzo D P, Chutinan A, et al. Selectively transparent and conducting photonic crystals[J]. Advanced Materials, 2010, 22(5): 611 - 616.

[45] Exner A T, Pavlichenko I, Lotsch B V, et al. Low-cos t thermo-optic imaging sensors: A

detection principle based on tunable one-dimensional photonic crystals[J]. ACS Applied Materials & Interfaces, 2013, 5(5): 1575 - 1582.

[46] Smirnov J R C, Calvo M E, Míguez H. Selective UV reflecting mirrors based on nanoparticle multilayers[J]. Advanced Functional Materials, 2013, 23(22): 2805 - 2811.

[47] Puzzo D P, Helander M G, O'Brien P G, et al. Organic light-emitting diode microcavities from transparent conducting metal oxide photonic crystals[J]. Nano Letters, 2011, 11(4): 1457 - 1462.

[48] Zaragozá P, Fernández-Segovia I, Fuentes A, et al. Monitorization of Atlantic salmon (Salmo salar) spoilage usin g an optoelectronic nose[J]. Sensors and Actuators B: Chemical, 2014, 195: 478 - 485.

[49] Hou Y X, Genua M, Tada Batista D, et al. Continuous evolution profiles for electronic-tongue-based analysis[J]. Angewandte Chemie International Edition, 2012, 51(41): 10394 - 10398.

[50] Bai L, Xie Z Y, Cao K D, et al. Hybrid mesoporous colloid photonic crystal array for high performance vapor sensin g[J]. Nanoscale, 2014, 6(11): 5680 - 5685.

[51] Bonifacio L D, Ozin G A, Arsenault A C. Photonic nose-sensor platform for water and food quality control[J]. Small, 2011, 7(22): 3153 - 3157.

[52] Lü C, Yang B. High refractive index organic-inorganic nanocomposites: Design, synthesis and application[J]. Journal of Materials Chemistry, 2009, 19(19): 2884 - 2901.

[53] Su mmers C J, Park W. Photonic crystals. 2006, US.

[54] Cunningham B T. Surface enhanced raman spectroscopy on optical resonator (e. g., photonic crystal) surfaces: US, 20130169960[P]. 2013 - 07 - 04.

[55] Lotsch B V, Knobbe C B, Ozin G A. A step towards optically encoded silver release in 1D photonic crystals[J]. Small, 2009, 5(13): 1498 - 1503.

[56] Tian E T, Wang J X, Zheng Y M, et al. Colorful humidity sensitive photonic crystal hydrogel[J]. Journal of Materials Chemistry, 2008, 18(10): 1116 - 1122.

[57] Hu X B, Huang J, Zhang W X, et al. Photonic ionic liquids polymer for naked-eye detection of anions[J]. Advanced Materials, 2008, 20(21): 4074 - 4078.

[58] Hansen C M. Hansen solubility parameters: a user's handbook [M]. London: CRC Press, 2007.

[59] Huang D J, Ou B X, Hampsch-Woodill M, et al. Development and validation of oxygen radical absorbance capacity assay for lipophilic antioxidants usin g randomly methylated β-cyclodextrin as the solubility enhancer[J]. Journal of Agricultural and Food Chemistry, 2002, 50(7): 1815 - 1821.

[60] Romo A, Peñas F J, Isasi J R, et al. Extraction of phenols from aqueous solutions by β-cyclodextrin polymers. Comparison of sorptive capacities with other sorbents[J]. Reactive and Functional Polymers, 2008, 68(1): 406 - 413.

[61] Daoud-Maha mmed S, Grossiord J L, Bergua T, et al. Self-assembling cyclodextrin based

hydrogels for the sustained delivery of hydrophobic drugs[J]. Journal of Biomedical Materials Research Part A, 2008, 86A(3): 736 - 748.

[62] Klüfers P, Schuhmacher J. Sixteenfold deprotonated γ-cyclodextrin tori as anions in a hexadecanuclear lead (II) alkoxide[J]. Angewandte Chemie International Edition in English, 1994, 33(18): 1863 - 1865.

[63] Johnson M D, Bernard J G. Hydrogen bonding effects on the cyclodextrin encapsulation of transition metal complexes: 'molecular snaps'[J]. Chem Co mmun, 1996(2): 185 - 186.

[64] Warner I M, McGown L B. Molecular fluorescence, phosphorescence, and chemiluminescence spectrometry[J]. Analytical Chemistry, 1988, 60(12): 162 - 175.

[65] Zhang J, Lakowicz J R. A model for DNA detection by metal-enhanced fluorescence from i mmobilized silver nanoparticles on solid substrate[J]. The Journal of Physical Chemistry B, 2006, 110(5): 2387 - 2392.

[66] Wade S A, Collins S F, Baxter G W. Fluorescence intensity ratio technique for optical fiber point temperature sensin g[J]. Journal of Applied Physics, 2003, 94(8): 4743 - 4756.

[67] Ren X S, Xu Q H. Highly sensitive and selective detection of mercury ions by usin g oligonucleotides, DNA intercalators, and conjugated polymers[J]. Langmuir, 2009, 25 (1): 29 - 31.

[68] Dorfman A, Kumar N, Hahm J. Nanoscale ZnO-enhanced fluorescence detection of protein interactions[J]. Advanced Materials, 2006, 18(20): 2685 - 2690.

[69] Dorfman A, Kumar N, Hahm J I. Highly sensitive biomolecular fluorescence detection usin g nanoscale ZnO platforms[J]. Langmuir, 2006, 22(11): 4890 - 4895.

[70] Adalsteinsson V, Parajuli O, Kepics S, et al. Ultrasensitive detection of cytokines enabled by nanoscale ZnO arrays[J]. Analytical Chemistry, 2008, 80(17): 6594 - 6601.

[71] Scot ognella F. One-dimensional photonic structure with multilayer random defect[J]. Optical Materials, 2013, 36(2): 380 - 383.

[72] Zhang Y Q, Wang J X, Ji Z Y, et al. Solid-state fluorescence enhancement of organic dyes by photonic crystals[J]. J Mater Chem, 2007, 17(1): 90 - 94.

[73] Nishimura S, Abrams N, Lewis B A, et al. Stan ding wave enhancement of red absorbance and photocurrent in dye-sensitized titan ium dioxide photoelectrodes coupled to photonic crystals[J]. Journal of the American Chemical Society, 2003, 125(20): 6306 - 6310.

[74] Zheng Y J, Cao X H, Orbulescu J, et al. Peptidyl fluorescent chemosensors for the detection of divalent copper[J]. Analytical Chemistry, 2003, 75(7): 1706 - 1712.

[75] Pina F, Bernardo M A, García-España E. Fluorescent chemosensors containing polyamine receptors[J]. European Journal of Inorganic Chemistry, 2000, 2000(10): 2143 - 2157.

[76] Zhang H, Zong R L, Zhao J C, et al. Dramatic visible photocatalytic degradation performances due to synergetic effect of TiO_2 with PANI[J]. Environmental Science & Technology, 2008, 42(10): 3803 - 3807.

[77] Prasad G K, Radhakrishnan T P, Kumar D S, et al. A mmonia sensin g characteristics of

thin film based on polyelectrolyte templated polyaniline[J]. Sensors and Actuators B: Chemical, 2005, 106(2): 626-631.

[78] Gerard M. Application of conducting polymers to biosensors [J]. Biosensors and Bioelectronics, 2002, 17(5): 345-359.

[79] Ram M K, Yavuz O, V Lahsangah, et al. CO gas sensin g from ultrathin nano-composite conducting polymer film[J]. Sensors and Actuators B: Chemical, 2005, 106(2): 750-757.

[80] Yoon H, Jang J. Conducting-polymer nanomaterials for high-performance sensor applications: Issues and challenges[J]. Advanced Functional Materials, 2009, 19(10): 1567-1576.

[81] Zhang Y X, Kim J J, Chen D, et al. Electrospun polyaniline fibers as highly sensitive room temperature chemiresistive sensors for a mmonia and nitrogen dioxide gases[J]. Advanced Functional Materials, 2014, 24(25): 4005-4014.

[82] Liu C H, Gao G Z, Zhang Y Q, et al. The naked-eye detection of NH_3-HCl by polyaniline-infiltrated TiO2 inverse opal photonic crystals[J]. Macromolecular Rapid Co mmunications, 2012, 33(5): 380-385.

[83] Leacock-Johnson A, Garcia Sega A, Sharief A, et al. Real-time 1D hyperspectral imaging of porous silicon-based photonic crystals with one-dimensional chemical composition gradients undergoing pore-filling-induced spectral shifts[J]. Sensors and Actuators A: Physical, 2013, 203: 154-159.

[84] Potyrailo R A, Ghiradella H, Vertiatchikh A, et al. Morpho butterfly wing scales demonstrate highly selective vapour response[J]. Nature Photonics, 2007, 1(2): 123-128.

[85] Lettieri S, Setaro A, de Stefano L, et al. The gas-detection properties of light-emitting diatoms[J]. Advanced Functional Materials, 2008, 18(8): 1257-1264.

[86] Hong W, Li H R, Hu X B, et al. Wettability gradient colorimetric sensin g by amphiphilic molecular response[J]. Chem Co mmun, 2013, 49(7): 728-730.

[87] Redel E, Huai C, Renner M, et al. Hierarchical nanoparticle Bragg mirrors: Tandem and gradient architectures[J]. Small, 2011, 7(24): 3465-3471.

[88] Lotsch B V, Ozin G A. Clay Bragg stack optical sensors[J]. Advanced Materials, 2008, 20(21): 4079-4084.

[89] Lotsch B V, Ozin G A. Photonic clays: A new family of functional 1D photonic crystals[J]. ACS Nano, 2008, 2(10): 2065-2074.

[90] Brugger B, Vermant J, Richtering W. Interfacial layers of stimuli-responsive poly-(N-isopropylacrylamide-co-methacrylicacid) (PNIPAM-co-MAA) microgels characterized by interfacial rheology and compression isotherms[J]. Physical Chemistry Chemical Physics, 2010, 12(43): 14573.

[91] Huang G, Gao J, Hu Z B, et al. Controlled drug release from hydrogel nanoparticle networks[J]. Journal of Controlled Release, 2004, 94(2/3): 303-311.

[92] Chen J J, Ahmad A L, Ooi B S. Thermo-responsive properties of poly(N-isopropylacrylamide-

co-acrylic acid) hydrogel and its effect on copper ion removal and fouling of polymer-enhanced ultrafiltration[J]. Journal of Membrane Science, 2014, 469: 73-79.

[93] Zhou B, Gao J, Hu Z B. Robust polymer gel opals-An easy approach by inter-sphere cross-linking gel nanoparticle assembly in acetone[J]. Polymer, 2007, 48(10): 2874-2881.

[94] Sun S T, Hu J, Tang H, et al. Spectral interpretation of thermally irreversible recovery of poly(N-isopropylacrylamide-co-acrylic acid) hydrogel[J]. Physical Chemistry Chemical Physics, 2011, 13(11): 5061-5067.

[95] Skorb E V, Möhwald H. 25th anniversary article: Dynamic interfaces for responsive encapsulation systems[J]. Advanced Materials, 2013, 25(36): 5029-5043.

[96] Zhu H, Guo Z G, Liu W M. Adhesion behaviors on superhydrophobic surfaces[J]. Chemical Co mmunications, 2014, 50(30): 3900-3913.

[97] Aebisher D, Bartusik D, Liu Y, et al. Superhydrophobic photosensitizers. mechanistic studies of $^{1}O_2$ generation in the plastron and solid/liquid droplet interface[J]. Journal of the American Chemical Society, 2013, 135(50): 18990-18998.

[98] Pechook S, Kornblum N, Pokroy B. Bio-inspired superoleophobic fluorinated wax crystalline surfaces[J]. Advanced Functional Materials, 2013, 23(36): 4571.

[99] Hu Z H, Tao C A, Wang F, et al. Flexible metal-organic framework-based one-dimensional photonic crystals[J]. Journal of Materials Chemistry C, 2015, 3(1): 211-216.

[100] Zhang J, Yang S Y, Tian Y, et al. Dual photonic-bandgap optical films towards the generation of photonic crystal-derived 2-dimensional chemical codes[J]. Chemical Co-mmunications, 2015, 51(52): 10528-10531.

[101] Hong W, Wang X. Modeling mechanochromatic lamellar gels[J]. Physical Review E, 2012, 85(3): 031801.

[102] Wang L, Liu Y, Cheng Y, et al. A bioinspired swimming and walking hydrogel driven by light-controlled local density[J]. Advanced Science, 2015, 2(6): 1500084.

[103] Xue B L, Gao L C, Hou Y P, et al. Temperature controlled water/oil wettability of a surface fabricated by a block copolymer: Application as a dual water/oil on-off switch[J]. Advanced Materials, 2013, 25(2): 273-277.

[104] Zhang P C, Wang S S, Wang S T, et al. Superwetting surfaces under different media: Effects of surface topography on wettability[J]. Small, 2015, 11(16): 1939-1946.

[105] Liu H L, Ding Y, Ao Z, et al. Fabricating surfaces with tunable wettability and adhesion by ionic liquids in a wide range[J]. Small, 2015, 11(15): 1782-1786.

[106] Hu X X, Wang Y Q, Liu H Y, et al. Naked eye detection of multiple tumor-related mRNAs from patients with photonic-crystal micropattern supported dual-modal upconversion bioprobes[J]. Chemical Science, 2017, 8(1): 466-472.

[107] Li J, Wang H, Dong S J, et al. Quantum-dot-tagged photonic crystal beads for multiplex detection of tumor markers[J]. Chem Commun, 2014, 50(93): 14589-14592.

[108] Sridevi S, Mohanraj J, Vallia mmai M. Refractive index based biosensor usin g photonic

quasi crystal fiber for detection of metastasis tumor cells in brain[C]//2019 Workshop on Recent Advances in Photonics (WRAP). December 13 - 14, 2019, Guwahati, India. IEEE, 2019: 1 - 3.

[109] Calvo M E, Colodrero S, Hidalg o N, et al. Porous one dimensional photonic crystals: Novel multifunctional materials for environmental and energy applications[J]. Energy & Environmental Science, 2011, 4(12): 4800 - 4812.

[110] Colodrero S, Mihi A, Häggman L, et al. Porous one-dimensional photonic crystals improve the power-conversion efficiency of dye-sensitized solar cells[J]. Advanced Materials, 2009, 21(7): 764 - 770.

[111] Zhang S L, Pan N. Supercapacitors performance evaluation[J]. Advanced Energy Materials, 2015, 5(6): 1401401.

[112] Chu S, Majumdar A. Opportunities and challenges for a sustainable energy future[J]. Nature, 2012, 488(7411): 294 - 303.

[113] Nam I, Kim G P, Park S, et al. All-solid-state, origami-type foldable supercapacitor chips with integrated series circuit analogues[J]. Energy & Environmental Science, 2014, 7(3): 1095 - 1102.

[114] Zhi L, Xu Z, Wang H, et al. Colossal pseudocapacitan ce in a high functionality-high surface area carbon anode doubles the energy of an asy mmetric supercapacitor[J]. Energy & Environmental Science, 2014, 7(5):1708.

[115] Hua M Y, Hwang G W, Chuang Y H, et al. Soluble n-doped polyaniline: Synthesis and characterization[J]. Macromolecules, 2000, 33(17): 6235 - 6238.

[116] Qu L T, Liu Y, Baek J B, et al. Nitrogen-doped graphene as efficient metal-free electrocatalyst for oxygen reduction in fuel cells[J]. ACS Nano, 2010, 4(3): 1321 - 1326.

[117] Xie X N, Lee K K, Wang J Z, et al. Polarizable energy-storage membrane based on ionic condensation and decondensation[J]. Energy & Environmental Science, 2011, 4(10): 3960.

[118] Ghidiu M, Lukatskaya M R, Zhao M Q, et al. Conductive two-dimensional titan ium carbide 'clay' with high volumetric capacitan ce[J]. Nature, 2014, 516(7529): 78 - 81.

[119] Jin Y H, Jia M Q. Design and synthesis of nanostructured graphene-SnO2-polyaniline ternary composite and their excellent supercapacitor performance[J]. Colloids and Surfaces A: Physicochemical and Engineering Aspects, 2015, 464: 17 - 25.

[120] Amarnath C A, Venkatesan N, Doble M, et al. Water dispersible Ag@polyaniline-pectin as supercapacitor electrode for physiological environment[J]. J Mater Chem B, 2014, 2(31): 5012 - 5019.

[121] Dutta S, Bhaumik A, Wu K C W. Hierarchically porous carbon derived from polymers and biomass: Effect of interconnected pores on energy applications[J]. Energy Environ Sci, 2014, 7(11): 3574 - 3592.

[122] Zhang Y Z, Wang Y, Cheng T, et al. Flexible supercapacitors based on paper substrates:

A new paradigm for low-cost energy storage[J]. Chemical Society Reviews, 2015, 44 (15): 5181 - 5199.

[123] Bhadra S, Hertzberg B J, Hsieh A G, et al. The relationship between coefficient of restitution and state of charge of zinc alkaline primary LR6 batteries[J]. Journal of Materials Chemistry A, 2015, 3(18): 9395 - 9400.

[124] Wan S H, Pu J B, Zhang X Q, et al. The tunable wettability in multistimuli-responsive smart graphene surfaces[J]. Applied Physics Letters, 2013, 102(1): 011603.

[125] Wang L, Lian W J, Yao H Q, et al. Multiple-stimuli responsive bioelectrocatalysis based on reduced graphene oxide/poly (N-isopropylacrylamide) composite films and its application in the fabrication of logic gates[J]. ACS Applied Materials & Interfaces, 2015, 7(9): 5168 - 5176.

[126] Watan abe S, Hamada Y, Hyodo H, et al. Calcination-free micropatterning of rare-earth-ion-doped nanoparticle films on wettability-patterned surfaces of plastic sheets[J]. Journal of Colloid and Interface Science, 2014, 422: 58 - 64.

[127] Qi J J, Lv W, Zhang G L, et al. Poly(N-isopropylacrylamide) on two-dimensional graphene oxide surfaces[J]. Polymer Chemistry, 2012, 3(3): 621.

[128] Deng Y, Li Y J, Dai J, et al. An efficient way to functionalize graphene sheets with presynthesized polymer via ATNRC chemistry[J]. Journal of Polymer Science Part A: Polymer Chemistry, 2011, 49(7): 1582 - 1590.

[129] Deng Y, Li Y J, Dai J, et al. An efficient way to functionalize graphene sheets with presynthesized polymer via ATNRC chemistry[J]. Journal of Polymer Science Part A: Polymer Chemistry, 2011, 49(7): 1582 - 1590.

第六章　多层功能膜材料在能源方面的应用

谭鑫　南京航空航天大学
嵇剑宇　葛丽芹　东南大学

1. 概述

本章将结合已经开展的相关领域的研究工作和取得的实验结果，讨论层层自组装技术在微生物燃料电池电极修饰方面的应用。第一节将简单介绍微生物染料电池的基本结构、运行原理以及影响因素；第二节将介绍产电菌 *Shewanella loihica PV*-4 的生长特性；第三节将介绍一些基于层层自组装技术能提高电极导电性的物质修饰阳极材料，并研究其在微生物燃料电池中的应用，以及电池的输出电流与修饰层数之间的关系及电池效率；第四节将介绍基于层层自组装技术，以碳酸钙为模板，中空胶囊修饰阳极材料，研究其在微生物燃料电池中的应用，以及电池的输出电流与修饰层数之间的关系；第五节将简单介绍基于自组装技术，生物大分子修饰微生物燃料电池阳极及在其他方面的应用。

2. 微生物燃料电池的基本结构、运行原理以及影响因素

自人类进入工业化社会以来，环境问题和能源危机已经严重威胁到人类的可持续性发展。为了解决这一问题，人们正不懈地寻找新型可替代能源。微生物燃料电池(microbial fuel cell, MFC)是利用微生物作为生物催化剂将碳水化合物转化为电能的装置，由于微生物种类繁多而备受关注。与传统电池相比，MFC 以微生物代替昂贵的化学催化剂，具有更多优点：① 底物广泛，可利用有机废水等废弃物；② 反应条件温和，常温常压下即可运行；③ 因能量转化过程无燃烧步骤，故理论转化效率较高。

而影响微生物燃料电池性能的因素有很多，主要有微生物的种类和生物活性、装置的构造、底物、电解质和运行环境(如温度、pH)等。由于阳极材料直接影响了细菌的生长、电子转移的效率、底物的氧化等，且电极材料大多为碳材料，所以对电极材料的改性或修饰更为重要。

MFC的产电机制不明确是制约输出功率进一步提高的主要因素。因此，产电机制一直是研究者所关注的重点，其对MFC性能的提高至关重要。本节将简单介绍MFC的基本结构、运行原理以及影响因素。

2.1 基本结构和运行原理

MFC基本工作原理(如图6-1)为：① 微生物在阳极池生长，利用水溶液或污泥中的营养物直接生成质子、电子和代谢产物，电子通过载体传送到电极表面。随着微生物种类和性质的不同，电子载体可能是外源的染料分子、与呼吸链有关的NADH和色素分子，也可能是微生物代谢产生的还原性物质，如S^{2-}等。② 电子通过外电路到达阴极，质子在溶液中迁移到阴极。③ 在阴极表面，处于氧化态的物质(如氧气等)与阳极传递过来的质子和电子结合发生还原反应[1]。

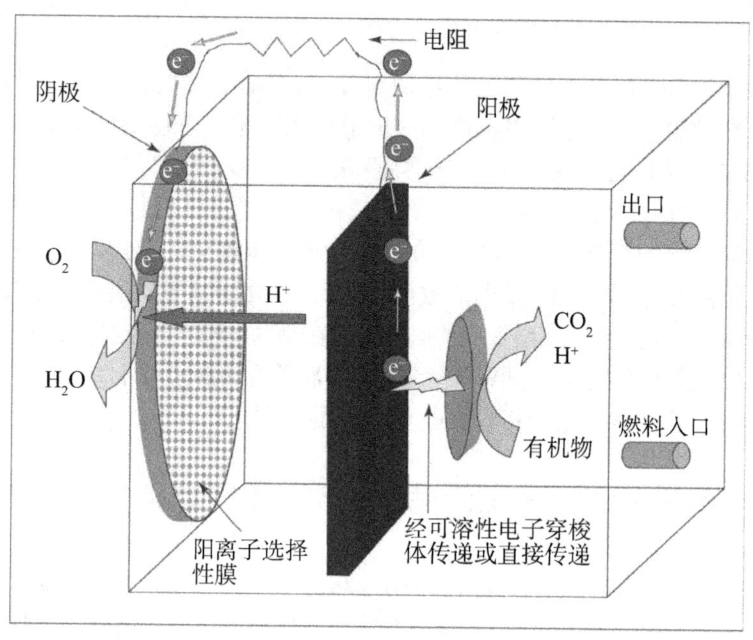

图6-1 MFC结构原理图

目前研究已确定在微生物燃料电池利用有机物产生电能的整个过程中，起决定作用的是电子在阳极区的传递。此过程中，细胞内的电子转移利用的是微生物氧化代谢中的呼吸链,使电子经 NADH 脱氢酶、辅酶 Q、泛醌、细胞色素等,或者微生物膜表面的氢化酶转移出细胞。然后,在细胞外的电子还必须通过与膜关联的物质,或者可溶性氧化还原介体转移到电极上。目前,已发现且研究证实的阳极电子传递方式主要有 4 种:直接接触传递、纳米导线辅助远距离传递、电子穿梭传递和初级代谢产物原位氧化传递[2-4]。这 4 种传递方式可概括为两种机制,前两者为生物膜机制,后两者为电子穿梭机制。这两种机制可能同时存在,协同促进产电过程[5-7]。

生物膜产电机制,即微生物在电极表面聚集,形成生物膜,达到直接接触或利用纳米导线辅助转移电子的目的,是一种无介体的电子传递。电子穿梭产电机制,即微生物利用外加或自身分泌的电子穿梭体(氧化还原介体),将代谢产生的电子转移至电极表面。由于微生物细胞壁的阻碍,大多数微生物自身不能将电子传递到电极上,需借助可溶性氧化还原介体,即进行有介体参与的电子传递[2,8]。

2.2 微生物燃料电池的影响因素

2.2.1 反应器结构

反应器结构是微生物燃料电池的重要因素之一,不同的设计结构能够使得阳极和阴极等电池元件在一个系统中的效率得到最大化。现在主要有 4 种不同反应器结构:① 经典的双室结构,中间有质子交换膜;② 单室阳极系统加空气阴极,起到简化反应器设计、降低设计成本和能量损耗的作用;③ 单室系统;④ 盒式微生物燃料电池[9-16]。由于立方体结构的微生物燃料电池能够产生最大的功率密度、开路电压以及电流密度,同时其内阻最小,故立方体结构的反应装置更适用于微生物燃料电池,如图 6-2 为单室、双室、三室和立方体结构的微生物燃料电池。同时采用空气阴极的设计结构可以简化反应器的设计,还能降低设计成本以及能量损耗。也有其他改变反应器结构的方法,如提高阳极面积有利于 MFC 产电、以铁氰化钾为阴极电子受体的双室上流式连续结构能够有效地提高输出功率。但在目前看来单纯改变结构并不能大幅度地提高产电效率。

2.2.2 质子交换膜

在氢燃料电池中,膜是电池中的重要组成部分,因为膜的作用是将两种气体(H_2 和 O_2)隔开,并使质子在两种气体间得以传递。因此这种膜又被称为质子交换膜(proton exchange membrane, PEM)。但是在 MFC 中,质子溶于水中,因此,膜不是 MFC 中的必要组成部分。某些 MFC 采用膜电极,即将阴极催化剂与膜直接接触,研究发现 MFC 中不使用膜比阴极有膜(nafion 膜)时产能高,这表明膜对产能有负面影响。

那么在 MFC 中添加膜的作用是什么呢? 膜主要用于双室 MFC,以使阴极和

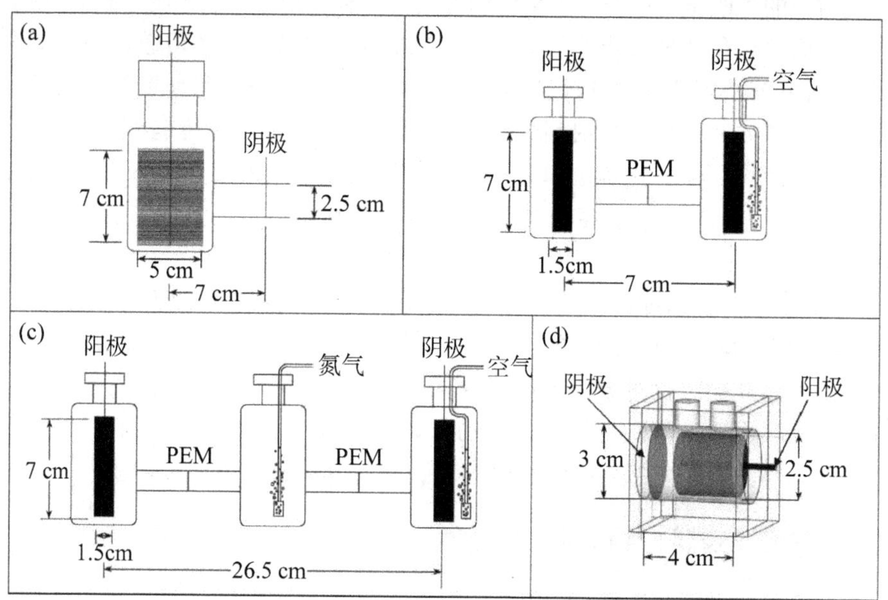

图 6-2 单室、双室、三室和立方体结构的微生物燃料电池结构示意图

阳极中的液体分开，阴极中铁氰化物或水中的溶解氧不能与阳极室中的溶液混合。因此这些膜必须是质子可透过的，允许阳极产生的质子扩散到阴极。膜的另一个作用是阻止其他物质在两室间传递。例如，膜可用于减少底物从阳极向阴极的转移及 O_2 从阴极向阳极的传递，从而提高库伦效率。即使在单室 MFC 中，膜也可以将阳极催化剂与阴极有效地隔离。

PEM 的存在主要是增加了 MFC 的内阻，而 PEM 的面积就是一个至关重要的因素。研究发现若 PEM 面积小于电极面积，则电池的内阻增加，继而降低电池的输出功率；如果 PEM 表面积足够大，即 PEM 对内阻的影响接近为零，基本上对功率输出没有影响。而 PEM 和电极之间的空间距离也会对内阻产生影响，阳极和阴极越接近越对内阻降低有利。

此外，有的研究者将 PEM、阴极和 Pt 等粘连起来，以减小 PEM 和电极之间的空间距离，从而减小内阻。而所需的交联剂是 nafion 溶液，但 nafion 溶液成本较贵，且没有 nafion 溶液时产生的电流密度、功率密度、最大功率输出大于有 nafion 溶液时产生的，而内阻却小于有 nafion 溶液的。所以，在没有 nafion 溶液的情况下，微生物燃料电池的性能更佳，而且可以有效减少成本。

2.2.3 电子介体

介体是指一类能溶解在溶液中，进入微生物体内，或者吸附在电极表面，将参与微生物氧化还原反应的电子传递到电极上的一类物质。在 MFC 这个系统中，电子从菌体的外膜传递到电极是电子传递的关键一步，主要通过两种途径：借助细胞色素等微生物自身产生的内源介体和蒽醌类外源介体。其中少数微生物可以通过内源介体将电子直接传递给电极，但这需要微生物细胞与电极直接接触，因此限制了活性细胞的密度，效率很低。这就需要在MFC中加入适当的外源介体如中性红(neutral red, NR)、2,6-二磺酸蒽醌(anthraquinone-2,6-disulphonate, AQDS)和新亚甲基蓝(methylene blue N, MBN)等，会显著改善电子的传递速率。而现行的电子介体主要分为两类，一类是天然存在的，还有一类是人工合成的[17]。而主要的电子介体有硫堇、苯醌、吩嗪类以及AQDS等等。但这些常用介体多为人工染料中间体，价格昂贵，使用寿命短，且对微生物有毒害作用，这些均限制了介体MFC的工业化应用。因此，寻找更理想的介体将会在提高MFC输出功率的基础上促进介体MFC的产业化应用。

2.2.4 阳极

从MFC的构成来看，阳极肩负着附着微生物并传递电子的作用，是决定MFC产电能力的重要因素，也是研究微生物产电机理与电子传递机理的重要辅助工具，因此对MFC阳极的研究具有十分重要的意义。而对阳极的研究又主要分为对阳极材料本身的研究和对阳极材料修饰与改性的研究。

(1) 阳极材料：目前，MFC的阳极主要是以碳为基材制成的，包括碳纸、碳布、碳毡、石墨片(棒)和泡沫石墨。按电池输出电流由大到小排序是：石墨毡＞碳泡沫材料＞石墨，即输出电流随材料比表面积增大而增大。这说明，增大电极比表面积可以增大吸附在电极表面的细菌密度，从而增大电能输出。对碳纸、石墨和碳毡3种阳极材料的产电性能进行比较，考察了孔体积、孔径分布、表面积、表面粗糙度和表面电位5种阳极特性对微生物燃料电池产电性能的影响，发现增加多孔电极的孔体积、表面积以及内孔径都可以提高阳极上的微生物量，并降低阳极内阻；增加非多孔电极的表面粗糙度也可增大阳极上的微生物量，同时还能降低阳极的内阻。表面电位对阳极微生物富集和产电也有影响，表面电位越低则微生物量越大，内阻越小。

此外，将石墨纤维捆绑在导电金属上制成石墨刷阳极也可用于微生物燃料电池。由于石墨刷阳极有很大的比表面积(4 200 m^2/m^3)，使得微生物燃料电池的内阻降到8～31 Ω，且产生的功率密度达到1 430 m W/m^2(2.3 W/m^3, CE＝23%)(如图6-3)，而用普通的碳布作电极产生的功率密度为600 mW/m^2。故电极有较大的比表面积和多孔结构可以提高MFC的功率密度，并可以用于扩大微生物燃料电池的规模。综合各个方面的研究，现行的MFC阳极材料中，石墨刷电极的效果是最好的。

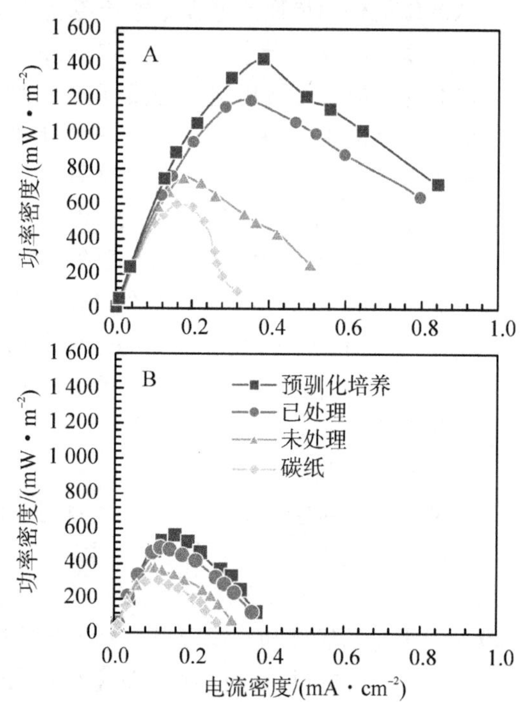

图 6-3　左图为石墨刷阳极，右图为用不同方式处理的石墨刷电极的功率密度曲线

(2) 导电聚合物对阳极材料的修饰与改性：导电聚合物具有重量轻、易加工成各种复杂的形状和尺寸、稳定性好以及电阻率在较大的范围内可以调节等特点。用导电聚合物来对阳极材料进行修饰和改进，能够很好地增加电极的比表面积，增加导电性能以及降低内阻。

其中聚吡咯由于其良好的导电性、稳定性和生物相容性，被视为一个极具吸引力的材料。以电聚合吡咯改性 MFC 的阳极，可大大提高 MFC 的功率密度；聚吡咯/碳纳米管复合材料是一种非常具有前景的低成本、高效的 MFC 阳极，比普通碳纳米管有更高的电导率[18-19]。

另一导电聚合物，聚苯胺(PANI)具有高电导率、掺杂态和掺杂的环境稳定性好、易于合成、单体成本低等优点，所以非常适合应用于生活污水、污泥的处理。如用纳米尺度的聚苯胺(polyaniline, PANI)作为微生物燃料电池的阳极，因其大大增加了阳极材料的比表面积，从而增加了电极材料与细菌和电子的接触面积，继而大幅度提高了电池的输出电流；以及用氟化聚苯胺作为阳极材料，氟化聚苯胺具有很高的化学稳定性，并改善了铂中毒的问题，提高了阳极的催化活性；此外，将聚苯胺负载在碳纳米管(carbon nanotube, CNT)上作为阳极材料，也可以提高 MFC 产电效率。

将层层自组装技术首次用于微生物燃料电池的阳极修饰方面，如在碳布表面交替修饰上带有相反电荷的多壁碳纳米管和 PEI 得到多壁碳纳米管阵列，可有效增大比表面积，降低内阻。与没有进行电极修饰的微生物燃料电池相比，经过电极修饰后的微生物燃料电池的最大输出功率密度提高了 20%，达到了 290 mW/m²（如图 6-4）。同时，阳极界面电阻从 1 163 Ω 降到 258 Ω。

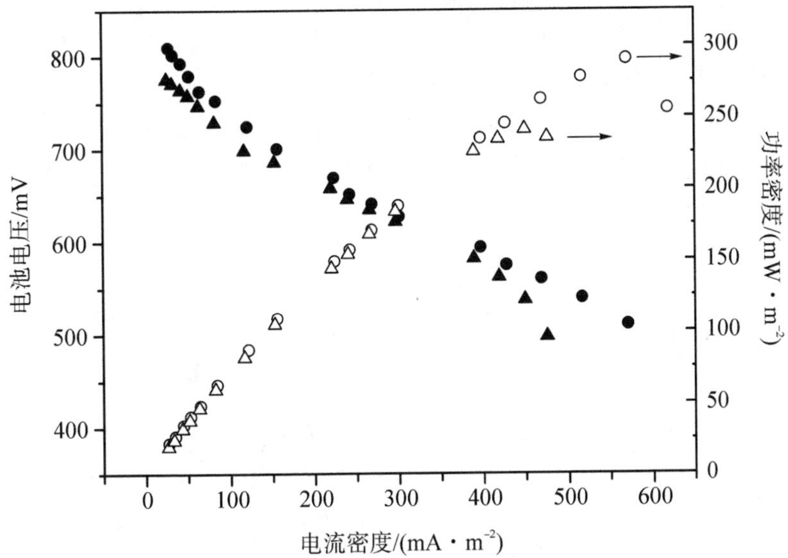

图 6-4 利用层层自组装修饰阳极后的微生物燃料电池的极化曲线和功率密度曲线

(3) 金属对阳极材料的修饰与改性：内阻是影响 MFC 产电量的因素之一，因此，有人将内阻较低的金属或金属氧化物分散固载于诸如碳质、导电聚合物等多种载体上，制成催化剂修饰电极，以提高 MFC 的产电量。Park 等[20]以 *Shewanella putrefucians* 为产电微生物、乳酸为燃料，利用自制的 Mn^{4+}/石墨阳极（石墨、锰、镍、黏合剂）得到了 10.2 mW/m² 的输出功率，而未经修饰的石墨电极的输出功率仅为 0.02 mW/m²。以活性污泥为产电菌，以乳酸、蛋白胨和酵母提取物为燃料，修饰阳极的输出功率达 788 mW/m²，未经处理石墨阳极的输出功率为 0.65 mW/m²。Lowy 等[21]以同样的方法制作了 Fe_3O_4 或 Fe_3O_4/Ni^{2+} 修饰的石墨毡阳极，以及 Mn^{2+}/Ni^{2+} 修饰的石墨/陶瓷阳极，发现这些电极的产电量均比未修饰的石墨电极高出 1.7～2.2 倍。

Pt 在微生物燃料电池中是一个很好的催化剂，但由于 Pt 的价格比较昂贵，使用 Pt 将提高电池的成本。Deng 等[21]合成了一种不含贵金属的复合纳米结构催化剂（CoFeNCNT）。通过电化学分析可以看出，以 CoFeNCNT 为阳极的微生物燃料电池最大开路电压为 0.473 V，这是由于复合物的催化活性高，从而降低 O 的还原电势造成的。其中当 Co 和 Fe 的含量比例为 1∶1,Co 和 Fe 占总量的 0.2%时,其最大功率密度增大 21%以上。

以及采用恒电压法和恒电流法进行阳极修饰之后得到的最大功率密度分别为 720 mW/m^2 和 390 mW/m^2,而没有进行电极修饰产生的最大功率密度则为 36 mW/m^2。说明掺杂镍到电极表面可以有效增加电子的传递效率。

(4) 介体对阳极材料的修饰与改性:介体是指一类能溶解在溶液中,或者进入微生物体内,或者吸附在电极表面,将微生物氧化还原反应的电子传递到电极上的物质。AQDS 可以作为电子介体提高微生物燃料电池的产电性能。将 AQDS 固定在电极表面,可使得微生物燃料电池的输出功率密度达到 6 000 mW/m^2,比未使用电子介体 AQDS 时提高了近 4 000 倍,同样也比单纯添加外源 AQDS 的产电性能要好(如图 6-5)。

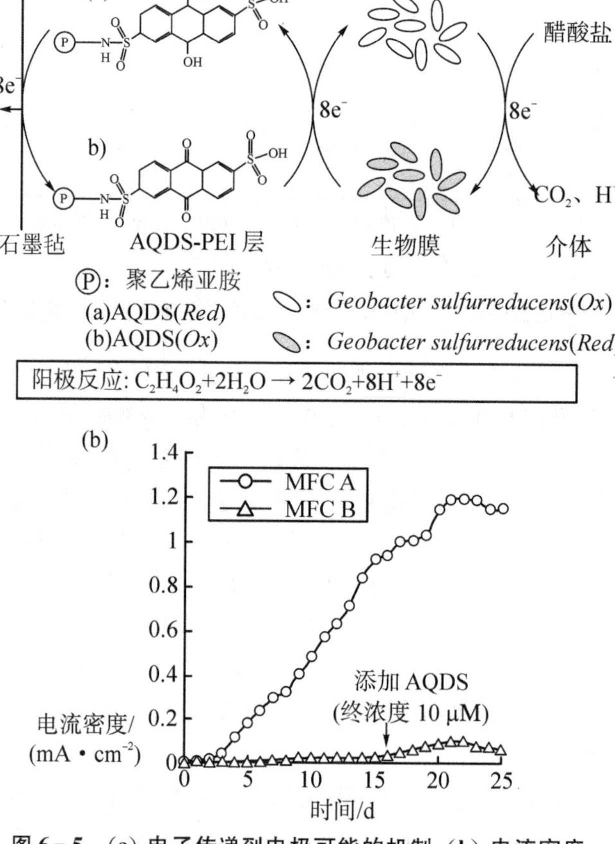

图 6-5 (a) 电子传递到电极可能的机制;(b) 电流密度-时间曲线。MFC A:AQDS-PEI 修饰的石墨毡作为电极。MFC B:PEI-PA 修饰的石墨毡电极作为电极

Feng 等人[22]利用聚吡咯(polypyrrole, PPy)将 AQDS 固定在微生物燃料电池阳极碳纸表面,对电池的产电性能进行研究发现,修饰后电池的最大功率密度达到 1 303 mW/m^2,这比没有进行阳极修饰电池的最大功率密度高出 13 倍。据 CV 曲线和 SEM 可以发现,进行修饰后的电极比表面积大幅度增加,有利于电子通过固定在电极表面的 AQDS 传递到电极上去,并且黏附于电极表面的细菌的量也有所增加(如图 6-6)。

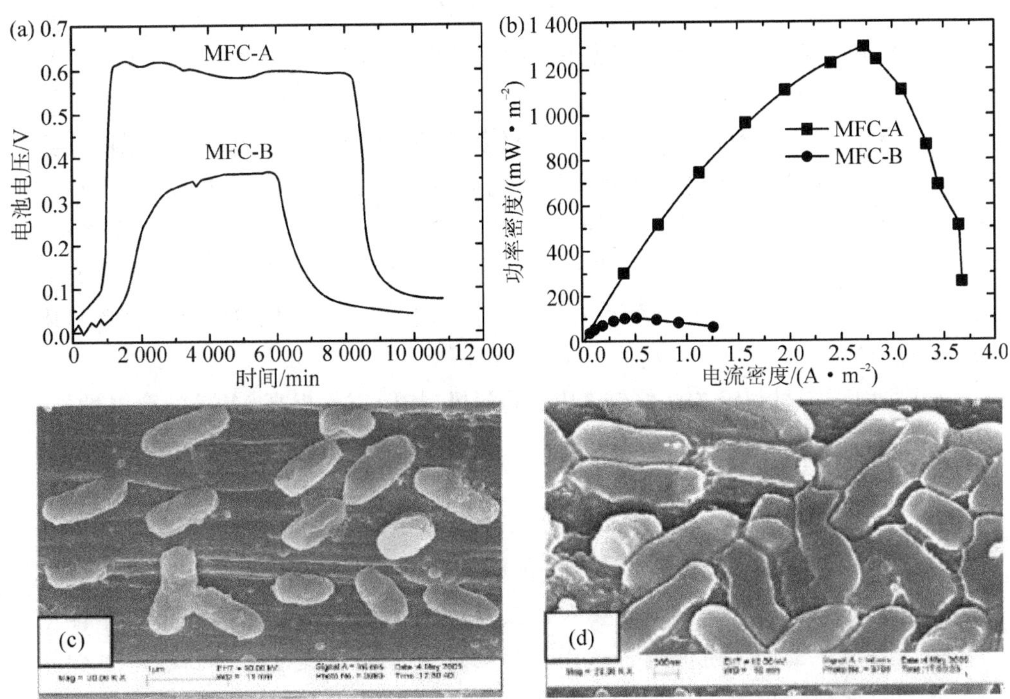

图 6-6 (a)和(b)分别是以 *Shewanella decolorationis* S12 为产电微生物,MFC 的电压-时间曲线和功率密度-电流密度曲线(MFC-A:PPY/AQDS 修饰碳毡,作为阳极。MFC-B:未经修饰碳毡);(c) 空白碳毡电极上细菌的生长情况;(d) PPY/AQDS 修饰碳毡电极上细菌的生长情况

(5) 其他物质对阳极材料的修饰与改性:① 用活性炭(GAC)改性阳极的微生物燃料电池(GAC-MFCs)与常规碳布阳极的微生物燃料电池(Carbon-MFCs)比较,实验结果表明用 GAC 改性阳极可以有效提高微生物燃料电池功率输出:Carbon-MFCs 在驯化一个星期后,输出电压稳定在 300 mV,最大功率密度到达 200 mW/m^2;GAC-MFCs 需要较长驯化期,在驯化一个星期后,输出电压为 100 mV,但在驯化 2 000 h 后,输出电压稳定在 380 mV,阳极的改进使输出电压提高 26.7%,最大输出功率密度达到 560 mW/m^2,提高了 180%;颗粒活性炭巨大的比表面积增加了生物膜载体面积,提高了产电菌和协同参与产电菌的总量,使库伦效率提高了3.4倍;颗粒活性炭的物理和电学特性使电池内阻降低38%。

② 用卟啉修饰微生物燃料电池的阳极,这样有效地增加了阳极材料的比表面积,提高了电池的氧化还原电流,并且降低了电池的内阻。同时,修饰颗粒状卟啉的产电效果要好于修饰纤维状的卟啉,其最大功率密度比没有进行阳极修饰的微生物燃料电池提高了450%。

③ 另有研究发现在金电极表面修饰上羧基,能够与 *Shewanella putrefucians* 表面的细胞色素C形成氢键,比使用玻璃化碳电极的 MFC 产生明显更大的输出电流[23]。

④ 用高温氨气处理电极,增加了电极表面的荷电量,从而提高了细菌吸附到电极表面的速度与数量,进而促进了细胞与电极之间的电子转移,提高了 MFC 的产电性能。其中有采用胺处理过的碳布作阳极的方法,增加了电极表面电荷密度,改良了 MFC 的工作性能,MFC 产电量近 2 000 mW/m^2,比用普通碳布电极提高了300 mW/m^2,同时 MFC 的启动时间缩短了一半[24]。另有以氨气处理石墨刷阳极的方法,MFC 的产电密度高达 2 400 mW/m^2。

这些用不同材料或方法修饰 MFC 的阳极,均能有效提高 MFC 的产电性能,是 MFC 研究中的一个热点。

2.3 总结

21世纪将会是生物科学高速发展的时代,为应对能源危机和实现可持续发展,微生物燃料电池必将成为生物产能技术中研究的热点。与其他生物能转化技术比较,微生物燃料电池具有相当明显的优点:第一,理论上可以利用各种有机、无机物质作为燃料,甚至可以利用光合作用和废水来满足我们对能源的需要;第二,能够以极高的效率将有机质转化为电能;第三,能够在室温甚至更低的温度下运行,降低了电池维护的成本,安全性强;第四,微生物燃料电池所产生的物质主要是 CO_2,无须对其产物做任何后处理;第五,具有很强的生物相容性,可以利用人体内的葡萄糖和氧气产生能量,作为人造器官的动力源;第六,能够制备生物传感器。

总之,微生物燃料电池是一种能将产生新能源和解决环境污染问题有机地结合起来的新技术,其蕴藏的极大潜力为今后人类充分利用工农业废弃物和城市生活垃圾等生物质资源进行发电提供了广阔的前景。目前,虽然要让微生物燃料电池提供更高且稳定的输出功率,还有待于相关技术的进一步提高,但完全可以相信,随着微生物学和电化学技术的不断发展,微生物燃料电池将会成为未来利用各种有机(废)物发电的新技术核心。

3. 产电菌 *Shewanella loihica* PV-4 的生长特性

微生物燃料电池的发展大致经历了几个阶段。其实早在100多年前,就有学者对微生物产电进行了研究。后来有研究者对这些产电菌进行了应用,这就是微生物燃料电池的雏形,而这些微生物燃料电池将微生物发酵的产物作为电池的燃料,如从家畜粪便中提取甲烷气体作为燃料发电。到20世纪60年代末,人们将微生物发酵与产电过程结合起来。但此后由于锂电池快速发展,微生物燃料电池受到了冷落。而微生物燃料电池的研究工作再次受到人们的关注是在此后人们发现能源危机、资源短缺等对全球的可持续发展存在着潜在的巨大威胁的时候。20世纪80年代后,由于电子传递中间体的迅猛发展,微生物燃料电池的性能有了较大提高,使其作为小功率电源而使用的可行性增大,并因此推动了它的研究和开发。2002年以后,随着直接接触电子传递型的菌种的发现,微生物电池发展成无电子介体型MFC,其中所使用的菌种可以将电子直接传递给电极。由于微生物燃料电池能够长时间提供稳定电能,所以它在诸如深海底部和敌方境内的军事装备这些“特殊区域”具有潜在用途。近年来,微生物燃料电池的研究受到了广泛关注。

而产电微生物是微生物燃料电池中的一个重要影响因素,人们经过不断探索,发现如希瓦氏菌、大肠杆菌、绿脓杆菌等作为一类铁还原菌,是微生物燃料电池中应用较广泛的一类产电微生物。其中,希瓦氏菌由于具有代谢降解卤代有机化合物、原油,以及在厌氧条件下还原硫代硫酸钠、硝酸盐、亚硝酸盐以及铁、锰、铀等重金属的特性,而得到了最广泛的研究。

希瓦氏菌是革兰染色阴性菌,可单独存在或以成对、短链状排列,菌体具有单生鞭毛,能移动;从近海的海洋沉积物中分离得到,能在海水环境中生长,产电活性较高。目前用在微生物燃料电池中比较多的是希瓦氏菌主要是 *Shewanella oneidensis* MR-1 和 *Shewanella loihica* PV-4(*S. loihica*)两种。前者的细菌悬液在燃料电池中起关键作用,而后者是与电极表面直接接触并介导电子传递的一类细菌。

Shewanella loihica PV-4 是从太平洋夏威夷群岛、富含铁的海洋沉积物中分离出来的。*S. loihica* 通常为橙色棒状,平均长度为 1.8 μm,平均宽度为 0.7 μm。*S. loihica* 是一类耐寒菌,生长温度在 0~42 ℃,而 pH 在 4.5~10 之间都能生长,而最适温度和最适 pH 分别为 18 ℃和 6.0~8.0。在温度达到 45 ℃时,该细菌仍然可以存活,但已经无法复制了。在盐度为 0.05%~5%时,细菌都可以生长,但当盐度高于 6%时,细菌就不能生长了。电子供体包括乳酸、甲酸、丙酮酸以及氢气等都可以参与柠檬酸铁、氧化锰、Co^{3+}、Cr^{4+}等的还原[25]。

3.1 *S. loihica* 生长特性曲线的研究

细菌的生长满足一定规律。将一定数量的微生物接种于合适的新鲜液体培养基中，在适宜的温度下培养，以生长时间为横坐标，菌数的对数作纵坐标，作成的曲线叫做生长曲线。生长曲线一般可以分为四个时期：延迟期、对数期、稳定期和衰亡期。从细菌学来说，生长意味着个体增加。在过了对数期后，不久就停止生长并进入静止期。有报道称处于不同生长期的同种微生物产电效率也不一样。为了得到最大的输出效率，需要先对希瓦氏菌的生长情况进行了解。不同的微生物有不同的生长曲线，同一种微生物在不同的培养条件下，其生长曲线也不一样。因此，测定微生物的生长曲线对于了解和掌握微生物的生长规律是很有帮助的。以测定希瓦氏菌 *S. loihica* 的生长曲线为例来说明。

测定微生物生长曲线的方法很多，有比浊法、血球计数板法、平板菌落计数法、称重法等。本节采用比浊法测定进行实验说明，即当光束通过一含有悬浮质点的介质时，悬浮质点对光的散射作用和选择性吸收使透射光的强度减弱。在比浊法中，透光度和悬浮物质的浓度有一定关系：浑浊的溶液能吸收光线，浑浊度越大，吸收光线越多，透过的光线越少。透过的光线通过光电池时，光能变成电能，产生电流，可由检流计读出。由于细菌悬液的浓度与浑浊度成正比，因此可利用光电比色法测定菌液的浊度（OD 值）与其对应的培养时间作图，即可绘出该菌在一定条件下的生长曲线。图 6－7 为测定的 *S. loihica* 的生长曲线，其经历了延迟期、对数期、稳定期、衰亡期，开始的时候细菌处于对数生长期，而在大约 24 h 后细菌的生长进入了衰亡期。

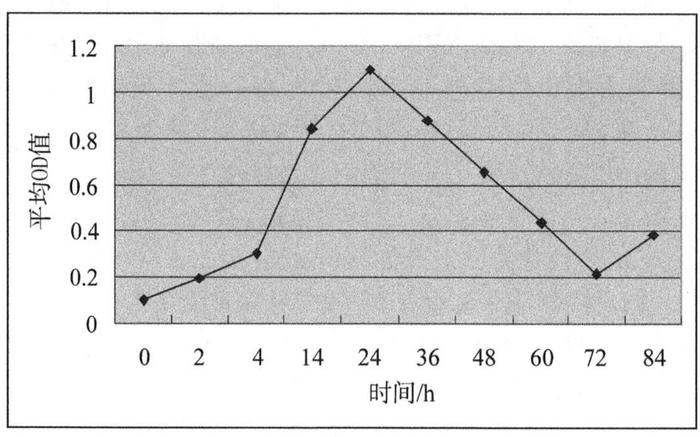

图 6－7　30 ℃下 *S. loihica* 在 84 h 内的生长特性曲线

3.2 不同生长期的细菌对输出电流的影响

研究表明在不同的细菌生长期内有不同的产电效率。图 6-8 为单室三电极电化学装置，此为研究阳极的半电池装置，用于研究不同生长期内的细菌对输出电流的影响。装置使用 Ag/AgCl 为参比电极，铂丝为对电极，修饰的或空白的 ITO 为工作电极。工作电极与透明腔室之间衬有垫圈，可以防止内液渗漏，同时垫圈没有盖住的 ITO 面积即为实际工作电极的面积。垫圈的内径为 1.5 cm，即工作电极的面积为 7.1 cm^2。腔室为一个高 5 cm，内径 2.2 cm 的空心柱体，利用透明有机玻璃作为主要材料，便于观察，且耐压、易操作。

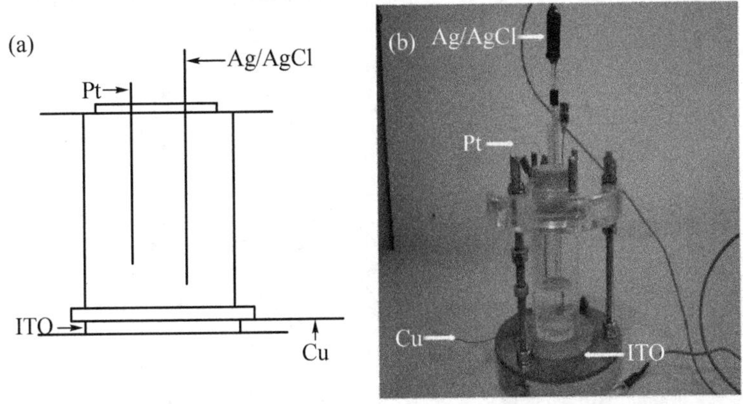

图 6-8 (a) 单室三电极电化学装置原理图；(b) 单室三电极电化学装置的实物图

选择在不同生长周期内的细菌，采用搭建的实验装置，得到不同生长期细菌的电流-时间曲线如图 6-9 所示。结果显示前半个小时，没有细菌加入的时候，没有

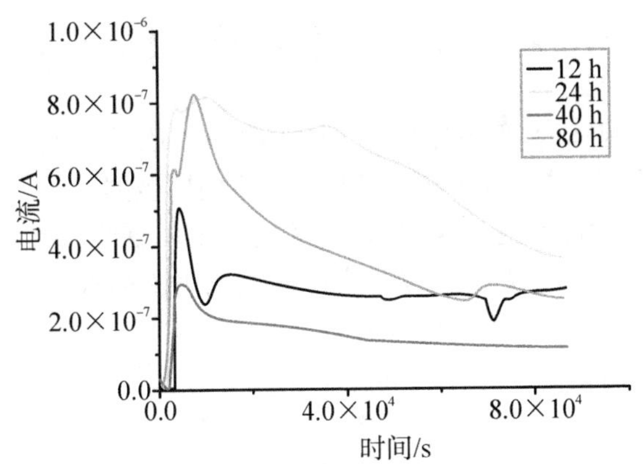

图 6-9 不同生长期细菌的电流-时间曲线

电流输出。而在半个小时之后，在加入细菌的瞬间，有一个明显的电流产生，这个电流值随着时间的推进快速下降，可能是由于细菌的代谢产物中的带电物质电子的释放。几个小时后，输出电流值趋于稳定。同时可以发现处于稳定期的细菌能产生最大的稳定电流。

图 6-10 为含有不同生长期细菌的实验装置产电 24 h 后系统的循环伏安曲线，该系统出现了明显的氧化还原峰，此氧化还原峰正好与许多文献中报道的细胞外膜细胞色素 C 的氧化还原电位一致[26]，说明希瓦氏菌膜表面的细胞色素对于电子传递起到了至关重要的作用。且发现处于稳定期的细菌氧化还原电位的峰值最高，与输出电流的结果一致，可见氧化还原峰值的大小也可以反映电子传递的效率和速率。故在进行研究时，应选择处于稳定期的细菌作为产电本体加入微生物燃料电池系统中。

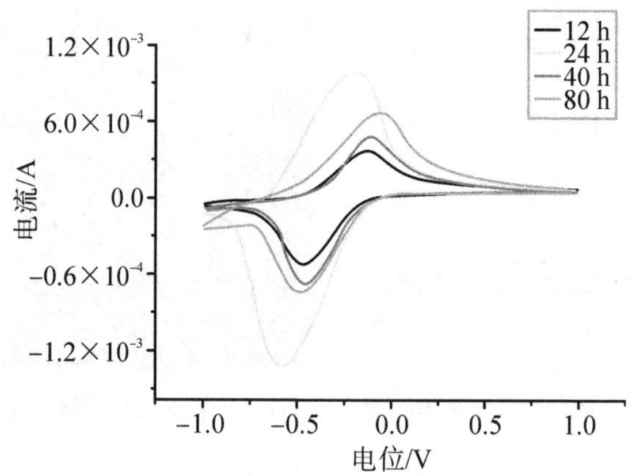

图 6-10 不同生长期细菌阳极系统的循环伏安曲线

4. 能提高电子转移效率的物质修饰阳极材料

从 MFC 的结构来看，阳极作为产电微生物附着以及收集电子的载体，不仅影响产电微生物的附着量，而且影响电子从微生物向阳极的传递，所以改善微生物燃料电池阳极材料的性能对提高 MFC 产电性能有至关重要的影响和十分重要的意义。在 MFC 中，高性能的阳极要易于产电微生物附着生长，易于电子从微生物体内向阳极传递，同时要求较小的阳极内部电阻、较强的导电性、稳定的电势、良好生物相容性和化学稳定性以及较低的成本。提高阳极材料的性能主要是通过改变阳极材料本身或者是对阳极材料进行修饰这两种方法。

这一小节主要介绍利用层层自组装技术在导电玻璃（以 indium tin oxide，ITO 为例）表面修饰上能够提高电子转移效率的物质 α 型三氧化二铁（α-Fe_2O_3）或石墨烯(graphene, GE),从而达到提高电极导电性的目的。通过本节介绍,可了解到利用不同材料如 α-Fe_2O_3 和石墨烯等这些能够提高电子转移效率的物质,修饰到电极表面后能够提高微生物燃料电池的产电性能。而且具有特殊电学性能的石墨烯促进产电效率的能力更强。

层层自组装技术(layer-by-layer self-assemble technique, LBL)是基于聚电解质阴阳离子所带正负电荷间相互作用的一种自组装超分子技术。该技术的主要特点是在带荷电的基材表面通过静电相互作用交替地吸附上带相反电荷的聚电解质阴阳离子。它具有一系列优点,如组装分子的选择范围广泛,制备工艺简单,制备条件温和等,在电化学、生物化学等领域得到了广泛的应用[27-30]。在静电吸附过程中,异种电荷之间的静电力和同种电荷之间的排斥力同时存在,这使得每一层的吸附量不能无止境地增加。而且在短暂的时间内达到饱和,同时也保证了复合纳米膜能在纳米、微米的尺度下稳定地呈线性增长。

4.1 α-Fe_2O_3 和壳聚糖修饰导电玻璃

α-Fe_2O_3 能够利用波长超过 420 nm 的光进行光催化产生电子,这类电子与 *Shewanella* sp. 细胞色素 C 介导的细胞外传递产生的电子一致[31]。而且 α-Fe_2O_3 还可以提升电极的导电性能。同时壳聚糖(chitosan, CS)有着良好的生物相容性。所以本节首先讨论在导电玻璃表面交替修饰上带相反电荷的 α-Fe_2O_3 和 CS,作为微生物燃料电池的阳极材料,每交替修饰上一次 α-Fe_2O_3 和 CS 记为一双层(bilayer),研究修饰不同层数的阳极材料对微生物燃料电池输出电流的影响。电极修饰的过程如图 6-11。

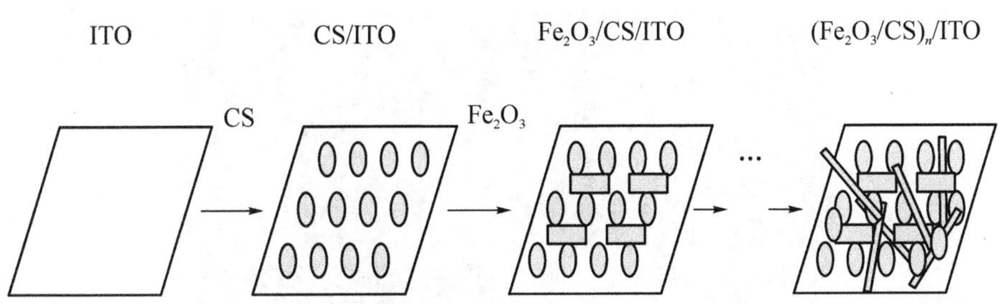

图 6-11 层层自组装修饰 CS 和 α-Fe_2O_3 的过程示意图

利用单室三电极电化学装置对修饰好的(α-Fe_2O_3/CS)$_n$-ITO 电极进行检测,研究层层自组装修饰后的 ITO 电极作为微生物燃料电池阳极材料时的产电特性,所用微生物是 *S. loihica*。如图 6-12 为修饰过的(α-Fe_2O_3/CS)$_n$-ITO 电极的紫外吸收光谱。修饰后的电极在 380 nm 处有一个吸收峰,对应于 α-Fe_2O_3 紫外吸收峰的位置,且随着修饰层数的增加,吸收峰的最大值也增加,说明随着修饰层数的增加，越来越多的 α-Fe_2O_3 被修饰到电极的表面。但是，每两层之间的吸收峰值增加的幅度不一致，这可能是由于在修饰过程中，α-Fe_2O_3 发生了团聚现象，使得修饰到电极表面的 α-Fe_2O_3 不是很均匀。

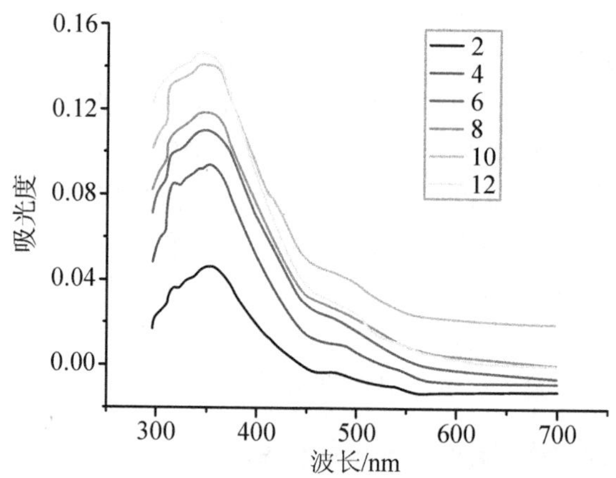

图 6 - 12 (α-Fe_2O_3/CS)$_n$-ITO 电极的紫外吸收光谱

图 6 - 13 为不同层数修饰的(α-Fe_2O_3/CS)$_n$-ITO 电极的场发射电镜图，α-Fe_2O_3 以棒状形式存在，同时 α-Fe_2O_3 长度在 300～1 000 nm 之间。而随着修饰层数的增加，α-Fe_2O_3 在导电玻璃表面的覆盖量不断增加。修饰一层 α-Fe_2O_3 时，导电玻璃表面只能看到零星的 α-Fe_2O_3，随着修饰层数的增加，α-Fe_2O_3 在导电玻璃表面逐渐形成一个三维、多孔的网络结构，在很大程度上提高了电极的比表面积。当修饰层数达到 12 层时，导电玻璃的表面基本上覆盖上 α-Fe_2O_3。

图 6 - 13 (a) 空白 ITO;(b) (α-Fe_2O_3/CS)$_4$-ITO(高放大倍数);(c) (α-Fe_2O_3/CS)$_4$-ITO(低放大倍数);(d) (α-Fe_2O_3/CS)$_{12}$-ITO 电极的 SEM 图

图 6 - 14 是不同修饰层数阳极系统的电流-时间曲线，5～8 h 后，输出电流值趋于稳定状态，而微生物燃料电池的产电性能主要是取决于稳定时的电流大小。修饰 4 层的(α-Fe_2O_3/CS)$_n$-ITO 电极所在的阳极系统能产生最大的稳定电流。而随着修饰层数的增加，稳定时的电流逐步下降。修饰后的阳极系统能产生更大的稳定电流，可能是因为 α-Fe_2O_3 能够利用波长超过 420 nm 的光进行光催化产生电子，这类电子与 *Shewanella* sp. 的细胞色素 C 介导的细胞外传递产生的电子一样，即可以产生较大的电流。

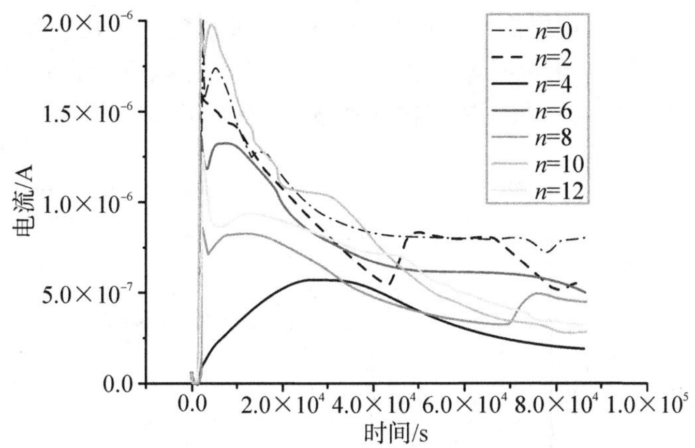

图 6 - 14　不同修饰层数阳极系统的电流-时间曲线

利用公式 $Q=\int_0^t I\mathrm{d}T$ 可研究电池系统实时的输出电量，其中 t 是工作时间，I 是实际电流，Q 是输出电量。由图 6 - 15 可知，24 h 之后修饰 4 层的阳极系统的输出电量是空白 ITO 阳极系统输出电量的 320%。

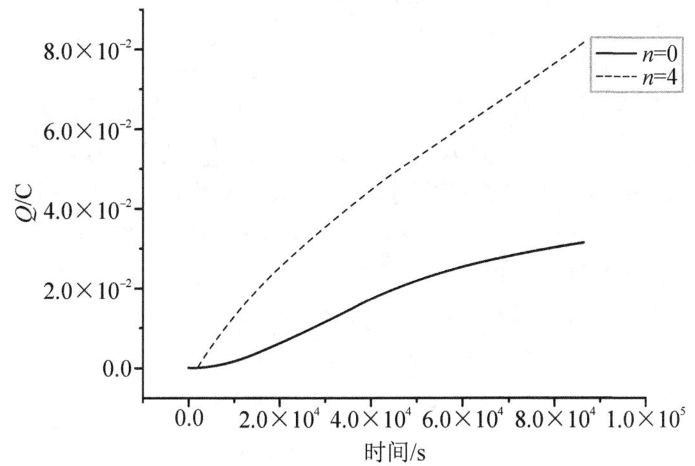

图 6 - 15　(α-Fe_2O_3/CS)$_4$-ITO 和空白 ITO 电极系统实时输出电量

图 6－16 为含有 *S. loihica* 的阳极系统的循环伏安曲线。由于细菌加入，含有细菌的阳极系统的循环伏安曲线比没有细菌的系统多出了一组明显的氧化还原峰。而峰值中心电位约在－100 mV 左右，与文献报道中的希瓦氏菌细胞膜蛋白细胞色素 C 的中心电位一致，可见细胞色素 C 在细胞与电极之间的电子传递过程中起到了重要的作用。而修饰 4 层后阳极系统拥有最大的氧化还原峰值，说明4 层的阳极系统有着最高的电子传递效率和速率。而随着修饰层数的增加，系统的氧化还原峰值也逐渐下降，但始终高于没有进行阳极修饰的系统。这与电流-时间曲线反应的特性一致。这里需指出的是，6 层的阳极系统的氧化还原峰值要大于 2 层的阳极系统，但 2 层的阳极系统能产生出更大的稳定电流，说明修饰 2 层和修饰 6 层的 α-Fe_2O_3/CS，对于微生物燃料电池阳极系统的效果一样，没什么区别。

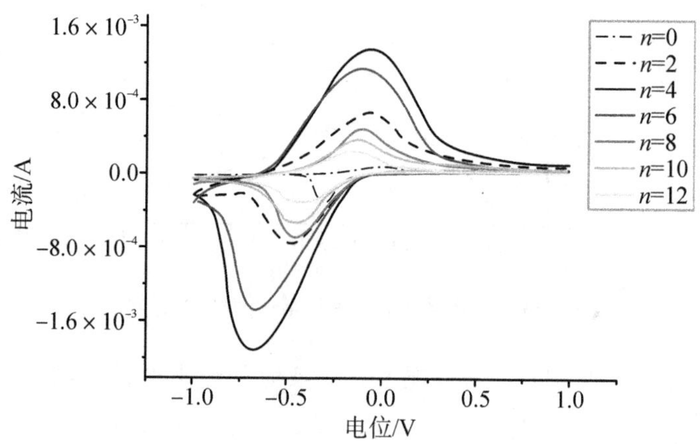

图 6－16 不同修饰层数的(α-Fe_2O_3/CS)$_n$-ITO 阳极系统在含有细菌的条件下的循环伏安曲线

稳定电流和氧化还原峰值之所以增加，可能是由于以下几个原因：第一是 α-Fe_2O_3 本身能够利用波长超过 420 nm 的光，产生一种作用类似于 C-Cyt 的电子传递带[33]。第二是 α-Fe_2O_3 的加入，使电极发生活化。第三是由于 α-Fe_2O_3 和 CS 在 ITO 表面进行自组装，形成三维网络结构，极大地增加了电极的比表面积，有利于电子的传递[32]。而修饰 4 层 α-Fe_2O_3/CS 的阳极系统能产生最大的稳定电流和氧化还原峰值可能是由于其他原因，我们将在本节的后面讨论。

图 6－17 为修饰 4 层 α-Fe_2O_3/CS 的阳极系统在不同扫描速率(0.2～1.0 V/s)下氧化还原峰值变化的情况，该系统的氧化还原峰随着扫描速率的增长而线性增加，这说明这个系统的反应过程是受电子转移控制的[33]。

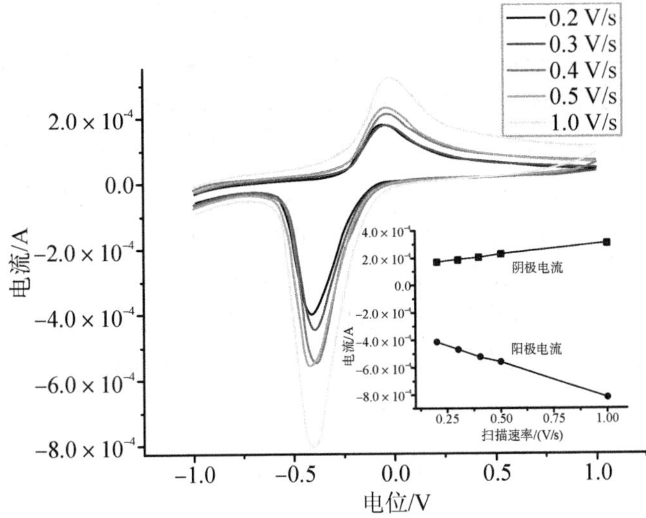

图 6-17 $(\alpha\text{-}Fe_2O_3/CS)_4$-ITO 阳极系统在不同扫描速率下的循环伏安曲线

图 6-18 为利用场发射扫描电镜观察反应结束后电极覆盖有生物膜的情况。发现在修饰后的电极上，细菌往往趋于团聚态生长，而 *S. loihica* 的产电作用主要是由与电极直接接触的细菌参与的，这样的团聚态生长使得很多在电解液中的细菌可以直接与电极接触，或者与电极表面的细菌发生接触，并形成良好的细胞间连接，能有效增加产电量。在同样大小的视野下，修饰了 4 层的 ITO 表面生长的细菌数量最多，而且虽然修饰了 12 层的 ITO 有着较密集的 $\alpha\text{-}Fe_2O_3$ 三维网络结构，但是它表面的细菌量比修饰了 4 层的 ITO 少。在空白导电玻璃表面，细菌趋于分散生长。

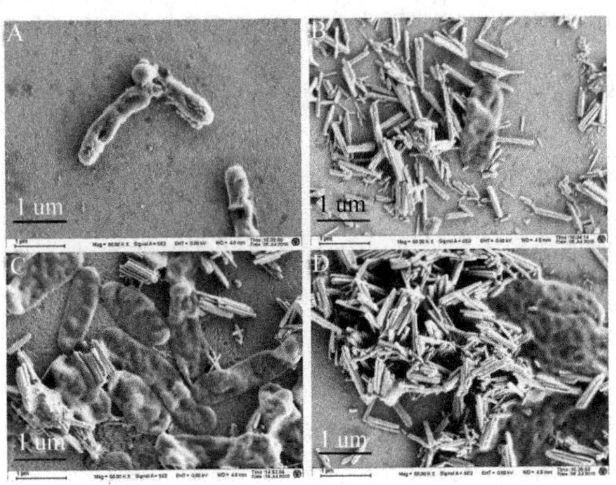

图 6-18 (a) 空白 ITO；(b) $(\alpha\text{-}Fe_2O_3/CS)_2$-ITO；(c) $(\alpha\text{-}Fe_2O_3/CS)_4$-ITO；(d) $(\alpha\text{-}Fe_2O_3/CS)_{12}$-ITO 电极工作 24 h 后的 SEM 图

由此可见，α-Fe_2O_3 的修饰促进了细菌与电极之间的电子传递。

图 6－19 比较了 4 层 α-Fe_2O_3/CS 的阳极系统和空白的 ITO 阳极系统在阻抗曲线和极化曲线方面的差异，以进一步揭示修饰后的系统产电能力提高。由左图可以看出，阻抗曲线只有 Warburg 扩散限制部分，在这种情况下由公式 $|Z|=\sqrt{(Z')^2+(Z'')^2}$ 可以计算出系统的内阻[34]。发现 4 层的系统内阻要明显小于空白 ITO 系统的内阻。这可能是由 α-Fe_2O_3 的修饰造成的。而较小的内阻即能产生较大的电流输出。同时，阻抗曲线按直线增长，说明这个反应过程是受电子转移控制的。而通过右图的极化曲线可以发现，4 层阳极系统能产生的最大电流为 3.5×10^{-6} A，而空白系统能产生的最大电流为 3×10^{-6} A。所以验证了修饰系统无论在实际情况还是理论情况下均能产生更大的电流输出。

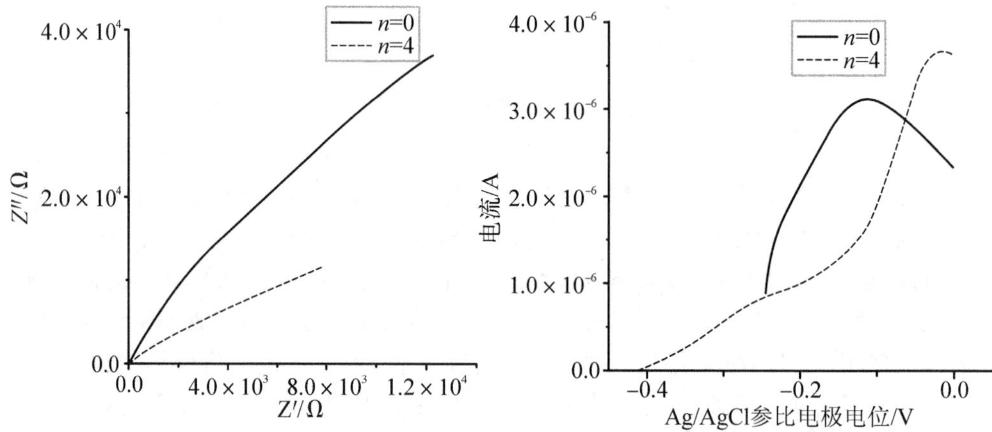

图 6－19 (α-Fe_2O_3/CS)$_4$-ITO 和空白 ITO 电极系统的交流阻抗和极化曲线

4.2 石墨烯和 PAH 修饰导电玻璃

1977 年，美国宾夕法尼亚大学的化学家 MacDiarmid 领导的研究小组和白川英树发现经电子受体掺杂后的聚乙炔（polyacetylene，PA），电导率可提高 9 个数量级，具有类似金属的导电性。这一研究成果革命性地打破了有机物都是绝缘体的传统观念。之后，实验与理论的互相推动促进了人们对导电高分子的进一步研究，人们在短短几年时间里相继合成了聚吡咯（polypyrrole，PPy）、聚噻吩（polythiophene，PTH）、聚苯胺（polyaniline，PAN）等一系列导电高分子材料。高分子材料由于具有良好的导电性能和机械性能，作为结构材料得到了广泛的应用。近年来，石墨烯（graphene，GE）以其独特的性质，成为导电高分子材料家族中备受关注的成员。

石墨烯是由碳六元环组成的二维周期蜂窝状点阵结构，它可以翘曲成零维的富勒烯(fullerene),卷成一维的碳纳米管(carbon nano-tube, CNT)或者堆垛成三维的石墨(graphite),因此石墨烯是构成其他石墨材料的基本单元[图 6-20(a)]。石墨烯材料还兼有石墨和碳纳米管等材料的一些优良性质,例如高热导性和高机械强度,以石墨烯制备的纳米复合材料也表现出许多优异的性能。可以预见石墨烯在材料领域中将有广泛的应用。石墨烯更为奇特之处是它具有独特的电子结构和电学性质。石墨烯的价带(π 电子)和导带(π^* 电子)相交于费米能级处(K 和 K′点),是能隙为零的半导体,在费米能级附近其载流子呈现线性的色散关系[图 6-20(b)]。而且石墨烯中电子的运动速度达到光速的 1/300,其电子行为需要用相对论量子力学中的狄拉克方程来描述,电子的有效质量为零[35]。因此,石墨烯成为凝聚态物理学中独一无二的描述无质量狄拉克费米子(massless Dirac Fermions)的模型体系,这种现象导致了许多新奇的电学性质。例如,在 4 K 以下的反常量子霍尔效应(anomalous quantum Hall effects)、室温下的量子霍尔效应、双极性电场效应(ambipolar electric field effects)[36-39]。

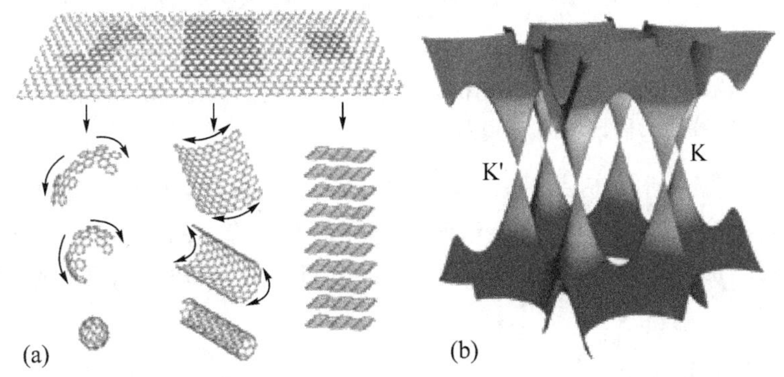

图 6-20 (a) 石墨烯翘曲成 0D 富勒烯,卷成 1D 碳纳米管或者堆垛成 3D 的石墨,是构成其他石墨材料的基本单元;(b) 非支撑单层石墨烯的能带结构

本小节将介绍利用石墨烯这一特殊的电学性质,来增强微生物燃料电池的产电性能,以及利用层层自组装技术将石墨烯和多环芳烃(polycyclic aromatic hydrocarbon, PAH)修饰到导电玻璃表面,并将这些修饰的电极作为 MFC 的阳极以研究其对 MFC 产电性能的影响。

为了让石墨烯能更好地用于层层自组装,对其进行羧基化处理。通过多次重复、交替浸渍将 ITO 导电玻璃浸入 PAH 溶液和 GE 溶液中,得到电极$(GE/PAH)_n$-ITO。图 6-21 为修饰后的$(GE/PAH)_n$-ITO 电极形貌,修饰后的电极出现了两个层次的结构,首先是从整体上观察,电极表面变得不再平整,而是出现了高低起伏和斑纹间隔状的图案。而在每一个间隔都有密密麻麻的石墨烯颗粒,这些石墨烯颗粒排列相对紧密，但有些地方还是出现了多孔结构，同时与空白的导电玻璃相比，极大地增加了电极的表面极。而不同层数电极之间的差异较小，主要差异可能是修饰厚度上的不同，这可能是由石墨烯大小和处理、组装的方法决定的。

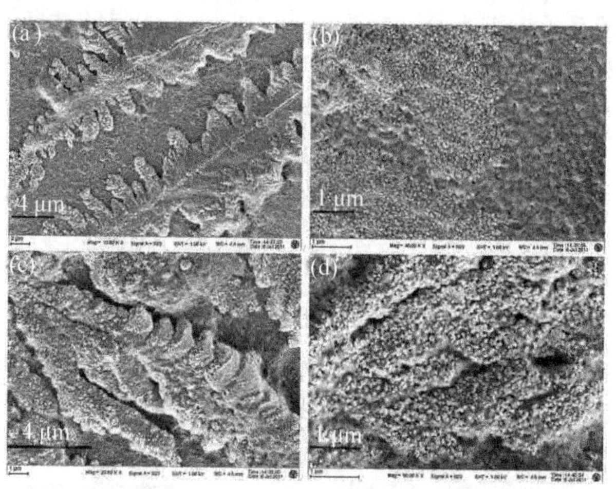

图 6-21 (a) $(GE/PAH)_2$-ITO(低放大倍数)；(b) $(GE/PAH)_2$-ITO(高放大倍数)；(c) $(GE/PAH)_4$-ITO(低放大倍数)；(d) $(GE/PAH)_4$-ITO(高放大倍数)电极电镜图

图 6-22 为不同修饰层数阳极系统的电流-时间曲线，加入细菌的瞬间，有一个很大的电流产生，这个电流值随着时间的推进而下降，并趋于稳定状态，这些都是由于细菌的加入造成的。修饰 2 层的$(GE/PAH)_n$-ITO 电极所在的阳极系统能

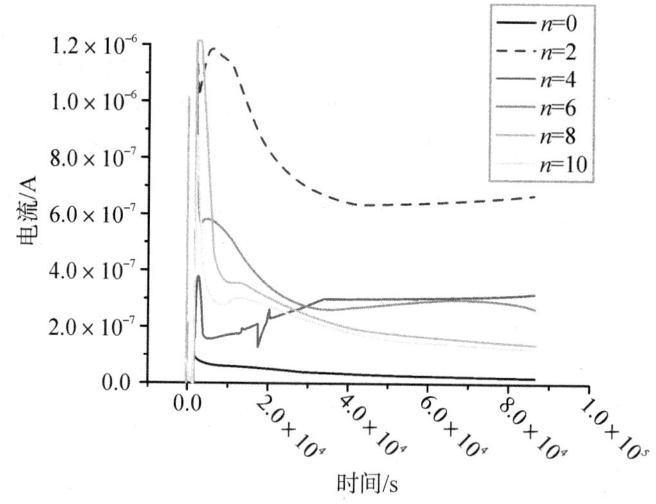

图 6-22 不同修饰层数的$(GE/PAH)_n$-ITO 阳极系统的电流—时间曲线

产生最大的稳定电流，而其他不同层数之间的电流产生的差异不大。修饰后的阳极系统最高能产生将近 10 倍的稳定电流差异。这些都是由于石墨烯良好的导电性能造成的，同时，石墨烯也能很好的活化电极。

含有 *S. loihica* 的阳极系统的循环伏安曲线如图 6－23 所示，氧化还原峰的位置说明电子是通过细菌表面的细胞色素 C 传递给电极的。而修饰了两层的$(GE/PAH)_n$-ITO 电极所在的阳极系统的氧化还原峰值最大，修饰了其他层数的略低，但都大于没有修饰的空白电极系统，和电流-时间曲线反应的结果一致。这些都说明，石墨烯的修饰层数对产电性能的影响不大，这可能是与不同修饰层数形貌上没有明显的差异，且石墨烯修饰的量已达到饱和有关。

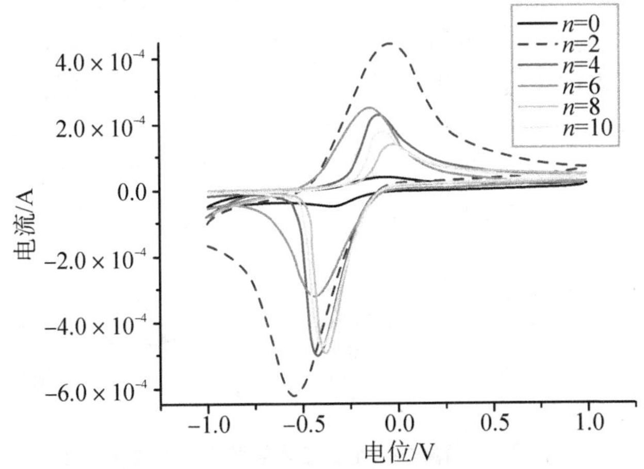

图 6－23 不同修饰层数的$(GE/PAH)_n$-ITO 阳极系统在含有细菌的条件下的循环伏安曲线

图 6－24 为扫描电镜观察的反应结束后电极形貌的情况，修饰 2 层电极表面的生物膜量较多，而随着修饰层数的增加，电极表面的生物膜量则相对较少，这与

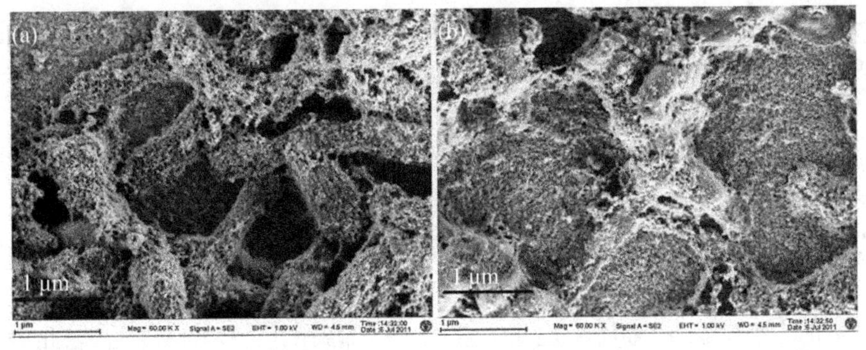

图 6－24 (a) $(GE/PAH)_2$-ITO；(b) $(GE/PAH)_4$-ITO 电极工作 24 h 后的电镜图

电流—时间图反应的结果一致。且大多数细菌都是团聚贴壁生长，这样有利于细菌通过细胞色素 C 将电子传递给电极。

5. 中空胶囊修饰阳极材料

微胶囊是通过成膜物质形成特定构形的一类特殊物质，其囊内空间与囊外空间是隔开的，而其内部可能是实心或填充的，也可能是中空的。最早的微胶囊大小通常是从微米级至毫米级不等，而囊壁厚通常在亚微米至几百微米之间。1966 年 Iler 首先提出了采用交替沉积制备自组装薄膜的方法，其后 Mallouk 等人将这一方法进一步发展[40-41]，20 世纪 90 年代初 Decher 等提出了基于聚合物阴阳离子静电作用的 LbL 组装概念。Mehwald 等采用可去除的胶体微粒作为模板，通过层层自组装技术将聚电解质组装到胶体微粒表面，然后去除胶体微粒模板，第一次制备出了一类新的囊内中空的聚合物微胶囊(图 6－25)，从而将 LbL 技术由二维扩展到三维空间[27-28,30,42]。此方法不仅仅使 LbL 技术得到更广泛的应用。同时，由此制备出的聚合物微胶囊显示出其很多独特的性质，而受到人们的广泛关注。

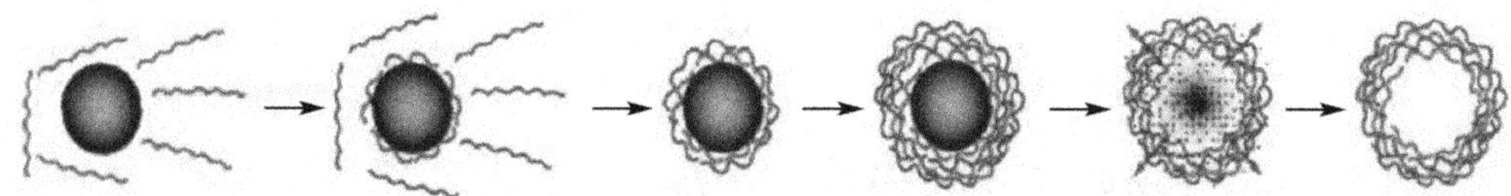

图 6－25 用层层自组装技术组装中空胶囊示意图

微胶囊拥有较强的机械性能和热稳定性，同时也能较好的控制其渗透性。此外，层层自组装微胶囊的囊壁是由带电聚合物或导电聚合物形成的，因此也呈现出一定的导电性能。Georgieva 等采用电致旋转(electrorotation)技术定量测量了微胶囊的导电性能。通过改变本体溶液的电导率估算出红细胞为模板的$(PAH/PSS)_5$微胶囊的电导率约为 1 s/m，大约与 0.1 mol/L 的 NaCl 溶液相当。这是由于聚电解质多层膜中存在自由的未结合的离子而产生了该导电性能，并且结合离子约占 10%。而反离子在多孔聚电解质多层膜中的迁移产生了导电性。

本节将介绍中空微胶囊用于微生物燃料电池的阳极修饰，其不仅可以与前面章节一样提高电极的比表面积，还可以运用微胶囊良好的导电性能。本节主要介绍选用可去除的碳酸钙($CaCO_3$)微粒作为模板，在 $CaCO_3$ 表面通过层层自组装方法交替修饰上带相反电荷的 PAH 和 α-Fe_2O_3，再用 HCl 除去 $CaCO_3$ 模板，得到不同层数的中空微胶囊，最后将这些中空胶囊修饰到阳极材料 ITO 上，以此研究不同层数的中空微胶囊对微生物燃料电池产电性能的影响。

5.1 中空微胶囊修饰 ITO 作为阳极的组装

层层自组装用于中空胶囊的制备并修饰到 ITO 上，主要有两种方法制备中空胶囊，制备方法如图 6-26。

第一种方法，利用 α-Fe_2O_3 和 PAH 为壳层，通过多次重复沉积得到 $CaCO_3$ (PAH/α-Fe_2O_3)$_n$/PAH 胶囊(n=2,4,6,8,10)，PAH 作为最外层是为了有利于将胶囊修饰到 ITO 表面；其次用 HCl 溶液将模板 $CaCO_3$ 溶解，得到中空(PAH/α-Fe_2O_3)$_n$/PAH 胶囊；最后将空白的 ITO 浸入(PAH/α-Fe_2O_3)$_n$/PAH 胶囊水溶液中，得到(PAH/α-Fe_2O_3)$_n$/PAH/ITO。

第二种方法，首先通过多次重复沉积，得到 4 层修饰的 $CaCO_3$(PAHPSS)$_4$ 胶囊，用 HCl 溶液将模板 $CaCO_3$，得到中空(PAH/PSS)$_4$ 胶囊；其次将中空(PAH/PSS)$_4$ 胶囊浸入 PAH 溶液中，得到(PAH/PSS)$_4$/PAH 胶囊，再将(PSS/PAH)$_4$/PAH 颗粒浸入 α-Fe_2O_3 溶液中，得到(PSS/PAH)$_4$/PAH/α-Fe_2O_3 胶囊，如此反复，得到不同修饰层数的(PSS/PAH)$_4$(PAHα-Fe_2O_3)$_n$/PAH 中空胶囊(n=2,4,6,8,10)，PAH 作为最外层是为了有利于将胶囊修饰到 ITO 表面；最后将空白的 ITO 浸入到(PSS/PAH)$_4$(PAHα-Fe_2O_3)$_n$/PAH 胶囊水溶液中，得到(PSS/PAH)$_4$(PAHα-Fe_2O_3)$_n$/PAH/ITO。

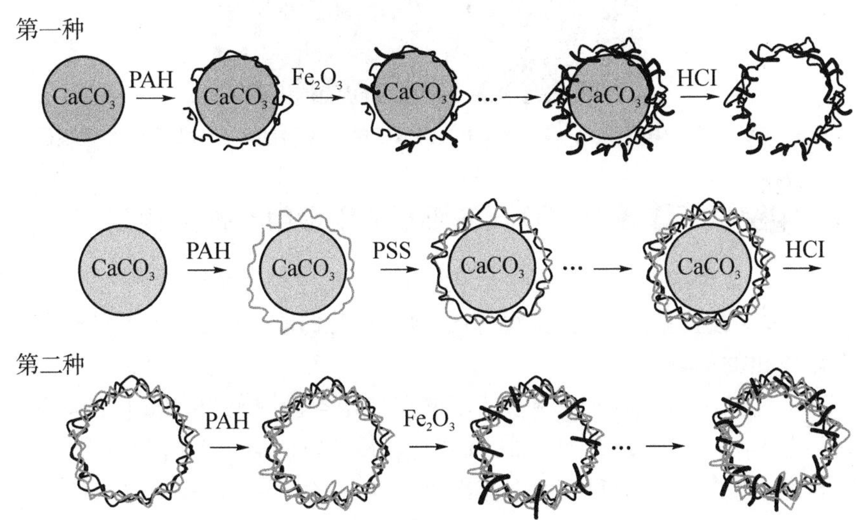

图 6-26 两种制备中空胶囊方法的示意图

图 6-27 对制备的中空胶囊进行了形貌上的表征，可以发现没有进行修饰的 $CaCO_3$ 颗粒近似为球形，表面粗糙，平均直径大都在 2～7 μm。而进行修饰后的胶囊表面变得更加粗糙。在胶囊表面观察到的棒状物质为 α-Fe_2O_3，它们的大小介

于 300 nm 和 700 nm 之间。而通过共聚焦显微镜可以观察到中空胶囊的情况，如图 6－28。利用荧光物质 6-CF，可以观察到一个个绿色的圆圈，这是由于中空胶囊的囊壁充满着 6-CF，说明成功制备了中空胶囊。

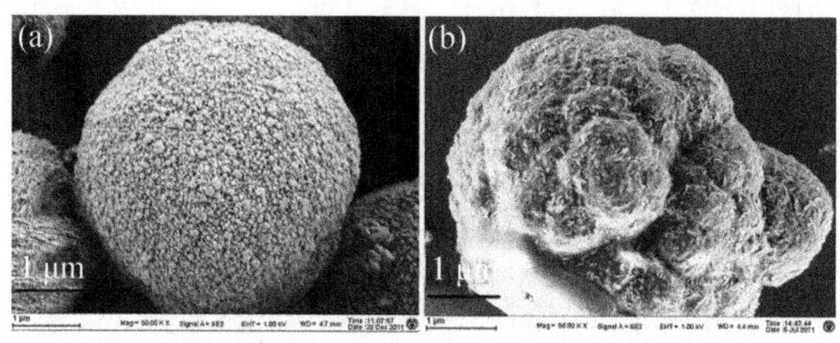

图 6－27 (a) 修饰前 $CaCO_3$ 颗粒；(b) 修饰后 $CaCO_3$ 颗粒的电镜图

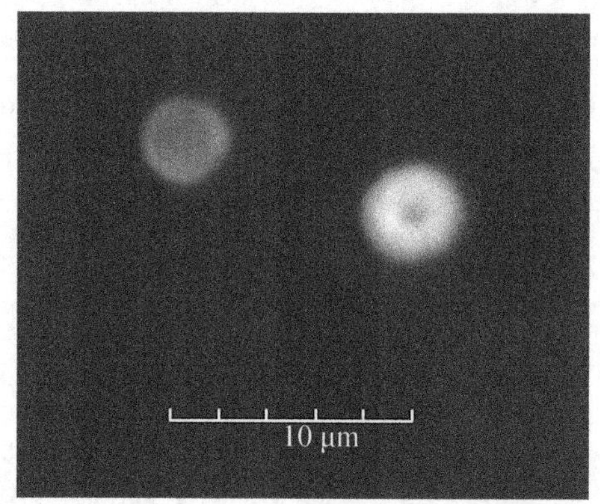

图 6－28 $(PSS/PAH)_4(PAH\alpha\text{-}Fe_2O_3)_4/PAH$ 中空胶囊的 6-CF 共聚焦显微镜图

5.2 中空微胶囊修饰 ITO 作为阳极的电极电学性能测试

利用第二节介绍的单室三电极电化学装置，把中空胶囊修饰的电极作为工作电极，检测中空微胶囊修饰微生物燃料电池阳极时的电学性能，并研究不同修饰层数对产电输出的影响。

图 6－29 是用第一种方法制备的不同层数中空胶囊修饰的阳极的电流-时间曲线，发现前半个小时，没有细菌加入的时候，没有电流输出。而在半个小时之后，在加入细菌的瞬间有一个很大的电流产生，大约几个小时后，输出电流值趋于稳定状态，这说明电流的产生是由于细菌的加入。微生物燃料电池的产电性能主要取决于稳定时电流的大小。修饰 2 层的 $(PAH/\alpha\text{-}Fe_2O_3)_2/PAH$ 电极所在的阳极系统能产生最大的稳定电流。相比于没有修饰的空白 ITO 阳极系统，修饰后的阳极系统能产生更大的稳定电流。但随着修饰层数的增加，稳定时的电流变化不规则，这说明修饰层数对微生物燃料电池的产电输出影响不大。

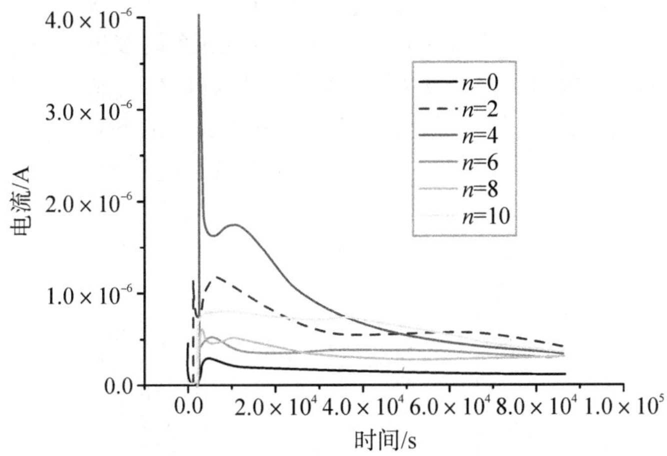

图 6-29 第一种方法制备的不同层数中空胶囊修饰的阳极的电流-时间曲线

由于产生的稳定电流小于之前平层自组装的修饰效果，且考虑到制备方法可能影响 $\alpha\text{-}Fe_2O_3$ 的含量（$\alpha\text{-}Fe_2O_3$ 会被 HCl 溶解），故采用第二种制备方法与之进行比较。如图 6-30 电流-时间曲线表明，同样的在加入细菌之前，没有电流产生。而在半小时处，加入细菌浓缩液，可以发现有个很高的电流峰出现，并随时间的推移而逐渐平稳。说明电流的产生是由于加入细菌。再比较稳定时的电流，可以看到，修饰了中空胶囊的系统产生的稳定电流要大于空白系统，而修饰 4 层时的效果最好，而修饰 2 层与 4 层类似，其他修饰层数之间的差异也不大。

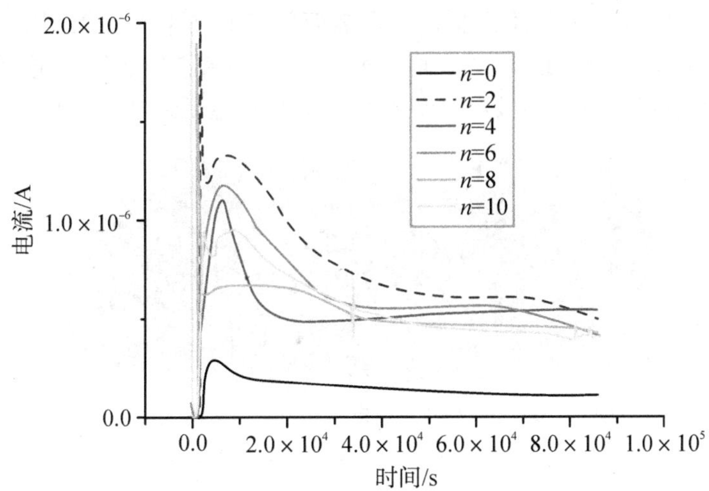

图 6-30 第二种方法制备的不同层数中空胶囊修饰的阳极的电流-时间曲线

如图 6 - 31 为含有 *S. loihica* 的阳极系统的循环伏安曲线，与电流-时间曲线反映的性质是一样的：该循环伏安曲线比没有细菌的系统多出了一组明显的氧化还原峰，这是由于细菌加入。而氧化还原峰所对应的电位与希瓦氏菌细胞膜上与呼吸链有关的细胞色素 C 的中心电位一致，说明电子传递与细胞色素 C 有着密不可分的关系[26,43-45]。此外，4 层修饰系统拥有最高的氧化还原峰值，且修饰的效果要好于空白系统。

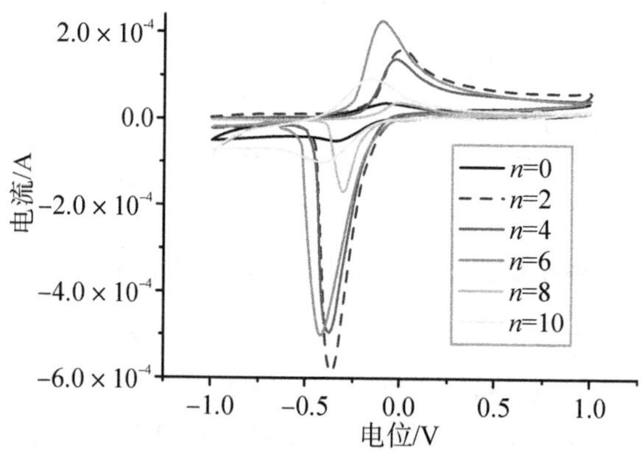

图 6 - 31　第二种方法制备的不同层数中空胶囊修饰的阳极的循环伏安图

由于不同修饰层数之间的差异性很小，所以只比较了修饰 4 层和空白 ITO 在工作 24 h 后电镜照片。图 6 - 32 为电极处理后的场发射扫描电镜图。发现在修饰后的电极表面有很多表面粗糙的近似于球形的中空胶囊的存在。这些球形的胶囊极大地增加了电极的比表面积，同时胶囊表面的不平整性在二次结构上也增加了电极的比表面积。所以在修饰过的电极上有更多、更密集的细菌，而这些细菌团聚在电极表面更容易通过细胞膜上的细胞色素 C 传递电子到电极上去。

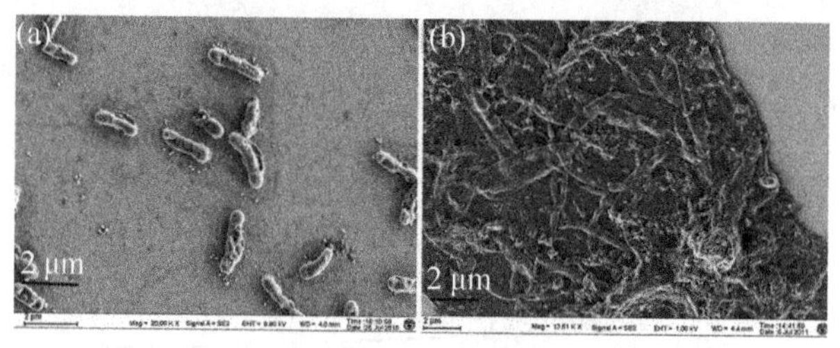

图 6 - 32　(a) 空白 ITO 电极；(b) $(\alpha\text{-}Fe_2O_3/PAH)_4(PSSPAH)_4$-ITO 电极工作 24 h 后的电镜图

通过比较，第二种方法制备的中空胶囊修饰电极得到的产电性能要好于第一种方法，且稳定时的输出电流最高可以提高 5 倍左右。综上，基于层层自组装技术的阳极修饰是有效的。经过修饰，导电玻璃表面变得多孔粗糙，增大了其比表面积，且这样的三维多孔结构有助于菌体的良好接触，提高了电子转移速率。

6. 生物大分子修饰微生物燃料电池阳极及在其他方面的应用

自 1977 年诺贝尔化学奖获得者 Lehn 教授[46]首次提出超分子化学的概念以来，超分子化学作为包含物理和生物现象的化学科学前沿领域，已得到迅速发展。由于体内的超分子有很多种类，且起到了很重要的作用，其中卟啉和细胞色素由于其特殊的结构和性质，在电子传递方面有着各自的作用，所以本节旨在研究用这些能够提高电子转移效率的生物分子来修饰微生物燃料电池的阳极对微生物燃料电池产电输出等方面的影响。

6.1 卟啉修饰阳极

卟啉(porphyrins)是卟吩(porphine)外环带有取代基的同系物和衍生物的总称，当其氮上 2 个质子被金属离子取代后即成金属卟啉。卟啉母体结构是由 20 个碳原子和 4 个氮原子组成的共轭大环，碳、氮都采用 sp^2 杂化，剩余的一个 p 轨道被单电子或孤对电子占用，形成了 24 中心 26 电子的大 π 键，具有 $4n+2$ 电子稳定共轭体系，具有芳香性。4 个吡咯环之间的碳原子被称作中位碳，其余 8 个可被取代的碳原子称作外环碳。在中位碳位置分别接上取代基形成一系列卟啉，取代基一般为苯基或取代苯基。

卟啉和金属卟啉都是高熔点的深色固体，多数不溶于水和碱，但能溶于无机酸，对热非常稳定。卟啉为大环 π 电子离域体系，外环上可接多种取代基，中心金属可以改变，甚至可扩展环的大小，即分子具有可修饰性。通过改变卟啉化合物的周边取代基可以改变卟啉分子的荧光发射波长。卟啉有很强的吸光特性，尤其是与过渡金属络合后，能发射出很强的磷光。而且其化学、热稳定性好，分子具有刚柔性、电子缓冲性、光电磁性和高度的化学稳定性。由于卟啉含有一大共轭体系，拥有生色基团，所以利用紫外、红外、荧光、磷光、拉曼等光谱技术都可以检测到它的微小变化，成为传感器研究的理想模型化合物[47-50]。

综上，可将卟啉与微生物燃料电池结合，以此来研究检测氨气方面的应用。

卟啉修饰 ITO 作为阳极的组装

将合成的四苯基锌卟啉溶于三氯甲烷中；然后将处理过的 ITO 导电玻璃浸入四苯基锌卟啉溶液中，得到四苯基锌卟啉- ITO；最后将四苯基锌卟啉- ITO 浸泡于超纯水中，除去没有吸附上的四苯基锌卟啉，得到干净的四苯基锌卟啉- ITO 电极。

(1) 卟啉- ITO 电极特性研究：利用第 2 节中的单室三电极电化学装置，四苯基锌卟啉修饰后的 ITO 电极作为微生物燃料电池阳极材料，研究该类电极作为氨气传感器方面的应用，所用微生物仍然是 *S. loihica*。

图 6－33 表示用空白 ITO 作为工作电极检测微生物燃料电池对氨气（浓度约为 7.59 mg/m^3）的灵敏性。开始的半个小时由于没有加入细菌，所以基本上没有电流输出。当在 30 min 后加入细菌后，立刻出现了一个电流峰，过了数小时之后开始下降并且平稳。在电池工作了 20 h 之后，对装置内通入氨气（NH_3）发现电流无响应。说明微生物燃料电池本身对 NH_3 没有任何响应。

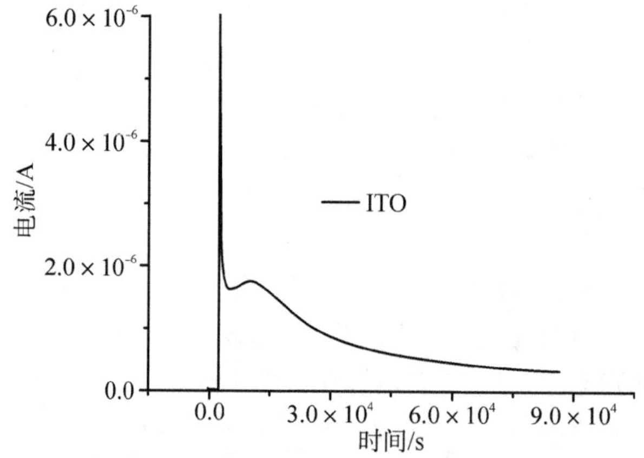

图 6－33 空白 ITO 阳极系统对 NH_3 的响应

图 6－34 表示用修饰后的四苯基锌卟啉－ITO 为阳极的微生物燃料电池对 NH_3 的响应，在半个小时的时候加入细菌，结果有个很高的电流峰，在趋于平稳之后通入 NH_3，发现有个很强的 NH_3 电流响应。说明经过四苯基锌卟啉修饰后的 ITO 电极具有一定的 NH_3 传感器的作用，这可能是因为卟啉有电子缓冲性。

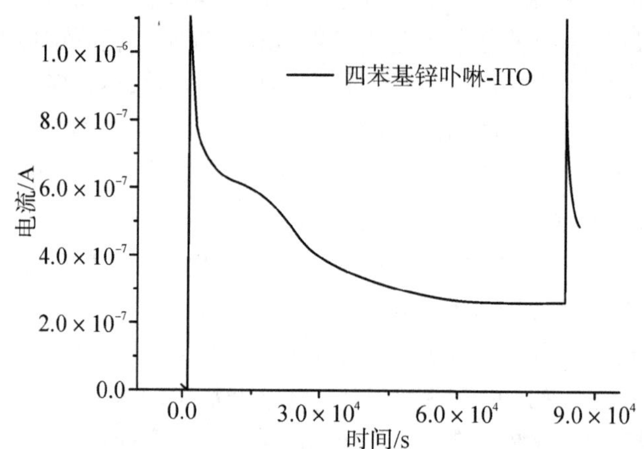

图 6－34 四苯基锌卟啉－ITO 阳极系统对 NH_3 的响应

图 6-35 为对工作 24 h 后的电极进行形貌上的观察。电极经过处理后，通过不同放大倍数的电镜图可以发现在 ITO 基底上分散着点状颗粒物，由于卟啉的较小，具体形貌并不能辨别。而电极表面的细菌往往趋于团聚态生长，这样的团聚态生长使得很多在电解液中的细菌可以直接与电极接触，或者与电极表面的细菌发生接触，并形成良好的细胞间连接，能有效增加产电量。同时，修饰后电极上的细菌数量要多于空白 ITO 电极上的细菌数量。

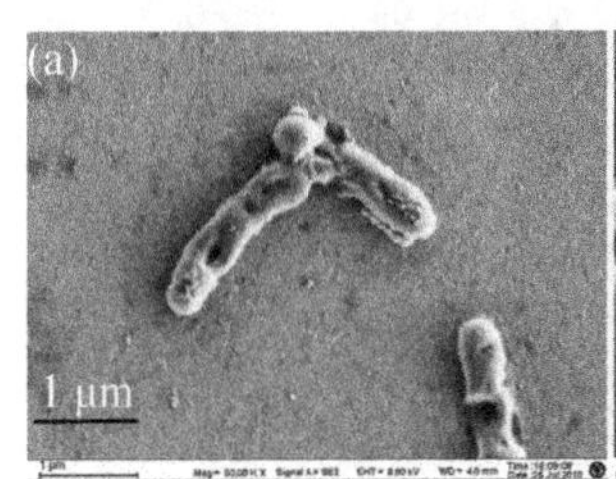

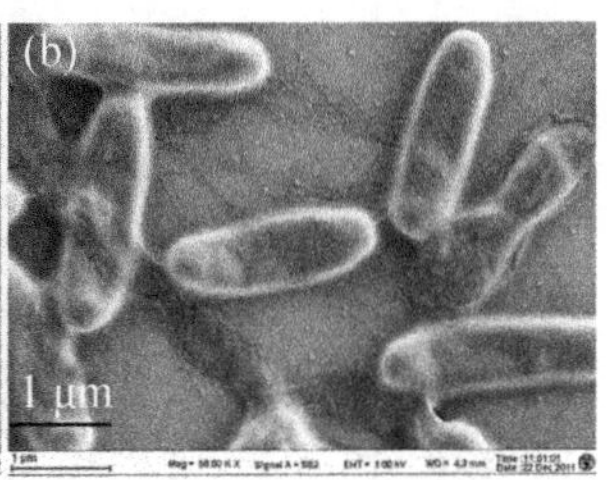

图 6-35 (a) 空白 ITO;(B) 四苯基锌卟啉- ITO 阳极工作 24 h 后的 SEM 图

这些研究表明，微生物燃料电池阳极在修饰了四苯基卟啉之后有成为 NH_3 传感器的可能。

6.2 细胞色素 C 修饰阳极

细胞色素 C 分子是由 103～113 个氨基酸组成的一条肽链，辅基接卟啉环上 2、4 位的乙烯基侧链，与肽链中两个半胱氨酸的残基—SH 基形成硫醚键加合到蛋白质分子上。铁卟啉的中心铁原子与同一平面上的四个吡咯环的氮原子以两个共价键、两个配位键相连。另外两个配位位置与肽链中组氨酸的咪唑基和蛋氨酸的硫形成配位链。细胞色素 C 的相对分子质量约为 12 000～13 000，肽链中含有 19 个赖氨酸残基，为一碱性蛋白，等电点为 10.5～10.8，含铁量为 0.38%～0.45%。

细胞色素 C 是一种细胞色素氧化酶，是电子传递链中唯一的外周蛋白，位于线粒体内侧外膜上。据文献报道，*S. loihica* 菌是通过与电极接触的细胞色素 C 将电子传递到电极上去的[51]。理想情况下希望分离纯化的细胞色素 C 能起到电子介体的作用，从而提高微生物燃料电池的产电效果。由于细胞色素 C 是两性电解质，在酸性条件下即带正电荷，可组装到表面带负电的 ITO 导电玻璃上去。

(1) 细胞色素 C 作为阳极的组装：将处理过的 ITO 导电玻璃浸入 pH=4 的细胞色素 C 水溶液，得到细胞色素 C-ITO；然后将细胞色素 C-ITO 浸泡于超纯水中，除去没有吸附上的细胞色素 C，得到干净的细胞色素 C-ITO 电极。

(2) 细胞色素 C-ITO 电极特性研究：利用第 2 节中的单室三电极电化学装置检测修饰后细胞色素 C-ITO 电极的电学性能。所用微生物仍是 *S. loihica*。

研究修饰电极的电化学特性，利用之前设计的单室三电极电化学装置测量不同修饰层数电极在只含有空白电解质(DM)条件下的循环伏安曲线,如图 6-36。其出现了一对氧化还原峰,而峰值中心电位约在−100 mV,与文献报道中的希瓦氏菌细胞膜蛋白细胞色素 C 的中心电位一致[26,43-45],可见细胞色素 C 已成功修饰到 ITO 玻璃的表面。

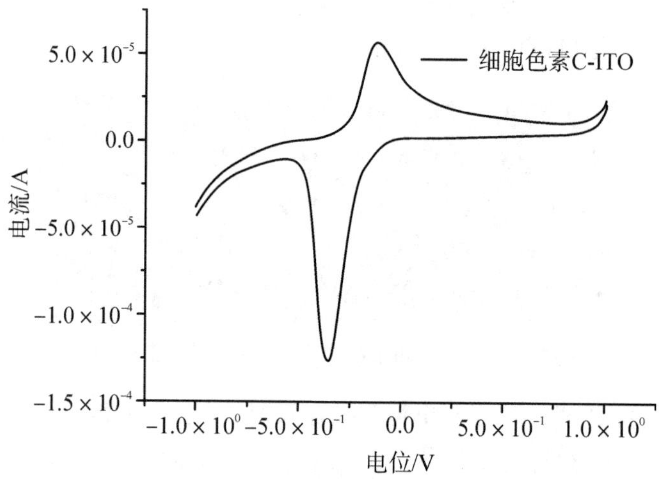

图 6-36 细胞色素 C-ITO 电极在只含有空白电解质(DM)条件下的循环伏安曲线

图 6-37 表明以细胞色素 C-ITO 为阳极,在 *S. loihica* 存在的条件下产电输出的情况。与空白的 ITO 阳极系统作比较,发现修饰细胞色素 C 并没有很好地提高稳定时产电输出,这可能与细胞色素 C 的失活有关系。

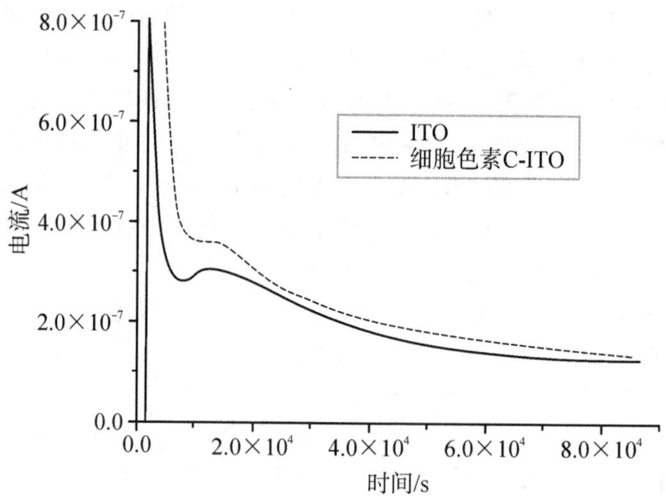

图 6-37 细胞色素 C-ITO 电极工作 24 h 后的电流-时间曲线

如图 6-38 为对工作 24 h 后的电极进行形貌上的观察。将电极经过处理后，与空白的 ITO 比较，发现电极表面形成了由细胞色素 C 覆盖的，类似于生物膜的底层，在细胞色素 C 的上面附着数量极多的细菌，这些细菌贴壁生长，同时大多数都首尾相连，利于电子传递到电极表面。

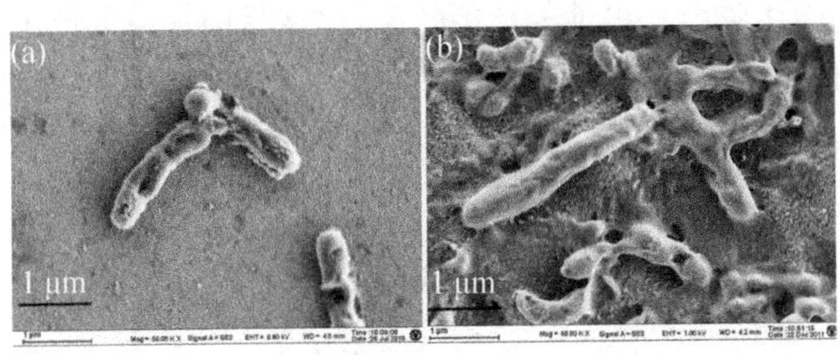

图 6-38 (a) 空白 ITO；(b) 细胞色素 C-ITO 阳极工作 24 h 后的 SEM 图

通过这节的研究介绍，发现能够提高电子转移效率的生物分子可以用来修饰微生物燃料电池的阳极。如果用四苯基卟啉修饰可以将 MFC 用作 NH_3 气体传感器，但是所需 NH_3 的浓度较高，和传统的 NH_3 气体传感器相比还有不足。如果用细胞色素 C 修饰阳极，可以提高 MFC 的产电效果，但提升效果并不明显。

7. 结论与展望

本章介绍利用层层自组装技术对阳极进行修饰，并设计了用于阳极研究的单腔三电极电化学装置，寻求提高电池效率的有效途径。首先，对 *Shewanella loihica* 生长特性进行研究，绘制生长曲线，并根据生长曲线来拟定细菌驯化培养时间及微生物燃料电池的工作时间。结果显示培养 24 h、处于稳定期的 *Shewanella loihica* 有最高的产电能力。其次，基于层层自组装技术，在 ITO 导电玻璃表面修饰能提高电子转移效率的物质如 Fe_2O_3 和石墨烯多层膜，以其作为阳极，研究该类阳极在微生物燃料电池中的应用，以及电池的输出电流与修饰层数之间的关系以及电池效率。通过对结果的分析和比较，发现 Fe_2O_3 和石墨烯多层膜均能提高微生物燃料电池的产电性能，而石墨烯多层膜的修饰效果更好，同时修饰层数对产电性能也存在着一定程度的影响。再次，基于层层自组装技术，在 ITO 导电玻璃表面修饰中空胶囊 $(PSS/PAH)_4(PAH\alpha\text{-}Fe_2O_3)_n/PAH$，以其作为阳极研究该类阳极在微生物燃料电池中的应用，以及电池的输出电流与修饰层数之间的关系和电池效率，发现中空胶囊由于其能增加导电性和比表面积，从而提高了微生物燃料电池的产电效率。最后，基于自组装技术，在 ITO 导电玻璃表面修饰能提高电极电子转移效率的物质，如细胞色素 C 和四苯基锌卟啉，以其作为阳极研究该类阳极在微生物燃料电池中的应用。

层层自组装技术可以比较好地应用于微生物燃料电池的电极修饰中去。由于层层自组装技术适用材料广泛的特点，很多物质如能提高电极导电性的物质 Fe_2O_3 和石墨烯、中空胶囊，能提高电极电子转移效率的生物大分子如细胞色素 C 和四苯基锌卟啉等都可以通过层层自组装技术修饰到电极材料的表面。其中有的物质能确实提高微生物燃料电池的产电效率，比文献中报道的产电效果幅度要大，但是由于装置材料等方面的差别，故不能直接比较产电大小，而有的物质则修饰效果不理想。但从整体上说，选择不同的修饰物质，通过层层自组装的方法修饰到电极材料表面能在一定程度上解决微生物燃料电池发展的瓶颈问题。

参考文献

[1] 曾丽珍，李伟善. 微生物燃料电池电极材料的研究进展[J]. 电池工业，2009，14(4)：280－284.

[2] Reguera G, McCarthy K D, Mehta T. Extracellular electron transfer via microbial nanowires[J]. Nature, 2005, 435(7045): 1098－1101.

[3] Gorgy Y A, Yanina S, Mclean J S. Electrically conductive bacterial nanowires produced by shewanella oneidensis strain MR-1 and other microorganisms[J]. PNAS, 2006, 103: 11358－11363.

[4] Logan B E. Feature Article: Biologically extracting energy from wastewater: biohydrogen production and microbial fuel cells[J]. Environ Sci Technol, 2004, 38: 160－167.

[5] Logan B E, Hamelem B, Rozendal R. Microbial fuel cells: methodology and technology[J]. Environ Sci Technol, 2006, 40: 5181－5192.

[6] 卢娜，周顺桂，倪晋仁. 微生物燃料电池的产电机制[J]. 化学进展，2008，20：1233－1240.

[7] Gil G C, Chang I S, Kim B H. Operational parameters affecting the performance of a mediator-less microbial fuel cell[J]. Biosens Bioelectron, 2003, 18: 327－334.

[8] Kim B H, Kim H J, Hyun M S. Direct electrode reaction of Fe^{3+}-reducing bacterium, shewanella putrefaciens[J]. J Microbiol Biotechnol, 1999, 9: 127－131.

[9] Lovley D R. Microbial fuel cell: novel microbial physiologies and engineering approaches[J]. Current Opinion in Biotech, 2006, 17: 327－321.

[10] Fan Y, Hu H, Liu H. Enhanced Coulombic efficiency and power density of air-cathode microbial fuel cells with an improved cell configuration[J]. J Power Sources, 2007, 171: 348－354.

[11] Watanabe K. Recent developments in microbial fuel cell technologies for sustainable bioenergy[J]. J Biosci Bioeng, 2008, 106: 528－536.

[12] Park D H, Zeikus J G. Improved fuel cell and electrode designs for producing electricity from microbial degradation[J]. Biotechnol Bioeng, 2003, 81: 348－355.

[13] Liu H, Logan B. Electricity generation using an air-cathode single chamber microbial fuel cell in the presence and absence of a proton exchange membrane[J]. Environ Sci Technol,

2004,38:4040 - 4046.

[14] Cheng S, Liu H, Logan B E. Increased performance of single-chamber microbial fuel cells using an improved cathode structure[J]. Electrochem Commun,2006,8:489 - 494.

[15] Logan B E, Cheng S, Watson V. Graphite Fiber Brush Anodes for Increased Power Production in Air-Cathode Microbial Fuel Cells[J]. Environ Sci Technol, 2007, 41: 3341 - 3346.

[16] Shimoyama T, Komukai S, Yamazawa A. Electricity generation from model organic wastewater in a cassette-electrode microbial fuel cell[J]. Environ Biotechnol, 2008, 80: 325 - 330.

[17] Osman M H, Shah A A, Walsh F C. Recent progress and continuing challenges in bio-fuel cells. Part Ⅱ:Microbial[J]. Biosens Bioelectron,2010,26:953 - 963.

[18] Yuan Y, Kim S. Polypyrrole-coated reticulated vitreous carbon as anode in microbial fuel cell for higher energy output[J]. Bull Korean Chem Soc,2008,29:168 - 172.

[19] Sahoo N G, Jung Y C, So H H. Polypyrrole coated carbon nanotubes: synthesis, characterization,and enhanced electrical properties[J]. Synth Metals,2007,157:374 - 379.

[20] Park D H, Zeikus J G. Impact of electrode composition on electricity generation in a single-copartment fuel cell using shewanella putrefacians[J]. Appl Microbiol Biotechnol,2002,59: 58 - 61.

[21] Deng L, Zhou M, Liu C. Development of high performance of CoFeNCNT nanocatalyst for oxygen reduction in microbial fuel cells[J]. Talanta,2010,81:444 - 448.

[22] Feng C H, Ma L, Li F B. A polypyrrole/anthraquinone-2, 6-disulphonic disodium salt (PPy/AQDS)-modified anode to improve performance of microbial fuel cells[J]. Biosens Bioelectron,2010,25:1516 - 1520.

[23] Zhao F, Rahunen N, Varcoe J R. Activated carbon cloth as anode for sulfate removal in a microbial fuel cell[J]. Environ Sci Technol,2008,42:4971 - 4976.

[24] Cheng S, Logan B E. Ammonia treatment of carbon cloth anodes to enhance power generation of microbial fuel cells[J]. Electrochem Commum,2007,9:492 - 496.

[25] *Shewauella loihica*[EB/OL]. 2020. 10. 1 http://microbewiki. kenyon. edu/index. php/ Shewanella_loihica.

[26] Nakamura R, Ishii K, Hashimoto K. Electronic absorption spectra and redox properties of C type cytochromes in living microbes[J]. Angew Chem Int Ed,2009,48:1606 - 1608.

[27] Decher G, Maclennan J, Sohling U. Creation and structural comparison of ultrathin film assemblies: transferred freely suspended films and Langmuir-Blodgett films of liquid crystals[J]. Thin Solid Films,1992,210:504 - 507.

[28] Decher G. Fuzzy nanoassemblies: toward layered polymeric multicomposites[J]. Science, 1997,277:1232 - 1237.

[29] Stockton W B, Rubner M F. Molecular-level processing of conjugated polymers. 4. layer-by-layer manipulation of polyaniline via hydrogen-bonding interactions[J]. Macromolecules,

1997,30(9):2717 - 2725.

[30] Kharlampieva E, Sukhishvili S A. Hydrogen-bonded layer-by-layer films[J]. J Macromol Sci Polym ReV,2006,46:377 - 395.

[31] Nakamura R, Fumiyoshi K, Akihiro O. Self-constructed electrically conductive bacterial networks[J]. Angew Chem,2009,48:508 - 511.

[32] Sun J J, Zhao H Z, Yang Q Z. A novel layer-by-layer self-assembled carbon nanotube-based anode:Preparation, characterization, and application in microbial fuel cell[J]. Electrochim Acta, 2010,55:3041 - 3047.

[33] Song M, Ge L Q, Wang X M. Study on the combination of self-assembled electrochemical active films of hemoglobin and multilayered fibers[J]. J Electroanal Chem,2008,617:149 - 156.

[34] Macdonald J R. Impedance spectroscopy[J]. Annals of Biomedical Engineering,1992,20:289 - 305.

[35] Novoselov K S, Geim A K, Morozov S V. Two-dimensional gas of massless Dirac fermions in grapheme[J]. Nature,2005,438:197 - 200.

[36] Zhang Y B, Tan Y W, Stormer H L. Experimental observation of the quantum Hall effect and Berry's phase in grapheme[J]. Nature,2005,438:201 - 204.

[37] Novoselov K S, Jiang Z, Zhang Y. Room-temperature quantum hall effect in grapheme[J]. Science,2007,315:1379.

[38] Berger C, Song Z M, Li X B. Electronic confinement and coherence in patterned epitaxial grapheme[J]. Science,2006,312:1191 - 1196.

[39] 傅强，包信和.石墨烯的化学研究进展[J].科学通报,2009,54:2657 - 2666.

[40] Iler R K. Multilayers of colloidal particles, multilayers of colloidal particles[J]. J Colloid Interface Sci,1966,21:569 - 594.

[41] Keller S W. Photoinduced charge separation in multilayer thin films grown by sequential adsorption of polyelectrolytes[J]. J Am Chem Soc,1995,117:12879.

[42] Stockton W B, Rubner M F. Molecular-level processing of conjugated polymers layer-by-layer manipulation of polyaniline via hydrogen-bonding interactions[J]. Macromolecules, 1997,30:2717 - 2125.

[43] Hartshorne R S, Jepson B N, Clarke T A. Characterization of *Shewanella oneidensis* MtrC: a cell-surface decaheme cytochrome involved in respiratory electron transport to extracellular electron acceptors[J]. J Biol Inorg Chem,2007,12:1083 - 1094.

[44] Wigginton N S, Rosso K M, Hochella M F. Mechanisms of electron transfer in two decaheme cytochromes from a metal-reducing bacterium[J]. J Phys Chem B,2007,111:12857 - 12864.

[45] Myers J M, Myers C R. Isolation and sequence of omcA, a gene encoding a decaheme outer membrane cytochrome c of Shewanella putrefaciens MR-I, and detection of omcA homologs in other strains of S. putrefaciens[J]. Biochim Biophys Acta,1998, 1373:237 - 251.

[46] Lehn J M. 超分子化学[M]. 北京:北京大学出版社,2002.

[47] Nwachukwua F A, Baron M G. Polymeric matrices for immobilising zinc tetraphenylporphyrin in absorbance based gas sensors[J]. Sensors and Actuators B,2003,90:276 - 285.

[48] Wang X D, Chen X, Xie Z X. Reversible optical sensor strip for oxygen[J]. Angew Chem Int Ed,2008,47:7450 - 7453.

[49] Drain C M, Varotto A, Radivojevic I. Self-organized porphyrinic materials[J]. Chem Rev, 2009,109:1630 - 1658.

[50] Amao Y, Asai K, Miyashita T. Photophysical and photochemical properties of optical oxygen pressure sensor of platinum porphyrin-isobutylmethacrylate-trifluoroethylmethacrylate copolymer film[J]. J Polymer,1999,31:126701269.

[51] Liu H, Newton G J, Nakamura R. Electrochemical characterization of a single electricity-producing bacterial cell of shewanella by using optical tweezers[J]. Angew Chem Int Ed, 2010,49:6596 - 6599.

第七章　多功能膜材料在造礁方面的应用

第一部分　层层自组装薄膜用于珊瑚细胞黏附的应用研究

骆晨曦　东南大学

层层自组装(layer-by-layer assembly，LbL)技术是目前广泛应用于高分子材料表面改性的方法之一，具有材料厚度可控、无副产物形成限制等优点。层层自组装技术是在分子自组装技术[1]和 LB 膜技术[2]的基础上发展而来的。通过 LbL 技术制备的聚合物多层膜在改变机械工具、电子产品和医疗设备表面性能方面得到广泛应用。1966 年，Iler 等人利用带相反电荷的胶体粒子交替吸附形成层层结构。1991 年，Decher 团队提出利用线型的阴阳离子聚电解质交替循环浸泡沉积组装出了多层结构，自此 LbL 概念得到广泛推广[3]。Decher 等人用带相反电荷的聚合物制备多层薄膜的步骤如下：(1) 首先通过处理基底使其表面带上电荷；(2) 吸附和基底表面材料带相反电荷的聚合物；(3) 清洗多余的没有完全结合到材料表面的聚合物；(4) 重复吸附带相反电荷的化合物，直到组装层数达到要求为止。LbL 方法形成的复合膜单层厚度能够在相对较大的范围内进行调整，从纳米级到微米级，通过改变沉积条件(盐浓度、pH 等)可控制膜的理化性质、形貌结构。目前报道的获得聚电解质多层膜的方法多是通过将基底材料交替浸入聚电解质溶液中，或者简单将聚电解质溶液交替流过基底表面。此外，还可以通过调节膜的层数、控制膜的厚度、引入功能性基团，使多层结构薄膜拥有多种特定性的功能，获得不同结构和功能的自组装复合膜。在薄膜中组装不同功能的生物分子，比如多肽、核酸、活性抗菌成分，通过不同的剂量和速度释放，可以满足生物医学研究中的各项需求。随着第一个具有生物活性的多层膜出现，关于功能化层层自组装薄膜的研究也不断深入，膜结构也变得越来越多样化，从二维平面膜到三维的“核-

壳"中空结构,近年来还出现了多室膜[4]。本章的第二部分将会对 LbL 技术进行较为详细的概括。

1. 珊瑚概况介绍

珊瑚是一种简单的多细胞生物,缺乏高等动物用来保证复杂物质运输的循环系统和呼吸系统。珊瑚通常被描述为一个整体,拥有着庞杂的微生物群落,其种类具有广泛的多样性,包括多种造礁珊瑚物种和共生物种[5]。图 7-1 显示的是珊瑚以及部分与其共生的生物,包括虫黄藻、共生细菌、石内藻类和其他原生生物。绝大多数造礁珊瑚和能够进行光合作用的单细胞藻类形成共生关系,虫黄藻属于其中比较典型的藻类,造礁珊瑚是所有可以建造珊瑚礁的珊瑚的统称。共生是指两个或多个物种之间长期亲密的联系,共生关系在促进寄生和共生体进化中起重要作用,珊瑚虫和虫黄藻之间的共生关系对环境变化非常敏感。与珊瑚虫共生的还有很多其他细菌,珊瑚虫共生细菌被证明是具有复杂性和特异性的[6],这些相关的细菌可能是与珊瑚虫互惠互利的也可能是致病的,珊瑚虫的表面黏液层、珊瑚组织和钙质外骨骼都会成为不同细菌种群的栖息地,不同位置的伴生细菌群具有位置特异性,可以通过探究珊瑚和共生生物之间的关系来了解珊瑚生活机制,以促进对珊瑚生长的了解和预防珊瑚疾病。珊瑚虫一般在海岸地带大量繁殖,海岸附近的岩石为珊瑚提供了舒适相宜的生存条件。大多数珊瑚虫是聚居生活在一起的,体积非常小,一般单个珊瑚虫的长度由几毫米到几十毫米不等。群居的珊瑚虫聚居在一起形成状似树枝的结构。它们在生长过程中能够分泌钙质外骨骼,新一代的珊瑚会在前一代珊瑚虫居住的珊瑚钙质骨骼上大量繁殖,逐年累月形成珊瑚礁甚至珊瑚岛。比较常见的珊瑚礁一般可以分为三类:岸礁、堡礁、环礁。珊瑚礁生态系统对于维持生态平衡与稳定具有重要意义,被称为"海洋中的热带雨林"。大部分造礁珊瑚通过广泛撒播的方式产卵[7],它们通过在水中释放配子,产生浮游幼虫,幼虫通过洋流分布到不同区域。有研究表明,珊瑚遭受罹难性的白化现象或飓风等自然因素干扰之后是否能够恢复,和浮游幼虫能否成功回归珊瑚礁有着密切联系。珊瑚虫形态为呈圆筒状的水螅体,一个珊瑚虫有一个管腔胃,胃内壁的细胞属于中皮层,在中皮层和外皮层之间的是中胚层,外皮层能够通过腺体细胞分泌黏液。胃和中央口联通。中央口由一组能够在水流中摆动的触手环绕(图 7-2),它通过钙质沉积向外分泌钙质外骨骼,外骨骼不断向外生长,沉积新的碳酸钙层,图 7-3 展示了珊瑚虫的身体结构以及体内共生生物的位置。珊瑚被称为是"海中建筑师",其营养物质大体有两大来源,一是海洋中的浮游生物,二是与珊瑚虫共生的虫黄藻。虫黄藻是一种生活在珊瑚虫组织内的单细胞藻类。它体内含有叶绿素,能够进行光合作用，依靠珊瑚虫提供的无机碳、氨和磷酸盐进行光合作用，从而又可以作为交换给珊瑚细胞提供氧气满足呼吸需要和生存所需的其他营养物质，促进珊瑚细胞生长和钙化[8]。

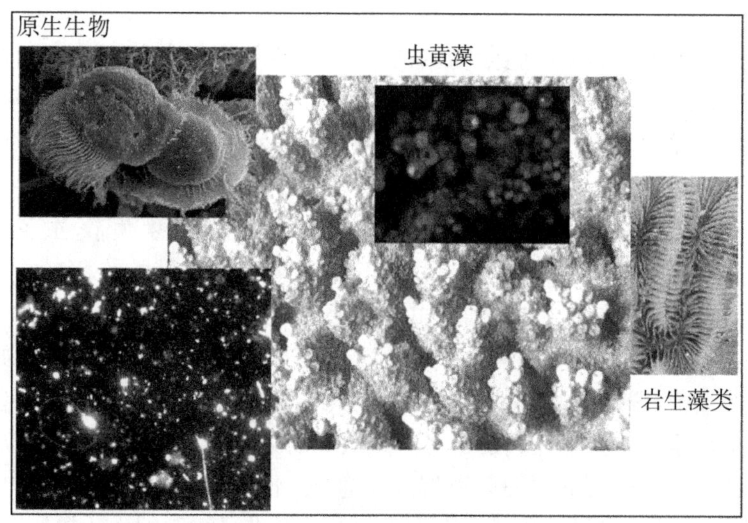

图 7-1 珊瑚共生系统[9]

图 7-2 中央口周围环绕一圈珊瑚触手[10]

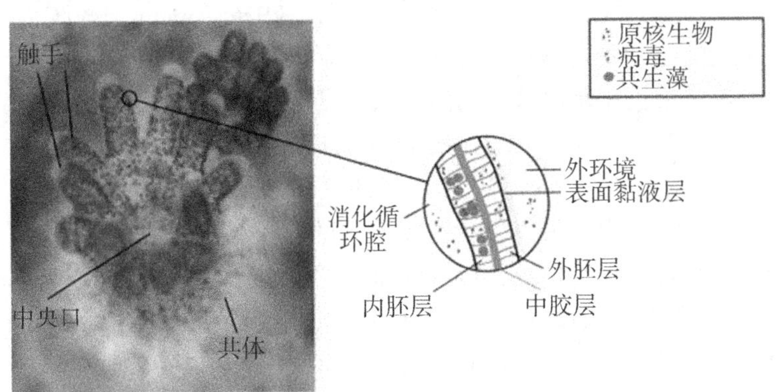

图 7-3　珊瑚虫的身体结构以及组织内存在的共生生物[11]

珊瑚白化是由 Vaughan 于 1911 年首次使用的一个术语,用来描述托尔图加斯珊瑚落潮时暴露的情况,虽然他观察到的不是真正意义上的珊瑚白化,而是珊瑚死亡后暴露的骨骼[12]。珊瑚白化具体是指珊瑚寄主和其共生虫黄藻共生关系破裂所发生的形态学变化。虫黄藻由于对环境产生异常的应激反应而从珊瑚组织内排出消失。虫黄藻密度下降以及珊瑚组织内其他含有光合色素的共生细菌减少都会造成珊瑚枝表面失去光鲜的颜色,最终珊瑚群落呈现苍白的外观[13]。珊瑚白化是造成全球大量珊瑚死亡和珊瑚礁退化的主要原因,它大大降低了珊瑚的光合速率,减弱了珊瑚虫和虫黄藻的共生关系,使珊瑚丧失了主要的能量来源,钙化速度变慢。如果这种共生关系很长时间无法恢复,会导致珊瑚容易患病,甚至很大程度上伴随严重的大规模珊瑚疾病的爆发和传播,使珊瑚遭受死亡的威胁。同时,珊瑚白化是显示珊瑚礁受到外界干扰的最佳视觉指标之一。珊瑚生态系统的多样性为全球范围内的生态系统良好运作提供了持续且必不可少的动力,然而,珊瑚的热敏感度非常之高,虽然不同区域、不同种类的珊瑚热敏感度和耐热承受力存在差异,但是环境的动荡使珊瑚产生严重的白化现象。在海洋环境中,造礁珊瑚作为一种最基本的海洋生态系统组成部分,伴随气候的异常,它们经历着不同的温度变化,但是仅限于在所生活的温度阈值上下 1～2 ℃范围内波动。近十几年来,全球不同海域多次爆发大范围珊瑚白化事件,许多研究人员针对此现象从不同方向进行了尝试和努力,探究珊瑚生活机制来阻止珊瑚白化造成的珊瑚礁退化。

2. 基于多巴胺接枝的聚合物(CS/DAS)$_n$-PDA

2.1　层层自组装制备(CS/DAS)$_n$-PDA

多巴胺,又称 3,4-二羟苯乙胺,是一种含有儿茶酚基团和氨基基团的生物活性分子，分子式如图 7-4 所示，多巴胺是一种大脑中分泌的儿茶酚胺类神经递质，在影响人类的情绪和脑内信息传递中具有重要作用[14]。在溶液环境中，多巴胺分子上的儿茶酚基团由于水溶液中的溶解氧而发生氧化，生成多巴胺苯醌结构，多巴胺与多巴胺苯醌之间仍然可以发生反歧化反应[15]。多巴胺可以在很多材料表面形成一层具有黏附力的 PDA，多巴胺单体的氧化自聚合作用在材料改性和材料功能化中有着广泛的应用。聚多巴胺和真黑素的化学结构、物理性质均有很多相似之处，因此有很多性质和真黑素重叠，例如：黏附性、还原性、导电性、亲水性和生物相容性[16]。PDA 的形成过程复杂，关于多巴胺如何黏附在材料表面的确切形成机理目前有很多不同观点，尚未有明确结论。文献中经常提到的理论依据有氧化自聚合原理[15]、自由基反应原理[16]、真黑色素机理[17]、非共价键结合机理[18]等。有部分研究表明，多巴胺具有黏附能力可能出于多巴胺的儿茶酚基团和氨基基团，这些基团可以通过和材料表面发生共价键作用或非共价键作用而黏附在材料表面。多巴胺被氧化成苯醌结构后，当基底的表面含有巯基、氨基或亚氨基官能团时，可以与多巴胺的儿茶酚基团发生迈克尔加成反应和席夫碱反应，从而可以形成很强的共价键；当基底材料为金属或金属氧化物时，儿茶酚基团上的羟基可以在其表面形成动态可逆的金属配位键，与金属或者金属氧化物形成稳定黏附的螯合物，或者在金属/金属氧化物表面通过脱水作用生成电荷转移复合物[19]，同时，没有参与配位的儿茶酚基团羟基可以与金属/金属氧化物表面的羟基形成氢键；当基底材料表面为疏水性表面时，多巴胺能通过很强的疏水相互作用与材料结合；当基底材料表面为亲水性表面时，则通过与基底表面形成氢键相互作用。使用多巴胺进行改性不仅可以改善材料表面的亲水性，还可以使其具有优异的生物相容性。

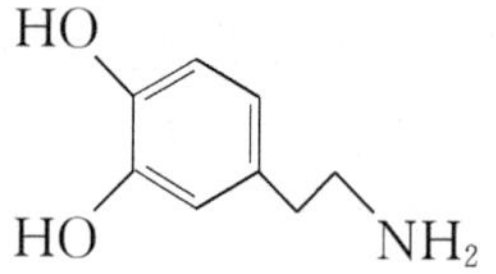

图 7-4 多巴胺分子结构式

在制备层层自组装复合薄膜之前，需要先将壳聚糖（CS）溶于稀释后的 1%冰醋酸水溶液中，轻轻搅拌溶液，直到 CS 溶液澄清透明，颜色类似蜂蜜。接下来将双醛淀粉（DAS）溶于超纯水中，并且水浴加热到 90 ℃，直到溶液变得透明，无白色粉末状漂浮物。双醛淀粉溶液浓度为 10 mg/mL。由于冰醋酸具有刺激性气味，实验操作在运行良好的通风橱中进行。

聚多巴胺的沉积过程采用氧化自聚合的方式：首先将盐酸多巴胺（2.5 mg/mL）和 $CuSO_4$（5.5 mM）/H_2O_2（19.6 mM）溶于 100 mL 的 Tris-HCl 缓冲溶液中（pH=

8.5，50 mmol/L)，充分搅拌，得到 PDA 表面沉积液，然后将清洗干净备用的玻璃基底放入沉积液中，在室温条件下根据所需要求浸泡 2 h 后，取出样品，用超纯水多次清洗干净后放到 45 ℃真空干燥箱中静置。PDA 在基底表面沉积的过程中，多巴胺的浓度、基底浸泡时间和氧化剂浓度均可以影响沉积层的厚度。

将完全沉积 PDA 的玻璃基底置于旋转涂胶机工作台中央，用滴管吸取适量已配备好的壳聚糖溶液，滴在玻璃基底表面，在转速为 2 000 r/min 的条件下旋涂 2 min，基底表面得到第一层壳聚糖薄膜，将其放入 45 ℃恒温干燥箱中静置 5 min。再将涂覆壳聚糖薄膜的样品浸入放有含有 10 mg/mL 双醛淀粉溶液的培养皿中，浸泡 5 min，目的是使壳聚糖和双醛淀粉充分接触，席夫碱反应在足够时间内发生。取出玻璃基底后用超纯水轻轻清洗 3 次，以除去多余未充分结合的双醛淀粉。由此，第一层自组装薄膜形成，将其记为(CS/DAS)-PDA。重复上述操作 9 次，层层组装 CS 和 DAS，制备出$(CS/DAS)_{10}$-PDA。$(CS/DAS)_n$-PDA 中，右下角标 n 代表席夫碱自修复薄膜的组装层数，组装层数为一层时，为了方便描述，省略角标。图 7-5 为壳聚糖与双醛淀粉通过席夫碱键形成 C═N 键的化学方程式。

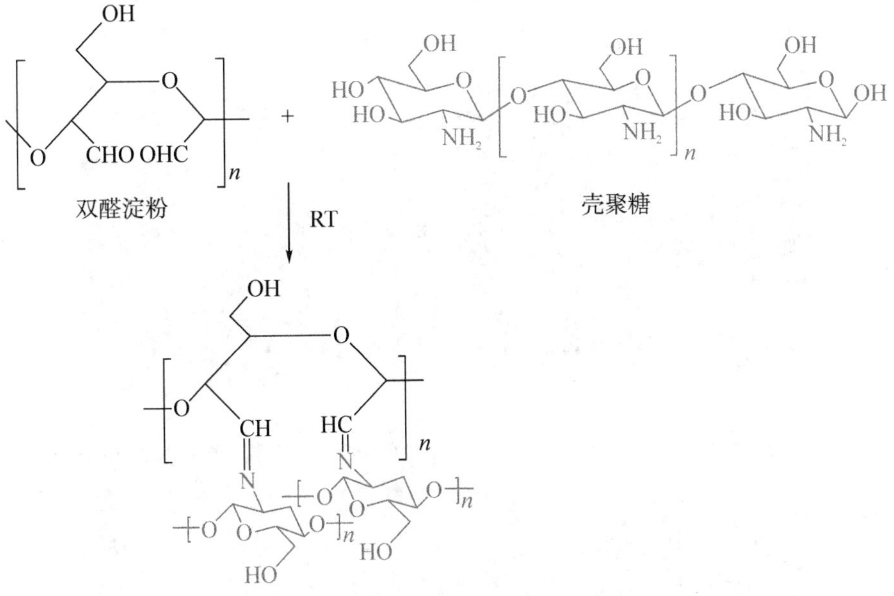

图 7-5 壳聚糖和双醛淀粉反应方程式

使用扫描电子显微镜(SEM)表征 PDA 成功沉积在基底表面，以及层层组装$(CS/DAS)_{10}$-PDA 后复合涂层形貌特征，通过原子力显微镜(AFM)表征在硅基底表面制备$(CS/DAS)_{10}$、$(CS/DAS)_{10}$-PDA 复合涂层，分析 AFM 结果得到不同样品表面粗糙度数据。接触角测量仪测试 PDA 改性前后复合膜的接触角变化，以观察 PDA 改性对材料表面亲疏水性的影响。壳聚糖上的氨基可以迅速吸附双醛淀粉重得醛基,反应生成动态可逆的席夫碱键[20],利用席夫碱键在玻璃基底表面层层组装未经修饰的涂层(CS/DAS)$_{10}$观察其表面形貌和截面结构。图 7－6 中显示的是未经修饰的涂层(CS/DAS)$_{10}$和 PDA 沉积在玻璃基底表面的 SEM 照片[21]。图 7－6(a)是(CS/DAS)$_{10}$的 SEM 平面照片,可以看到(CS/DAS)$_{10}$表面非常平整光滑,没有褶皱或者突起。图 7－6(b)是其截面形貌,(CS/DAS)$_{10}$的截面是紧凑致密的结构,而非疏松多孔结构。图 7－6(c)显示的是 PDA 在玻璃基底表面沉积的截面照片,多巴胺经氧化自聚合后黏附在基底表面,表面沉积的聚多巴胺呈现聚集成群的微球平铺在基底表面。图 7－6(d)显示的是在扫描电镜下均匀沉积在基底表面的 PDA 放大照片,可以看到均匀沉积的 PDA 颗粒。图 7－7(a)、图 7－7(b)分别为在硅基底表面制备的(CS/DAS)$_{10}$、(CS/DAS)$_{10}$-PDA 复合涂层的 AFM 二维平面照片,两组样品的涂层在基底表面的组装都相当均匀。两组涂层的粗糙度(R_{max})分别为 57.7 nm、25.1 nm。经 PDA 改性后的膜表面粗糙度明显降低,原因可能和 PDA 聚合物链中的亲水性基团有关,能结合大量水分子,形成高度水化的界面聚合物层。经 PDA 改性后(CS/DAS)$_{10}$-PDA 中含有较多亲水性基团,能够吸附空气中的水分,在材料表面形成光滑的水化层,降低涂层的粗糙度,这与图 7－7(c)

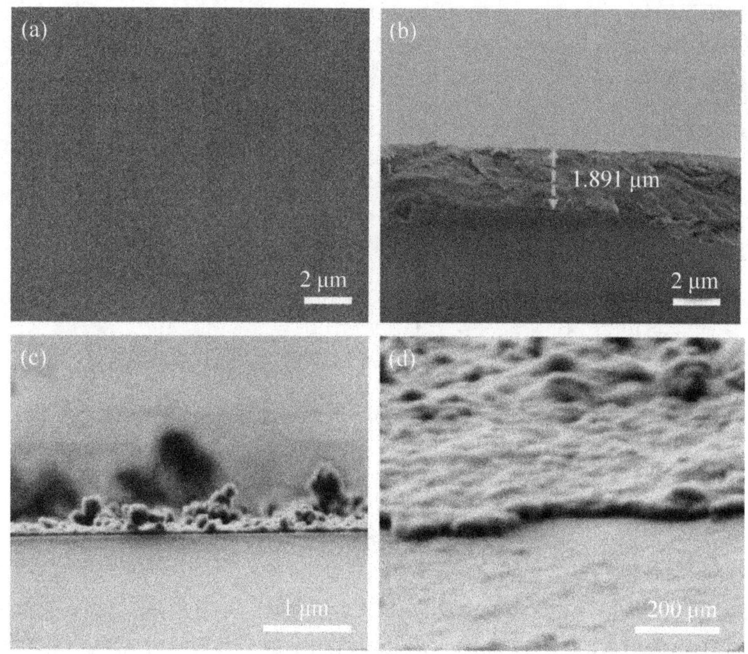

图 7－6　层层自组装多层薄膜的 SEM 图片。(a)(CS/DAS)$_{10}$的平面照片和(b)其截面照片;(c)沉积在基底表面的 PDA 的截面照片以及(d)其放大图

中接触角实验数据相一致。图 7－7(a－b)为$(CS/DAS)_{10}$、$(CS/DAS)_{10}$-PDA 复合涂层的水接触角对比图，由图可见，PDA 改性后$(CS/DAS)_{10}$-PDA 水接触角明显下降。两组样品对应的水接触角数值分别 58.87°、18.82°。

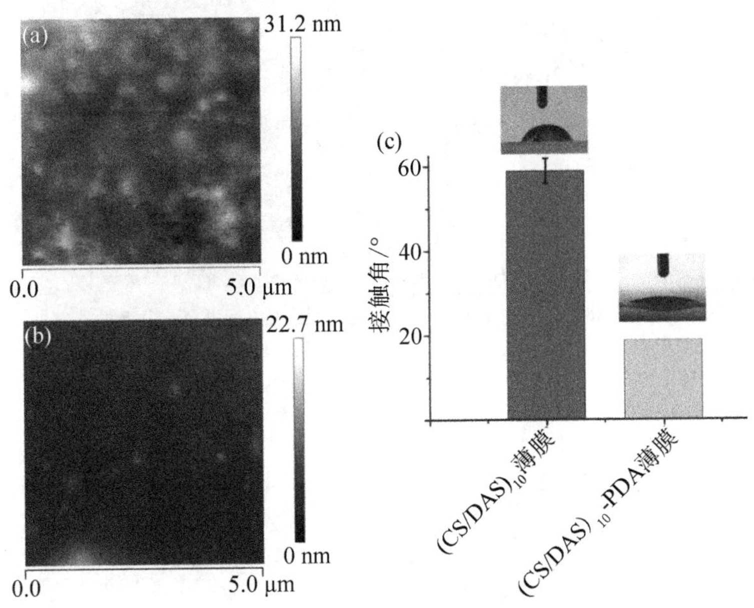

图 7－7 (a) $(CS/DAS)_{10}$与(b) $(CS/DAS)_{10}$-PDA 复合薄膜的 AFM 照片；(c) $(CS/DAS)_{10}$和$(CS/DAS)_{10}$-PDA 复合薄膜的接触角

傅里叶红外光谱表征$(CS/DAS)_{10}$-PDA 涂层，可验证壳聚糖和双醛淀粉形成席夫碱键。图 7－8(a)显示的是壳聚糖、双醛淀粉以及未修饰聚多巴胺的$(CS/DAS)_{10}$涂层的傅里叶红外光谱(FT-IR)，其中壳聚糖主要的红外峰值是在 1 800～800 cm^{-1}范围之间，壳聚糖红外光谱的主要吸收段如下：1 654 cm^{-1}(酰胺Ⅰ键，N—H 键伸缩振动)、1 598 cm^{-1}(酰胺Ⅱ键，N—H 内部剪切振动)、1 382 cm^{-1}(甲基的弯曲振动，意味着 C—CH_3 的存在)、896 cm^{-1}(亚甲基弯曲振动)、3 450 cm^{-1}(是吸收的水中 O—H 与—NH_2 的伸缩振动重叠)。关于双醛淀粉的红外光谱的分析如下：1 660 cm^{-1}表示存在双键，即双醛淀粉中醛基 C ═O 的伸缩振动，而位于 2 820 cm^{-1}的峰值是醛基 C—H 键的伸缩振动。图 7－8(b)是利用壳聚糖和双醛淀粉制备 LbL 复合结构的示意图，如图中所示，壳聚糖分子链上的氨基和双醛淀粉中的醛基通过脱水缩合发生席夫碱反应，形成层层自组装的复合网络。从图 7－8(c)中可以得到未修饰 PDA 的涂层$(CS/DAS)_{10}$的红外光谱信息。出现在 2 890 cm^{-1}处的峰值表示亚甲基的对称拉伸振动，1 639 cm^{-1}处的峰值表示Ⅰ型酰胺键中 N—H 伸缩振动。与壳聚糖和双醛淀粉中的红外光谱不同的是，涂层(CS/

DAS)$_{10}$的红外光谱出现了一个新的特征峰，1 567 cm^{-1}处的峰值表示席夫碱键中C═N 双键振动。

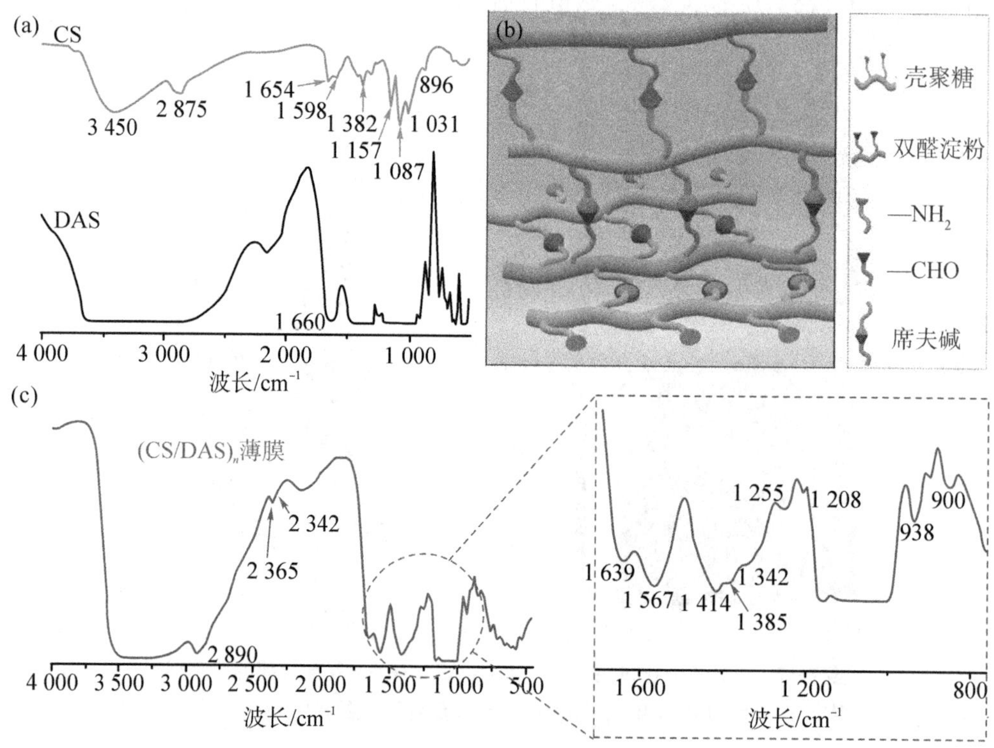

图 7－8 (a) CS 和 DAS 的红外光谱;(b) CS 和 DAS 通过席夫碱键形成的层层自组装多层结构示意图;(c) CS/DAS 薄膜的红外光谱

金相显微镜记录自修复涂层(CS/DAS)$_{10}$-PDA 的自修复过程，证明该 LbL 复合涂层具有自修复效果。其具体操作如下：首先用刀片将样品涂层表面划一道长度约为 2 cm 的划痕，将去离子水滴加在涂层破损部位，使得涂层膨胀，流动，破损部位相互接触，结构重筑。(CS/DAS)$_{10}$-PDA 涂层划痕消失，实现自修复，经过 5 次自修复循环，以此在宏观上评价材料的自修复性能。除了在视觉上观察样品破损处的变化，测试材料在发生自修复行为之后的其他性能恢复也是一种非常通用的办法。利用拉伸测试评估经损伤-自修复之后的材料力学性能变化，可以量化自修复的效率。首先在玻璃基底上制备两组完全相同的自修复多层复合膜(CS/DAS)$_{10}$-PDA，尺寸均为 2.0 cm×1.0 cm，将两组涂层从基底上揭下，使其成为无支撑结构。其中一组不做任何处理作为未损伤的材料组。另一组样品用刀片划破后，滴加超纯水引发损伤处愈合，将该组(CS/DAS)$_{10}$-PDA 作为自修复后的样品。将两组材料分别夹在单立柱拉力测试仪的两端夹头上，并设定拉伸速度为

100 mm/min。自修复效率可以用损伤—修复后材料力学性能和未损伤的材料力学性能的比率来实现。测试自修复效率的公式如下：

$$E_h = (E_t / E_0) \times 100\% \tag{7.1}$$

其中，E_h 代表自修复效率，E_0 代表未损伤的材料拉伸性能，E_t 代表损伤再经自修复之后材料的拉伸性能。

在室温条件下，将玻璃基底裁成同样大小的矩形，在处理干净的基底表面制备 $(CS/DAS)_{10}$-PDA 复合涂层，在样品湿润的情况下，将两块同等尺寸的样品面对面搭接在一起，之后放入 45 ℃的烘箱中静置，直到样品重量不再变化。将干燥后搭接的玻璃基底两端夹在拉力拉伸仪上，以 50 m/min 的拉伸速度进行实验，直到两块玻璃基底分离开，重复上述操作，连续测试 5 个样品。

为了研究 $(CS/DAS)_{10}$-PDA 的自修复性能，通过金相显微镜观察划痕涂层的自修复过程，其表征结果如图 7-9(a-b)所示，在划痕处滴加超纯水，复合涂层吸收水分迅速膨胀流动，破损处边缘接触，可以重新接合，15 min 后在金相显微镜观察涂层表面，破损处已经修复，划痕消失。将修复后的材料放入 45 ℃烘箱中，烘干 $(CS/DAS)_{10}$-PDA 复合涂层表面的水分，材料又恢复原来的形态。因此在引入 PDA

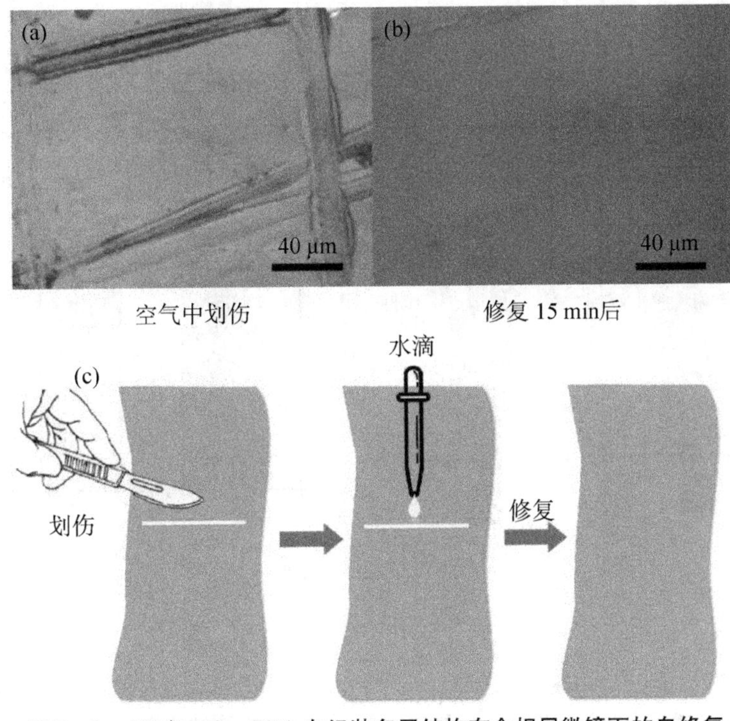

图 7-9 $(CS/DAS)_{10}$-PDA 自组装多层结构在金相显微镜下的自修复前(a)以及自修复后(b)照片；(c) 为涂层损伤-自修复过程示意图

接枝后的 LbL 复合薄膜通过加水引发的条件依旧能够快速实现自修复。图 7-9(c)是关于涂层自修复表征过程的示意图。

为了能够对 LbL 复合薄膜的自修复性能进行定量检测，利用力学性能测试测得材料的拉伸性能、弹性模量、拉伸长度的变化来评价材料的自修复效果，如图 7-10(c)是通过机械性能表征自修复效率的示意图。通过测得材料在自修复前后的拉伸性能，计算得到材料自修复效率。图 7-10(a)、图 7-10(b)分别是 $(CS/DAS)_{10}$和$(CS/DAS)_{10}$-PDA 对应的自修复前后的应力应变曲线对比，对照组中未受损的$(CS/DAS)_{10}$和$(CS/DAS)_{10}$-PDA 断裂时拉伸应力分别为 29.43 MPa、132.04 MPa，而损伤-自修复之后的$(CS/DAS)_{10}$和$(CS/DAS)_{10}$-PDA 断裂时对应的拉伸应力分别为 21.35 MPa 和 94.98 MPa。根据公式 7.1，按照弹性模量评估薄膜的自修复性能，计算可得$(CS/DAS)_{10}$和$(CS/DAS)_{10}$-PDA 的自修复效率分别为 72.54%、71.94%[图 7-10(d)]。由此可见，接枝多巴胺对材料自修复效率没有很大影响，但是，多巴胺接枝提高材料的弹性模量，这与 PDA 的亲水性有很大的

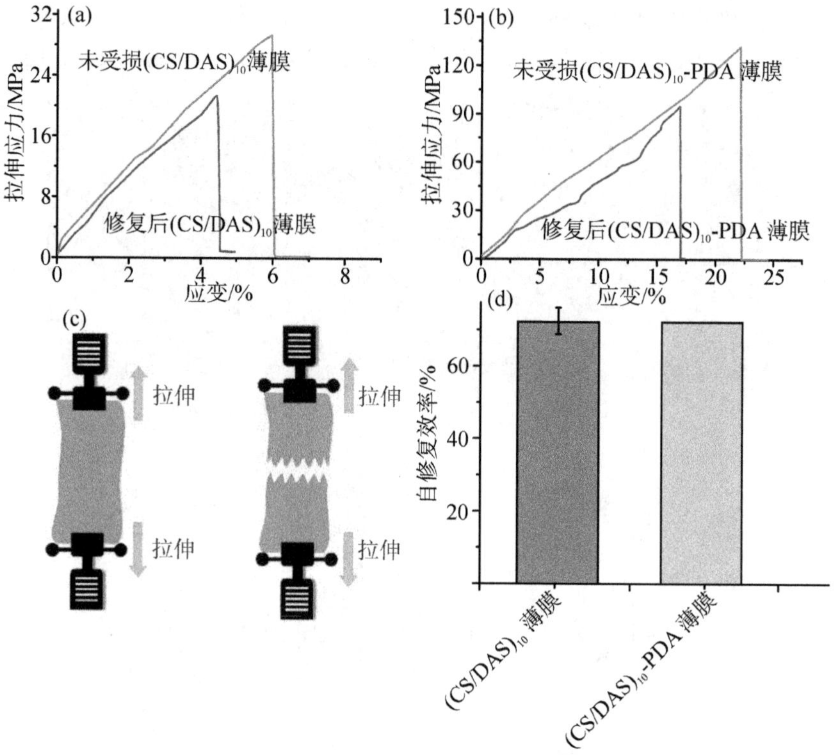

图 7-10 (a) $(CS/DAS)_{10}$以及(b) $(CS/DAS)_{10}$-PDA 自组装复合薄膜的机械性能自修复效率曲线；(c) 通过单立柱拉力拉伸测试仪检测自修复效率示意图；(d) $(CS/DAS)_{10}$和$(CS/DAS)_{10}$-PDA 自修复效率对比图

关系，PDA 可以锁住材料中的水分以及吸收空气中的水分，使材料保持弹性。$(CS/DAS)_{10}$-PDA 复合薄膜自修复前后的应变分别为 21.98%和 17.01%，而$(CS/DAS)_{10}$相对应的应变分别为 5.93%和 4.52%。

在实际应用中，涂层必须牢固地黏附在基底上，因此增加涂层在对基底的黏附性具有重要意义。通过使用搭接剪切接头黏合拉伸试验检测材料和基底的黏附性，图 7-11(b)显示的该拉伸试验的示意图，通过将基底向相反方向拉伸，检测分开时所需的最大拉伸力。图 7-11(a)是$(CS/DAS)_{10}$和$(CS/DAS)_{10}$-PDA 的拉伸载荷和形变的对比曲线图，从曲线中可以看到涂层$(CS/DAS)_{10}$-PDA 与基底的黏附力更强，PDA 的接枝显著提高了涂层对基底的黏附性。如图 7-11(c)所示，$(CS/DAS)_{10}$组基底分离时的最大拉伸载荷为 27.24 N，$(CS/DAS)_{10}$-PDA 组对应的最大拉伸载荷为 52.22 N。

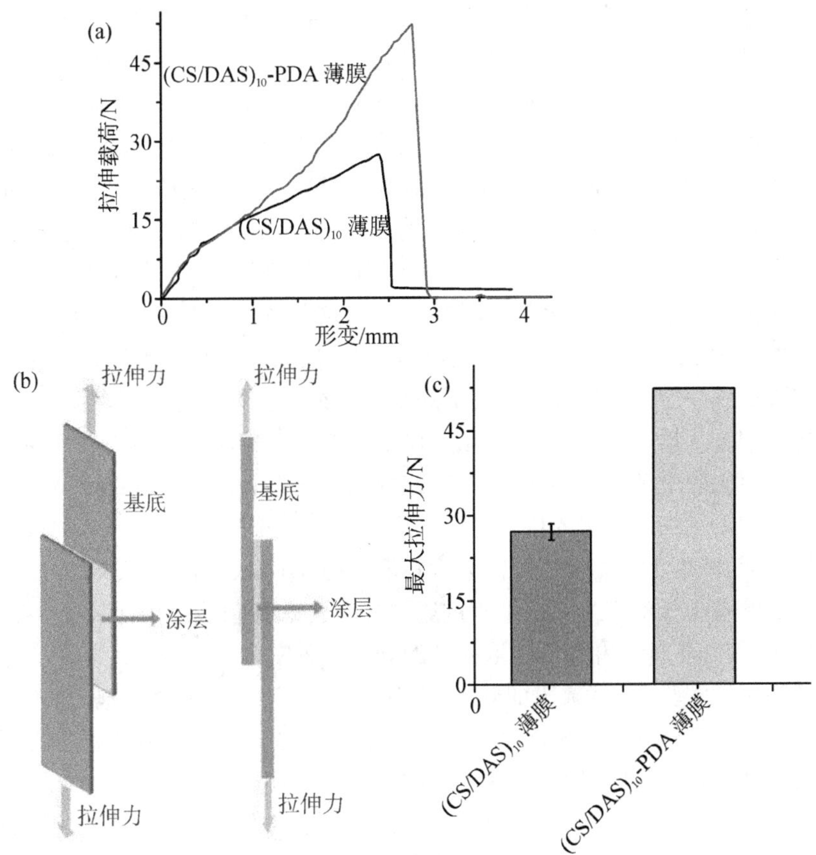

图 7-11 (a) $(CS/DAS)_{10}$和$(CS/DAS)_{10}$-PDA 的拉伸载荷和形变的对比曲线图；(b) 搭接剪切接头黏合拉伸试验示意图；(c) $(CS/DAS)_{10}$和$(CS/DAS)_{10}$-PDA 复合涂层基底拉伸断裂时最大拉伸力对比图

2.2 $(CS/DAS)_n$-PDA 复合薄膜用于珊瑚细胞培养

2.2.1 细胞毒性实验

配制人工海水：珊瑚的孵育和珊瑚细胞的提取在人工模拟不含钙海水中操作，不含钙人工海水的配制浓度分别是 25 g/L NaCl、0.67 g/L KCl、4.7 g/L $MgCl_2 \cdot 6H_2O$、6.3 g/L $MgSO_4 \cdot 7H_2O$、3 g/L Na_2SO_4、0.18 g/L $NaHCO_3$，加入超纯水搅拌，直到上述物质完全溶解[21]。配制含钙海水需要在搅拌之前的操作中加入 10.45 g/L $CaCl_2$，将配制好的溶液密封，放到高压灭菌锅中灭菌 30 min，温度设定为 120 ℃。灭菌结束后，将其放入 80 ℃的恒温烘箱中烘干，除去灭菌时的水分，避免污染。

珊瑚枝提取和培养珊瑚细胞：在实验中，通过诱导珊瑚软组织脱离钙质外骨骼，研究了用于珊瑚原代细胞培养的分离方法，通过珊瑚软组织脱离的方法实现在体外培养珊瑚，提供了深入了解珊瑚细胞的条件。从同一株珊瑚丛剪下 2～3 根珊瑚枝尖端，长度约为 2 cm。收集剪下的珊瑚枝，在开始珊瑚培养之前，先用 PBS 缓冲溶液将剪下的珊瑚枝清洗 3 遍，以除去表面的杂质。将清洗结束的珊瑚枝放入容量适宜的培养皿中，加入不含钙人工海水培养基，培养基中加入 4%的青霉素-链霉素溶液，在室温下振荡培养 2 h，振荡速度为 80 r/min。整个实验过程在无菌操作台上完成。然后将剪下的珊瑚枝放入 DMEM 培养基中(通过不含钙人工海水配制)，在无菌的恒温恒湿培养箱中培养 1～2 d，培养条件为 5% CO_2，温度24 ℃，光照模式按照 12 h/12 h 明暗交替进行，这点和普通哺乳动物细胞培养不完全相同，之后需要每隔一定时间段在显微镜下观察珊瑚细胞脱落情况。将表面细胞从已经脱离的珊瑚枝从培养皿中取出，将培养皿中的细胞培养基转移到离心管中，离心细胞培养基后去除上清液，离心时间和转速分别设置为 5 min 和1 000 r/min。在离心沉淀得到的珊瑚细胞中加入用含钙人工海水配制的 DMEM 培养基，加入青霉素-链霉素溶液(浓度为 4%)，用无菌吸管轻轻吹打细胞悬液，使其分布均匀，操作过程依旧尽量减少气泡产生。用细胞过滤网三次过滤细胞，除去块状杂质，细胞过滤结束后，进行细胞计数并换算提取得到的珊瑚细胞密度。

细胞接种实验：在显微镜的观察下，选择生长良好的珊瑚细胞，加入 2.5 mL 的胰酶消化 1.5 min 直至消化完全，被胰酶消化好的细胞呈小片漂浮状态，用无菌吸液管轻轻吹打，使细胞均匀悬浮，并注意在吹打的过程中不要产生气泡。将细胞移至离心管中离心 5 min，转速 1 000 r/min。离心结束后吸去上清液，重新加入含有 10%胎牛血清的培养基，再用无菌吸管轻轻吹打，将细胞吹至均匀状态，避免气泡生成。然后，通过细胞计数板换算出细胞悬液中的细胞密度。用无菌吸管吸出 150 μL 细胞悬液均匀铺在涂覆(CS/DAS)-PDA 的基底上培养，基底置入24 孔细胞培养板中，在各个孔中加入相同体积的细胞悬液。涂层样品在测试前，需在无菌环境中制备，然后进行紫外灯照射灭菌。之后将材料放入 24 孔板中，分别加入 400 μL 无血清的 DMEM 培养基预处理 12 h 后吸出培养基再接种细胞。接种在涂层(CS/DAS)-PDA 上的细胞被放在含有 5% CO_2，温度为 26 ℃的细胞培养箱中培养 24 h。

细胞固定：观察在细胞培养板中孵育 24 h 之后的细胞，用无菌吸管吸去上层培养基，在微量振荡器上用 PBS 缓冲溶液轻轻振荡清洗 3 次，每次时间约为5 min，振荡转速为 300 r/min。向细胞培养板中加入 PBS 缓冲溶液配制的 4%多聚甲醛固定细胞 20 min，然后除去多聚甲醛，使用 PBS 缓冲溶液轻轻振荡清洗 3 遍，每次 5 min。然后用梯度浓度的乙醇进行脱水，将细胞样品放置在 25%、50%、75%和 100%的乙醇溶液中，每个梯度间隔时间为 30 min。在常温下使乙醇挥发，待细胞培养板内接种细胞表面干燥后，对细胞进行表面溅射喷金处理，这样操作一方面可以形成表面镀层，对样品起到保护作用，防止样品受损；另一方面，可以提高导电性，在 SEM 成像时，可以提高图像质量和细节分辨度。喷金处理过程的时间具有一定的要求，在本章开展的工作中，所有样品进行 SEM 表征前溅射喷金的时间均为 10 s。

体外珊瑚细胞与(CS/DAS)-PDA 涂层共培养 24 h，在光学显微镜和 SEM 下表征细胞在涂覆了涂层的基底表面上的生长情况。如图 7 - 12 所示，制备了 4 种不同浓度梯度的(CS/DAS)-PDA 涂层，其中控制组为不做任何修饰的聚苯乙烯细胞培养板，图中所示的 25%、50%、75%以及 100%所代表的涂层浓度如下所示：其中，浓度标记为 25%的涂层中含有的壳聚糖的浓度为 3 mg/mL，双醛淀粉的浓度为 2.5 mg/mL；浓度标记为 50%的涂层中 DS 浓度为 6 mg/mL，DAS 浓度为 5 mg/mL；浓度标记为 75%的涂层中 DS 浓度为 9 mg/mL，DAS 浓度为 7.5 mg/mL；浓度标记为 100%的涂层中 CS 浓度为 12 mg/mL，DAS 浓度为 10 mg/mL。在 PDA 表面沉积实验过程中，配制沉积液时 100%对应的多巴胺浓度是 2.5 mg/mL，以此为基础按照上述比例依次递减。同时，为了方便描述，以下所有细胞培养实验中标注的 25%、50%、75%、100%均表示相同的含义。由图 7 - 12(a - d)可知，在各组 PDA 修饰的涂层(CS/DAS)-PDA 表面均可观察到生长状况良好的细胞，此时细胞在基底生长逐渐变得致密，细胞覆盖密度较大。图 7 - 12 所示的是各组不同浓度的(CS/DAS)-PDA 对珊瑚细胞的细胞毒性测试结果。培养 24 h 后，细胞在基底上生长良好。珊瑚细胞在显微镜下仍然是亮黄色的。当珊瑚细胞死亡或者共生虫黄藻从珊瑚细胞内逸出，显微镜下珊瑚细胞会由亮黄色变成黑色，由显微镜下观察的结果可以得到不同浓度的(CS/DAS)-PDA 对珊瑚细胞均无细胞毒性。综上所述，具有(CS/DAS)-PDA 涂层的基底具有良好的生物相容性，可以作为生物医学材料使用。

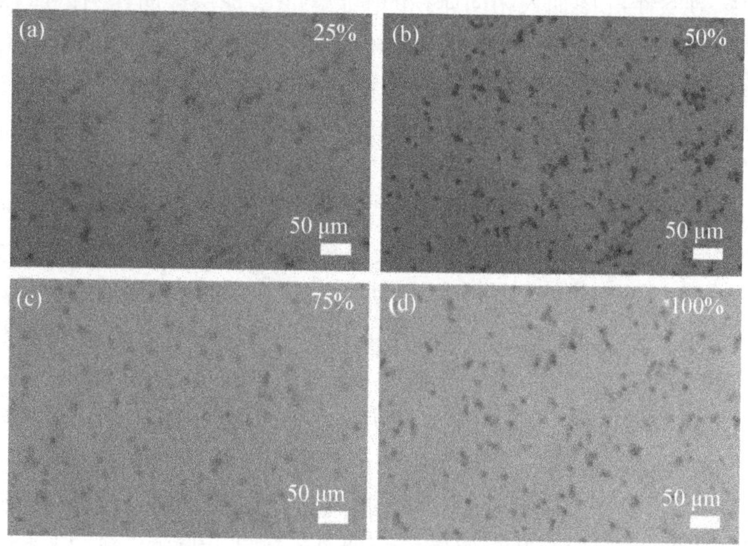

图 7-12 不同浓度(CS/DAS)-PDA 复合涂层对于珊瑚细胞的细胞毒性试验结果:(a) 25%;(b) 50%;(c) 75%;(d) 100%(CS/DAS)-PDA 复合涂层接种珊瑚培养 24 h 之后的荧光倒置显微镜图片

图 7-13 对应的是在共聚焦显微镜下(10×)观察的珊瑚细胞黏附照片,由于珊瑚细胞本身具有荧光色素,在荧光显微镜下发出红色荧光。图 7-14 中显示的是

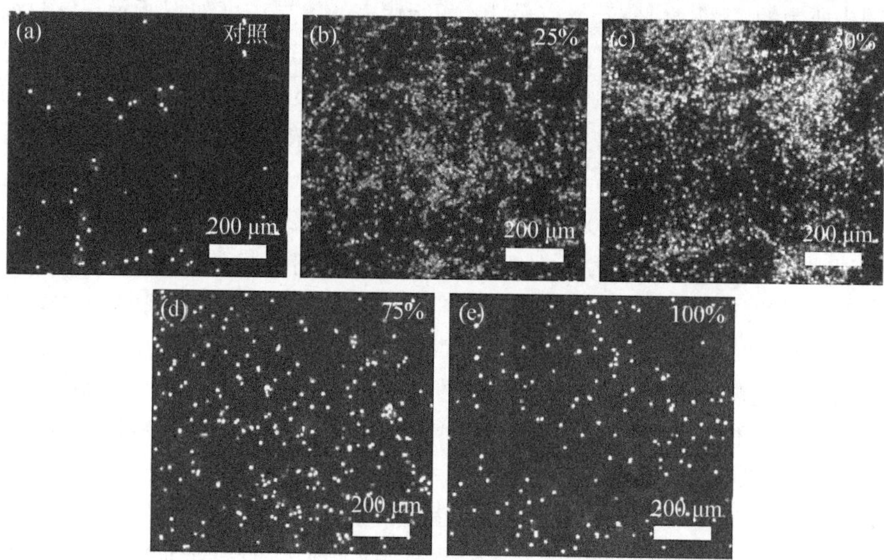

图 7-13 珊瑚细胞在(a) 空白对照;(b) 25%;(c) 50%;(d) 75%;(e) 100%的(CS/DAS)-PDA 复合涂层表面细胞黏附的共聚焦显微镜照片(10×)

当放大倍数为60倍时各组(CS/DAS)-PDA涂层黏附珊瑚细胞的显微照片,浓度为50%的(CS/DAS)-PDA涂层黏附的珊瑚细胞依然具有最高的细胞密度,并且荧光强度在各组中也是最强的。该结果与图7-15中的ImageJ软件定量分析结果是一致的[22]。

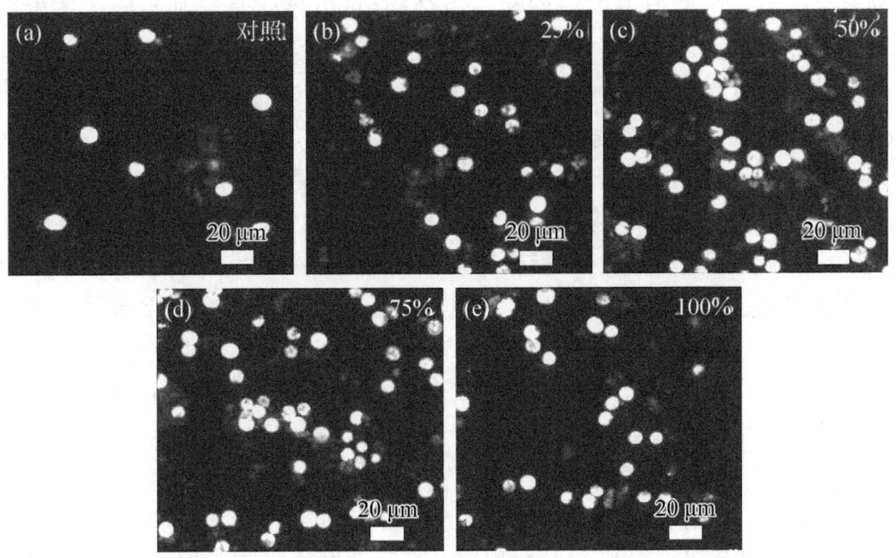

图7-14 珊瑚细胞在(a)空白对照;(b)25%;(c)50%;(d)75%;(e)100%的(CS/DAS)-PDA复合涂层表面细胞黏附的共聚焦显微镜照片(60×)

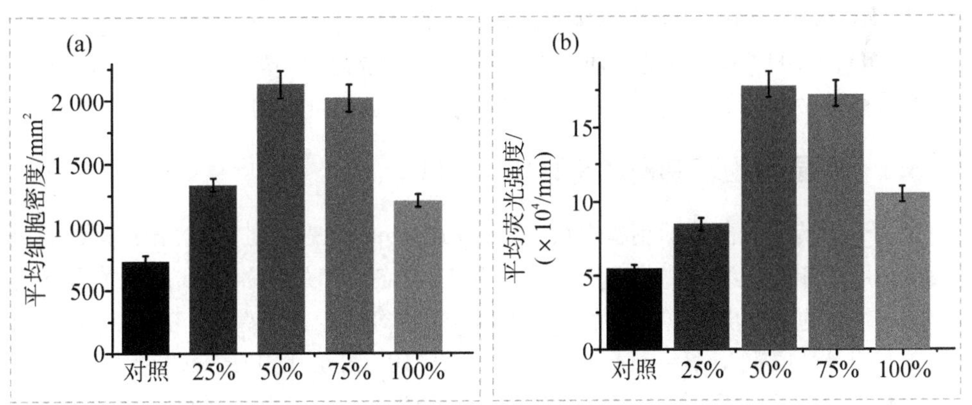

图7-15 珊瑚细胞接种在在不同浓度的(CS/DAS)-PDA复合涂层表面24 h后细胞黏附的平均细胞密度(a)和平均荧光强度(b)

3. 基于相转变溶菌酶接枝的聚合物(CS/DAS)$_n$-PTL

溶菌酶是一种由多种氨基酸组成的功能性蛋白质(类淀粉样蛋白质),这类蛋白质有很多不规则的氨基酸序列和三级结构,可以催化真菌细胞壁中肽聚糖水解[23],因此具有一定的抑菌作用。淀粉样蛋白质是蛋白质或多肽发生错误折叠以后形成的一种具有交叉β片层纤维结构的聚合物[24]。淀粉样蛋白质变性是一种常见的生物现象,被认为和某些神经系统病变,例如阿尔兹海默症、帕金森病、唐氏综合征[25]等有关。通过利用 HEPES 缓冲溶液中溶解溶菌酶,然后加入一定量的二硫键还原剂三(2-羰基乙基)磷盐酸盐(TCEP),可以使得溶菌酶快速发生相转变[26],溶菌酶蛋白质构象改变,蛋白质结构展开,组装成无支链的纤维超微结构,并驱动自组装过程而形成纤维网络和纳米薄膜[27]。在此过程中溶菌酶从无规则的寡聚体状态经历一个短暂的α-螺旋结构,通过自身的疏水相互作用,以形成氢键的方式相互接近、级联,通过β-折叠纤维化过程转变为高聚体结构[28-29]。这种通过类淀粉样蛋白质制备的新型纳米薄膜性能稳定,无细胞毒性,具有强黏附能力,广泛适用于生物材料的表界面改性[30]。

多糖和蛋白质自组装存在多种形式,包括自发形成复合物,同时也包括在环境诱导下形成纳米薄膜。这一组装过程涉及多种非共价键相互作用,多糖分子上的极性基团如羟基能够和蛋白质分子上的氨基酸残基之间发生极性相互作用,比如常见的氢键作用[31]。多糖和蛋白质复合物的形成条件简单,在食品、化妆品、植入设备、生物传感材料方面具有广泛应用。相转变溶菌酶本身有很多氨基酸小分子,这些氨基酸使得相转变溶菌酶具有丰富的活性基团[32],比如—NH_2、—OH、—COOH、—SH 等,为其他物质的结合提供了结合位点,这些官能团使得利用相转变溶菌酶改性的聚合物在不同材质基底表面均拥有良好的黏附性[33]。

3.1 层层自组装制备(CS/DAS)$_n$-PTL

关于相转变溶菌酶的制备方法,笔者得到 Yang 课题组的启发,该课题组工作大大拓展了相转变溶菌酶的应用[34-36]。首先,准备干净的培养皿,培养皿的清洗以及玻璃基底的处理步骤详见本章 2.2.2 小节。将等体积的溶菌酶(溶于 10 mmol/L Tris-HCl 缓冲溶液,pH=7.4)和 TCEP(溶于 10 mmol/L Tris-HCl 缓冲溶液)混合,用 5M NaOH 溶液调节 pH,轻轻摇晃混合液 30 s,将上述混合液注入培养皿中,在室温下培育 1 h,直到白色浑浊的溶菌酶溶液表面形成透明无色的自支撑薄膜[35-36]。之后,在气液界面可以清晰地看见一层薄膜,完全覆盖在整个培养皿中的溶液表面。准备清洗干净并经过干燥的玻璃基底,轻轻将薄膜黏附在玻璃基底表面，操作方式类似于用印章蘸取印泥。待薄膜稳定黏附后，用超纯水轻轻冲洗玻璃基底表面，以除去表面吸附的多余相转变溶菌酶混合物，然后将附着相转变溶菌酶薄膜的玻璃基底置于 45 ℃烘箱中，直至表面干燥。图 7－16 为 PTL 涂层的制备过程示意图，当基底表面黏附薄膜之后，接下来可以进行多种潜在的二次表面功能化修饰。

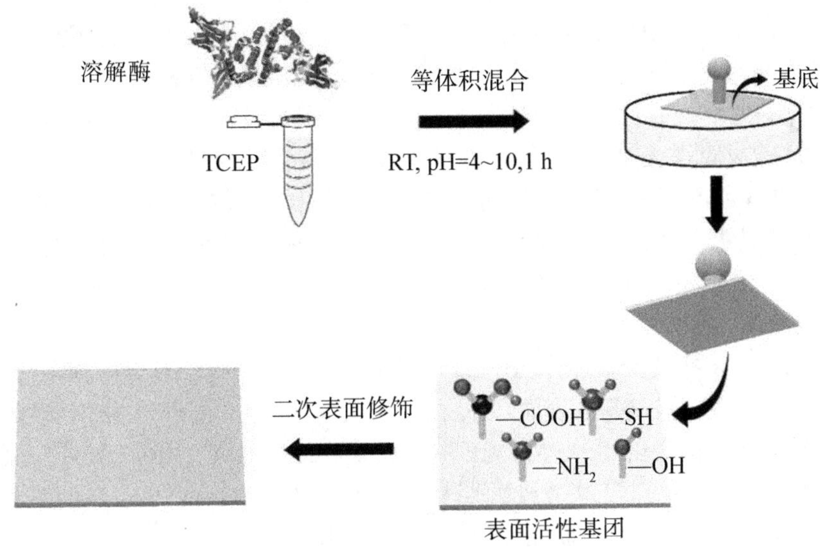

图 7－16　PTL 涂层在基底上的制备过程及后续功能化应用示意图

之后制备基于相转变溶菌酶的 LbL 复合薄膜，首先将壳聚糖溶于稀释后的 1%冰醋酸水溶液中，称取 200 mg 的 CS 倒入 20 mL 的冰醋酸水溶液配制浓度为 10 mg/mL的壳聚糖溶液，搅拌溶液至澄清透明，实验需在通风橱中操作；将双醛淀粉溶于超纯水中，并且水浴加热到 90 ℃，直到溶液完全糊化无白色物质漂浮，得到浓度为 10 mg/mL 的双醛淀粉溶液。

$(CS/DAS)_n$-PTL 的制备过程如下：打开旋转涂胶机电源和吸气泵，将黏附相转变溶菌酶薄膜的玻璃基底吸在旋转涂胶机转盘中央，滴上壳聚糖溶液，等待旋涂完成后取下样品后放入烘箱静置 5 min，该过程转速为 2 000 r/min，时间为 2 min。样品表面干燥后，再将样品放有含有 10 mg/mL 双醛淀粉溶液的培养皿中浸泡 5 min，取出玻璃基底后用超纯水轻轻清洗 3 遍。得到的第一层自组装薄膜，记为(CS/DAS)-PTL。重复上述操作 9 次，层层组装 CS 和 DAS，得到$(CS/DAS)_{10}$-PTL。$(CS/DAS)_n$-PTL 中，下角标 n 代表组装层数，其中组装一层复合薄膜时下角标省略。

为了增强涂层和基底的黏附性，在制备 LbL 复合薄膜之前，本实验首先通过相转变溶菌酶修饰复合薄膜。PTL 的修饰会直接影响到 LbL 复合薄膜的其他理化性质。本实验中使用 SEM 表征层层组装后的$(CS/DAS)_{10}$-PTL 复合涂层形貌特征,并通过 AFM 得到精确的涂层表面粗糙度数据,利用水接触角测量仪表征 PTL 改性对涂层亲水性的影响。金相显微镜记录自修复涂层$(CS/DAS)_{10}$-PTL 的自修复过程,证明$(CS/DAS)_{10}$-PTL 复合涂层具有自修复过程。首先用刀片将样品涂层表面划一道长度在 2 cm 左右的划痕,在涂层破损部位滴加超纯水,使得涂层膨胀后破损部位相互接触,划痕消失,实现自修复,以此在宏观上评价材料的自修复性能。除此之外,我们还利用拉伸测试来评估材料自修复性能,以此量化自修复的效率,得到 PTL 修饰方法对复合涂层自修复性能方面的影响。在室温条件将玻璃基底裁成同样大小的矩形,在处理干净的基底表面制备$(CS/DAS)_{10}$-PTL 涂层样品,在样品湿润的情况下,将两块同等尺寸的样品面对面搭接在一起,之后放入 45 ℃的烘箱中静置,直到样品重量不再变化。将干燥后的样品两端夹在拉力拉伸仪上,以 50 m/min 的拉伸速度进行拉伸,直到两块玻璃基底分离开,重复上述操作,连续测试 5 个样品。

如图 7-17(a)中的 SEM 照片所示,PTL 结合到基底表面,PTL 以一种致密的纤维状结构紧紧附着在玻璃基底表面,这是由于二硫键还原剂 TCEP 的作用导致溶菌酶的蛋白质二级结构变化,由天然无规则状态转变为纤维网络。图 7-17(b)是黏附在基底表面的 PTL 膜扫描电镜放大照片(倍数:3 000×)。图 7-17(c)为$(CS/DAS)_{10}$-PTL 在 SEM 下的平面照片,相对于$(CS/DAS)_{10}$,$(CS/DAS)_{10}$-PTL 薄膜的表面存在一些不平的褶皱,这与 PTL 的纤维网状结构的影响有关。图 7-17(d)

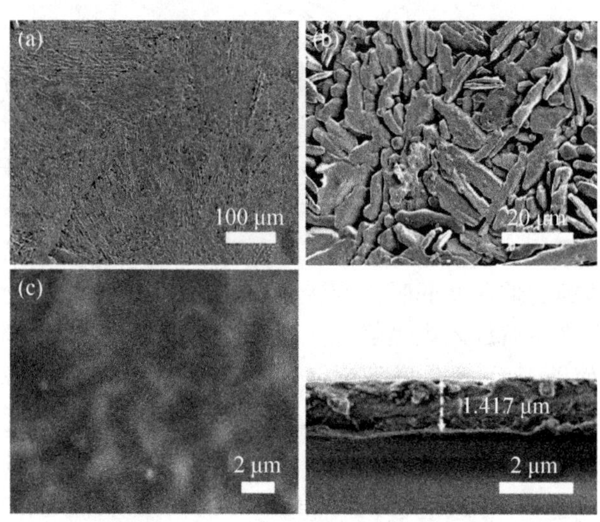

图 7-17 层层自组装多层薄膜的 SEM 照片:(a) 黏附在基底的 PTL 薄膜平面照片(1 000×);(b) PTL 薄膜放大图片(3 000×);(c) $(CS/DAS)_{10}$-PTL 的平面照片以及(d) 其截面照片

是$(CS/DAS)_{10}$-PTL 在 SEM 下的截面照片，可见该复合薄膜截面为致密结构，而非多孔状[22]。

图 7－18(a)和图 7－18(b)为$(CS/DAS)_{10}$-PTL 涂层自修复前后的图片，在滴加超纯水 15 min 后，$(CS/DAS)_{10}$-PTL 涂层膨胀，破损边缘重新接触，实现自修复。图 7－18(c)所示的 AFM 图像表征了$(CS/DAS)_{10}$-PTL 复合涂层表面形貌的纳米级粗糙度，在硅基底表面进行样品制备后，用氮气流仔细吹干后立即进行 AFM 观察，避免环境中杂质对样品表面粗糙度造成误差。从 AFM 照片可以看到$(CS/DAS)_{10}$-PTL 在基底表面均匀黏附，样品涂层的 R_{max} 为 35.7 nm，该数据低于未改性的$(CS/DAS)_{10}$样品涂层 R_{max}，与 SEM 表征的形貌结果不太一致，这可能和 PTL 改性后对膜含水量和表面导电性等理化性质的改变有关。图 7－18(d)示$(CS/DAS)_{10}$-PTL 涂层的接触角，水接触角为 39.18°(小于 60°)，依旧表现出亲水性，因此可以看出 PTL 修饰对$(CS/DAS)_{10}$涂层表面的亲疏水性影响不大。图 7－19 显示的是$(CS/DAS)_{10}$-PTL 的自修复效率。图 7－19(a)显示的是$(CS/DAS)_{10}$-PTL 涂层在自修复前后的机械性能对比，在图 7－19(b)中可以看到$(CS/DAS)_{10}$-PTL 与$(CS/DAS)_{10}$的自修复效率的对比，相比于$(CS/DAS)_{10}$复合涂层的自修复效率(72.54%)，$(CS/DAS)_{10}$-PTL 涂层的自修复效率(82.79%)有所提高，自修复效率根据公式 7.1 计算可得。

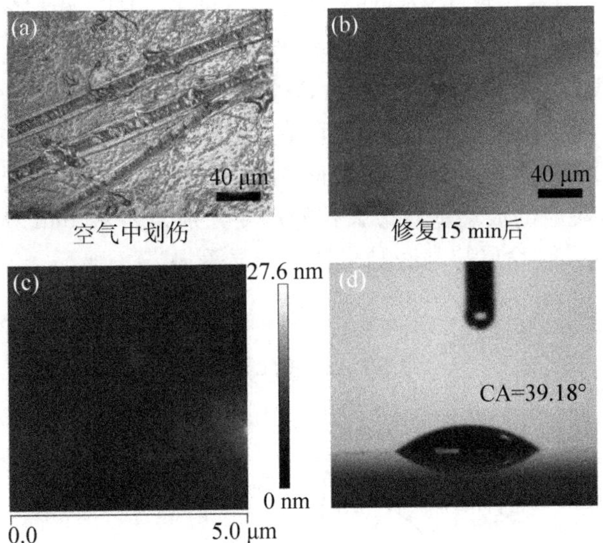

图 7－18 $(CS/DAS)_{10}$-PTL 自组装多层结构在金相显微镜下的自修复前(a)以及自修复后(b)照片；(c) $(CS/DAS)_{10}$-PTL 复合薄膜的 AFM 照片；(d) $(CS/DAS)_{10}$-PTL 复合薄膜的接触角

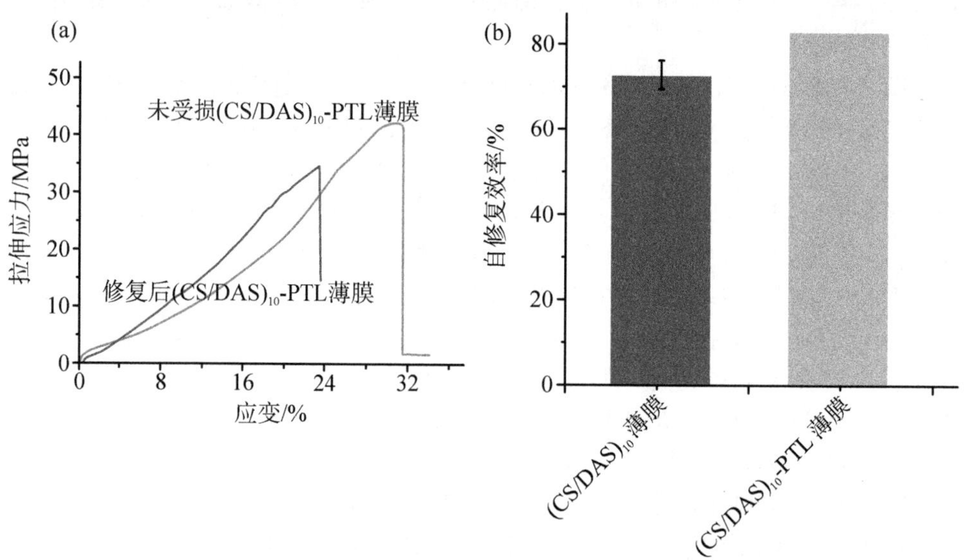

图 7-19 (a)$(CS/DAS)_{10}$与$(CS/DAS)_{10}$-PTL 自组装复合薄膜的机械性能自修复效率曲线对比;(b)$(CS/DAS)_{10}$和$(CS/DAS)_{10}$-PTL 自修复效率对比图

图 7-20(a)中是涂覆$(CS/DAS)_{10}$与$(CS/DAS)_{10}$-PTL 涂层的基底拉伸分离过程的应力应变曲线,图 7-20(b)为搭接剪切接头黏合拉伸试验的实物照片。7-20(c)为两块玻璃基底拉伸断裂时$(CS/DAS)_{10}$与$(CS/DAS)_{10}$-PTL 组最大拉伸力的对比图,断裂最大拉伸力分别为 27.24 N、64.25 N。同时在实验过程中,$(CS/DAS)_{10}$-PTL 组拉伸断裂所需时间相对更长,$(CS/DAS)_{10}$与$(CS/DAS)_{10}$-PTL 组断裂时,对应的玻璃基底最大拉伸形变分别为 2.38 mm、5.42 mm。由此表明通过 PTL 修饰,涂层与基底黏附性得到显著提高。

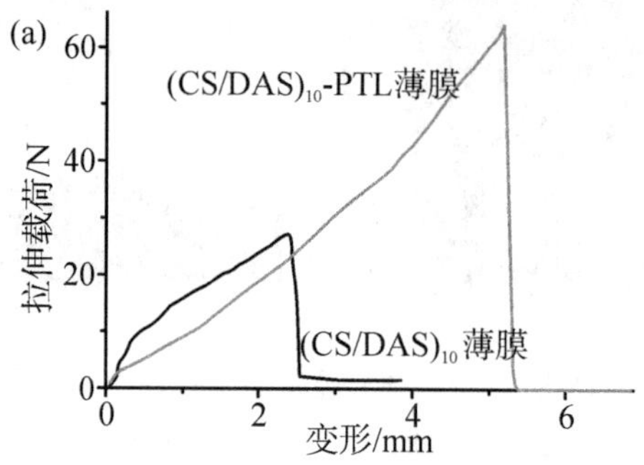

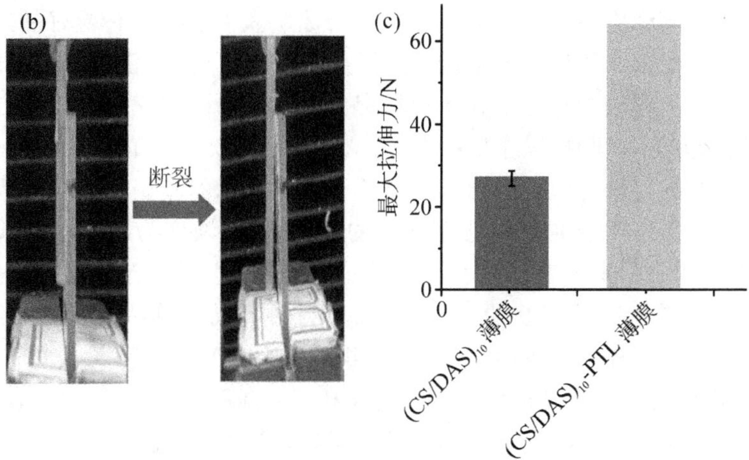

图 7-20 (a) $(CS/DAS)_{10}$和$(CS/DAS)_{10}$-PTL 的拉伸载荷和形变的对比曲线图;(b) 搭接剪切接头黏合拉伸试验实物照片;(c) $(CS/DAS)_{10}$和$(CS/DAS)_{10}$-PTL 复合涂层基底拉伸断裂时最大拉伸力对比图

3.2 $(CS/DAS)_n$-PTL 用于珊瑚细胞的培养

在评价(CS/DAS)-PTL 涂层对珊瑚细胞生物相容性的试验中,将不同浓度梯度的涂层用于珊瑚细胞的培养,探究珊瑚细胞在涂层表面的生长情况。图 7-21 所示的是各组不同浓度的(CS/DAS)-PTL 对珊瑚细胞的细胞毒性表征。经过 24 h培养后,观察结果显示在显微镜下珊瑚细胞生长良好,由亮黄色变成黑色的现象并不明显,因此在一定浓度范围内(CS/DAS)-PTL 对珊瑚细胞无细胞毒性[22]。

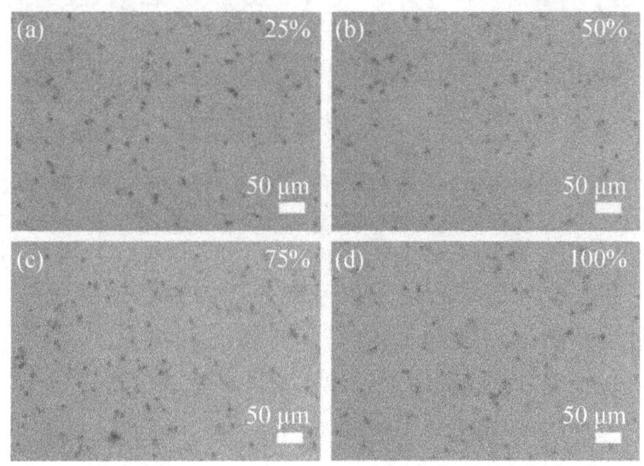

图 7-21 不同浓度(CS/DAS)-PTL 复合涂层对珊瑚细胞的细胞毒性试验结果:(a) 25%;(b) 50%;(c) 75%;(d) 100%(CS/DAS)-PTL 复合涂层接种珊瑚培养 24 h 之后的荧光倒置显微镜照片

为了对珊瑚细胞在(CS/DAS)-PTL复合涂层表面黏附进行更好的定性分析，采集培养在对照组和不同梯度实验组(CS/DAS)-PTL复合膜表面的珊瑚细胞共聚焦荧光照片。珊瑚细胞由于其本身具有荧光色素，共聚焦显微镜下会产生红色荧光，利用该方法观察时，操作步骤更为简易。图7－22对应的是在共聚焦显微镜下(10×)观察的珊瑚细胞黏附照片。图7－23中显示的是当放大倍数为60倍时各组(CS/DAS)-PTL涂层黏附珊瑚细胞的显微照片，浓度为50%和75%的(CS/DAS)-PTL涂层组珊瑚细胞均表现出良好的细胞密度，并且激光共聚焦显微照片中荧光强度相对于其他组也更明显，图7－24中的定量结果也佐证了该结论，图7－24中，对于珊瑚细胞而言，50%浓度组的(CS/DAS)-PTL涂层具有最高的细胞密度和荧光强度，并且实验组的细胞密度和荧光强度均高于对照组，表明珊瑚细胞相对于NHDFs对(CS/DAS)-PTL涂层有更好的适应性。

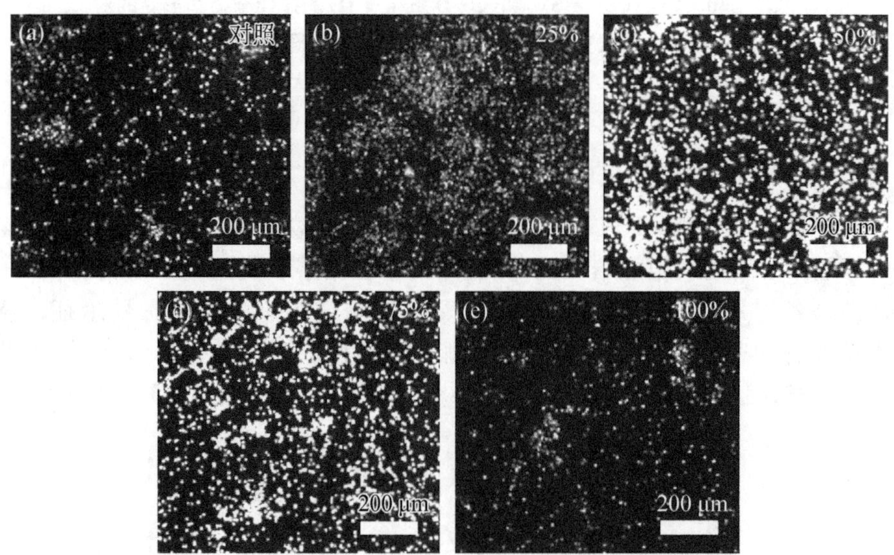

图7－22 珊瑚细胞在(a) 空白对照；(b) 25%；(c) 50%；(d) 75%；(e) 100%的(CS/DAS)-PTL复合涂层表面细胞黏附的共聚焦显微镜照片(10×)

图7－25是在不同涂层处理的玻璃基底表面体外种植珊瑚枝的照片，其中，图7－25(a)为空白对照组，基底表面未进行任何修饰，图7－25(b)中玻璃基底表面涂覆$(CS/DAS)_{20}$-PDA复合涂层，图7－25(c)中的玻璃基底表面修饰$(CS/DAS)_{20}$-PTL复合涂层。将珊瑚枝种植在涂覆各类不同涂层的玻璃基底上，然后浸入水下静置，每天监测种植的珊瑚生长情况，涂层在水下与基底仍有良好的附着力。第7 d开始，对照组珊瑚枝中间段局部开始从白色变成暗黄色，这是珊瑚枝健康状态下降的标志，珊瑚枝体部的触手生长缓慢，到第16 d，主体部分的触手开始死亡并

脱落，而实验组的珊瑚枝生长状况良好。同时值得注意的是，图 7－25(c)中珊瑚枝表面触手生长速度比图 7－25(b)中珊瑚枝快，在图 7－25(c)中，珊瑚枝的触手生长状态到第 7 d 显著旺盛，触手展开的形态类似开放的小花，在水中随水流轻轻摆动。这说明，本实验研究的涂层对珊瑚枝的生长具有一定的促进作用。其中，图 7－25(a－c)中从ⅰ至ⅶ对应的分别是珊瑚枝在水下培养第 1 d、第 4 d、第 7 d、第 10 d、第 13 d、第 16 d、第 19 d 的照片[22]。

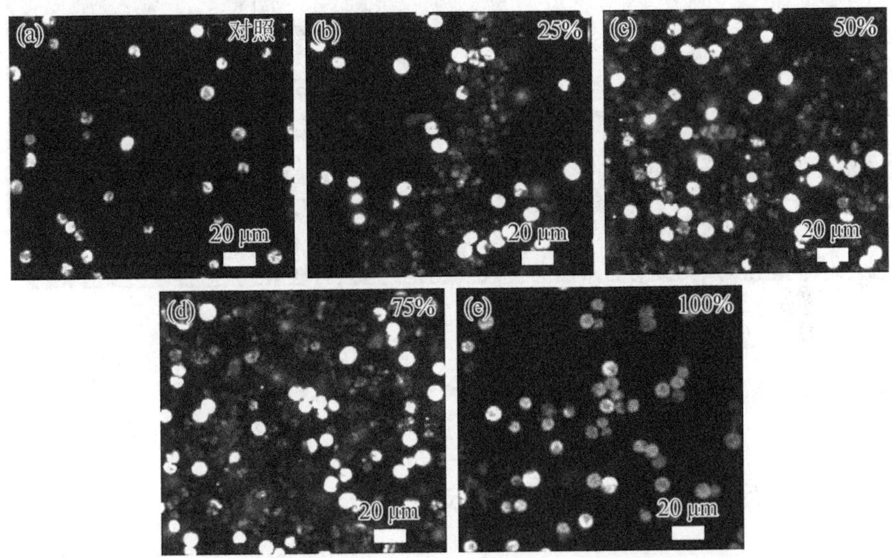

图 7－23 珊瑚细胞在(a) 空白对照；(b) 25%；(c) 50%；(d) 75%；(e) 100% 的(CS/DAS)-PTL 复合涂层表面细胞黏附的共聚焦显微镜照片(60×)

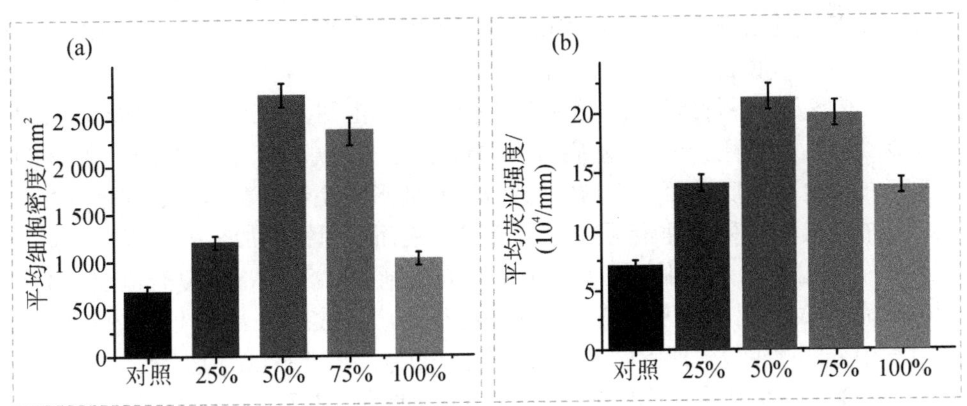

图 7－24 珊瑚细胞接种在不同浓度的(CS/DAS)-PDA 复合涂层表面 24 h 后细胞黏附的平均细胞密度(a)和平均荧光强度(b)

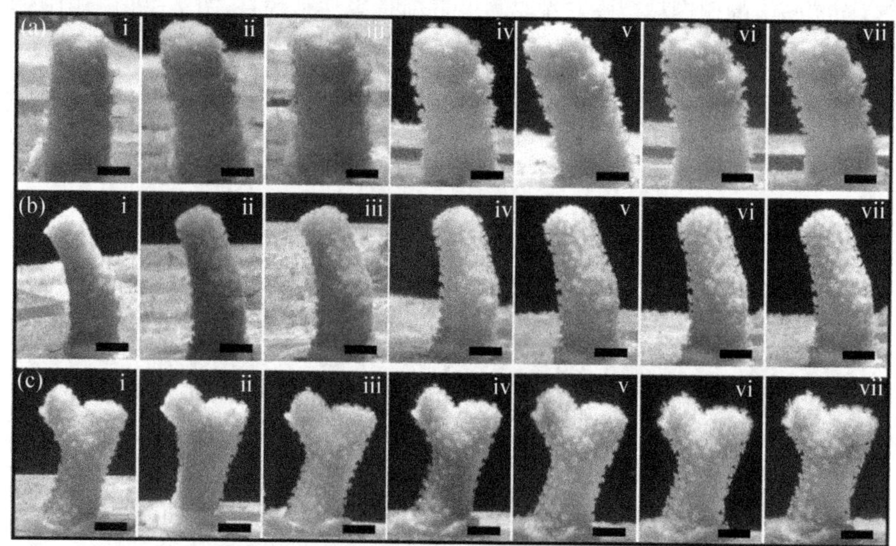

图 7-25 不同涂层处理的玻璃基底表面珊瑚枝水下生长照片:(a) 空白对照组;(b) 玻璃基底表面涂覆$(CS/DAS)_{20}$-PDA 复合涂层;(c) 玻璃基底表面修饰$(CS/DAS)_{20}$-PTL 复合涂层

4. 合金基底黏附增强自愈合涂层

4.1 基于氧化自由基铁合金基底表面复合涂层的制备

本研究的目的是探索在铁合金衬底上制备具有黏附增强的复合涂层,从而提高铁合金基底的耐蚀性、生物活性和细胞相容性。如图 7-26 所示,用 SEM 对功能化的铁合金基底表面进行表征。图 7-26(a)显示的是未处理的铁合金基底表面形貌,呈现整齐的平行线状,表面相对比较平滑。由图 7-26(b)可以看出,由于 HCl 和 H_2O_2 的作用,铁合金基底表面的形貌发生了明显变化。经 HCl 和 H_2O_2 处理后的铁合金基底表面是不均匀的凹槽,整体形貌粗糙。粗糙的表面增大了涂层和基底的接触面积,使得涂层在铁合金基底表面黏附得更加牢固。图 7-26(c)和图 7-26(d)显示的分别是在铁合金基底表面制备$(CS/DAS)_{10}$复合涂层后的平面和截面 SEM 照片。涂层的表面分布一些小孔,这可能是一部分 H_2O_2 在涂层制备过程中分解产生氧气所致。在涂层的截面也可以观察到孔结构。

通过氧化自由基法制备的铁合金基底 AFM 照片如图 7-27 所示。AFM 图像证实了表面功能化铁合金基底表面粗糙度发生了显著变化。图 7-27(a)、图 7-27(c)和图 7-27(e)分别对应着对照组的铁合金基底、经 HCl 与 H_2O_2 表面氧化自由基修饰的铁合金基底，以及表面组装$(CS/DAS)_{10}$之后的铁合金基底。图 7-27(b)、图 7-27(d)和图 7-27(f)对应着各自的 3D 视图。分析所得的数据，可知经 HCl 和 H_2O_2 表面修饰后的铁合金基底具有最大的粗糙度。表 7-1 中显示的是各组材料表面的表面粗糙度数值。在表面组装$(CS/DAS)_{10}$之后粗糙度有所降低，经分析这可能是由于涂层与基底充分接触后将铁合金基底表面粗糙区域填充。铁合金基底表面功能化引起材料表面水接触角发生变化，反映了表面的亲水性/疏水性的差异。由图 7-28 可见，铁合金基底表面功能化处理之后，接触角变小，这反映了材料表面的亲水性增强。图 7-28 中对应的不同样品的接触角依次为 120.03°、95.37°、80.26°、47.57°。

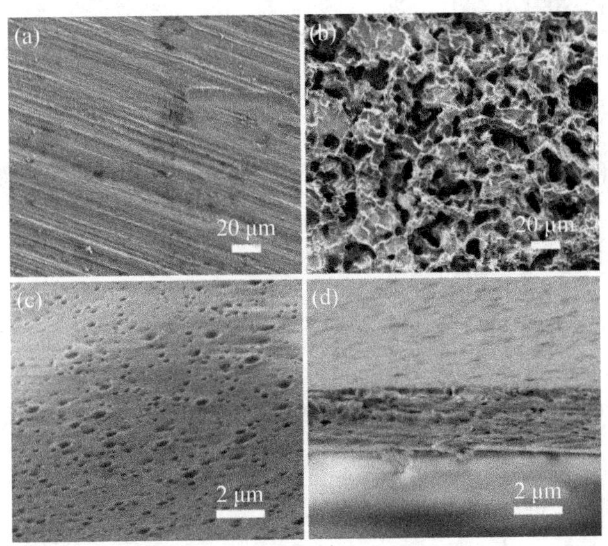

图 7-26　(a) 未进行任何处理的铁合金基底表面与(b)经过 HCl 和 H_2O_2 处理后的铁合金基底表面的 SEM 平面照片；(c) 经过 HCl 和 H_2O_2 处理后铁合金基底表面原位自组装$(CS/DAS)_{10}$薄膜平面照片和(d) 截面照片

表 7-1　改性材料表面的表面粗糙度

表面	表面粗糙度(R_a)/nm	表面粗糙度(R_q)/ nm
未经处理	2.036	1.626
经 H_2O_2 和 HCl 处理	17.250	13.733
组装$(CS/DAS)_{10}$	1.440	1.156

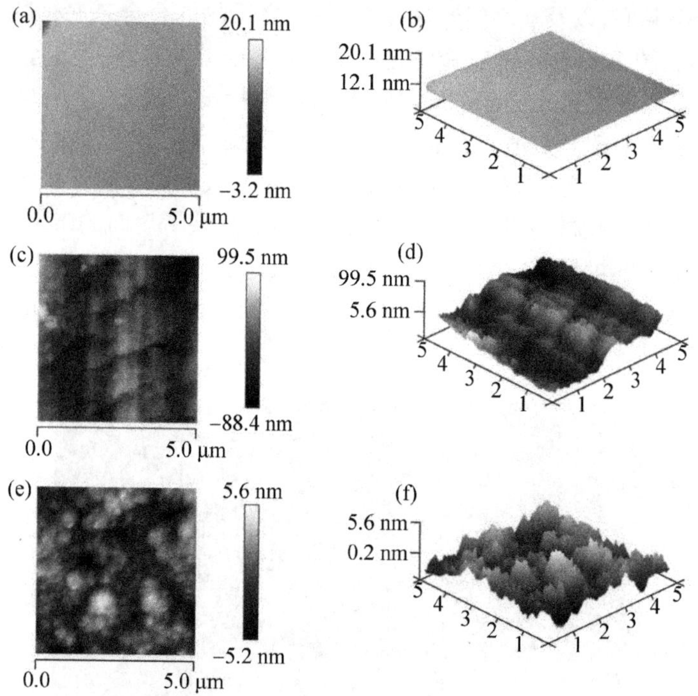

图 7-27 不同组的铁合金基底表面 AFM 照片。(a)(c)(e) 分别对应于对照组未处理，经 HCl 和 H_2O_2 修饰之后，以及原位组装$(CS/DAS)_{10}$复合涂层后的铁合金基底；(b)(d)(f) 分别对应着三组样品各自的 3D 图像

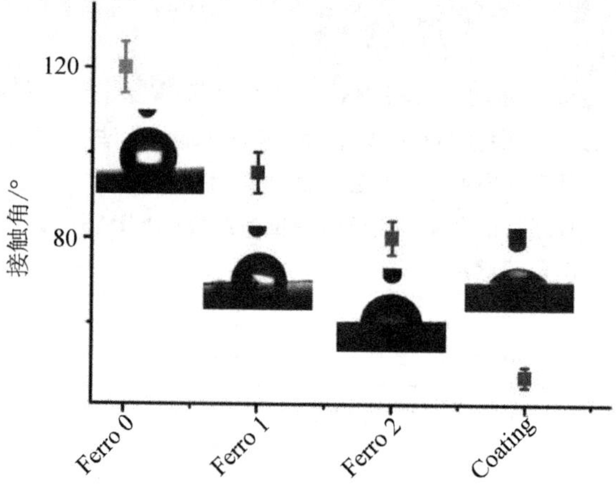

图 7-28 在不同条件下铁基体表面的接触角。其中，Ferro 0 是未经任何处理的铁合金基底；Ferro 1 是 5% HCl 处理后的铁合金基底；Ferro 2 组是经过 HCl 和 H_2O_2 处理后的铁合金基底；Coating 组是在表面组装$(CS/DAS)_{10}$后的铁合金基底

图 7-29 显示了在氧化自由基修饰的铁合金基底表面制备的$(CS/DAS)_{10}$涂层的自愈合性能。由图 7-29(a)和图 7-29(b)可以看出,在 15 min 之后,$(CS/DAS)_{10}$涂层实现自修复。涂层具有自修复能力的原因是壳聚糖侧链存在的氨基和双醛淀粉侧链上的醛基发生席夫碱反应,在湿润环境中可以形成动态可逆的 C═N 键。

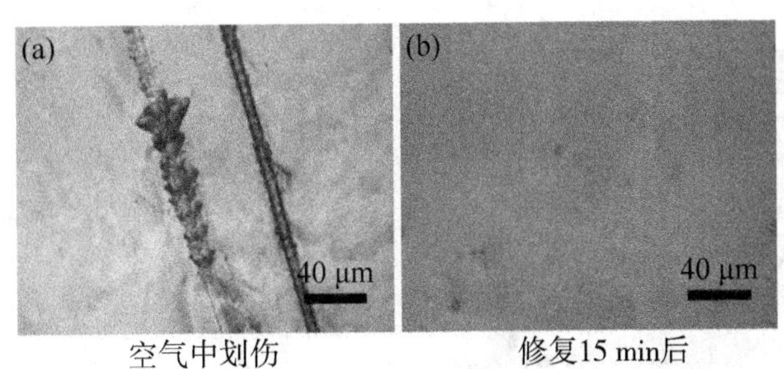

图 7-29 金相显微镜下铁合金基底表面$(CS/DAS)_{10}$复合涂层自修复照片:(a) 自修复前表面存在划痕;(b) 15 min 后实现自修复,表面划痕消失

为了研究$(CS/DAS)_{10}$涂层对铁合金基底表面的黏附力,将表面涂层$(CS/DAS)_{10}$涂层叠接在一起,形成一种夹心结构,用拉力拉伸测试仪测量两块铁合金基底分离时的最大拉伸力,如图 7-30(a)所示。样品制备过程如下:准备已经清洗干净的实验组铁合金基底样品,在铁合金基底试样条 12 mm 位置画一条线,使每一个样品叠压的矩形长宽一致,以减少误差。在不同组的铁合金基底表面的划线区域内均匀涂黏合剂,让该区域在铁合金基底叠压时充分地覆盖涂层。将叠压的样品放在 50 ℃烘箱中静置,等待涂层固化。完成实验后,在不同的试样上贴标签,然后保存好。在本研究中,试样的标识如下:#0 为对照组,即没有进行任何的处理的铁合金基底表面的涂层,#1 为 5%的稀盐酸处理后的铁合金基底表面组装的涂层,#2 为经 H_2O_2 和 HCl 处理后的铁合金基底表面制备的涂层。

在室温条件下,采用拉力测试仪对涂层的黏附性能进行了研究。在 25 ℃以及 60%相对湿度的情况下,在负载 200 N 测压元件的试验机上测量力学性能。拉伸试验前,在被夹持的铁合金基底两端用标签纸包裹,以便在试验过程中方便加载和夹持样品。循环加载卸载拉伸试验以每分钟 20 mm 的速度进行,拉伸至黏附在一起的两片铁合金基底分离。当黏合剂从某一片铁片上脱开,称为黏合断裂,连续测试 5 个样品。在拉力测试仪上对不同组再次进行拉伸,直至样品再次断裂分离。

在图 7-30(b)中,当两块铁合金基底断开时,#2 中明显比#1 中具有较高的应力和应变,其中,#0、#1 和#2 断裂时对应的拉伸应力分别为:219.56 MPa、284.98 MPa、376.15 MPa。图 7-30(c)中显示的是不同组两层铁合金基底在分离过程中的最大黏附力对比,#0、#1 和#2 分别对应的最大断裂拉伸力为:

65.87 N、113.99 N、120.37 N。＃1 和＃2 的最大黏附力似乎遵循相似的模式，彼此没有表现出明显的差距。这说明改变涂层的表面粗糙度可以提高涂层与基底的黏附作用。图 7－30(b)中应力应变曲线显示，拉开样品＃2 时，铁合金基底需要更高的拉伸强度，说明通过 H_2O_2 产生的氢氧自由基(·OH)对于增强涂层和基底的黏附具有一定的效果。

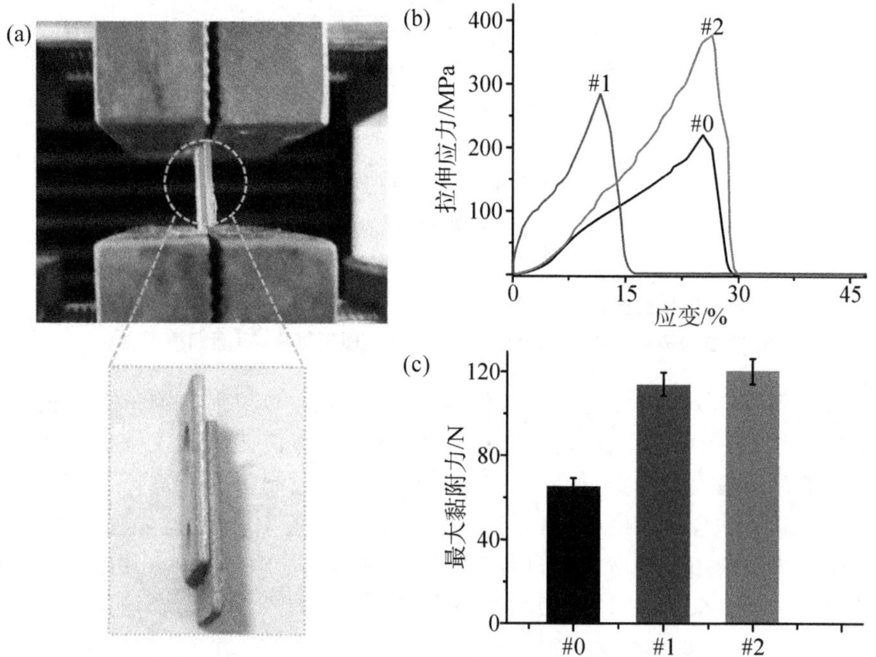

图 7－30 (a) 铁合金基底搭接剪切接头黏合拉伸试验，插图显示两片铁片黏合在一起，中间由组装在基底表面的$(CS/DAS)_{10}$复合膜黏合；(b) 不同组黏合在一起的两块铁片在拉伸过程中的应力应变曲线对比；(c) 不同组两层铁合金基底在分离过程中的最大黏附力对比

4.2 珊瑚细胞在铁合金基底涂层表面的生物相容性

表面性质广泛地调节细胞在界面的活力，不同功能化的铁合金基底组装的涂层引起珊瑚细胞不同的反应，可能和涂层在水下的黏附性差异有关。图 7－31 显示了接种在不同表面改性的铁合金基底表面的珊瑚细胞均表现出不同的生物相容性，由共聚焦显微照片可得＃2 涂层样品表面细胞荧光亮度最强，生物活性最高。如图 7－32 所示，是珊瑚细胞在各种铁合金基底上培养 24 h 之后，细胞活性的统计数据。与其他铁合金基底表面相比，在＃2 铁合金基底表面接种的珊瑚细胞表现更好的生物相容性，如细胞密度和荧光强度。

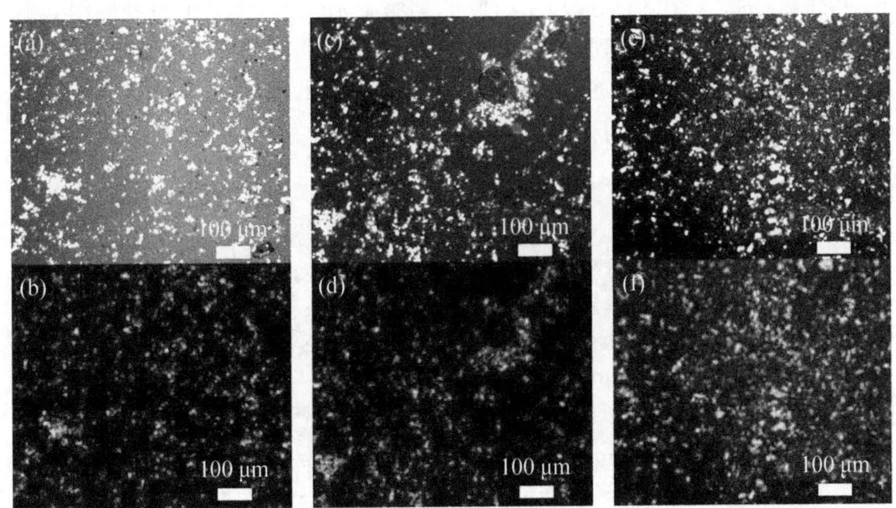

图 7-31 不同组的铁合金基底的细胞毒性实验。珊瑚细胞接种于层层组装$(CS/DAS)_{10}$复合涂层铁合金基底表面：(a) 对应的♯0 铁基底表面$(CS/DAS)_{10}$复合涂层在复合通道下拍摄的珊瑚细胞的共聚焦显微图像；(b) ♯0 涂层样品的珊瑚细胞红色荧光共聚焦显微图像；(c)、(d) 分别对应♯1 涂层样品表面培养的珊瑚细胞在复合通道下以及显示红色荧光的共聚焦照片；(e)、(f) 分别对应♯2 涂层样品表面培养的珊瑚细胞在复合通道下以及显示红色荧光的共聚焦照片

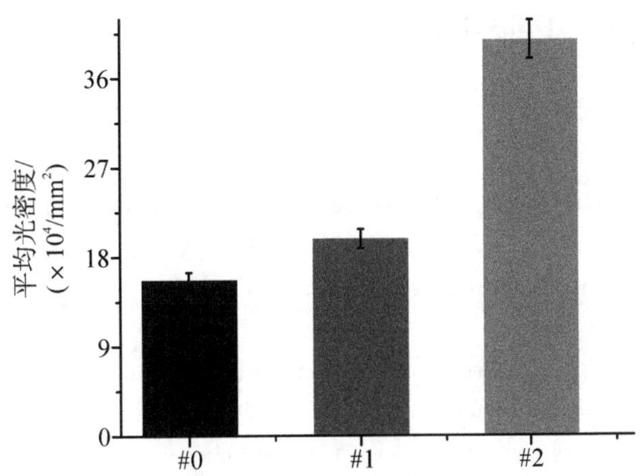

图 7-32 不同组珊瑚细胞培养 24 h 后细胞平均光密度

细胞与涂层的黏附对细胞的发育、维持和繁殖至关重要。为了测试改性修饰的铁合金基底表面$(CS/DAS)_{10}$涂层的细胞相容性和细胞黏附能力，珊瑚细胞被接种到用不同方式处理的铁合金基底表面。结果显示只有小部分珊瑚细胞黏附在标号为♯0 的样品表面。图 7-33 展示了珊瑚细胞在接种 8 h 后，珊瑚细胞在三种条

件下的黏附行为。三组细胞显示了不同的细胞黏附能力，相对于另外两组，珊瑚细胞在#2铁合金基底表面细胞黏附密度更大。这说明在液体细胞培养基环境中，在#2铁合金基底表面的$(CS/DAS)_{10}$涂层具有更高的黏附力。因此在经过H_2O_2和HCl修饰的铁合金基底上制备LbL复合涂层有可能更适于珊瑚细胞黏附。

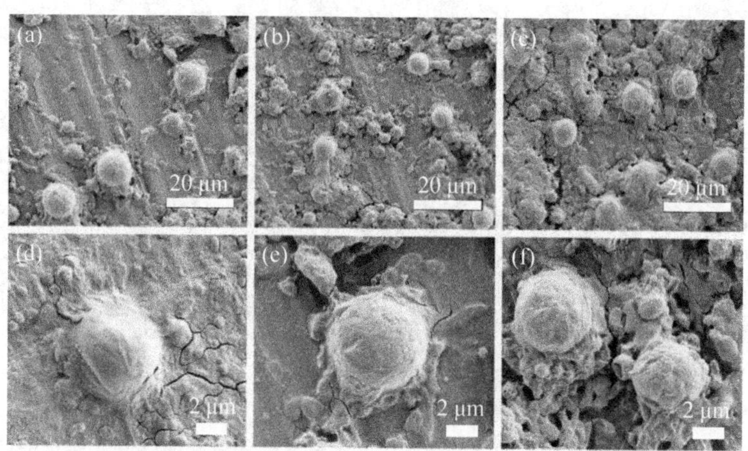

图7-33 各组层层组装$(CS/DAS)_{10}$复合涂层表面的珊瑚细胞黏附实验。(a)、(b)对应的是#0涂层样品表面黏附珊瑚细胞SEM照片；(c)、(d)分别对应#1涂层样品的表面培养的珊瑚细胞SEM照片；(e)、(f)分别对应#2涂层样品的表面培养的珊瑚细胞SEM照片。其中(a-c)中SEM照片放大倍数为3 000倍，(d-f)图片放大倍数均为10 000倍

参考文献

[1] Xue C, Chen X, Hurst S, et al. Self-assembled monolayer mediated silica coating of silver triangular nanoprisms[J]. Advanced Materials, 2007, 19(22): 4071-4074.

[2] Ulman A. Formation and structure of self-assembled monolayers[J]. Chemical Reviews, 1996, 96(4): 1533-1554.

[3] Decher G, Maclennan J, Reibel J, et al. Highly-ordered ultrathin lc multilayer films on solid substrates[J]. Advanced Materials, 1991, 3(12): 617-619.

[4] Hubbell J A. Bioactive biomaterials[J]. Current Opinion in Biotechnology, 1999, 10(20): 123-129.

[5] Shapiro O H, Fernandez V I, Garren M, et al. Vortical ciliary flows actively enhance mass transport in reef corals[J]. Proceedings of the National Academy of Sciences of the United States of America, 2014, 111(37): 13391-13396.

[6] Roder C, Arif C, Bayer T, et al. Bacterial profiling of white plague disease in a comparative coral species framework[J]. Isme J, 2014, 8(1): 31-39.

[7] Adjeroud M, Michonneau F, Edmunds P J, et al. Recurrent disturbances, recovery trajectories, and resilience of coral assemblages on a South Central Pacific reef[J]. Coral Reefs,2009,28(3):775-780.

[8] Osinga R, Schutter M, Griffioen B, et al. The biology and economics of coral growth[J]. Marine Biotechnology,2011,13(4):658-671.

[9] Rosenberg E. Coral microbiology[J]. Microb Biotechnol,2009,2(2):147-156.

[10] Sebens K P, Vandersall K S, Savina L A, et al. Zooplankton capture by two scleractinian corals, Madracis mirabilis and Montastrea cavernosa, in a field enclosure[J]. Marine Biology,1996,127(2):303-317.

[11] Blackall L L, Wilson B, van Oppen M J. Coral-the world's most diverse symbiotic ecosystem[J]. Molecular Ecology,2015,24(21):5330-5047.

[12] Vaughan T W. The present status of the investigation of the origin of barrier coral reefs [J]. American Journal of Science,1916,41(241):131-135.

[13] Jones R J, Hoegh-Guldberg O, Larkum A W, et al. Temperature-induced bleaching of corals begins with impairment of the CO_2 fixation mechanism in zooxanthellae[J]. Plant Cell and Environment,1998,21(12):1219-1230.

[14] Ohira K. Dopamine as a growth differentiation factor in the mammalian brain[J]. Neural Regeneration Research,2020,15(3):390-393.

[15] Rajh T, Chen L X, Lukas K, et al. Surface restructuring of nanoparticles:an efficient route for ligand-metal oxide crosstalk[J]. Journal of Physical Chemistry B, 2002, 106(41): 10543-10552.

[16] d'Ischia M, Napolitano A, Pezzella A, et al. Chemical and structural diversity in eumelanins: unexplored bio-optoelectronic materials[J]. Angewandte Chemie International Edition, 2009,48(22):3914-3921.

[17] Li Y L, Liu M L, Xiang C H, et al. Electrochemical quartz crystal microbalance study on growth and property of the polymer deposit at gold electrodes during oxidation of dopamine in aqueous solutions[J]. Thin Solid Films,2006,497(1/2):270-278.

[18] Liu Y L, Ai K L, Lu L H. Polybreeding and its derivative materials: synthesis and promising applications in energy, environmental, and biomedical fields[J]. Chemical Reviews,2014,114(9):5057-5115.

[19] Dalsin J L, Lin L J, Tosatti S, et al. Protein resistance of titanium oxide surfaces modified by biologically inspired mPEG-DOPA[J]. Langmuir,2005,21(2):640-646.

[20] Ren J Y, Xuan H Y, Ge L Q. Double network self-healing chitosan/dialdehyde starch-polyvinyl alcohol film for gas separation[J]. Applied Surface Science,2019,469:213-219.

[21] Domart-Coulon I, Tambutte S, Tambutte E, et al. Short term viability of soft tissue detached from the skeleton of reef-building corals[J]. Journal of Experimental Marine Biology and Ecology,2004,309(2):199-217.

[22] Luo C, Li M, Yuan R, et al. Biocompatible self-healing coating based on Schiff base for promoting adhesion of coral cells[J]. ACS Applied Bio Materials,2020,3(3):1481-1495.

[23] He J, Xing Y F, Huang B, et al. Tea catechins induce the conversion of preformed lysozyme amyloid fibrils to amorphous aggregates[J]. Journal of Agricultural and Food Chemistry, 2009, 57(23): 11391 - 11396.

[24] Pelegri-O'Day E M, Lin E W, Maynard H D. Therapeutic protein-polymer conjugates: advancing beyond PEGylation[J]. Journal of the American Chemical Society, 2014, 136 (41): 14323 - 14332.

[25] Cui S Y, Yang M X, Zhang Y H, et al. Protection from amyloid beta peptide-induced memory, biochemical, and morphological deficits by a phosphodiesterase-4D allosteric inhibitor[J]. Journal of Pharmacology and Experimental Therapeutics, 2019, 371(2): 250 - 259.

[26] Qin R, Liu Y, Tao F, et al. Protein-bound freestanding 2D metal film for stealth information transmission[J]. Advanced Materials, 2019, 31(5): 1803377 - 1803388.

[27] Liu R, Zhao J, Han Q, et al. One-step assembly of a biomimetic biopolymer coating for particle surface engineering[J]. Advanced Materials, 2018, 30(38): 1802851 - 1802859.

[28] Chimon S, Shaibat M A, Jones C R, et al. Evidence of fibril-like beta-sheet structures in a neurotoxic amyloid intermediate of Alzheimer's beta-amyloid[J]. Nature Structural & Molecular Biology, 2007, 14(12): 1157 - 1164.

[29] Haass C, Selkoe D J. Soluble protein oligomers in neurodegeneration: lessons from the Alzheimer's amyloid beta-peptide[J]. Nature Reviews Molecular Cell Biology, 2007, 8(2): 101 - 112.

[30] Shen M J, Lin M L, Zhu M Q, et al. MV-mimicking micelles loaded with PEG-serine-ACP nanoparticles to achieve biomimetic intra/extra fibrillar mineralization of collagen *in vitro* [J]. Biochimica et Biophysica Acta-General Subjects, 2019, 1863(1): 167 - 181.

[31] Plevin M J, Bryce D L, Boisbouvier J. Direct detection of CH/pi interactions in proteins [J]. Nature Chemistry, 2010, 2(6): 466 - 471.

[32] Yoo Y, Varela-Guerrero V, Jeong H K. Isoreticular metal-organic frameworks and their membranes with enhanced crack resistance and moisture stability by surfactant-assisted drying[J]. Langmuir, 2011, 27(6): 2652 - 2657.

[33] Wang H R, Xiao Z H, Yang J, et al. Oriented and ordered biomimetic remineralization of the surface of demineralized dental enamel using HAP@ACP nanoparticles guided by glycine[J]. Scientific Reports, 2017, 7: 40701.

[34] Tao F, Han Q, Liu K Q, et al. Tuning crystallization pathways through the mesoscale assembly of biomacromolecular nanocrystals[J]. Angewandte Chemie International Edition, 2017, 56(43): 13440 - 13444.

[35] Ha Y, Yang J, Tao F, et al. Phase-transited lysozyme as a universal route to bioactive hydroxyapatite crystalline film[J]. Advanced Functional Materials, 2018, 28(4): 1704476 - 1704488.

[36] Chandrasekharan A, Seong K-Y, Yim S-G, et al. *In situ* photocrosslinkable hyaluronic acid-based surgical glue with tunable mechanical properties and high adhesive strength[J]. Journal of Polymer Science Part A: Polymer Chemistry, 2019, 57(4): 522 - 530.

第二部分　层层共价组装薄膜材料在促进珊瑚生长中的应用研究

苑仁强　东南大学

1. 概述

珊瑚礁生态系统是全球生物多样性最为丰富的生态系统之一。珊瑚自身虽然缺乏有效的物理防御手段，却能在竞争激烈的海洋环境中生存与繁衍，依靠的是其次级代谢产物的化学防御作用。其防御作用主要体现在克生、抗病原微生物[1]、抵御捕食者[2]及防附着等方面。具有化学防御作用的化合物还常常显示出良好的抗肿瘤、抗菌等药理活性[3]，对海洋活性天然产物乃至海洋药物先导化合物的发现具有重要的启迪作用。目前对于珊瑚活性物质的研究很多，而珊瑚生长速度很慢，生长率约为 10 mm/a，且由于受到环境影响，珊瑚日趋减少。全世界均面临较为严重的珊瑚白化病影响，导致了珊瑚礁生态系统严重退化，并已经影响到全球珊瑚礁生态系统的平衡。因此，珊瑚是一种急需保护的生态资源，不适宜过度开发利用。

造礁石珊瑚是热带、亚热带浅海珊瑚礁生态系统的主要建造者，与共生藻（也称为“虫黄藻”）互利共生，是珊瑚礁生态系统必不可少的元素。虫黄藻是一种黄褐色单细胞藻类，属于共生甲藻属。造礁石珊瑚和共生藻的共生功能体对环境变化十分敏感。当环境条件恶化至共生功能体耐受极限时，宿主珊瑚就会排出体内共生藻，或是共生藻色素含量减少，或者两者同时发生，从而珊瑚外表逐渐变浅甚至变白，即珊瑚白化。而导致珊瑚白化的原因相当复杂，包括环境压力[4]（如富营养化、海水温度升高、光强增加、紫外线辐射增强以及海水盐度降低或过高）。其中，海水的富营养化对珊瑚以及共生藻造成了极严重的破坏。由于大部分珊瑚礁位于近岸，极容易受到各种人类活动的影响。此外，还有内在因子（如老化）的影响。在实验室环境引起珊瑚白化的因子有很多：极端温度（高温或低温）、强辐射、重金属（尤其是铜和铬）以及病原体微生物等。而大规模的白化事件常造成珊瑚群落结构及栖息地的改变，对整个珊瑚礁生态系统有着极大负面影响。由于过去二十几年来，大规模珊瑚白化事件的报道急剧增加，促使许多科研人员将此现象与全球气候变化和厄尔尼诺现象（El Nino）[5]等事件联系起来，尤其是全球变暖现象日益明显，在珊瑚礁可持续保护管理上成为研究热点。

目前，为珊瑚细胞提供生长环境（图 7－34）的组织工程材料较少，珊瑚组织的生长需要很多环境因素，如光照、温度、CO_2 富集程度、珊瑚周围的生长介质及营养物质来源等。而在细胞水平，其首先涉及的就是珊瑚细胞黏附的问题，对组织工程材料的附着能够为其继续生长、发育、繁殖打下基础。在过去的几十年中，人们已经进行了大量努力来研究细胞黏附的机制。已经广泛认识到细胞黏附受基质的物理化学性质[6]的影响很大，包括表面电荷、表面润湿性、刚度和表面粗糙度，以及材料的组装方法。表面电荷在决定底物和细胞（哺乳动物和细菌）之间的结合力方面起着重要作用。哺乳动物细胞膜在内部小叶中含有的阴离子物质（例如磷脂酰丝氨酸和磷脂酰肌醇）具有相对优势，赋予其静负电荷[7-8]。同样，由于外细胞壁上存在电离的羧酸盐和磷酰基取代基，大多数细菌细胞都带负电[9]。因此，预期带负电的表面对细胞发挥静电排斥作用，而预期带正电的表面对细胞发挥静电吸引作用。同时，呈现某些阳离子基团的表面可能会杀死黏附的细胞[10]。实验上可获得的 ζ 电位是表征表面电荷的非常有用的参数。通常情况下正表面 ζ 电位促进细菌细胞黏附，而中性或负表面 ζ 电位能够抵抗细胞黏附[11-12]。在哺乳动物细胞系中也观察到类似现象[13]。液体对表面的润湿行为也是表面化学的一个重要方面。当液滴置于固体表面时，它将散开或保持为液滴，该特性通常以接触角表征[14]。固体表面的润湿性取决于其表面自由能（由杨氏方程给出）和表面几何特征（涉及 Wenzel 理论[15]或 Cassie 理论[16]）。对于增强哺乳动物细胞的黏附，有研究显示在

图 7－34　珊瑚体外培养的生长环境

中等亲水性条件下发生最佳细胞黏附[17]。然而,这个因素并不能直接介导细胞黏附[18-19]。相反,表面润湿性的影响主要是改变从培养基吸附的蛋白质的类型、构象和结合强度,进而影响细胞附着。如果表面太疏水,细胞外基质的蛋白质(例如纤连蛋白、玻连蛋白、胶原蛋白和层粘连蛋白)在变性状态被吸附,此时的几何构象不适合与细胞结合[17]。另一方面,高亲水性表面会抑制细胞黏附介导蛋白的结合,这显然会抑制细胞对其的附着[17]。据报道,对于成纤维细胞,促进细胞黏附的最佳亲水性接触角范围在 60°~80°[20]。但是,应该注意到存在一种"中间亲水性"的例外。例如,有文献报道成骨细胞黏附性随着表面亲水性接触角从 106°到 0°而逐渐增加[21]。此外细胞黏附与基底的机械性能密切相关,特别是对于哺乳动物细胞[22-23]。已知作为跨膜受体的整联蛋白在响应机械刺激和调节哺乳动物细胞黏附中起关键作用[24-25]。值得注意的是,包括成纤维细胞、肌细胞、肌肉细胞和许多其他类型的锚定依赖性组织细胞对下层表面的机械性质敏感,并通过改变其细胞骨架组织、黏附、扩散和增殖来响应刚性[26]。通常在坚硬的表面上,细胞表现出稳定的黏着性,而在柔软的表面上,黏附性差[27-28]。因此,设计具有可调刚度的薄膜一直是生物材料工程中的重要课题[29]。粗糙度是表面的 2D 参数,并且通常由算术平均值(R_a)或均方根粗糙度(R_q)表示[30]。粗糙度可以根据表面的不规则程度来分类,即微米级(1~100 μm)、亚微米级(100 nm~1μm)和纳米级(小于 100 nm)[17]。AFM 通常用于研究表面形态和分析纳米级的表面粗糙度。通常认为表面粗糙度在哺乳动物和细菌细胞黏附中起重要作用。在微米尺度上,据报道具有与细菌细胞尺寸相同范围的特征表面由于具有最大的细胞表面接触面积而能促进细胞黏附[31]。然而,表面微粗糙化对较大细胞,例如直径为 10~50 μm 的组织和器官(例如血管组织)的贴壁依赖性哺乳动物细胞黏附有一定的影响,但其机制仍存在争议。另一方面,当表面的纳米结构类似于天然细胞外基质的纳米结构时,纳米级粗糙度通常被认为是哺乳动物细胞黏附的期望特征,使得细胞黏附介导分子可以以合适的方向吸附结合细胞[32]。此外,薄膜的关键组装参数,如浸渍溶液 pH[33-35]也显著影响薄膜的结构和生长,通过调整 pH 也可改变其表面特性(例如润湿性、电荷和粗糙度)和机械性能(例如薄膜硬度)。并且在薄膜制备过程中增加离子强度亦会导致膜粗糙度的增加[36]。因此,通过改进基底材料的物理化学性质进而调整其对珊瑚细胞的黏附效果是可行、有效的。

另一方面,与珊瑚共生的虫黄藻吸收环境中及宿主珊瑚代谢产生的二氧化碳、磷酸盐和硝酸盐等,而珊瑚生存的能量则主要来自共生藻的光合作用产物,同时虫黄藻还扮演促进造礁石珊瑚钙化的重要角色。除造礁石珊瑚外,诸如原生生物、海绵、有孔虫以及软体动物等众多海洋生物都可以与虫黄藻共生。众所周知,光合作用连接着无机界和有机界,而珊瑚中虫黄藻的光合作用还对寄主(光合性)珊瑚的健康起到至关重要的作用。光合作用速率取决于光照强度、光谱以及营养物质(对陆生植物来说大致可以分为氮、磷、钾等大量元素和铁、铜等微量元素)。无机碳源(二氧化碳)无疑是植物生长并制造单糖的最基本营养元素。在海水中,所谓营养物质主要指钾元素(正常水平:约 400 mg/L)和其他微量元素,还包括光合作用的最基本元素——碳,但海水中存在的二氧化碳远远不足以用于虫黄藻光合作用,所以虫黄藻就不得不利用海水中的重碳酸盐。重碳酸盐要通过细胞壁并不容易,但是二氧化碳则可以轻松出入,所以细胞壁上的"胞外碳酸酐酶"将重碳酸盐转化为二氧化碳,一旦进入细胞,碳酸酐酶马上再将二氧化碳再次转化为重碳酸盐,防止二氧化碳反向扩散(到细胞外)。此时的重碳酸盐可通过主动运输(bicarbonate active transport,BAT)直接穿过中胶层,而在中胶层上的"胞内碳酸酐酶"再次将其转化为二氧化碳被虫黄藻所利用,进而为珊瑚提供生长所需的营养物质。

因此,优化改进薄膜的性质和薄膜的制备方法以促进珊瑚细胞黏附对于珊瑚虫细胞生长的具有重要意义,旨在在物理、化学及生物方面对造礁珊瑚维持生命及可持续繁殖起到协同促进作用。

2. 层层(layer-by-layer,LbL)组装薄膜

LbL 组装方法涉及以循环方式简单地交替沉积具有互补化学作用的物质,以制备和控制复合薄膜,其允许膜复合物和结构的灵活设计和调控。Iler 在 1966 年报道,具有交替表面电荷的胶体颗粒可以迭代组装在基板表面上,并且这项工作被认为是关于 LbL 技术的第一份报道[37]。然而由于缺乏表征方法,LbL 的技术仍然未得到广泛运用,只是在 20 世纪 90 年代初期由 Decher 等重新发现[38-39]。由于 LbL 组装薄膜的过程中需释放小分子,组装过程是熵驱动的。该技术具有许多优点,包括:① 简易可行,一般不需要复杂的设施;② 精细可调,能够精确控制多层膜的结构,达到纳米级;③ 与平整/非平整和宏观/纳米级基底的相容性有所提升[40-41]。LbL 组装的发展始终与当时蓬勃发展的科学学科(纳米技术、生物医学和电光功能材料)密切相关。

多年来,随着构建单元(纳米颗粒、碳纳米管、树枝状大分子、酶、聚合物胶束)的快速发展,用于构建薄膜的分子相互作用类型(氢键、配位键、电荷转移相互作用、生物特异性相互作用、客体-主体相互作用、阳离子-偶极相互作用)和组装方法(自旋辅助 LbL、喷雾辅助 LbL),LbL 组件已被广泛应用,开发了多种商业产品。然而,在 LbL 多层膜的扩展应用方面,膜的稳定性一直是备受注视的问题,因为使用多种非共价相互作用(也称为弱相互作用)组装的薄膜较多。例如,生物医学中的应用,这需要材料具有长期稳定性,对使用超分子相互作用组装的 LbL 膜的稳

定性提出了挑战。此外，在诸如具有高离子强度或极端 pH 值的溶液中的情况下由多种弱相互作用保持的 LbL 多层膜即使在短期内稳定性也较弱。为了应对这些挑战并提高多层膜的稳定性，开发了共价组装的多层膜。随着共价组装的 LbL 多层膜的迅速发展，共价 LbL 膜的应用受到越来越多的关注。

与用非共价相互作用制备的普通 LbL 薄膜相比，除成膜单元外，另外两个因素对薄膜性能也有很大的影响：① 交联膜的化学反应和反应的程度；② 化学反应发生的区域或位置（结构工程策略）（图 7 - 35）。

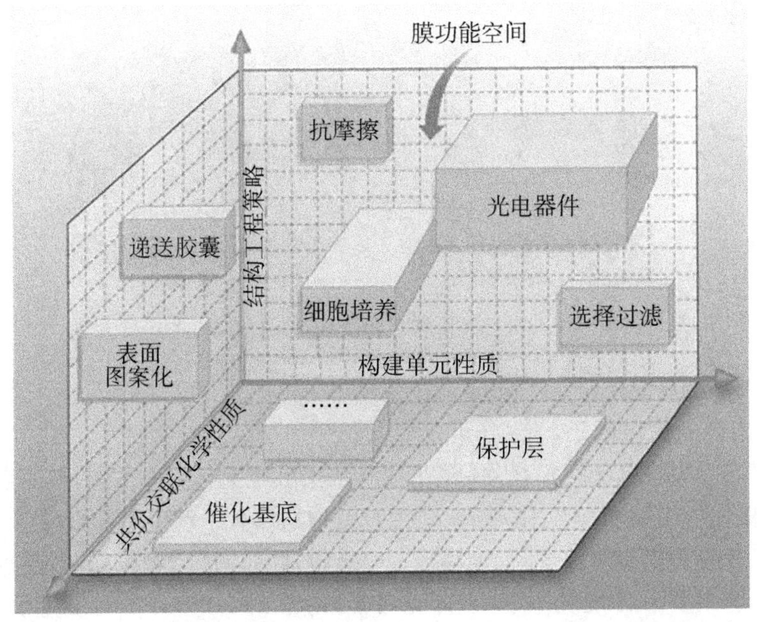

图 7 - 35 共价 LbL 薄膜的功能性由三个因素共同决定：① 薄膜构建单元，② 用于形成共价交联的化学性质；③ 采用的结构工程策略

2.1 LbL 薄膜共价组装的策略

从所有报道的共价 LbL 膜中总结出两种构建策略，分别被称为“后共价转化”(post covalent conversion)和“连续共价制造”(consecutive covalent fabrication)（图 7 - 36）。“后共价转化”是指使用非共价相互作用（通常是静电相互作用）的多层的初始构建，然后应用共价反应条件（添加双功能试剂，升高温度或光照射）将非共价膜转化为共价膜。如果所选择的构建单元缺少多个组装功能组，则必须使用“连续共价制造”的构建策略。在该策略中，使用共价反应在每个步骤中构建膜。

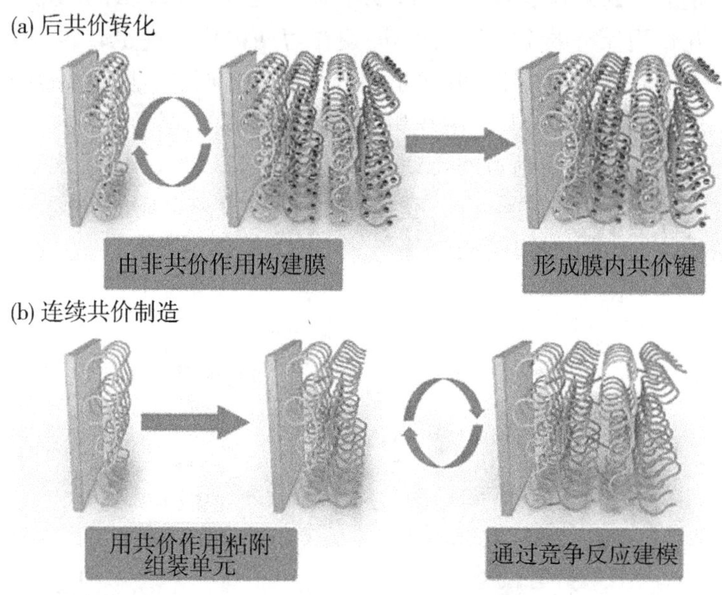

图 7-36　使用(a)后共价转化和(b)连续共价制造的组装方法

2.1.1　后共价转化

(1) 市售的构建单元

通过市售构建单元间相互共价作用组装成薄膜，反应条件不同，使用前需谨慎考虑影响因素，如温度、pH、副反应、是否对生物活性分子产生潜在毒性等。

加热条件下胺和羧酸之间形成酰胺，酰胺键通常由羧酸和胺合成；然而水消除不会在环境温度下自发发生，并且体系常需加热（约 200 ℃）才可发生反应，如聚(烯丙胺盐酸盐)/聚(丙烯酸)(PAH/PAA)共价多层膜的构建。在某些应用中，加热制备酰胺的苛刻条件对构建组分（如蛋白质）或基质（如细胞）有害。因此，人们已经探索了在较温和条件下制备酰胺的方法，必须首先活化羧酸，活化后—COOH基团转化为酰氯、酸酐或活性酯[42-43]。可采用分子量（及其体积）相对较小的偶联剂，如二环己基碳二亚胺(DCC)、二异丙基碳二亚胺(DIC)、1-乙基-3-(3-二甲基氨基丙基)碳二亚胺(EDC)或 N-羟基琥珀酰亚胺(NHS)。PAA 是用于制造共价 LbL 薄膜的广泛使用的构建单元。除了通过上述两个反应形成共价键，当加热时，PAA 自身的羧酸基团之间会发生化学反应，在 150 ℃以下形成酸酐，在较高温度下形成酮[44]。Ji 等制备了抗菌[肝素(HEP)/壳聚糖(CHI)]$_{10}$-[聚乙烯吡咯烷酮(PVP)/PAA]$_{10}$多层膜[45]。使用氢键实现 PVP/PAA 多层膜的构建。然后，通过热处理诱导 PAA 之间的交联。在 110 ℃下处理形成可水解的酸酐键，能够抵抗细菌黏附；在 170 ℃下形成酮，可使细菌容易在膜上累积。此外，京尼平作为一种栀子果实提取物，可用于蛋白质、胶原蛋白、明胶和壳聚糖的交联。室温下即可反应，被认为是低毒性的，且比戊二醛毒性低得多，故可用于构建生物相容性的共价 LbL 多层膜，如使用京尼平交联制备 CHI /透明质酸（HA）和 CHI/藻酸盐（ALG）多层膜和纳米管来研究材料性质对细胞行为的影响[46-47]。其次，4，4′-二氮杂二苯乙烯- 2，2′-二磺酸二钠盐（DAS）被认为是许多类型 LbL 薄膜的通用交联剂。DAS 中的叠氮基可通过光化学反应与各种有机物质形成共价键，包括 C—H、O—H 和 N—H 键。我们开发了一种后共价转换方法来构建几种类型的共价保持多层，包括 PAH/PAA，PAH /聚苯乙烯磺酸盐（PSS）和纳米颗粒/PAH 薄膜[48-50]。首先，使用传统的 LbL 方法制造多层电解质，通过在水溶液中使用静电相互作用来组装。然后，将双功能分子 DAS 渗透到多层电解质中，随后在 UV 照射下进行交联。基于在饱和 SDS 水溶液中或在 pH 11.5 的碱性溶液中的超声波评估，光交联多层膜的稳定性得到显著改善。有助于避免对功能化聚合物进行烦琐的合成过程，并且与多种结构单元相容。因此，它被认为是制备共价多层膜的“通用”方法。但反应机制仍然是一个存在争议的问题。在紫外线照射下，叠氮基分解产生高活性的氮烯中间体，并插入（通过直接插入和重排）到与它们相邻的 C—H、O—H 或 N—H 键中。尽管反应机理存在争议，但已证明该反应对于共价 LbL 多层膜的形成具有高度可靠性和有效性。崔等人报告的交联多层的材料经由酚基之间在与伯胺的聚乙烯亚胺（PEI）在可见光照射下具有催化由钌<反应[聚（4 -乙烯基苯酚）][21]>络合物[51-52]。使用常规 LbL 技术首先通过酚和氨基之间的氢键结合构建天然多层膜；然后将 Ru^{2+} 络合物<$[Ru(2,2'$-联吡啶$)_3]Cl_2$>渗透到膜中，并在可见光照射下通过 Ru^{2+} 催化获得交联膜。该方法是在室温或生理温度下制造坚固的多层膜的有效且更环保的技术。Huskens 等在室温下使用 BrC_3H_6Br 蒸气交联聚（4 -乙烯基吡啶）的 LbL 薄膜[53]。LbL 薄膜首先使用 PAA 和聚（4 -乙烯基吡啶）在甲醇中通过氢键结合而制成。然后，将 BrC_3H_6Br 蒸气用于引发共价转化。由于温和的反应条件，胺-烷基化反应也用于交联合成聚合物[54]。

(2) 合成的构建单元

① 通过仿生贻贝分泌的足丝蛋白，聚多巴胺逐渐被证明是一种有效的黏合剂分子成分，因为它可以与多种基团反应。多巴胺和 3，4 -二羟基苯基之间的反应[图 7 - 37(a)]已在共价 LbL 膜中被使用。通过室温偶联反应将多巴胺和 3，4 -二羟基苯基分别与 PEI 和 HA 骨架耦联。LbL 薄膜的构造通过静电相互作用建立。将溶液 pH 改变为 8.5，需 12 h 来引发 3，4 -二羟基苯基之间的膜交联反应。因为反应条件温和，所以多层膜能够在酵母细胞周围形成。在交联过程中细胞活力略微降低，这可能是由于交联过程中产生氧化物质。PEI 中聚多巴胺与胺的反应如图 7 - 37(b)所示，在将基质依次暴露于聚合物的溶液中时，也用于在室温下构建

LbL 多层膜[55]。首先使用静电相互作用构建组件,然后形成共价键。交联反应是PEI上的氨基与多巴胺中儿茶酚基团的 C_5 碳原子之间的亲核攻击,在此期间迈克尔型加成和席夫碱反应显著加强了组装过程。

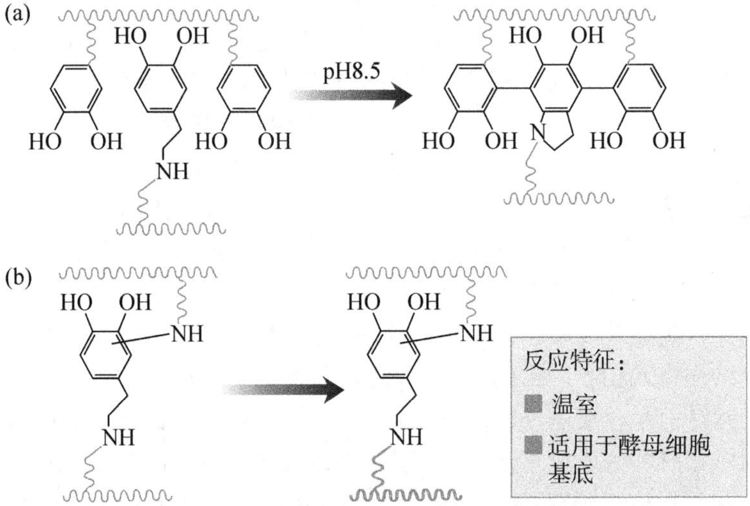

(a)

pH8.5

(b)

反应特征:

■ 温室

■ 适用于酵母细胞基底

图 7-37 多巴胺官能团和反应特征的示意图

② 活性酯和胺之间形成酰胺:该反应也已用于使用后转化方法制备离子和共价键合的 LbL 膜。采用聚(异丁烯 ALT-马来酸酐)(PIAMA),在偶联剂 4-(二甲基氨基)吡啶(DMAP)作用下[56],PIAMA 中的酸酐部分转化为甲酯,其余的酸酐基团被 NaOH 水解以产生羧酸基团。因此,具有甲酯基团(用于交联)和羧基(用于阴离子特性和水溶性)的所得聚合物也可以作为膜构建单元。

③ 苯乙烯的光化学聚合:与其他化学学科相比,光化学共价交联法提供了相对快速的反应速率、高效率、环境友好性以及与复杂三维物体的兼容性。此外,光刻技术的发展使得在基板表面上产生图案和梯度,使光化学成为微纳米加工的一种新型策略。可光交联的 LbL 多层膜由 Laschewsky 等[57]开创。其中合成了含有苯乙烯官能团和带正电荷的聚阳离子,并以 LbL 方式与多个聚阴离子组装,在 254 nm 下 UV 辐射交联制备成多层薄膜,提升了对有机溶剂的稳定性。

④ 重氮树脂(diazoresin,DAR)的光化学反应:带正电荷的重氮树脂含有芳基重氮盐光活性物质,其可在 UV 照射下转化为碳阳离子。然后,这些高活性中间体与相邻的有机基团快速结合形成共价键。通常使用 DAR(聚阳离子)与其对应的聚阴离子之间的静电吸引来制造多层薄膜,其中阴离子聚合物含有羧酸基团、磺酸盐基团、磷酸基团、羟基和带有这些官能团的各种纳米颗粒。重氮树脂已被用于制造共价组装的多层薄膜,该策略已被证明是高度可靠的,并且易于制造共价组装的

LbL 功能系统[58-59]。

⑤ 二苯甲酮的光化学反应：二苯甲酮(BP)是另一种用于构建共价 LbL 薄膜的光活性官能团，在紫外线照射下，BP 诱导从 C—H 键取氢，产生自由基，在 BP 和有机物质之间形成共价键。反应可通过长波紫外辐射(通常 365 nm)激发，利于生物分子的固定，因为辐射造成的损害最小。为了构建 LbL 薄膜，将 BP 接枝到 PAA 或 PAH，经静电相互作用将聚合物用于构建 LbL 多层膜[60-61]。

⑥ 羟醛反应：醛可以在酸或碱性条件下转化为烯醇或烯醇化物，以提供亲核能力并使其能够与亲电子试剂反应，然后缩合形成 C—C 键。目前已经报道了聚阴离子共聚物(P2)和可交联的聚阳离子聚合物(P3)组装膜[62](图 7-38)。通过将膜浸入对苯二甲醛甲醇溶液中，在室温下用哌啶作为催化剂进行交联反应。该方法的显著特征是在交联反应期间带电基团的数量没有改变。由于耦联产物具有特征吸收带，可以使用 UV-vis 光谱法监测交联过程。

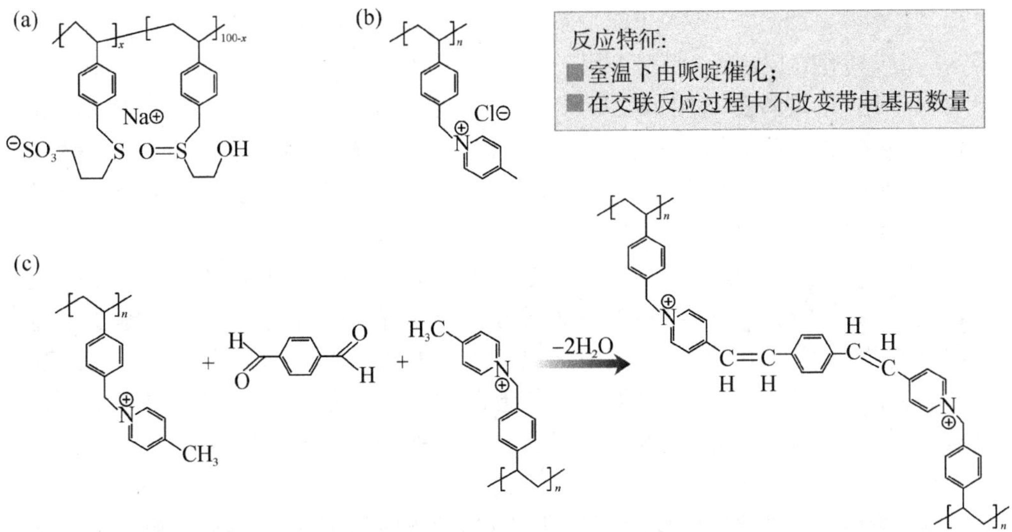

图 7-38 化学结构：(a) P2，聚(3-(4-乙烯基苄基)-丙烷-1-磺酸钠) 共聚(2-羟乙基-乙烯基苄基亚砜)；(b) P3，聚(4)-甲基-1-(4-乙烯基苄基)-氯化吡啶鎓)；(c) P3 和对苯二甲醛之间的羟醛反应用于薄膜交联

2.1.2 连续共价制造

(1) 市售的构建单元

① 酰氯与胺之间形成酰胺：如对苯二酰氯与含有二元胺或四元胺的分子之间的组装。使用连续方法构建共价 LbL 薄膜时，双官能单体通常由于反应性端基损

失而导致亚线性层生长，并且为了补偿这种影响，至少应使用一种三元或多元单体。

② 1,4-共轭加成：该反应用于 PEI 和小分子二季戊四醇五丙烯酸酯的共价 LbL 组装。多层膜的表面由充足的反应性官能团组成，因此促进了膜的进一步共价修饰。

③ 胺与环氧树脂之间的反应：该反应在相对温和的条件下进行，如聚(甲基丙烯酸缩水甘油酯)之间在 PAH 的胺反应性的 LbL 组件(PGMA)，反应在 55 ℃的 THF 溶液中进行 4 h，通过循环组装程序，然后用 HF 蚀刻，获得具有超薄壁和高机械强度的胶囊[63]。

④ Gantrez 与胺/羟基之间的反应：Gantrez 是一种常用于护肤产品的聚(马来酸酐)—c—聚(甲基乙烯基醚)共聚物，在室温下与胺形成酰胺键，与羟基形成碳酸酯键。使用连续组装制备 Gantrez 和 PAMAM 的共价 LbL 膜，并通过热处理进一步诱导膜酰亚胺化，以获得高度不可渗透的表面涂层[64]。

⑤ 多异氰酸酯与 PVA/PEI 之间的反应：异氰酸酯基团(—NCO)在室温下对羟基和胺具有高反应性，使其可用于构建交联的 LbL 膜。Xu 等使用在一个分子中具有四个异氰酸酯基团的支化多异氰酸酯(HAPI)以及聚乙烯醇(PVA)和 Laponite 在室温下旋涂构建交联的 LbL 膜[65]。该方法还可用于与其他聚合物或具有多种胺或羟基的无机颗粒(如膨润土、蒙脱石、海藻酸、透明质酸、氧化石墨烯和壳聚糖)构建自支撑 LbL 薄膜。

⑥ 席夫碱反应：使用不稳定共价键组装的 LbL 膜本质上是动态的。席夫碱具有的官能团含有 C═N 键，其中氮原子与芳基或烷基连接。C═N 键在中性环境中相对稳定，但在酸性溶液中会快速水解断裂。在蛋白质中的胺和戊二醛(GA)之间形成的席夫碱通常用于制备蛋白质的 LbL 膜。通过将反应基团接枝到适当的聚合物骨架上，制备了壳聚糖与海藻酸钠以及含铁的氧化还原活性聚合物膜[66-69]。

⑦ 聚磷腈与胺之间的反应：聚磷腈生物相容性好，可降解性强，且侧基裂解产物通常对人体无毒。现已被用作药物和蛋白质递送的微粒系统。Gao 等[70]报道了使用聚二氯膦(PDCP)和六亚甲基二胺(HDA)的直接共价组装制备聚磷腈微胶囊，微胶囊可在生理 pH 下的磷酸盐缓冲液中降解。

(2) 合成的构建单元

① 活性酯和胺之间形成酰胺：在连续反应策略中，活性酯基团的聚合物及其与胺的对应物已用于构建共价 LbL 多层薄膜。相关报道中聚(五氟苯基-4-乙烯基苯甲酸酯)(P4)和聚(五氟苯基丙烯酸酯)(P5)聚合物与 PAH 组装以有效地产生 LbL 多层薄膜[71](图 7-39)。

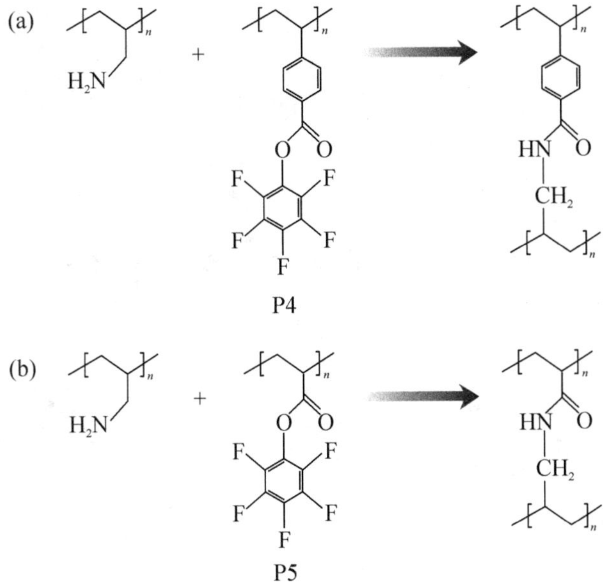

(a) H_2N + P4 → HN O CH_2

(b) H_2N + P5 → HN O CH_2

图 7-39 使用活化聚酯 P4(或 P5)和多胺制备共价 LbL 多层膜

② 胺和氮内酯形成酰胺:Lynn 等[72]使用聚(2-乙烯基-4,4′-二甲基内酯)(PVDMA)和 PEI 进行了 LbL 组装并随后剥离含二氢唑酮的聚合物多层膜,坚固耐用,可耐受强酸或强碱,并可在高离子强度溶液中孵育。

③ 胺与对硝基苯氧基羰基形成酰胺:Ji 等人报道了对硝基苯氧基羰基基团的超支化聚醚($HBPO—NO_2$)和 PEI 的共价 LBL 组装。$HBPO—NO_2$ 与 PEI 在氨基化基底上的原位化学反应快速而温和[73]。此外,由于对氨基的反应性,$(HBPO—NO_2/PEI)_n/HBPO—NO_2$ 多层的最外层可以进一步官能化。

④ 硫醇-烯反应:硫醇-烯耦联通过自由基链机制发生。在用光引发剂(PI)在 365 nm 下 UV 照射或在不存在 PI 的情况下在 254 nm 下进行紫外线照射时,硫醇基团的异质裂解产生硫基。将硫基加成到烯官能团的双键(传播步骤 1)和随后通过碳中心基团从硫醇基团取代氢产生维持链式反应的硫基(传播步骤 2)。Buriak 等[74]通过在紫外线照射下连续短时间(约30 min,室温)接触二硫醇和二烯分子的界面,可以获得明确定义的薄膜[图 7-40(a)]。Ravoo 等[75]使用高度支化的十碳烯基二茂铁和硫醇—烯化学的共价 LbL 组装产生电化学反应性多层膜[图 7-40(b)]。

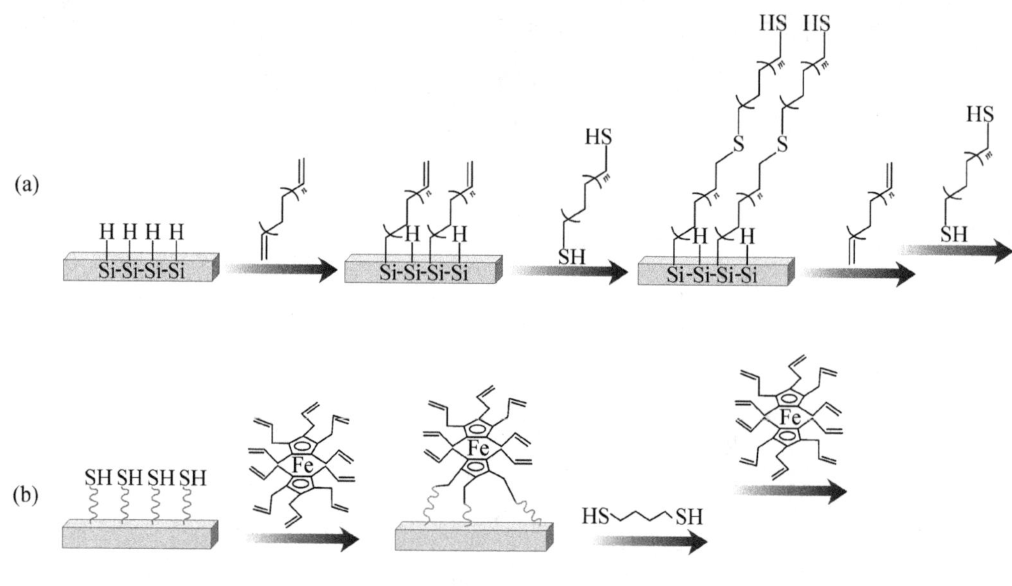

图 7-40 (a) 通过连续连接二硫醇和二烯分子构建的 LbL 多层膜；(b) 通过硫醇-烯反应使用高度支化的十碳烯二烯烃组装的 LbL 多层膜

⑤ 点击化学：Caruso 等[76]首次使用该反应。LbL 沉积具有叠氮官能团(PAA-Az)和炔官能团(PAA-Alk)的聚(丙烯酸)，显示共价组装多层薄膜的有效性。由于 Cu^+ 催化剂在溶液中是不稳定的，Schaaf 等[77]开发了一个电化学触发器，将溶液中稳定的 Cu^{2+} 转化为 Cu^+，得到了一种用点击化学方法构建的 LbL 薄膜。

⑥ 有机硅氧烷/硅烷反应：含有反应性烷氧基硅烷基团的聚合物与氧化物表面形成强 Si—O—Si 键，从而在多个点处锚定聚合物链。甲氧基硅烷基团的链间交联为涂层提供了额外的耐久性，并使它们对溶剂具有高度耐受性。Sen 等[78]在温和的条件下，以 1-溴丙基三甲氧基硅烷为原料通过亲核置换将甲氧基硅烷引入聚合物中的吡啶基中。这些聚合物可与氧化物表面(玻璃、陶瓷)、金属和纤维素(木材、棉花、纸)上的游离—OH 基团缩合，共价固定在基材上。

⑦ 肟键：在室温下，醛和氨基氧基之间的肟键形成。现有报道已合成了具有醛基和氢基的聚合物[79]，产生具有分子级厚度控制的多层膜(图 7-41)。

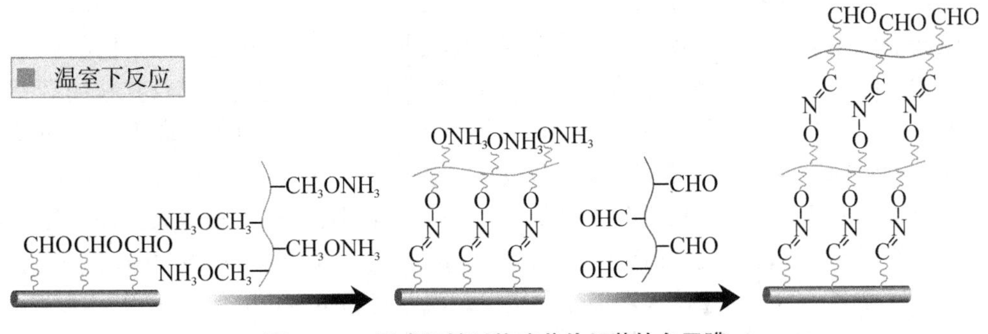

图 7-41 形成肟键以构建共价组装的多层膜

⑧ 二硫键:二硫键是一种不稳定的共价键,通常通过在温和的氧化环境下偶联两个硫醇基团而得到。但二硫键易受极性试剂(亲电试剂或亲核试剂)影响,并且在还原环境中易被破坏,该特征使其可用于构建刺激响应装置。Zhang 等[80]使用硫醇官能化聚电解质制造的多层膜 PAA-SH 60 是一种 PAA,其 60%的羧酸基团被巯基接枝,作为多层膜的制造单元,实现了 pH /还原剂双重控制的小分子释放。Caruso 等[81]使用 PVP 和半胱胺功能化的聚(甲基丙烯酸)(PMAA)构建氢键多层薄膜制备多层膜。

⑨ 苯硼酸酯键:可用于制备不稳定的 LbL 膜。苯基硼酸(及其衍生物)和苯基硼酸根离子之间存在 pH 依赖性平衡,并且微碱性 pH 环境有利于形成苯基硼酸根离子,其与顺式-二醇基团可逆地反应形成苯基硼酸酯。由于苯硼酸酯键的可逆性质和苯硼酸与苯硼酸离子之间的平衡,酸性 pH 环境和/或低浓度的苯硼酸离子加速苯硼酸酯键的断裂,导致多层膜解体[82](图 7-42)。

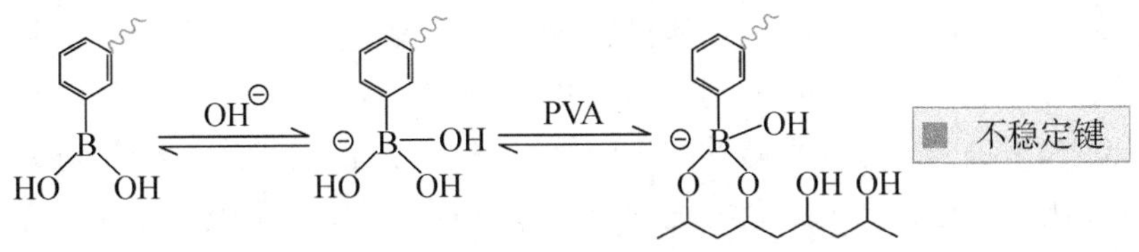

图 7-42 苯基硼酸酯键的可逆组装

2.2 珊瑚的生长环境及 LbL 共价组装薄膜对珊瑚生长的影响

2.2.1 珊瑚生长的环境因素

珊瑚与共生藻共生关系的成功建立对珊瑚礁生态系统的影响是深远的。三叠纪时期珊瑚礁的出现可能就是珊瑚-共生藻共生关系进化的直接结果,而环境变化引起的共生藻离开共生体,或珊瑚内光合色素含量的减少,将使珊瑚发生白化现象，最终导致珊瑚的死亡以及珊瑚礁的瓦解。近年来，随着海洋温度的上升，大规模珊瑚白化事件发生的频率与严重程度也随之增加，珊瑚白化受到了人们的广泛关注。此外，其他全球性的环境问题，如海洋酸化以及沉积物增加和营养盐加富等地域性的影响，都有可能破坏珊瑚-共生藻的共生关系，从而加快珊瑚礁消失的步伐。人们预计其他因素，如珊瑚疾病、破坏性的捕鱼方式、营养盐加富引起的底栖藻类生长加速，在 21 世纪都会导致珊瑚礁系统及其多样性的大量流失。许多环境因子都可导致珊瑚白化，如海水升温、高光、紫外辐射、盐度胁迫、冷胁迫、疾病、重金属污染等。本节着重阐述功能性层层组装薄膜对珊瑚生长的促进作用及其共生藻对温度、紫外辐射和 CO_2 分压（pCO_2）的敏感性影响。

2.2.2 功能性层层组装薄膜对珊瑚生长的作用影响

目前，大规模的珊瑚白化事件多由温度、辐射及病原体微生物等因素引发，常造成珊瑚群落结构及栖息地的改变，导致了珊瑚礁生态系统严重退化，并已经影响到全球珊瑚礁生态系统的平衡。这也促使科研人员将此现象与全球气候变化和厄尔尼诺现象等事件联系起来，珊瑚礁的可持续保护管理相继成为研究热点。迄今为止已经进行了大量努力来研究细胞黏附的机制，认识到细胞黏附受基质的物理化学性质（如表面电荷、润湿性、刚度及粗糙度等）影响。但为珊瑚细胞提供生长环境的组织工程材料研究尤为罕见，珊瑚组织的生长需要多种因素，如光照、温度、CO_2 富集程度、珊瑚的生长介质及营养物质等。

早在 2001 年，Robin L. 等[83]研究者提出了对于构建珊瑚礁修复的人造材料应考虑的最基本的问题：① 对于修复珊瑚礁的人造基质是什么？② 所选择基质的组分、质地、取向和设计与被破坏的环境和生物群体关系以及对其产生的影响会怎么样？该团队综述了设计的人工基质在珊瑚礁修复中的功能和一些物理因素（例如成分、表面纹理、颜色、尺寸、结构、沉降吸引剂和稳定性等）以及影响这些功能的环境因素（即温度、光线、沉积、周围的生物群、流体力学、深度和时间效应），并建议重点关注和解决人工基质功能的突出问题。例如，从工程的角度来看，对人工基材稳定性和耐久性进行研究以及将适用于大多数修复工作的覆盖或加固研究进行创新。从生物学角度看，显然需要研究生物的临时避难所和提供这种避难所的结构。尽管有大量的文献将复杂性、粗糙性、洞穴大小等与物种丰富度和丰度联系起来，但根据目前的知识，很难为大多数物种设计最佳的避难所，更不用说一个群落了。化学引诱剂促进珊瑚和鱼类定居的潜力也似乎是一个引发广泛兴趣的话题和一个有前途的研究领域。随着科研工作者对珊瑚的认识逐渐增强，研究资料显示在珊瑚中有三种基质参与空间组织：(i) 有机基质，促进细胞-细胞和细胞-基质的黏附；(ii) 骨骼有机基质（SOM），有助于控制碳酸钙骨架的沉积；(iii) 碳酸钙骨架本身，为珊瑚群落的三维组织提供结构支撑。Paul G. 等[84]在细胞水平上研究体外珊瑚细胞(图 7－43)产生细胞外基质(ECM)和碳酸钙沉淀的过程(图 7－44)，经珊瑚细胞的体外培养系统研究了这三种基质的产生，推进了珊瑚细胞生理学的研究，并通过珊瑚的初级(非分裂)组织培养证明了软珊瑚(*Xenia elongata*)和硬珊瑚(*Montipora*

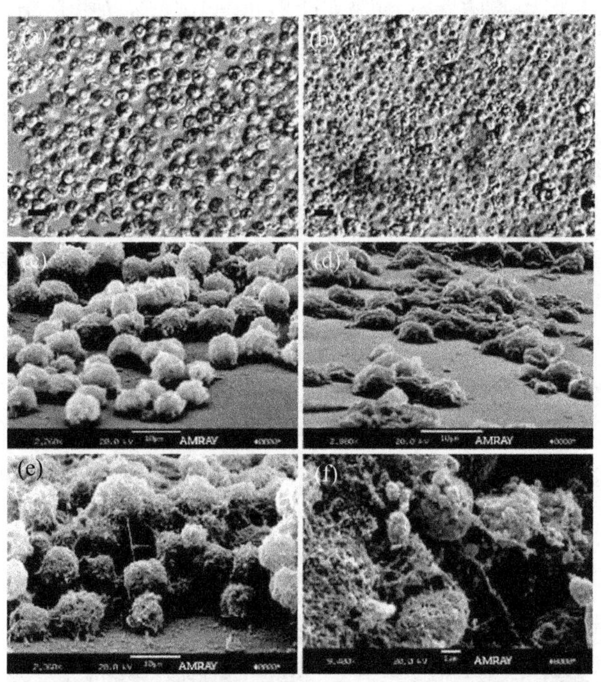

图 7－43　珊瑚细胞培养的相位衬度对比和扫描电镜图像：(a 和 b)相位衬度对比 *X. elongata*(a) 和 *M. digitata*(b)；(c 和 d)扫描电镜图像，图像显示了来自 *X. elongata*(c)和 *M. digitata*(d)的不同类型的 ECM 单层贴壁细胞；(e 和 f) 多层贴壁细胞聚集，*X. elongata*(e) 和非贴壁细胞聚集，*M. digitata*(f)。(a－e)的标尺尺寸是 10 μm，(f)的标尺尺寸为 1 μm

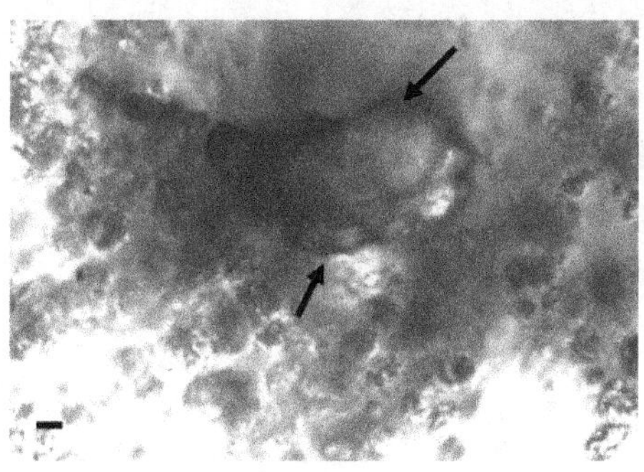

图 7－44　16 d 的 *M. digitata* 细胞聚集显微照片。箭头表示碳酸钙颗粒

digitata)体外分泌 ECM。采用电感耦合等离子体质谱分析 Sr/Ca 比值,结果表明产生的细胞外矿化颗粒为霰石。他们的结果充分说明了分离分化的珊瑚细胞在进行基本修复的过程中需要多细胞组织结构。

Ilker S. 等[85]通过将防腐双层膜和注射抗氧化生物高聚物结合用于治疗珊瑚的创伤,证明将防腐剂和控释的天然抗氧化剂加载到双层人体皮肤伤口贴片上可以适应有效治疗造礁石珊瑚的伤口(图 7-45)。使用基于聚乙烯基吡咯烷酮(PVP)和透明质酸的亲水性双层膜覆盖所述开放性伤口,同时提供防腐剂迅速采取行动,然后,将亲水性双层膜覆盖的伤口用上喷射低温的抗氧化剂和疏水 ε-己内酯对香豆酸共聚物密封。结果表明,某些人的皮肤伤口处理材料可以成功地适应珊瑚伤口并使特定药物输送的固化速度减慢,减少甚至阻断疾病在礁石珊瑚和其他底栖生物中的传播(图 7-46)。

骆晨曦等[86]制备了生物相容性自我修复型席夫碱体系的涂层,用于促进珊瑚细胞黏附,实验结果表明设计的脱乙酰壳多糖/双醛淀粉涂层与对照组相比水下黏附的能力增强,并通过细胞黏附实验进一步证实了该涂层具有良好的生物相容性,而且对于珊瑚细胞有优异的黏附性(图 7-47),为珊瑚在水下的生长提供适宜的细胞外基质。

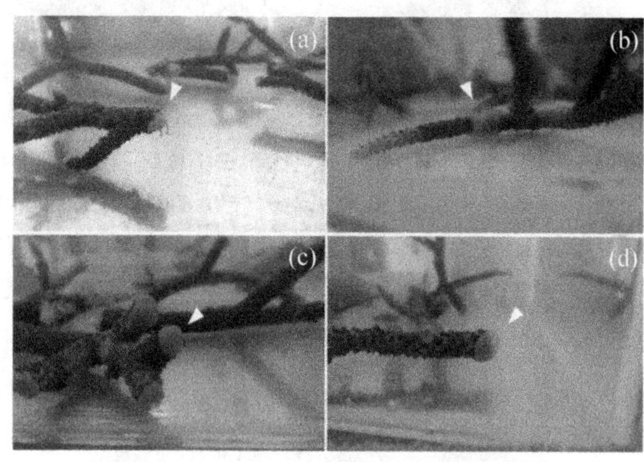

图 7-45 珊瑚伤口:(a) 创伤珊瑚在培养罐中的照片;(b) 双层膜样品处理的创伤珊瑚照片;(c) PCL-PCA 处理的创伤珊瑚照片;(d) 双层膜结合 PCL-PCA 处理的创伤珊瑚照片

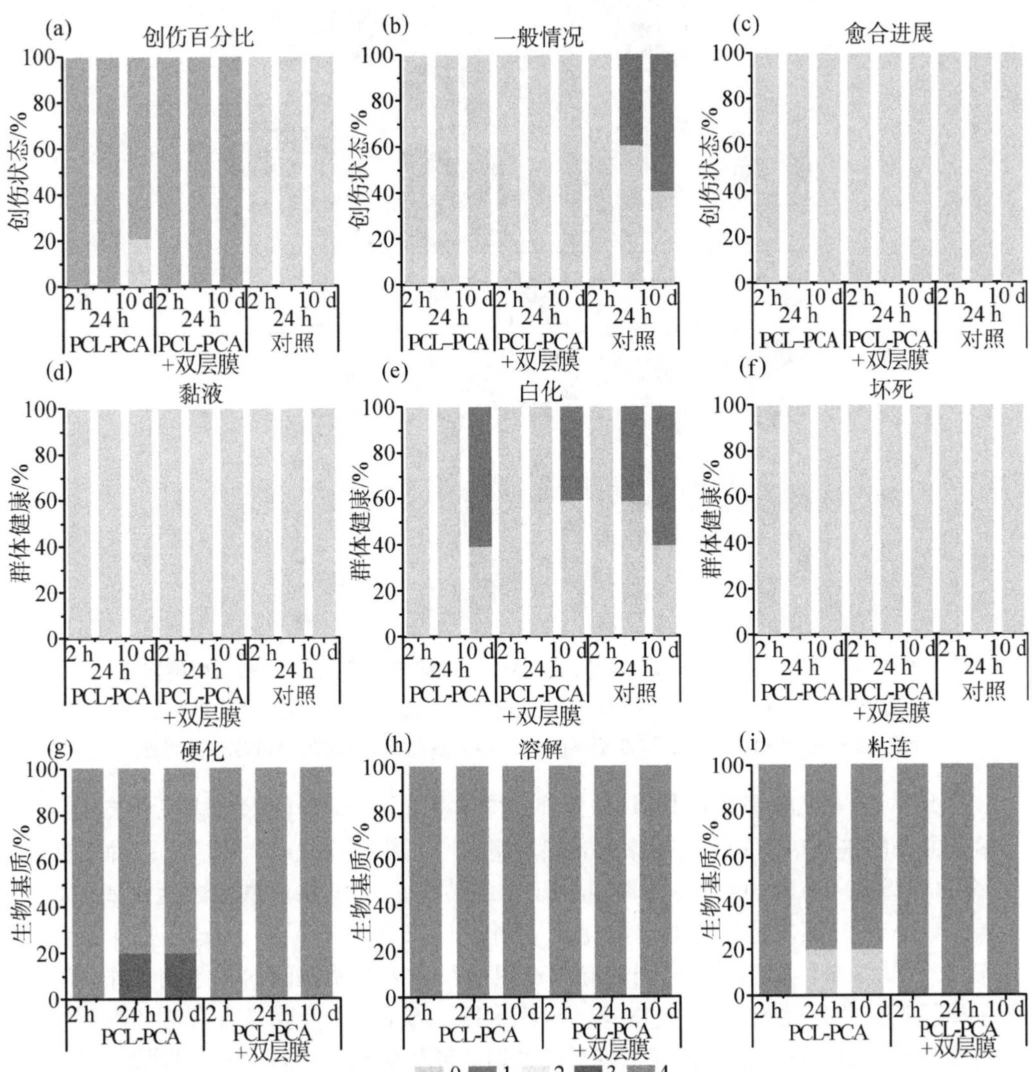

图 7-46 珊瑚的健康参数：(a-c) 创伤状态时 PCL-PCA，PCL-PCA+双层膜及对照的参数，包括创伤的百分比，受伤的一般状况，和愈合的进展结果；(d-f) 群体健康的参数，包括黏液的形成、白化和坏死；(g-i)生物质参数，包括硬化、粘连和溶解情况

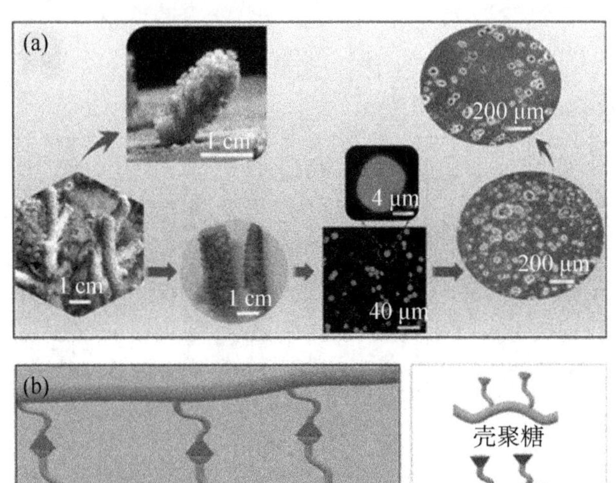

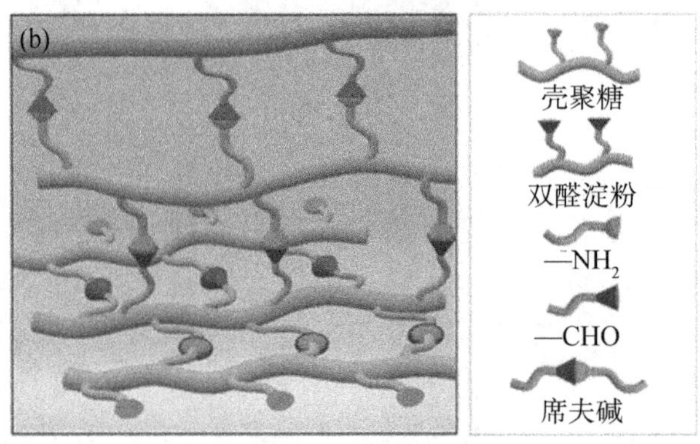

图 7-47 LBL 自组装原理以及涂层应用于珊瑚培养：(a) 从活珊瑚切割得到珊瑚枝并用于提取珊瑚细胞，在显微镜下观察细胞形态。另一路线是将珊瑚枝接种到涂层基底上；(b) 壳聚糖和双醛淀粉通过席夫碱键结合，层层组装成多层涂膜

此外，还有文献报道将 RGD 肽修饰的羧甲基壳聚糖(CCS-R)和多巴胺修饰的氧化海藻酸钠(OALG-D)经旋涂方式层层组装[87][图 7-48(a)]，研制了一种 LBL 多层$(CCS\text{-}R/OALG\text{-}D)_{15}$多层薄膜，用于细胞黏附。首先，海藻酸被改性成氧化海藻酸(OALG)，其次是制备通过酰化反应制备 CCS-R 和 OALG-D，通过席夫碱动态共价键、氨基和羧基离子之间的静电作用以及含氧基团之间的氢键相互作用赋予该薄膜自修复性能[图 7-48(b)]，效率可达 88.8%。薄膜具有合适的黏附应力、应力松弛和机械力，能诱导细胞对新的培养环境做出反应，形成局部黏附，最终提高培养基质捕获细胞并使其贴壁生长的能力。为了研究薄膜的黏附性能，采用载荷剪切试验[图 7-49(b-h)]，结果显示薄膜对玻璃和皮肤组织基质(图 7-50)有很强的附着力，优于其他文献报道的黏附强度值[88-90]。此外，以海洋多糖衍生物为原料制备的薄膜具有良好的细胞相容性。这对珊瑚细胞的培养更加有益。由图 7-51 可见，黏附的 *Acropopa formosa* 珊瑚细胞密度升高、黏附面积增大，细胞黏附形态改善，$(CCS\text{-}R/OALG\text{-}D)_{15}$多层薄膜的细胞黏附能力明显优于(CCS/OALG)膜。此外，$(CCS\text{-}R/OALG\text{-}D)_{15}$多层薄膜作为生长基质，具有抗氧化作用

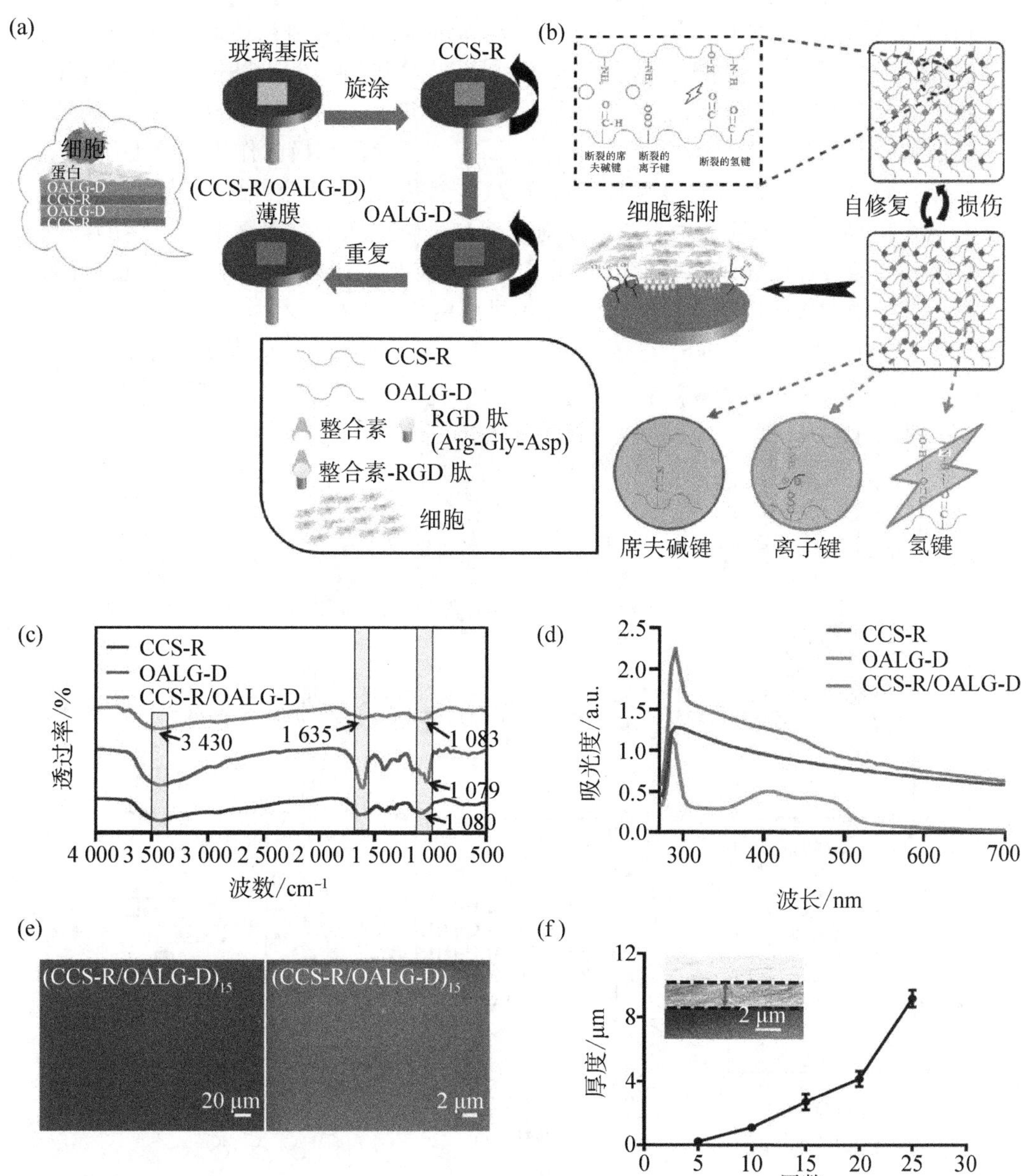

图 7-48　制备(CCS-R/OALG-D)薄膜的原理图其相互作用：(a) 旋涂薄膜逐层自组装过程；(b) 涉及席夫碱反应、静电相互作用和氢键的自愈合原理，以及 RGD 黏附肽与 DA 协同作用用于促进细胞黏附的机理。CCS-R、OALG-D 以及(CCS-R/OALG-D)薄膜；(c) 红外光谱和(d) 紫外-可见吸收光谱；(e) SEM 照片观察(CCS-R/OALG-D) 15 多层薄膜的表面形貌；(f) 薄膜厚度与组装层数的关系曲线(插图为 15 层膜的截面)

和增强细胞黏附的作用，延长了 *Acropopa formosa* 珊瑚枝外植体的存活时间。分析可知，除了薄膜的亲水性[图 7－49(a)]和高黏附力，氧化海藻酸钠上接枝的多巴胺中邻苯二酚的活性部位提供了初始的界面黏附能力，连接的 RGD 肽由于能够识别细胞膜上的整合素受体，在细胞黏附方面起到主导而积极的作用。以上研究结果分别表明该团队制备的薄膜具备自修复、抗氧化、细胞相容性优异的特点，接枝多巴胺和 RGD 多肽明显增强了薄膜对玻璃和生物组织的黏附强度。之后的细胞黏附和珊瑚枝外植体培养实验也证明了该薄膜有利于珊瑚细胞的黏附生长，且明显提高了珊瑚移植后的生存时间，避免了早期白化。

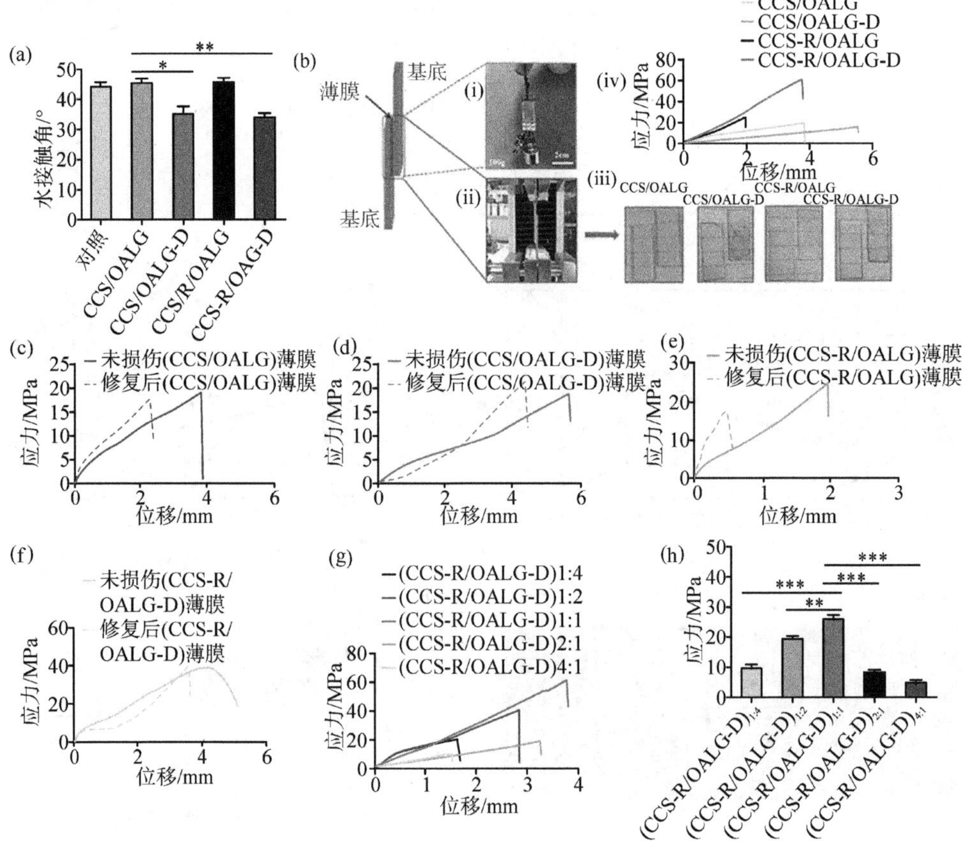

图 7－49 薄膜的润湿性和黏附应力测定：(a) 四种膜(CCS/OALG、CCS/OALG-D、CCS-R/OALG、CCS-R/OALG-D)的水接触角；对照组为玻片，数据以平均值±标准差表示，$n=3$。与(CCS/OALG)比较，* $P<0.05$， $P<0.01$。(b) 黏附应力的荷载-剪切试验示意图，(i) 荷载重量(100 g)，(ii，iii)实际照片，(iv)黏附应力曲线。(c－f) 四种膜(CCS/OALG、CCS/OALG-D、CCS-R/OALG、CCS-R/OALG-D)自修复后的黏附应力曲线。(g，h)(CCS-R/OALG-D)膜在不同摩尔比(CCS-R 与/OALG-D)下的黏附应力。数据以平均值±标准差表示，$n=3$，与(CCS-R/OALG-D)比较，** $P<0.01$，*** $P<0.001$**

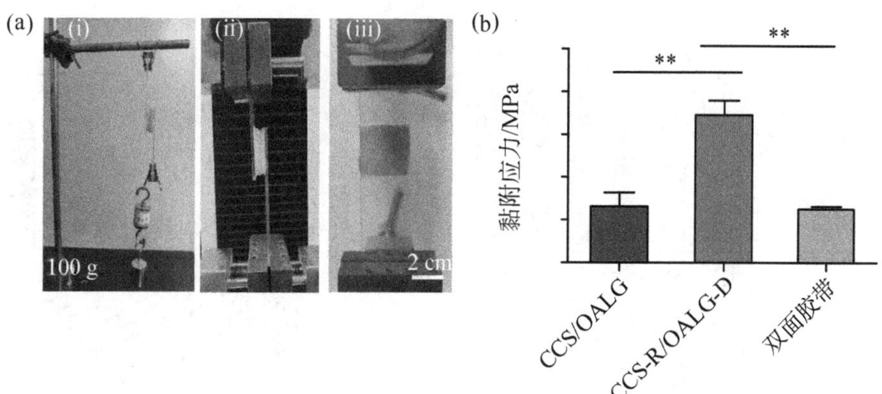

图 7－50　薄膜对新鲜猪皮黏附应力测定：(a)中的(ⅰ)为黏附猪皮的薄膜载荷重量 100 g 的砝码，(ⅱ，ⅲ)为测定黏附应力时载荷剪切试验的实际照片；(b) CCS/OALG、CCS-R/OALG-D 薄膜和双面胶带的黏附应力对比。双面胶带是对照组，数据以平均值±标准差表示，$n=3$，与(CCS-R/OALG-D)相比， $P<0.01$**

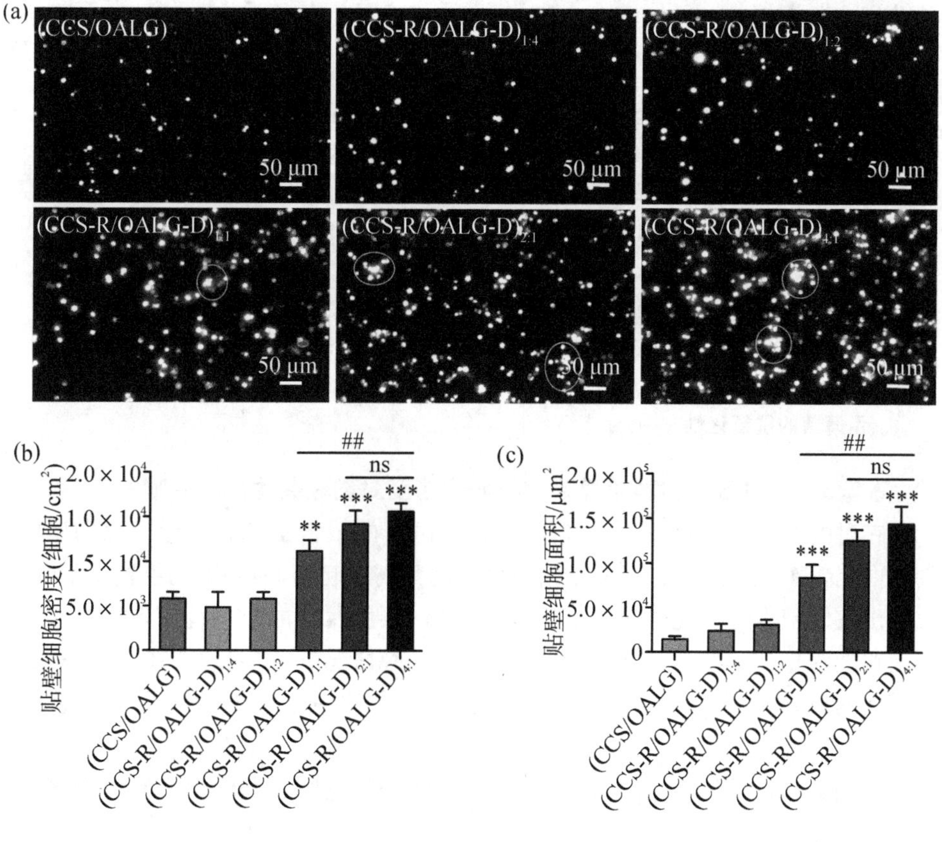

(a)
(CCS/OALG)
$(CCS-R/OALG-D)_{1:4}$
$(CCS-R/OALG-D)_{1:2}$
$(CCS-R/OALG-D)_{1:1}$
$(CCS-R/OALG-D)_{2:1}$
$(CCS-R/OALG-D)_{4:1}$
50 μm

(b)
贴壁细胞密度(细胞/cm²)
2.0×10^4
1.0×10^4
1.5×10^4
5.0×10^3
0
##
ns
**
***
***

(c)
贴壁细胞面积/μm²
2.0×10^5
1.5×10^5
1.0×10^5
5.0×10^4
0
##
ns
***
***
***

(CCS/OALG)
$(CCS-R/OALG-D)_{1:4}$
$(CCS-R/OALG-D)_{1:2}$
$(CCS-R/OALG-D)_{1:1}$
$(CCS-R/OALG-D)_{2:1}$
$(CCS-R/OALG-D)_{4:1}$

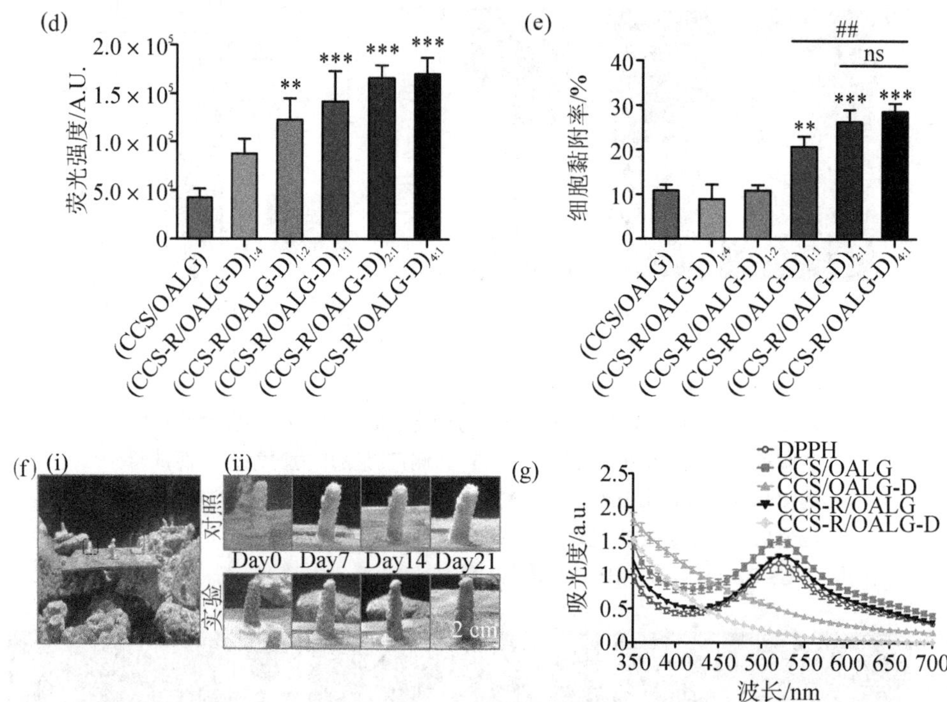

图 7-51 不同摩尔比的(CCS-R/OALG-D)膜孵育 6 h 后的细胞黏附情况：(a) 细胞形态的荧光照片。(b) 贴壁细胞密度。(c) 贴壁细胞面积。(d) 荧光强度。(e) 细胞黏附率。白色的圆圈代表珊瑚细胞簇。对照组为(CCS/OALG)，数据以平均值±标准差表示，$n=3$，与(CCS/OALG)比较，$^{**}P<0.01$，$^{***}P<0.001$；与$(CCS\text{-}R/OALG\text{-}D)_{4:1}$比较，$^{\#}P<0.05$，$^{\#\#\#}P<0.001$。(f) 三周的珊瑚枝外植体体外培养照片，其中对照组无膜处理，实验组孵育$(CCS\text{-}R/OALG\text{-}D)_{15}$膜。(i) 珊瑚培养缸的条件；(ii) 对照组和实验组珊瑚外植体的培养照片。(g) 上述四种膜(CCS/OALG、CCS/OALG-D、CCS-R/OALG、CCS-R/OALG-D)的自由基清除情况。示薄膜的抗氧化性

2.2.3 通过薄膜材料培养珊瑚枝研究温度对珊瑚共生体的影响

在过去的几十年里，许多来自不同地理区域的报告都记录了形成珊瑚礁的珊瑚的白化频率增加。这种现象是由海面温度升高引起的，当刺胞动物宿主消化和/或排出它们胞内进行光合作用的甲藻共生体(共生属中的“虫黄藻”)时就会发生。虽然珊瑚白化常常伴随着寄主的死亡，但在某些情况下，寄主动物能存活下来，并与存活的虫黄藻重新繁殖。决定珊瑚在白化事件中生存能力的生理因素尚不清楚。

珊瑚具有较强的再生能力，已通过组织球培养应用于珊瑚生产和生物多样性保护。然而,组织球的结构、形态过程和环境因素对组织球形成的影响尚未得到很好的研究。在 Guo 等[91]的研究中,观察到从 *Goniopora lobata* 珊瑚的切割触须形成的组织球,并通过共聚焦显微镜揭示了其内部组织和结构(图 7-52)。环境应力实验表明影响了组织球形成的是高温,而不是 CO_2 诱导的酸化。该研究显示珊瑚组织球具有很强的再生能力,可进一步探索组织球形成以及环境胁迫影响珊瑚生存和再生的分子机制。

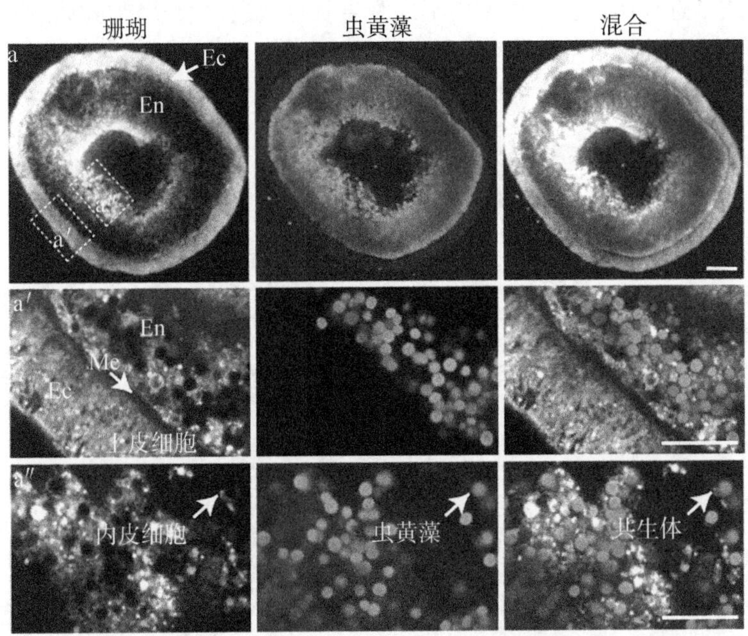

图 7-52 触手组织球的结构和组织:(a-a″) 共聚焦显微照片中段显示触须组织球由珊瑚组织(绿色,自发荧光)和虫黄藻(紫红色,自发荧光)组成。更高的放大倍数下的照片以 a′和 a″表示。触手组织球包含三层:外胚层(Ec)、中胚层(Me)和内胚层(En)。白色箭头表示 Me,红色箭头表示 Ec。虫黄藻仅分布于内胚层中,并在珊瑚 Ec 内共生。a-a″中标尺的尺寸为 10 μm

大多数珊瑚礁分布在南北纬 23.5°之间,海水温度不低于 18 ℃且不高于 30 ℃的热带海域。虽然珊瑚对温度胁迫的敏感性因种而异,但基本上是与其内共生的共生藻的温度敏感性是一致的。在 32 ℃时,鹿角珊瑚(*Acropora digitifera*)内的共生藻受到的光抑制程度会加强,这主要是由于 PSⅡ的修复速率受到了抑制。活性氧自由基(reactive oxygen species,ROS)在温度引起的白化中起重要作用,其所引起的主要的细胞损伤包括氧化膜、使蛋白质变性以及损伤核酸。在 Dan Tchernov 等[92]的研究中,实验证实宿主动物的白化和死亡涉及半胱氨酸蛋白酶介导的凋亡级联反应，主要由藻类共生生物产生的活性氧诱导。此外，他们证明虽然一些珊瑚在高温下会自然抑制半胱氨酸蛋白酶活性并显著降低半胱氨酸蛋白酶浓度，以此作为防止群体死亡和细胞凋亡的机制，但即使是敏感的珊瑚也可以通过使用外源性半胱氨酸蛋白酶抑制剂来防止死亡。结果表明珊瑚对热应力反应的可变性是由特定共生关系内在的四元素组合遗传基质决定的。基于该研究团队的实验数据，他们提出了一个工作模型，在该模型中，这种共生/寄主关系的表型表达对共生关系造成了选择压力。该模型用于预测半胱氨酸蛋白酶介导的凋亡级联下调的宿主动物的生存能力(图 7 - 53)。

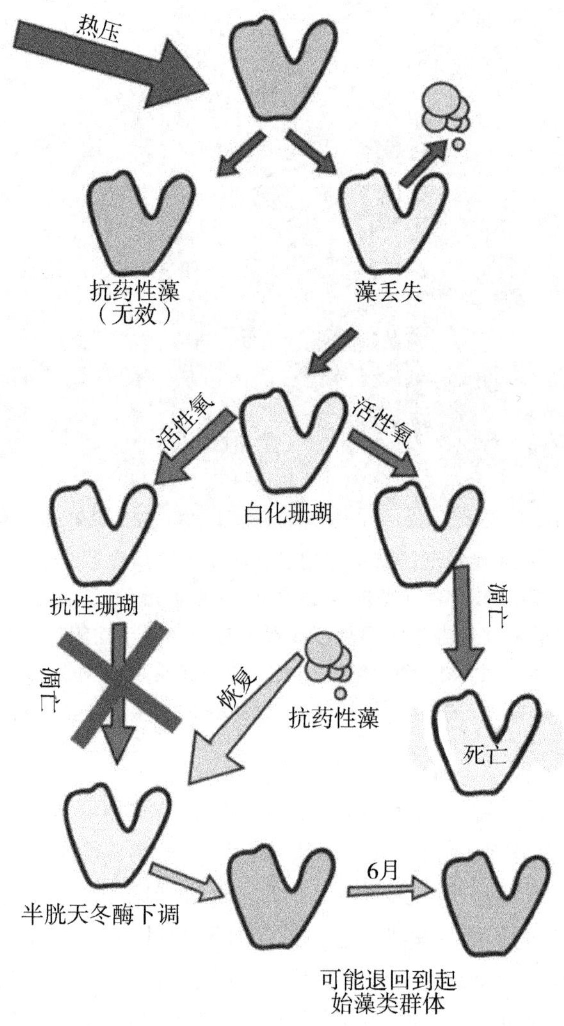

图 7 - 53　一个用于解释珊瑚对白化的两种不同反应的模型

根据这个模型,热诱导黄藻珊瑚的白化和凋亡的是由两种主要成分组成的组合基质,其中一种导致宿主动物恢复,另一种导致宿主动物死亡。第一种与触发凋亡反应的因素有关。如果虫黄藻是热敏感的(即,藻质体中类囊体膜的物理完整性受损),内共生藻类产生 ROS 的速度就会加快。第二种,当 ROS 泄漏到宿主细胞时,它可以启动半胱天冬酶级联反应。如果发生后一种情况,珊瑚就会白化而死亡。对于敏感的虫黄藻和不激活级联或不下调半胱天冬酶活性的宿主,我们预计白化将发生,但宿主组织将存活。在白化的菌落内,原来的藻类群落可能会恢复,这取决于所处的环境。如果虫黄藻具有耐热性,ROS 的产生就不会加速。无论宿主是否有激活半胱天冬酶级联反应的倾向,宿主可能对高温事件没有反应。

除了导致珊瑚白化,温度还会影响珊瑚幼体的发育过程。已有研究显示,当温度超过 31 ℃时,受精率会下降,破坏胚胎的形成,降低幼体成活率和竞争力,促进幼体的未成熟变态。即使温度仅略微下降(4～5 ℃),也会降低鹿角珊瑚幼体的成活率(15%),阻碍其附着,抑制率高达 20%,这说明珊瑚幼体对温度的敏感性要高于成体。

可根据具体实验情况,设定 3 个温度 25 ℃、30 ℃、35 ℃,其中 25 ℃组作为对照组。将薄膜涂覆的造礁珊瑚枝分别移入 3 个实验缸,每个实验缸放入等量造礁珊瑚枝。其中 25 ℃实验缸使用冷水机进行温度控制,而 30 ℃和 35 ℃实验缸使用控温加热棒进行温度控制。

① 光化学效率的测定:最大光化学效率(F_v/F_m)采用水下调制叶绿素荧光仪进行测定。测定前,珊瑚样品暗适应 20 min。该参数在早上(6:30)、中午(13:30)、晚上(20:30)各测一次。

② 珊瑚样品中共生藻密度与色素浓度的测定:实验结束后,使用冲洗器高压冲洗每组的珊瑚样品,分离珊瑚和共生藻,将含有共生藻的冲洗液混合均匀,取一式 3 份每份 3 mL 均匀藻液用于共生藻密度测定,再量取一式 3 份每份 12 mL 均匀藻液,加入 5 mL 100%甲醇提取,用于测定色素浓度。共生藻密度与色素的单位最终统一为单位珊瑚表面积。

共生藻密度的测定:从以上各组的珊瑚枝中得到的藻液在显微镜(Nikon Eclipse 100,日本)下使用血球计数板计算藻数量,再换算成单位珊瑚表面积的共生藻密度(cells/cm^2)。珊瑚样品的表面积用铝箔包裹法进行测定,即根据已知铝箔表面积与质量计算其面密度,再通过称取包裹珊瑚样品骨骼的铝箔质量来计算其表面积。

色素浓度的测定:将以上各组得到的色素提取液离心(4 000 g)10 min,取上清液置于紫外可见分光光度计中扫描 250～750 nm 波段。

提取液中叶绿素 a(Chl_a)、叶绿素 c(Chl_c)和类胡萝卜素(carotenoids)含量的计算公式如下:

$$Chla(\mu g/mL) = 13.684\,9 \times (A_{664} - A_{750}) - 3.455\,1 \times (A_{630} - A_{750}) \quad (7.2)$$

$$Chlc(\mu g/mL) = -7.014 \times (A_{664} - A_{750}) + 32.937\,1 \times (A_{630} - A_{750}) \quad (7.3)$$

$$Carotenoids(\mu g/mL) = 7.6 \times [(A_{664} - A_{750}) - 1.49 \times (A_{630} - A_{750})] \quad (7.4)$$

其中,A_{664}、A_{630}、A_{510}、A_{480}和 A_{750} 分别代表波长为 664、630、510、480 和 750 nm 处的吸光值。为单位珊瑚、表面积或单位共生藻细胞。

2.2.4 通过薄膜材料培养珊瑚枝研究紫外辐射对珊瑚共生体的影响

紫外辐射(ultraviole tradiation,UVR,280～400 nm)也是导致珊瑚白化的主要诱因之一。研究显示,UVR 会抑制珊瑚共生藻的光合作用、生长与繁殖能力,降低其骨骼密度,抑制珊瑚幼体的附着与生长发育,使其共生藻光合效率下降。此外在某些特殊情形下,UVR 对珊瑚也有正面效应。UV-A(315～400 nm,UV-B 为 280～315 nm)在辐射水平较低时,对近岸海域的浮游植物有正面效应,这是因为 UV-A 可修复 UV-B 导致的 DNA 二聚体的损伤,其也可以为光合作用提供能量。另外研究显示,柳珊瑚(*Leptogorgia virgulata*)骨针的形成需要 UVR。同时,UVR 的存在可起到杀菌的作用,从而保护珊瑚免受细菌及病毒的感染。

将薄膜涂覆的造礁珊瑚枝置于 120 mL 的石英管中,收集释放的共生藻(水样)。通过在石英管外部包裹不同的滤膜来设置不同的辐射处理:① 可见光 PAR(P 处理),石英管包裹 395 nm 滤膜,这样珊瑚枝只接受 395 nm 以上波段的辐射;② PAR+UV-A(PA 处理),石英管包裹 Folex 320 滤膜,这样珊瑚枝可接受 320 nm 以上波段的辐射;③ PAR+UV-A+UV-B(PAB 处理),石英管包裹 Ultraphan Film 295 滤光膜,珊瑚样品可接受 295 nm 以上波段的辐射。每个处理设置 3 个重复,样品在 UV 下连续暴露 3 d 后按照前述方法测定其光化学效率、共生藻密度及色素浓度。

2.2.5 通过薄膜材料培养珊瑚枝研究 CO_2 分压对珊瑚共生体的影响

海洋是 CO_2 的碳汇之一,人类释放的 CO_2 中有近 25%被海洋所吸收。大气 CO_2 的持续增加不但引起全球变暖,还破坏了海水的碳酸盐平衡,导致海水 pH 下降及 CO_2 分压(pCO_2)增加,即海洋酸化。近十年来,碳酸盐系统变化对珊瑚共生体产生了一定的影响,如钙化作用、碳浓缩机制等,受到人们的广泛关注。高 pCO_2 对柱状珊瑚、鹿角珊瑚、美丽鹿角珊瑚的暗呼吸没有影响,但会导致块状滨珊瑚及滨珊瑚幼体的呼吸速率下降。对许多植物而言,pCO_2 的增加对其光合作用有"施肥效应",因为高 pCO_2 可缓解卡尔文循环中的碳限制,从而促进光合固碳。与呼吸作用相比，海洋酸化对珊瑚共生体光合作用的影响受到了更多的关注，有研究发现酸化对珊瑚共生体光合作用的平均效应接近于0。而事实上，在许多对珊瑚的研究中也并未发现明显的“施肥效应”，这可能有以下几个原因：① 珊瑚中的光合固碳速率在现在大气 CO_2 环境下已经达到了最大值。② 共生藻生活在珊瑚的内胚层细胞中，与周围海水并没有直接接触，从而无法感受到海水溶解无机碳(DIC)的变化。③ 共生体中的CCMs机制使得共生藻对 CO_2 的亲和力下降，而主要利用 HCO_3^- 形式的DIC。已有研究表明，HCO_3^- 的增加能够促进共生藻的光合作用，且发现共生藻与珊瑚共生体中都有 HCO_3^- 转运子基因。④ 外界DIC并不是共生藻光合作用的唯一碳源，虽然还缺乏确凿的证据，但宿主的呼吸作用很可能是一个重要来源。

基于此问题，可将碳酸酐酶固定于仿生自修复的高黏附性涂膜，通过构建珊瑚细胞黏附生长的微纳米环境，提高珊瑚细胞及其共生体对海水中碳酸氢盐的利用率，从而促进其生长代谢活动。采用的碳酸酐酶(carbonic anhydrase，CA)是一种可以将二氧化碳和碳酸氢盐可逆转换的生物酶。区别于无机碳，碳酸酐酶属于有机碳(生物化学)，既能依附于细胞表面(胞外碳酸酐酶)，也可存在于细胞体内(胞内碳酸酐酶)。碳酸酐酶可催化 HCO_3^- 与 CO_2 的相互转化(见式7.5)，为Rubisco(磷酸核酮糖羧化酶)提供稳定的 CO_2 流量环境，以维持正常的光合作用。HCO_3^- 首先通过胞外碳酸酐酶转化为 CO_2 进入外胚层细胞，然后再由胞内碳酸酐酶转化为 HCO_3^- 通过主动运输进入内胚层细胞，最终再次被胞内碳酸酐酶转化为光合作用原料(CO_2)的过程。其共生体虫黄藻能利用碳酸氢盐制造有机化合物，并将一部分排出体外提供给珊瑚(图7-54)。

$$HCO_3^- + H^+ \rightleftharpoons CO_2 + H_2O \tag{7.5}$$

将无酶的薄膜和固定化CA的薄膜分别涂覆于造礁珊瑚枝，并置于低 pCO_2(LC)、高 pCO_2(HC)以及 pCO_2 昼降夜升(460～1 000 μatm)三种环境中，以模拟未来海洋酸化状态和共生状态周围的环境，经过两个月的适应，探求共生藻的生理学响应。半连续培养过程中，在稀释之前用pH计测定pH。测定前，pH计用NBS(National Bureau of Standards)缓冲液进行三点校正。总碱度(TA)通过测定pH值的方法来确定。在培养期间，CO_2 浓度通过向培养液液面上方充入不同浓度的气体维持，充气速率为500mL/min，约2个月后按照上述方法测定其光化学效率、共生藻密度及色素浓度。每个处理设置3个重复。

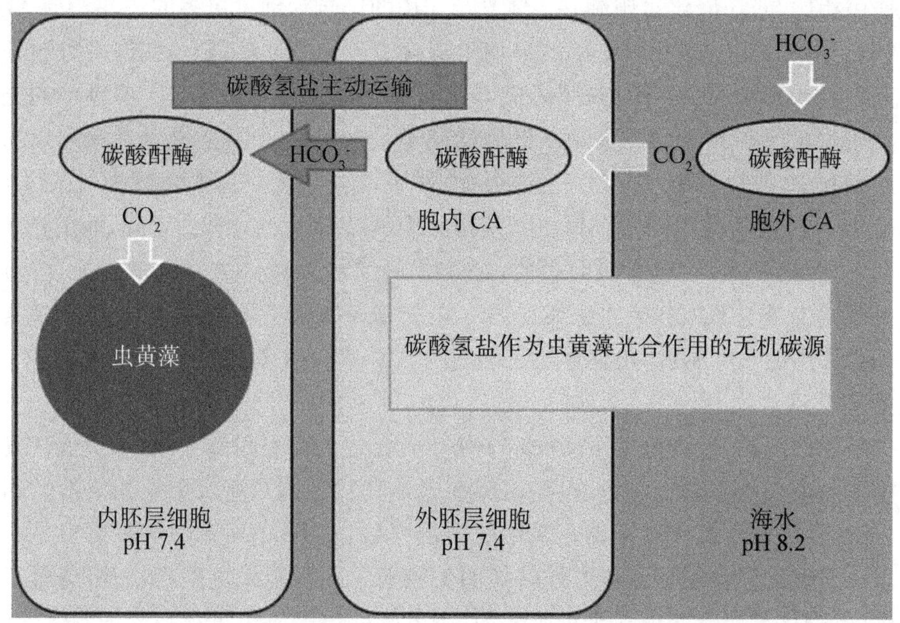

图 7-54 碳酸酐酶(carbonic anhydrase,CA)在胞内和胞外催化 HCO_3^- 与 CO_2 相互转化的作用途径,胞外碳酸酐酶(右上碳酸酐酶)其实附着于外胚层细胞表层

3. 珊瑚培养的挑战和展望

珊瑚的组织和细胞的体外培养可为研究珊瑚的互惠共生、细胞毒理、环境胁迫和生物矿化等方面提供有效的研究工具和手段。在过去的几十年,人们不断探索和优化珊瑚组织和细胞的体外培养技术,但目前仅停留在原代培养水平上,至今仍没有成功建立永生性珊瑚细胞系。与其他海洋无脊椎动物的细胞培养一样,珊瑚细胞建系的难点也主要在于体外培养过程中细胞不易增殖,以及容易受到各种原生动物和微生物污染两个方面。由于珊瑚的组织球易制备,易培养,近年来有取代细胞培养的趋势。随着指状鹿角珊瑚和虫黄藻的基因组测序陆续完成,从基因组水平上揭示珊瑚与共生藻共生作用的机制成为可能,将促进珊瑚细胞建系;反过来,珊瑚细胞建系;也将有利于从细胞水平上解析共生作用中的关键基因,有利于从根本上解决珊瑚白化问题,进而维护全球的珊瑚礁生态系统。因此,要实现珊瑚培养和生长的可持续化,还有很长一段路要走,需克服一系列的困难,但相信经过长期的不解努力和探究,最终定能守护珊瑚的生态家园。

目前,迫切需要研究在珊瑚细胞培养、生长等层面上寻找限制珊瑚矿化能力的因素，探索相应的破解方法，为解决全球珊瑚生存危机找到颠覆性途径。同时，管理者和研究者们应大力推进珊瑚的保护、修复及科学发现，以期实现在海洋真实环境中以珊瑚大规模造礁。

参考文献

[1] Yao G M, Vidor N B, Foss A P, et al. Lemnalosides A-D, decalin-type bicyclic diterpene glycosides from the marine soft coral *Lemnalia* sp[J]. J Nat Prod, 2007,70(6):901 - 905.

[2] Paul V J, Puglisi M P, Ritson-Williams R. Marine chemical ecology[J]. Nat Prod Rep, 2006,23(2):153 - 180.

[3] 王文玲. 珊瑚真菌 OUCMDZ-3658 的次生代谢产物研究[D]. 青岛:中国海洋大学, 2015.

[4] Albright R. Ocean acidification and coral bleaching[EB/OL].

[5] Newman M, Wittenberg A T, Cheng L Y, et al. The extreme 2015/16 El Nino, in the Context of Historical Climate Variability and Change[J]. B Am Meteorol Soc,2018,99(1):S16 - S20.

[6] Hong J, Kim B S, Char K, et al. Inherent charge-shifting polyelectrolyte multilayer blends: a facile route for tunable protein release from surfaces[J]. Biomacromolecules,2011,12(8):2975 - 2981.

[7] Vance J E, Steenbergen R. Metabolism and functions of phosphatidylserine[J]. Progress in Lipid Reserch,2005,44(4):207 - 234.

[8] Verkleij A J, Post J A. Membrane phospholipid asymmetry and signal transduction[J]. The Journal of Membrane Biology,2000,178(1):1 - 10.

[9] Wilson W W, Wade M M, Holman S C, et al. Status of methods for assessing bacterial cell surface charge properties based on zeta potential measurements[J]. Journal of Microbidogical Methods,2001,43(3):153 - 164.

[10] De Campoccia D, Montanaro L, Arciola C R. A review of the biomaterials technologies for infection-resistant surfaces[J]. Biomaterials,2013,34(34):8533 - 8554.

[11] Xiaoying Z, Dominik J, Shifeng G, et al. Polyion multilayers with precise surface charge control for antifouling[J]. ACS Applied Materials & Interfaces,2015,7(1):852 - 861.

[12] Guo S, Jańczewski D, Zhu X, et al. Surface charge control for zwitterionic polymer brushes: tailoring surface properties to antifouling applications[J]. Journal of Colloid and Interface Science,2015,452:43 - 53.

[13] Chang H Y, Lin K Y, Kao W L, et al. Effect of surface potential on NIH3T3 cell adhesion and proliferation[J]. The Journal of Physical Chemistry C,2012,118(26):14464 - 14470.

[14] Feng X J, Jiang L. Design and creation of superwetting/antiwetting surfaces[J]. Advanced Materials[J]. 2006,18(23):3063 - 3078.

[15] Wenzel R N. Resistance of solid surfaces to wetting by water[J]. Ind Eng Chem, 1936,

28(8):988-994.

[16] Cassie A B D, Baxter S. Wettability of porous surfaces[J]. T Faraday Soc,1944,40:546.

[17] Bacakova L, Filova E, Parizek M, et al. Modulation of cell adhesion, proliferation and differentiation on materials designed for body implants[J]. Biotechnol Adv,2011,29(6):739-767.

[18] Collier J H, Mrksich M. Engineering a biospecific communication pathway between cells and electrodes[J]. Proc Natl Acad Sci USA,2006,103(7):2021-2025.

[19] Mager M D, LaPointe V, Stevens M M. Exploring and exploiting chemistry at the cell surface[J]. Nat Chem,2011,3(8):582-589.

[20] Tamada Y, Ikada Y. Effect of preadsorbed proteins on cell-adhesion to polymer surfaces[J]. Journal of Colloid and Interface Science,1993,155(2):334-339.

[21] Wei J H, Igarashi T, Pkumori N, et al. Influence of surface wettability on competitive protein adsorption and initial attachment of osteoblasts[J]. Biomed Mater, 2009, 4(4):045002.

[22] Lee K Y, Mooney D J. Hydrogels for tissue engineering. Chemical Reviews,2001,101(7):1869-1879.

[23] Huang S, Ingber D E. The structural and mechanical complexity of cell-growth control[J]. Nat Cell Biol,1999,1(5):E131-E138.

[24] Ingber D. Integrins as mechanochemical transducers[J]. Curr Opin Cell Biol, 1991, 3(5):841-848.

[25] Albelda S M, Buck C A. Integrins and other cell-adhesion molecules[J]. Faseb J,1990,4(11):2868-2880.

[26] Discher D E, Janmey P, Wang Y L. Tissue cells feel and respond to the stiffness of their substrate[J]. Science,2005,310(5751):1139-1143.

[27] Mendelsohn J D, Yang S Y, Hiller J, et al. Rational design of cytophilic and cytophobic polyelectrolyte multilayer thin films[J]. Biomacromolecules,2003,4(1):96-106.

[28] Engler A, Bacakova L, Newman C, et al. Substrate compliance versus ligand density in cell on gel responses[J]. Biophys J,2004,86(1):617-628.

[29] Boudou T, Crouzier T, Ren K F, et al. Multiple functionalities of polyelectrolyte multilayer films: new biomedical applications[J]. Advanced Materials,2010,22(4):441-467.

[30] An Y H, Friedman R J. Concise review of mechanisms of bacterial adhesion to biomaterial surfaces[J]. J Biomed Mater Res,1998,43(3):338-348.

[31] Boyd R D, Verran J, Jones M V, et al. Use of the atomic force microscope to determine the effect of substratum surface topography on bacterial adhesion[J]. Langmuir, 2002, 18(6):2343-2346.

[32] Price R L, Ellison K, Haberstroh K M, et al. Nanometer surface roughness increases select osteoblast adhesion on carbon nanofiber compacts[J]. J Biomed Mater Res A,2004,70a(1):129-138.

[33] Shiratori S S, Rubner M F. pH-dependent thickness behavior of sequentially adsorbed layers of weak polyelectrolytes[J]. Macromolecules,2000,33(11):4213 - 4219.

[34] Yoo D, Shiratori S S, Rubner M F. Controlling bilayer composition and surface wettability of sequentially adsorbed multilayers of weak polyelectrolytes[J]. Macromolecules, 1998, 31(13):4309 - 4318.

[35] Bieker P, SchoeN, Hoff M J M. Linear and exponential growth regimes of multilayers of weak polyelectrolytes in dependence on pH[J]. Macromolecules,2010,43(11):5052 - 5059.

[36] Zhang L, He X S, Chen G, et al. Effects of rf power on chemical composition and surface roughness of glow discharge polymer films[J]. Appl Surf Sci,2016,366:499 - 505.

[37] Iler R K. Multilayers of colloidal particles[J]. J Colloid Interf Sci,1966,21(6):569 - 594.

[38] Decher G, Hong J D. Buildup of ultrathin multilayer films by a self-assembly process: Ⅱ. consecutive adsorption of anionic and cationic bipolar amphiphiles and polyelectrolytes on charged surfaces[J]. Phys Chem Ber,1991,95,1430 - 1434.

[39] Decher G J S. Fuzzy nanoassemblies: toward layered polymeric multicomposites[J]. Science,1997,227(5330):1232 - 1237.

[40] Ariga K, Hill J , Ji Q. Layer-by-layer assembly as a versatile bottom-up nanofabrication technique for exploratory research and realistic application[J]. Phys Chem Chem Phys,2007,9(19):2319 - 2340.

[41] Zhang X, Chen H, Zhang H. Layer-by-layer assembly: from conventional to unconventional methods[J]. Chem Commun,2007(14),1395 - 1405.

[42] Higuchi R, Hirano M, Ashaduzzaman M, et al. Construction and characterization of molecular nonwoven fabrics consisting of cross-linked poly(γ-methyl-l-glutamate)[J]. Langmuir, 2013,29:7478 - 7487.

[43] Valeur E, Bradley M. Amide bond formation: beyond the myth of coupling reagents[J]. Chem Soc Rev,2009,38:606 - 631.

[44] Maurer J J, Eustace D J, Ratcliffe C T. Thermal characterization of poly(acrylic acid)[J]. Macromolecules,1987,20(1):196 - 202.

[45] Wang B L, Ren K F, Chang H, et al. Construction of degradable multilayer films for enhanced antibacterial properties[J]. ACS Appl Mater Interfaces,2013,5:4136 - 4143.

[46] Hillberg A L, Holmes C A, Tabrizian M J B. Effect of genipin cross-linking on the cellular adhesion properties of layer-by-layer assembled polyelectrolyte films[J]. Biomaterials, 2009,30:4463 - 4470.

[47] Silva J M, Duarte A R C, Custódio C A, et al. Nanostructured hollow tubes based on chitosan and alginate multilayers[J]. Adv Healthcare Mater,2014,3(3):433 - 440.

[48] Xu L, Lv F, Zhang Y, et al. Interfacial modification of magnetic montmorillonite(MMT) using covalently assembled LbL multilayers[J]. J Phys Chem C,2014,118:20357 - 20362.

[49] Wang Y, An Q, Zhou Y, et al. Post-infiltration and subsequent photo-crosslinking strategy for layer-by-layer fabrication of stable dendrimers enabling repeated loading and release of

hydrophobic molecules[J]. Journal of Materials Chemistry B,2015,3(4):562 - 569.

[50] Zhang X S, Jiang C, Cheng M J, et al. Facile method for the fabrication of robust polyelectrolyte multilayers by post-photo-cross-linking of azido groups[J]. Langmuir,2012, 28(18):7096 - 7100.

[51] Yu Y, Zhang H, Zhang C H, et al. Facile fabrication of robust multilayer films: visible light-triggered chemical cross-linking by the catalysis of a ruthenium(Ⅱ) complex[J]. Chem Commun,2011,47(3):929 - 931.

[52] Yu Y, Zhang H, Cui S J N. Fabrication of robust multilayer films by triggering the coupling reaction between phenol and primary amine groups with visible light irradiation [J]. Nanoscale,2011,3:3819 - 3824.

[53] Blacklock J, Sievers T K, Handa H, et al. Cross-linked bioreducible layer-by-layer films for increased cell adhesion and transgene expression[J]. J Phys Chem B,2010,114(16): 5283 - 5291.

[54] Feng X, Cumurcu A, Sui X, et al. Covalent layer-by-layer assembly of redox-active polymer multilayers[J]. Langmuir,2013,29(24):7257 - 7265.

[55] Tian C, Zhang C, Wu H, et al. Merging of covalent cross-linking and biomimetic mineralization into an LBL self-assembly process for the construction of robust organic-inorganic hybrid microcapsules[J]. J Mater Chem B,2014,2:4346 - 4355.

[56] Zhu X, Jańczewski D, Lee S S C, et al. Cross-linked polyelectrolyte multilayers for marine antifouling applications[J]. ACS Appl Mater Interfaces,2013,5:5961 - 5968.

[57] Laschewsky A, Wischerhoff E, Bertrand P, et al. Polyelectrolyte multilayers containing photoreactive groups. Macromol[J]. Chem Phys,1997,198:3239 - 3253.

[58] Huang L, Luo G, Zhao X, et al. Self-assembled multilayer films based on diazoresins studied by atomic force microscopy/friction force microscopy[J]. J Appl Polym Sci,2000, 78:631 - 638.

[59] Egawa Y, Hayashida R, Anzai J I. Covalently cross-linked multilayer thin films composed of diazoresin and brilliant yellow for an optical pH sensor. Polymer,2007,48:1455 - 1458.

[60] Park M K, Deng S, Advincula R C. pH-sensitive bipolar ion-permselective ultrathin films [J]. J Am Chem Soc,2004,126:13723 - 13731.

[61] Lehaf A M, Moussallem M D, Schlenoff J B. Correlating the compliance and permeability of photo-cross-linked polyelectrolyte multilayers[J]. Langmuir,2011,27:4756 - 4763.

[62] Ott P, Gensel J, Roesler S, et al. Cross-linkable polyelectrolyte multilayer films of tailored charge density[J]. Chem Mater,2010,22:3323 - 3331.

[63] Feng Z, Wang Z, Gao C, et al. Direct covalent assembly to fabricate microcapsules with ultrathin walls and high mechanical strength[J]. Adv Mater,2007,19:3687 - 3691.

[64] Zhao M, Liu Y, Crooks R M, et al. Preparation of highly impermeable hyperbranched polymer thin-film coatings using dendrimers first as building blocks and then as *in situ* thermosetting agents[J]. J Am Chem Soc,1999,121:923 - 930.

[65] Ren W, Wu R, Guo P, et al. Preparation and characterization of covalently bonded PVA/Laponite/HAPI nanocomposite multilayer freestanding films by layer-by-layer assembly[J]. J Polym Sci, Part A:Polym Chem,2015,53:545 - 551.

[66] Mu B, Lu C, Liu P J C, et al. Disintegration-controllable stimuli-responsive polyelectrolyte multilayer microcapsules via covalent layer-by-layer assembly[J]. Colloids Surf, B,2011,82:385 - 390.

[67] DeLuca J L, Hickey D P, Bamper D A, et al. Layer-by-layer assembly of ferrocene-modified linear polyethylenimine redox polymer films[J]. Chem Phys Chem, 2013, 14:2149 - 2158.

[68] Zhang J, Dai L M, Ji S L. Dynamic pressure-driven covalent assembly of inner skin hollow fiber multilayer membrane[J]. AIChE J,2011,57(10):2746 - 2754.

[69] Manna U, Dhar J, Nayak R, et al. Multilayer single-component thin films and microcapsules via covalent bonded layer-by-layer self-assembly[J]. Chem Commun,2010,46:2250 - 2252.

[70] Feng Z, Fan G, Wang H, et al. Polyphosphazene microcapsules fabricated through covalent assembly[J]. Rapid Commun,2009,30(6):448 - 452.

[71] Seo J, Schattling P, Lang T, et al. Covalently bonded layer-by-layer assembly of multifunctional thin films based on activated esters[J]. Langmuir,2009,26:1830 - 1836.

[72] Broderick A H, Carter M C D, Lockett M R, et al. Fabrication of oligonucleotide and protein arrays on rigid and flexible substrates coated with reactive polymer multilayers. ACS Appl Mater Interfaces,2012,5:351 - 359.

[73] Hu X, Ji J J B. Covalent layer-by-layer assembly of hyperbranched polyether and polyethyleneimine:multilayer films providing possibilities for surface functionalization and local drug delivery[J]. Biomacromolecules,2011,12:4264 - 4271.

[74] Li Y H, Wang D, Buriak J M. Molecular layer deposition of thiol-ene multilayers on semiconductor surfaces[J]. Langmuir,2010,26(2):1232 - 1238.

[75] Schulz C, Nowak S, Fröhlich R, et al. Covalent layer-by-layer assembly of redox active molecular multilayers on silicon(100) by photochemical thiol-ene chemistry[J]. Small,2012,8(4):569 - 577.

[76] Such G K, Quinn J F, Quinn A, et al. Assembly of ultrathin polymer multilayer films by click chemistry[J]. J Am Chem Soc,2006,128(29):9318 - 9319.

[77] Rydzek G, Thomann J S, Ben Ameur N, et al. Polymer multilayer films obtained by electrochemically catalyzed click chemistry[J]. Langmuir,2010,26(4):2816 - 2824.

[78] Sambhy V, Peterson B R, Sen A. Multifunctional silane polymers for persistent surface derivatization and their antimicrobial properties[J]. Langmuir,2008,24(14):7549.

[79] Chan E W L, Lee D C, Ng M K, et al. A novel layer-by-layer approach to immobilization of polymers and nanoclusters[J]. J Am Chem Soc,2002,124(41):12238 - 12243.

[80] Niu J, Shi F, Liu Z, et al. Reversible disulfide cross-linking in layer-by-layer films:

preassembly enhanced loading and pH/reductant dually controllable release[J]. Langmuir, 2007,23(11):6377 - 6384.

[81] Zelikin A N, Quinn J F, Caruso F J B. Disulfide cross-linked polymer capsules: en route to biodeconstructible systems[J]. Biomacromolecules, 2006, 7(1): 27 - 30.

[82] Zhang X, Guan Y, Zhang Y J. Dynamically bonded layer-by-layer films for self-regulated insulin release[J]. J Mater Chem, 2012, 22: 16299 - 16305.

[83] Spieler R E, Gilliam D S, Sherman R L. Artificial substrate and coral reef restoration: What do we need to know to know what we need[J]. B Mar Sci, 2001, 69(2): 1013 - 1030.

[84] Helman Y, Natale F, Sherrell R M, et al. Extracellular matrix production and calcium carbonate precipitation by coral cells *in vitro*[J]. Proc Natl Acad Sci USA, 2008, 105(1): 54 - 58.

[85] Contardi M, Montano S, Liguori G, et al. Treatment of coral wounds by combining an antiseptic bilayer film and an injectable antioxidant biopolymer[J]. Scientific Reports, 2020, 10(1): 988.

[86] Luo C, Li M, Yuan R, et al. Biocompatible self-healing coating based on Schiff base for promoting adhesion of coral cells[J]. ACS Appl Bio Mater, 2020, 3: 1481 - 1495.

[87] Yuan R Q, Luo C X, Yang Y F, et al. Self-healing, high adherent, and antioxidative LbL multilayered film for enhanced cell adhesion[J]. Adv Materi Interfaces, 2020, 8: 1901873.

[88] Rego S J, Vale A C, Luz G M, et al. Adhesive bioactive coatings inspired by sea life[J]. Langmuir, 2016, 32: 560.

[89] Gomes T D, Caridade S G, Sousa M P, et al. Adhesive free-standing multilayer films containing sulfated levan for biomedical applications[J]. Acta Biomater, 2018, 69: 183.

[90] Vakili H, Ramezanzadeh B, Amini R. The corrosion performance and adhesion properties of the epoxy coating applied on the steel substrates treated by cerium-based conversion coatings[J]. Corros Sci, 2015, 94: 466.

[91] Lu Q X, Liu T, Tang X M, et al. Reformation of tissue balls from tentacle explants of coral Goniopora lobata: self-organization process and response to environmental stresses[J]. In Vitro Cell Dev-An, 2017, 53(2): 111 - 122.

[92] Tchernov D, Kvitt H, Haramaty L, et al. Apoptosis and the selective survival of host animals following thermal bleaching in zooxanthellate corals[J]. Proc Natl Acad Sci USA, 2011, 108(24): 9905 - 9909.